高等院校土建类专业“十四五”规划教材

土力学原理

（新形态教材）

主　编　陈正发
副主编　朱春鹏　王延平

武汉理工大学出版社
·武　汉·

图书在版编目(CIP)数据

土力学原理 / 陈正发主编. -- 武汉 ：武汉理工大学出版社，2024. 11. -- ISBN 978-7-5629-7310-2

Ⅰ. TU4

中国国家版本馆 CIP 数据核字第 2024T1J770 号

项目负责人:汪浪涛　高　英　　**责任编辑**:王品品

责任校对:张　晨　　**版面设计**:正风图文

出版发行:武汉理工大学出版社

地　　址:武汉市洪山区珞狮路 122 号

邮　　编:430070

网　　址:http://www.wutp.com.cn

经　　销:各地新华书店

印　　刷:武汉市洪林印务有限公司

开　　本:787×1092　1/16

印　　张:17.50

字　　数:410 千字

版　　次:2024 年 11 月第 1 版

印　　次:2024 年 11 月第 1 次印刷

定　　价:48.00 元

凡购本书,如有缺页、倒页、脱页等印装质量问题,请向出版社发行部调换。

本社购书热线:027-87391631　87384729　87165708(传真)

前　　言

土是地表岩石经风化作用后形成的一种矿物颗粒集合体，它包括物理风化形成的无黏性土，化学风化形成的黏性土和生物风化形成的有机质土。其主要特征是松散性、三相性与各向异性。土力学利用材料力学、弹性力学等连续介质力学理论来研究土的基本性质，并解决与土有关的变形、强度和稳定性等工程问题，因此土力学也是一门理论性和实践性都很强的学科。

本书共有九个部分内容。绪论，主要介绍土力学的研究对象、研究内容及其发展历史等；第 1 章土的物理性质及工程分类，主要介绍土的成因、三相组成，土的物理性质及其指标，黏性土和无黏性土的物理状态，土的压实原理以及土的工程分类等；第 2 章土的渗透性，主要介绍土的渗透性与渗透规律，二维渗流和流网的应用，渗透力与渗透变形等；第 3 章土中的应力计算，主要介绍土的自重应力、基底压力、附加应力等的计算，有效应力原理等；第 4 章土的压缩性与地基沉降计算，主要介绍土的变形特点，土的压缩性指标及其测试方法，地基的最终沉降量计算方法，饱和土的渗流固结理论等；第 5 章土的抗剪强度，主要介绍土的抗剪强度理论，土的抗剪强度测试方法，土的孔压系数，土的抗剪强度特征及其影响因素等；第 6 章挡土结构物上的土压力，主要介绍土压力类型，朗肯土压力理论，库仑土压力理论，常见主动土压力计算方法等；第 7 章土坡稳定性分析，主要介绍无黏性土坡和黏性土坡的稳定性分析方法，土坡稳定性分析的问题等；第 8 章地基承载力，主要介绍地基土的破坏类型，极限承载力理论，容许承载力的确定以及地基承载力的影响因素等。

与一般土力学教材相比，全书内容涵盖了经典土力学的全部知识以及现代土力学的一些知识要点。本书编写遵循普通高等学校土木工程本科专业培养方案，对教学内容进行了拓宽。本书力图考虑学科发展新水平，结合新规范，反映土力学的成熟成果与观点。全书由浅入深、概念清楚、层次分明、重点突出，适当淡化了数学推导，注重实用性内容，各章还附有一定量的习题。

本书可作为高等学校土木工程专业及相关专业土力学课程教材或者参考书，也可供土木工程及相关专业的研究生和工程技术人员参考。

本书以常州大学陈正发教授为首编写。具体编写人员单位及分工如下：绪论、第 1 章、第 2 章由常州大学陈正发编写，第 3 章由山东理工大学王延平编写，第 4 章由陈正发和王延平共同编写，第 5 章、第 6 章由常州大学怀德学院朱春鹏编写，第 7 章、第 8 章分别由常州大学曹爽、刘健鹏编写。限于编者的水平，错误之处在所难免，恳请读者批评指正。

目　录

绪　论

土力学的研究对象

土力学利用力学的一般原理研究土的物理、化学、力学性质以及土体在荷载、水、温度等外界因素作用下的工程性质，是力学的一个分支，主要用于土木、交通、水利等工程领域。

土是地球表面的岩石在大气中经受长期风化作用而形成的，覆盖在地表上碎散的，没有胶结或胶结很弱的颗粒堆积物。土具有松散性、三相性、各向异性的特点。土和岩石的关系：一方面土源于岩石，其成分和性质与岩石有着密不可分的联系；另一方面，由于土的松散性特点，使两者的物理力学性质迥然不同。

土的分类主要有以下几种。按是否含有有机质，可分为有机土和无机土；按其颗粒间的黏聚程度不同，可分为黏性土和无黏性土。土的工程分类体系，目前主要包括：(1)建筑工程系统的分类体系，侧重于把土作为建筑地基和环境，故以原状土为基本对象。因此土的分类除考虑土的组成外，还注重土的天然结构性，即土的粒间黏结性质和强度。(2)材料系统的分类体系，侧重于把土作为建筑材料，用于路堤、土坝和填土地基等工程，故以扰动土为基本对象。不同土的物理性质存在明显差异。

工程建筑物和土有着极密切的关系，例如：堤、坝、路基以土为材料，房屋、闸坝、码头以土为地基，隧道、涵洞、运河以土为环境，因此土的性质对于建筑物具有重要影响。

由于土形成的年代和自然条件不同，使各种土的工程性质有很大差距。土的工程性质与搬运沉积条件、母岩成分、风化性质有着密切的关系。土的工程性质主要有以下几个方面。(1)土的可松性：天然土经开挖后，其体积因松散而增加，虽经振动夯实，仍不能恢复到原来的体积，这种性质为土的可松性。(2)土的透水性：是指土壤在重力作用下接纳和透过水分的能力。(3)土的压缩性：松土经运输、填压以后，体积会缩小，一般土的压缩性用土的压缩率来表示，而土的压缩率与土的干密度有关。(4)土的含水率：是指土中水的质量与固体颗粒质量之比，以百分数表示。(5)土的密实度：是指土的紧密程度，工程上用土的干密度来反映相对紧密程度。

土力学的研究对象是与人类活动密切相关的土和土体，包括人工土体和自然土体。土力学是利用力学的一般原理，研究土的特性以及土体在力作用下的应力、变形、渗透性和稳定性及其随时间变化规律的学科。

土体是一种地质体，因此土力学的研究工作必须采用建立在地质学研究基础上的实验研究和土力学分析方法，土力学的研究内容主要包括基础理论和工程应用两个方面。基础理论研究主要是研究土在静荷载和动荷载作用下的力学性质。工程应用研究主要是通过现场试验和长期观测，研究并解决以下问题：(1)土工建筑物、地基、地下隧道和防护抗震工程等的稳定性及其处理措施；(2)土体作用于挡土结构物上的侧压力，即土压力的大小和分布规律等工程实际问题；(3)根据极限平衡原理用稳定性系数评价天然土坡的稳定性和进行人工土坡的设计；(4)计算在自重和建筑物附加荷载作用下土体的侧向压力，为设计挡土结构物提供依据；(5)改进和研制为进行上述研究所必需的技术、方法和仪器设备。

土力学的任务和特点

土力学主要研究土的工程性质以及土在荷载作用下的应力、变形、强度以及渗透问题，是将土作为建筑物地基、建筑材料或建筑物周围介质来研究的一门学科，是土木工程专业的必修课。那么，为什么要学习土力学呢？土力学又有何特点呢？

这是由于各类工程的建设和地质灾害(滑坡、泥石流、地裂缝、地面沉降、地面塌陷等)的防治几乎都涉及土力学课题。正是因为土在工程中发挥着重要的作用，所以对土的工程性质认识的偏差可能会导致巨大的损失。以下是几个与土力学有关的工程事故案例。

第一个工程案例是加拿大特朗斯康谷仓倾倒，如图 0-1 所示。谷仓长 59.4 m，宽 23.5 m，高 31.0 m，共 65 个圆筒仓，钢筋混凝土筏板基础，厚 61 cm，埋深 3.66 m。于 1911 年动工，1913 年完工，质量为 20000 t。事故：1913 年 9 月装谷物，10 月 17 日装了 31822 t 谷物时，1 h 内的竖向沉降达到了 30.5 cm，24 h 倾斜了 26°53′，西端下沉 7.32 m，东端上抬 1.52 m，上部钢筋混凝土筒仓完好无损。

其事故发生原因为：事先未对地基土进行调查，仅根据邻近结构物基槽开挖取土试验结果计算地基承载力并应用到此谷仓。经勘察试验与计算，地基的实际承载力小于破坏时的基底压力，因此谷仓地基因超载发生强度破坏而滑动。谷仓事故发生后，研究确定的最终处理方案是在基础底部建造了七十多个支撑于基岩上的混凝土墩，使用 388 个 50 t 千斤顶以及支撑系统，把仓体逐渐纠正过来，其位置比原来降低了 4 m，示意图如图 0-2 所示。

图 0-1　加拿大特朗斯康谷仓倾倒

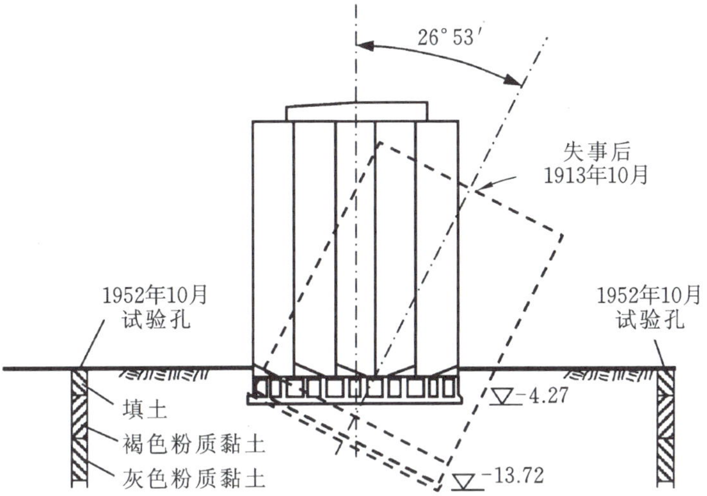

图 0-2　加拿大特朗斯康谷仓事故

第二个工程案例是香港的宝城滑坡，如图 0-3、图 0-4 所示。1972 年 7 月某日清晨，香港宝城路附近，20000 m^3 残积土从山坡上下滑，巨大滑动体正好冲过一幢高层住宅——宝城大厦，顷刻间宝城大厦被冲毁倒塌并砸毁相邻一幢大楼一角约五层住宅，死亡 67 人。事故原因主要是山坡上残积土本身强度较低，加之雨水入渗，使其强度进一步大大降低，使得土体滑动力超过土的强度，于是山坡土体发生滑动。

图 0-3　香港宝城滑坡

特朗斯康谷仓倾倒是典型的地基土承载力不足所导致的土体整体剪切破坏。香港的宝城滑坡是典型的滑动土体滑裂面处土的抗剪强度不足导致的破坏。以上两个工程案例可归结为与土有关的强度问题。

图 0-4　香港宝城滑坡后情况

第三个工程案例是比萨斜塔的倾斜，如图 0-5 所示。比萨斜塔始建于 1174 年，1178 年建至 4 层时，高约 29 m，因倾斜停工。1272 年复工，经 6 年建至 7 层，高 48 m，因倾斜不止再停工。1360 年再复工，至 1372 年竣工。全塔由白色大理石砌成，高 54.5 m，直径 16 m，质量约 14000 t。斜塔共有八层，除底层和顶层有所不同外，其余六层结构完全一样。斜塔底层有 15 根圆柱，中间六层各有 31 根圆柱，顶层 12 根。沿石柱有宽 4 m 的环行走道。斜塔每层都有拱门，总共有 213 个，斜塔底层墙壁上刻有浮雕，顶层有钟亭。塔内有螺旋台阶 294 级，供游人登塔，远眺全城风光。比萨斜塔倾斜的主要原因是塔底部地基持力层为粉砂，下面为粉土和黏土层，模量较低，变形较大。事故发生的处理措施是，从 1838 年至 1839 年，在塔周挖环形基坑进行卸载，1933 年至 1935 年，再进行基坑防水处理，并对基础环进行灌浆加固。由于塔身倾斜，1990 年 1 月再次封塔，1992 年 7 月加固塔身，用压重法和取土法进行地基处理，历经 11 年整修，2001 年开始向游人开放。

第四个工程案例是苏州云岩寺塔（俗称"虎丘塔"），如图 0-6 所示。云岩寺塔位于苏州城西北郊，距市中心5 km。由于从宋代到清末遭受多次火灾，其顶部和木檐都遭到了破坏，原始高度已无法知道。据有关专家调查，云岩寺塔在明崇祯十一年（1638 年）改建第七层时发现有明显倾斜，当时曾将此位置略向反方向矫正，以改变重心，纠正倾斜，也曾起过一定的作用。但是近 300 多年来，塔身倾斜还在继续发展中。现如今看到的云岩寺塔已是一座斜塔，塔身向东北严重倾斜，塔顶离中心线已达 2.54 m，底层塔身产生不少裂缝，其原因就是塔坐落于不均匀粉质黏土层而产生不均匀沉降。为此，维修人员在塔四周搭建一圈桩排式地下连续墙并对塔周围与塔基进行钻孔注浆和打设树根桩加固塔身，效果良好。

比萨斜塔和虎丘塔都是地基土体产生过量变形和变形不一致所导致的塔身倾斜。以上两个实例可归结为与土有关的变形问题。

图 0-5　比萨斜塔

图 0-6　苏州云岩寺塔

第五个工程案例为美国 Teton 坝事故，如图 0-7、图 0-8 所示。Teton 坝为土坝，高 90 m，坝顶长 950 m，建于 1972—1975 年，于 1976 年 6 月失事。这场溃坝滑坡造成了巨大的破坏，直接造成 8000 万美元的经济损失。此外，有 14 人在事故中丧生，2.5 万人受到灾害影响，5500 起诉讼案件被提起，涉及 2.5 亿美元的索赔。大量农田和 32 km 的铁路也受到了损坏，总计约 4×10^8 m^2 的土地受到影响。事故发生的主要原因是渗透破坏即水力劈裂所导致的坝体决口。事故发生在 1976 年 6 月5 日上午，10:30 左右 Teton 坝下游坝面有水渗出并带有泥土；11:00 左右洞口不断扩大并向坝顶靠近，泥水流量增加；11:30 洞口继续向上扩大，泥水冲蚀了坝基，流出的泥水开始冲击坝趾处的设施；11:50 左右，洞口扩大加速，泥水对坝基的冲蚀更加剧烈；11:57 坝坡坍塌，泥水狂泻而下；12:00 过后坍塌口加宽，最终洪水扫过下游谷底，附近所有设施被彻底摧毁。

图 0-7　Teton 坝

图 0-8　Teton 坝失事现场

第六个工程案例是九江大堤决口，如图 0-9、图 0-10 所示。1998 年，中国洪涝灾害频发，全国共有 29 个省(市、区)遭受了不同程度的洪涝灾害，受灾面积 2120 亿 m^2，成灾面积 1307 亿 m^2，受灾人口 2.23 亿人，死亡 4150 人，倒塌房屋 685 万间，直接经济损失约 2000 亿元。1998 年，自 7 月 2 日长江上游出现第一次洪峰开始，至 8 月 7 日共发生四次决口。1998 年 7 月 3 日凌晨 4 时，赛城湖九江县二垦堤溃决；同日 16 时 30 分，瑞昌赛湖农场堤漫顶溃决；8 月 4 日，九江县江洲堤溃决；8 月 7 日 13 时 50 分，九江市城区长江大堤上游段 4 至 5 号闸口之间因管涌溃决。

图 0-9　九江大堤决口全貌

美国 Teton 坝事故和中国九江大堤决口都是水在土体中发生渗流所导致的管涌破坏，这两个实例可以归结为与土有关的渗透问题。

上述与土有关的三大工程问题对应土体的三大工程特性即强度、变形和渗透特性。而土力学的任务就是研究土的基本物理力学性质、土的应力和变形关系、土的强度和稳定性、土与建筑物的相互作用等，并揭示土体三大工程特性变化规律的本质，用以解决与此对应的工程问题。土力学理论可以用于解决工程实践问题，这正是土力学存在的价值以及我们学习土力学的目的。

图 0-10 九江大堤决口局部

土力学的发展历史

18 世纪 60 年代的欧洲工业革命和 19 世纪中叶的第二次革命，推动了社会生产力的发展，出现了水库、铁路和码头等现代工程，提出了许多有待解决的岩土工程问题：地基承载力、边坡稳定性、支挡结构稳定性等问题。

而人类从远古时代就能利用土、石作为地基和建筑材料修筑房屋。我国举世闻名的万里长城、北京故宫、赵州桥等屹立至今，都充分体现我国古代劳动人民高超的建筑技术水平和丰富的土木工程经验。因此，土力学是人们在长期的工程实践中形成、发展起来的一门学科，而它的发展可以大致划分成以下三个不同历史时期。

萌芽期(1773—1923 年) 土力学的发展中，法国科学家 Coulomb 在 1773 年发表的《极大极小准则在若干静力学问题中的应用》首开先河，为土体破坏理论、土压力、地基承载力和土坡稳定性分析奠定了基础；1856 年，法国学者 Darcy 通过室内渗透实验研究，创立了土的层流渗透理论；1857 年，英国学者 Rankine 发表了土压力塑性平衡理论；1885 年，法国学者 Boussinesq 求得了弹性半空间(半无限体)表面竖向集中力作用时土中应力、变形的理论解。20 世纪初随着高层建筑的大量涌现，沉降问题开始突出，弹性力学的发展为沉降问题的研究提供了必要手段，从而为 Terzaghi 开创的土体变形研究提供了客观条件。

古典土力学(1923—1963 年) 1923 年，Terzaghi 在总结实践经验和大量试验的基础上提出了许多独特的见解并发表了渗透固结理论，第一次科学地研究了土体的固结过程，同时提出了土力学的一个基本原理，即有效应力原理。1925 年，他发表了世界上第一本土力学专著《建立在土的物理学基础的土力学》，这被公认为是土力学进入现代土力学时代的标志。随后他发表的《理论土力学》和《实用土力学》全面总结和发展了土力学的原理和应用经验，至今仍是工程界的重要参考文献。从 1936 年在美国召开的第一届国际土力学与基础工程会议起，土质土力学方面的国际学术交流日益活跃。20 世纪 50—60 年代，基本上处于土力学理论和技术的完善和发展阶段。1955 年英国学者毕肖普(Bishop A. W.)发展了古典的圆弧滑动法,提出了土坡稳定计算中考虑土条间水平力的方法,并应用有效强度指标计算土坡稳定。在土压力和承载力方面,苏联索科洛夫斯基将古典塑性理论引进了土力学,在散体极限平衡方面,有关地基、土坡和挡土墙的稳定分析方面,都获得了严格的数值解,并著有《松散介质静力学》。

现代土力学(1963 年—至今) 虽然在 20 世纪 50 年代已有人对塑性理论应用于土力学的可能性进行探索,但直到 1963 年 Roscoe 等发表了著名的剑桥模型,才提出了第一个全面考虑土的压力硬性和剪胀性的数学模型,被看作现代土力学的开端。随着电子计算机的问世和应用,土力学也进入了全新阶段。世界各地包括中国在内的许多学者也都交流和总结了本学科的新的研究成果和实践经验,促进了该学科的发展。时至今日,伴随着工程建设事业突飞猛进的发展,土力学从宏观到微观结构、本构关系和强度理论、物理模型与数值模拟、测试与检测技术、土质改良等方面都取得了长足的进展。

我国的土力学学科发展现状。我国是具有悠久建筑历史的国家,随着历史的沿革,本学科取得了长足的发展。尤其是新中国成立以后,土力学学科的发展突飞猛进。我国学者黄文熙对土力学的研究始于 1945 年,在中央水利实验处创立第一个土工实验室。在中华人民共和国成立后,一批国外留学人员回国和 20 世纪 50 年代初大批青年学者参加工作以后开始大规模的土力学研究。例如:刘祖典等对黄土湿陷特性的研究;魏汝龙对软黏土强度变形特性的研究;汪闻韶对砂土动力特性的研究;黄文熙对地基应力和沉降计算方法方面的改进;陈宗基的流变模型;钱家欢应用李氏比拟法求解黏弹性多孔介质的固结问题等。近些年来,一批基础扎实、思想活跃的青年学者投身于土力学的研究,我国在土力学的理论分析和工程应用方面的研究,取得了举世瞩目的发展。

土力学课程的主要内容

土力学课程的研究内容分为基础理论研究和工程应用研究两个方面。基础理论研究主要包括土的分类、物理力学性质、静荷载和动荷载作用下的强度以及变形等性质。工程应用研究主要通过现场试验和长期观测,研究土作为建筑物地基、建筑材料和建筑环境时的变形和稳定性,以及工程隐患研究和事故处置措施等。

土力学课程的主要内容有:土的物理性质及工程分类,其中包括土的生成、土的三相组成、土的颗粒特征、土的三相比例指标、黏性土的界限含水量及状态指标、无黏性土的密实度、土的压实性;土中应力计算,其中包括土中自重应力计算、基地压力及简化计算、竖向荷载作用下的地基附加应力计算、有效应力原理;土中水的渗流与渗透问题,其中包括土的毛细性、土的渗透性、渗透力和渗透稳定分析、渗透情况下的孔隙水应力和有效应力;土的压缩性和地基沉降计算,其中包括土的压缩性及压缩性指标、地基最终沉降量计算、太沙基一维固结理论;土的强度计算,其中包括土的抗剪强度理论、土的剪切试验方法及应用、孔隙压力系数及土的剪胀性;挡土结构物上的土压力,其中包括静止土压力计算、朗肯土压力计算、库仑土压力理论;边坡稳定性分析,其中包括无黏性土土坡的稳定性分析、黏性土土坡的稳定性分析;地基承载力,包括极限承载力、容许承载力及承载力的确定方法等。

土力学课程的学习方法和要求

土力学是一门非常重要的专业基础必修课，它不仅包含了本专业所必须掌握的知识，还是后续课程必备的基础，全书内容广泛。根据土力学课程的特点，学习中要把握好理论、实践和基本训练这三个环节。首先要掌握本学科的基本理论、基本知识与基本技能。要紧紧抓住土的特点和基本性质，认真领会土力学课程所涉及的基本理论和基本知识，切忌生搬硬套。其次，在学习中要对这些指标、参数、公式有正确的理解。另外，还要掌握室内外试验和测试技术，加强理论知识与实践的结合。土力学是一门实践性很强的学科，应重视室内试验与现场测试理论和技术的发展，充分认识到通过各种测试方法获得物理力学参数的重要性。

本课程的具体学习要求如下。

要求掌握土的地质成因；能够应用三相图；熟练掌握土的物理性质与指标换算；掌握土的工程分类原则与基本方法。懂得应力计算的目的、用途，了解半无限空间地基的概念和基本假定；熟练掌握土的自重应力计算方法和地下水对自重应力分布的影响；掌握地基中附加应力计算的思路，还有空间问题平面问题的地基附加应力计算，了解地基中附加应力分布特征。掌握土的层流渗透定律及渗透性指标；熟悉渗透性指标测定方法及影响因素，渗流时渗水量的计算，渗透破坏与渗流控制问题。了解土应力的历史；熟练掌握太沙基一维固结理论、有效应力原理及其应用；掌握地基变形以及变形与时间的关系；掌握地基沉降计算、固结计算的方法。要求理解极限平衡概念，掌握土的抗剪强度公式与应用；掌握直剪、三轴等获得强度指标的实验方法。理解不同排水条件下砂土和黏土的剪切性状和强度特征。掌握土压力的计算，熟悉边坡稳定性分析的各种方法和地基承载力的确定，学会正确运用简化假设解决实际问题，能够引申运用土力学理论原理，将知识体系化。

第 1 章　土的物理性质及工程分类

1.1　概　　述

土是地表岩石在大气中经过长期的风化(weathering)、搬运(transportation)和沉积(deposition)作用所形成的碎散的颗粒堆积物，是一种由形状不同、大小各异的土颗粒组成的集合体。不同土的矿物(mineral)成分和颗粒大小存在着很大差异，颗粒、水和气体的相对比例也各不相同。堆积下来的土，在很长的地质年代中经历复杂的物理和化学变化，逐渐压密、岩化，最终又形成岩石(rock)，也就是沉积岩。因此，在自然界中，岩石不断风化破碎形成土，而土也会不断压密、岩化变成岩石。这一过程循环往复。

土体的物理性质，如轻重、软硬、干湿、松密等在一定程度上决定了土的力学性质，是土最基本的特性。土的物理性质由三相物质的性质、相对含量以及土的结构构造等因素决定。在进行土力学(soil mechanics)计算及处理地基基础问题时不仅要知道土的物理性质特征及其变化规律，还必须熟练掌握反映土三相组成(three-phase composition)比例和状态的各指标的定义、测定方法和指标间存在的换算关系，熟悉按有关特征及指标对地基土进行工程分类及初步判定土体的工程性质的方法。

本章主要介绍土的成因、三相组成、物理性质及指标换算，无黏性土(cohesionless soil)和黏性土(cohesive soil)的物理状态指标等内容。这些内容是学习土力学所必需的基本知识，也是评价土的工程性质、分析与解决土的工程技术问题的基础。

1.2　土的成因概述

在土木工程领域，土是指覆盖在地表上碎散的、没有胶结或弱胶结的颗粒堆积物，是连续、坚固的岩石经风化、剥蚀、搬运、沉积而形成的大小悬殊的颗粒。在漫长的地质年代中，地球表面的整体岩石在大气中经受长期的风化作用而破碎，在各种内力和外力地质作用下，在各种不同的自然环境中堆积下来形成土。堆积下来的土在长久的地质年代中发生复杂的物理和化学变化，经压密固结、胶结硬化最终又形成岩石。因此，在自然界中，岩石不断风化破碎形成土，而土又不断压密、岩化而变成岩石。工程上遇到的土大多数是第四纪沉积物，是土力学研究的主要对象。

1.2.1 风化作用

岩石和土在存在、搬运和沉积的各个过程中都在不断风化。风化作用是一种使岩石发生物理和化学变化的破坏作用。岩石风化后变成粒状的物质，导致强度降低，透水性增强。风化作用根据性质和影响因素的不同可分为物理风化、化学风化和生物风化三种类型。它们经常同时进行又相互加剧发展进程。

1）物理风化

长期暴露在大气中的岩石由于受到温度、湿度等各种气候因素的影响，体积经常膨胀、收缩，从而逐渐崩解、破裂，或者在运动过程中因为碰撞和摩擦而破碎，形成大小和形状各异的碎块，这个过程称为物理风化。物理风化过程仅使岩石机械破碎，仅改变了岩石体积大小和形状，其化学成分没有发生变化。风化产物的矿物成分与母岩相同，称为原生矿物，如石英、长石和云母等。砂、砾石和其他粗粒土（即无黏性土）就是物理风化的产物。

2）化学风化

地表岩石在水溶液、氧气、二氧化碳以及有机物、微生物的化学作用或生物化学作用下发生的破坏过程称为化学风化。它不仅破坏岩石的结构，而且使其化学成分改变，从而形成与原来岩石颗粒成分不同的新的矿物，称为次生矿物。岩石化学风化所形成的细粒土之间具有黏结能力，该产物为黏土（clay）矿物，如蒙脱石（smectite）、伊利石（illite）和高岭石（kaolinite）等，通常称为黏性土。化学风化主要有氧化、水化、水解、溶解和碳酸化等作用。

3）生物风化

生物活动过程中对岩石产生的破坏过程称为生物风化。如穴居地下的蚯蚓、树根生长、鼠类等活动都可以引起岩石的机械破碎。生长在岩石表面的细菌、苔藓类分泌的有机酸溶液可产生化学作用，分解岩石的成分，促使岩石发生变化。

在自然界中，土的物理风化、化学风化和生物风化时刻都在进行，而且相互加强。由于形成过程的自然条件不同，自然界的土也就多种多样。

1.2.2 土的沉积

土在地表分布极广，成因类型也很复杂。不同成因类型的沉淀物，各具有一定的分布规律、地形形态及工程性质，下面简单介绍几种主要类型。

1）残积物

残积物是残留在原地未被搬运的那一部分原岩风化剥蚀后的产物。残积土与基岩之间没有明显的界线，一般分布规律为：上部残积土、中部风化带、下部新鲜岩石。由于残积土没有层理构造，土的物理性质相差较大，且有较大孔隙，作为建筑物地基容易引起不均匀沉降。

2）坡积物

坡积物是指由于雨雪水流的地质作用将高处岩石的风化产物缓慢地冲刷、剥蚀，在重力的作用下，顺着斜坡向下逐渐移动，沉积在较平缓的山坡上而形成的沉积物。坡积物随斜坡自上而下呈现由粗到细的分选现象。组成坡积物的颗粒粗细混杂，土质不均匀，厚度变化大，土质疏松，压缩性(compressibility)较大。

3）洪积物

由暴雨或大量融雪骤然集聚而成的暂时性山洪急流，具有很大的剥蚀和搬运能力，它冲刷地表，将大量的基岩风化产物或基岩剥蚀、搬运、堆积于山谷冲沟出口或山前倾斜平原而形成洪积物。由于山洪流出谷口后，流速骤减，被搬运的粗碎屑物质先堆积下来，离山越远，颗粒越细，其分布范围也逐渐扩大。随着离山远近的不同，堆积体内土粒粗细不同，性质很不均匀。

4）冲积物

河流两岸的基岩及其上部覆盖的松散物质，被河流流水剥蚀后，经搬运、沉积于河道坡度较平缓的地带而形成的沉积物，称为冲积物。冲积物的特点是具有明显的层理结构，经过长距离的搬运过程，颗粒磨圆度好。随着从上游到下游的流速逐渐减小，冲积物具有明显的由粗到细的分选现象，常形成砂层和黏性土层交叠的地层。

5）其他沉积物

除了上述几种成因类型的沉积物外，还有海洋沉积物、湖泊沉积物、冰川沉积物、海陆交互相沉积物和风积物等，它们分别是由于海洋、湖泊、冰川、海洋和陆地相互之间以及风化的地质作用而形成的。

1.3 土的三相组成

土是松散的颗粒集合体，它是由固体颗粒、液体和气体三部分组成(也称为三相系)。固体部分一般由矿物质组成，有时含有有机质。土中的固体矿物构成土的骨架，骨架之间贯穿着大量的孔隙，这些孔隙有时完全被水充满，称为饱和土(saturated soil)；有时一部分被水占据，另一部分被空气占据，称为非饱和土(unsaturated soil)；有时也可能完全充满气体，就称为干土。水和溶解于水的物质构成土的液体部分。空气及其他一些气体构成土的气体部分。这三种组成部分本身的性质以及它们之间的比例关系和互相作用决定土的物理性质。因此，研究土的物理性质，首先必须研究土的三相组成。

1.3.1 土的固体颗粒

1）土粒的矿物成分

土的固体颗粒包括无机矿物颗粒和有机质，是构成土的骨架最基本的物质。土的无机矿物成分可分为原生矿物和次生矿物两大类。

原生矿物是岩石经物理风化生成的颗粒，其矿物成分与母岩相同，土粒较粗，多呈浑圆状、块状或板状，比表面积小(单位体积内颗粒的总面积)，吸附水的能力较弱，性质稳定，无塑性。漂石、卵石、砾石(圆砾、角砾)等粗大粒组都是岩石碎屑，它们的矿物成分与母岩相同。砂粒大部分是母岩中的单矿物颗粒，如石英、长石、云母等也都是原生矿物。

次生矿物是指岩石中矿物经化学风化作用后形成的新的矿物，性质与母岩完全不同，如三氧化二铝、三氧化二铁、次生二氧化硅及各种黏土矿物。由于其粒径非常小（小于 2 μm），具有很大的比表面积，与水作用能力很强，能发生一系列复杂的物理、化学变化。黏土矿物主要有高岭石、伊利石和蒙脱石三类。高岭石是在酸性介质条件下形成的，它的亲水性弱，遇水后膨胀性和可塑性小；蒙脱石亲水性强，遇水后具有极大的膨胀性与可塑性；伊利石的亲水性介于高岭石与蒙脱石之间，膨胀性和可塑性也介于高岭石与蒙脱石之间，比较接近蒙脱石。

2）土粒的粒组划分

天然土由无数大小不同的土粒组成，土粒的大小称为粒度。土颗粒的大小相差悬殊，有几十厘米的漂石，也有几微米的胶粒，同时，由于土粒的形状往往是不规则的，很难直接测量土粒的大小，故只能用间接的方法来定量描述土粒的大小和各种颗粒的相对含量。工程上常用不同粒径颗粒的相对含量来描述土的颗粒组成情况，这种指标称为土的粒度成分，又称土的颗粒级配。

天然土的粒径一般是连续变化的，为了描述方便，工程上常把大小、性质相近的土粒合并为组，称为粒组。划分粒组的分界尺寸称为界限粒径。对于粒组的划分，各个国家甚至一个国家的各个部门都有不同的规定。表 1-1 为一种常用的土粒粒组的划分方法，表中根据国家标准《土的工程分类标准》(GB/T 50145—2007)，按新规定的界限粒径 200 mm、60 mm、2 mm、0.075 mm 和 0.005 mm，将土粒粒组先分为巨粒、粗粒（coarse grain）和细粒（fine grain）三个统称，再细分为六个粒组：漂石（块石）、卵石（碎石）、砾粒、砂粒、粉粒和黏粒。

表 1-1 土粒的粒组划分

<table>
<tr><th>粒组统称</th><th colspan="2">粒组名称</th><th>粒径范围/mm</th><th>一般特征</th></tr>
<tr><td rowspan="2">巨粒</td><td colspan="2">漂石或块石颗粒</td><td>>200</td><td rowspan="2">透水性很大，无黏性，无毛细水</td></tr>
<tr><td colspan="2">卵石或碎石颗粒</td><td>60～200</td></tr>
<tr><td rowspan="6">粗粒</td><td rowspan="3">圆砾或角砾颗粒</td><td>粗</td><td>20～60</td><td rowspan="3">透水性大，无黏性，毛细水上升高度不超过粒径大小</td></tr>
<tr><td>中</td><td>5～20</td></tr>
<tr><td>细</td><td>2～5</td></tr>
<tr><td rowspan="3">砂粒</td><td>粗</td><td>0.5～2</td><td rowspan="3">易透水，当混入云母等杂质时透水性减小，而压缩性增加；无黏性，遇水不膨胀，干燥时松散；毛细水上升高度不大，随粒径变小而增大</td></tr>
<tr><td>中</td><td>0.25～0.5</td></tr>
<tr><td>细</td><td>0.075～0.25</td></tr>
<tr><td rowspan="2">细粒</td><td colspan="2">粉粒</td><td>0.005～0.075</td><td>透水性小，湿时稍有黏性，遇水膨胀小，干时稍有收缩；毛细水上升高度较大、上升速度较快，极易出现冻胀现象</td></tr>
<tr><td colspan="2">黏粒</td><td><0.005</td><td>透水性很小，湿时有黏性、可塑性，遇水膨胀大，干时收缩显著；毛细水上升高度大，但速度较慢</td></tr>
</table>

3）土的颗粒级配

自然界里的天然土，很少是单一粒组的土，往往由多个粒组混合而成。因此，为了说明天然土颗粒的组成情况，不仅要了解土颗粒的大小，而且要了解各种颗粒所占的比例。土中各粒组的相对含量，在工程中常用各粒组占总质量的百分数来表示，称为土的颗粒级配。

常用的颗粒级配的表示方法有表格法、累计曲线法和三角坐标法。这里介绍累计曲线法。根据颗粒分析试验结果，可以绘制如图1-1所示的土的颗粒级配累计曲线。因为土粒粒径相差常在百倍、千倍以上，所以表示粒径的横坐标常用对数坐标。曲线的纵坐标则表示小于某粒径的土粒质量含量百分比。对于不同的土类，可以得到不同的级配曲线。

根据粒径级配(particle size distribution)曲线的形态，可以大致判断土样所含颗粒的均匀程度。如曲线平缓表示粒径大小相差悬殊，颗粒不均匀，级配良好(图1-1曲线B)；反之，则颗粒均匀，级配不良(图1-1曲线A、C)。为了定量说明问题，工程中常用不均匀系数C_u和曲率系数C_c来反映土颗粒级配的不均匀程度。不均匀系数C_u反映了大小不同粒组的分布情况，C_u越大，表示土越不均匀，即粗颗粒和细颗粒的大小相差越悬殊。曲率系数C_c描述了级配曲线分布的整体形态，反映了曲线的斜率是否连续，即表示是否有某粒组缺失的情况。土的粒径范围窄，分布曲线陡，d_{10}和d_{60}靠近，土的不均匀系数C_u小，表示土粒均匀；土的粒径范围宽，分布曲线缓，d_{10}和d_{60}相距远，土的不均匀系数C_u大，表示土粒不均匀。

$$C_u=\frac{d_{60}}{d_{10}} \tag{1-1}$$

$$C_c=\frac{d_{30}^2}{d_{10}\times d_{60}} \tag{1-2}$$

式中　d_{60}——小于某粒径的土粒质量占土总质量60%的粒径，称为限定粒径(mm)；

d_{10}——小于某粒径的土粒质量占土总质量10%的粒径，称为有效粒径(mm)；

d_{30}——小于某粒径的土粒质量占土总质量30%的粒径，称为中值粒径(mm)。

工程上，土的级配是否良好可按如下规定判断：

① 对于级配连续的土：$C_u>5$，级配良好；$C_u<5$，级配不良。

② 对于级配不连续的土，级配曲线呈台阶状(图1-1曲线C)，采用单一指标C_u难以全面有效地判断土的级配好坏，则需同时满足$C_u>5$和$C_c=1\sim3$两个条件时，才为级配良好，反之则为级配不良。

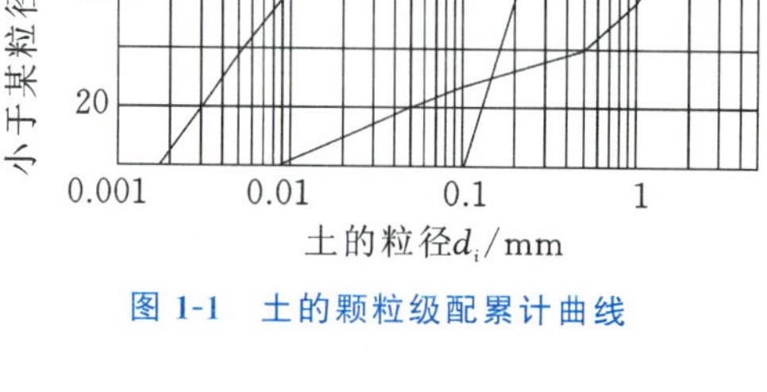

图1-1　土的颗粒级配累计曲线

对于级配良好的土，较粗颗粒间的孔隙被较细的颗粒所填充，因而土的密实度较好，相应的地基土的强度和稳定性也较好，透水性和压缩性也较小，可作为路堤、堤坝或其他土建工程的填方土料。

4）土的颗粒分析试验

土的颗粒粒径及其级配是通过土的颗粒分析试验测定的。常用的方法有两种：对粒径大于 0.075 mm 的土粒，常用筛分法（sieve analysis），而对于粒径小于 0.075 mm 的土粒，则用沉降分析法。

（1）筛分法

筛分法是将风干、分散的具有代表性的试样，放入一套从上到下、孔径由粗到细排列的标准筛上进行筛分，然后分别称出留在各筛子上的土重，并计算出各粒组的相对含量，由颗粒分析结果可判断土的颗粒级配及确定土的名称。标准筛孔径由粗筛孔径（60 mm、40 mm、20 mm、10 mm、5 mm、2 mm）及细筛孔径（1 mm 、0.5 mm 、0.25 mm、0.1 mm、 0.075 mm）组成。

（2）沉降分析法

常用的有比重（specific gravity）计法和移液管法。两种方法的理论基础都依据 Stokes（斯托克斯）定律，即球状的细颗粒在水中的下沉速度与颗粒直径的平方成正比，用公式表示为：

$$d=1.126\sqrt{v} \tag{1-3}$$

注：直径 d 以 mm 计，实际上土粒并不是圆球形颗粒，因此用 Stokes 公式求得的颗粒直径并不是实际土粒的尺寸，而是与实际土粒有相同沉降速度的理想球体的直径，称为水力直径。

具体的试验过程是：将过筛的风干试样 m_s 盛入 1000 mL 的量筒中，注入蒸馏水搅拌制成一定体积的浓度均匀的悬浮液。停止搅拌静置一段时间 t 后，根据式（1-3），在液面以下深度 L_i 以上的溶液中就不会有粒径大于 d_i 的颗粒，如在 L_i 处考虑一小区段 $m\sim n$，则 $m\sim n$ 内的悬浮液中只有粒径等于或小于 d_i 的颗粒，而且粒径等于或小于 d_i 颗粒的浓度与开始时均匀悬浮液中粒径等于或小于 d_i 颗粒的浓度相等。其效果与土样在孔径为 d_i 的筛子里一样。这样，任一时刻在任一 L_i 处悬浮液中粒径等于或小于 d_i 的颗粒的浓度可用比重计法或移液管法测定。

比重计的读数既表示浮泡中心处的悬浮液密度 ρ_i，又表示从悬浮液表面到浮泡中心处的沉降距离。速度 $v_i=L_i/t_i$；$d_i=1.126\sqrt{L_i/t_i}$ 。则在 L_i 深度处等于或小于 d_i 粒径的土粒质量 m_{si} 为：

$$m_{si}=1000\,\frac{\rho_i-\rho_w}{\rho_s-\rho_w}\rho_s \tag{1-4}$$

式中　ρ_s——土粒的密度（g/cm³）；

　　　ρ_w—— 水的密度（cm³）。

那么，相应 d_i 的土粒质量 m_{si} 占土粒总质量 m_s 的累计百分比 P_i（以%表示）为：

$$P_i=\frac{m_{si}}{m_s}\times 100\% \tag{1-5}$$

因此，在具体试验时，只要将悬浮液搅拌均匀后，放入比重计（密度计），隔不同的时间 t_i

(1 min,2 min,5 min,15 min,30 min,60 min,240 min 和 1440 min),测读比重计读数 ρ_i 及 L_i,就能求出相应于不同时间 t_i 的一系列 d_i 和 P_i 值。关于具体的试验操作及计算见试验指导书。

移液管法是按规定时间把土样吸出(通常在 100 mm 深度处吸出 10 mL 左右),然后烘干土样,记录留下来的土颗粒质量。

1.3.2 土中水

在天然情况下,土中常含有一定量的水。土中细粒越多,水对土的性质影响越大。对土中水的研究要考虑其存在状态和与土的相互作用。土中水可分为结晶水、结合水(bound water)和自由水。存在于土粒晶格之间的水称为结晶水,它只有在较高的温度(>105 ℃)下才能化为气态水与土粒分开。从工程性质上分析,结晶水是矿物的一部分。土木工程中所讨论的土中水,主要是以液态形式存在着的结合水和自由水。

1) 结合水

结合水是指在电分子引力下吸附于土粒表面不能传递静水压力,不能任意流动的水。这种电分子引力高达几千到几万个大气压,使部分水分子和土粒表面牢固地黏结在一起。这一点已被电渗电泳试验所验证。

由于土粒表面一般带有负电荷并围绕土粒形成电场,在土粒电场范围内的水分子和水溶液中的阳离子被吸附在土粒表面。原来不规则排列的极性水分子,被吸附后呈定向排列。在靠近土粒表面处,由于静电引力较强,能把水化离子和极性水分子牢固地吸附在颗粒表面而形成固定层。在固定层外围,静电引力比较小,水化离子和极性水分子活动性比在固定层中大些,形成扩散层。由此可将结合水分成强结合水和弱结合水两种,如图 1-2 所示。

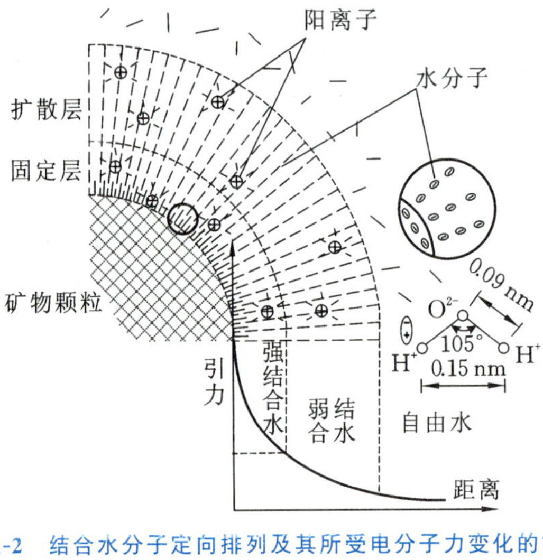

图 1-2 结合水分子定向排列及其所受电分子力变化的简图

(1) 强结合水

强结合水是指紧靠土粒表面的结合水,受表面静电引力作用最强。这部分水的特征是没有溶解盐类的能力，不能传递静水压力，不能自由移动，只有吸热变为蒸汽时才能移动。它极其牢固地结合在土粒表面上，其性质接近固体，密度为 1.2～2.4 g/cm^3，冰点为－78 ℃，具有极大的黏滞性、弹性和抗剪强度。如果将干燥的土样放在天然湿度和温度的空气中，土的质量增加，直到土中强结合水达到最大吸着度为止。土粒越细，土的比表面积（specific surface area）越大，则土的吸着度越大。黏性土只有强结合水存在时，才呈固体状态。

（2）弱结合水

弱结合水是紧靠于强结合水外围的一层结合水膜。在这层水膜范围内的水分子和水化阳离子仍受到一定程度的静电引力作用，随着离土粒表面的距离增大，所受静电引力迅速降低，距土粒表面稍远的地方，水分子虽仍为定向排列，但不如强结合水那么紧密和严格。这层水仍然不能传递静水压力，水膜较厚处的弱结合水能向邻近较薄的水膜缓慢移动，但与重力无关。当土中含有较多的弱结合水时，土具有一定的可塑性。因此砂粒比表面积较小，几乎不具有可塑性；而黏性土的比表面积较大，含薄膜水较多，其可塑范围较大，这就是黏性土具有黏性的原因。

随着与土粒表面距离增大，吸附力减小，弱结合水逐渐过渡为自由水。

2）自由水

存在于土孔隙中颗粒表面电场影响范围以外的水称为自由水。它的性质和普通水一样，能传递静水压力和溶解盐类，冰点为 0 ℃。自由水按移动所受作用力的不同分为重力水和毛细水两类。

（1）重力水

重力水是在土孔隙中受重力作用能自由流动的水，具有一般液态水的共性，存在于地下水位以下的透水层中。重力水在土的孔隙中流动时，能产生动水压力，带走土中细颗粒，而且能溶解土中盐类。这两种作用会使土的孔隙增大，压缩性提高，抗剪强度降低。地下水位以下的土粒因受水的浮力作用，土的应力状态发生变化。在水头作用下，重力水会产生动水压力，对开挖基坑、排水等方面均产生较大影响。

（2）毛细水（capillary water）

毛细水是受到水与空气界面处表面张力作用的自由水。毛细水存在于地下水位以上的透水层中。土的毛细现象是指土中水在表面张力作用下，沿着细的孔隙向上及向其他方向移动的现象。工程中，应特别注意毛细水上升的高度和速度，因为毛细水的上升对建筑物地下部分的防潮措施和地基土的浸湿和冻胀都有重要影响。

① 土层中的毛细水带

土层中由毛细现象所湿润的范围称为毛细水带。根据毛细水带的形成条件和分布状况，可分为三种，即正常毛细水带、毛细网状水带和毛细悬挂水带。

正常毛细水带（又称毛细饱和带）。它位于毛细水带的下部，与地下潜水连通。这一部分的毛细水主要是由潜水面直接上升而形成的，毛细水几乎充满了全部孔隙。正常毛细水带随着地下水位的升降而作相应的移动。

毛细网状水带。它位于毛细水带的中部，当地下水位急剧下降时，它也随之急速下降，这时在较细的毛细孔隙中有一部分毛细水来不及移动，仍然残留在孔隙中，而在较粗的孔隙中因毛细水下降，孔隙中留下空气泡，使毛细水呈网状分布。毛细网状水带中的水可以在表面张力和重力作用下移动。

毛细悬挂水带。它位于毛细水带的上部。这一带的毛细水是由地表水渗入而形成的，水悬挂在土颗粒之间，它不与中部或下部的毛细水相连。当地表有大气降水补给时，毛细悬挂水在重力作用下向下移动。

上述三个毛细水带不一定同时存在，这取决于当地的水文地质条件。如地下水位很高时，可能就只有正常毛细水带，而没有毛细悬挂水带和毛细网状水带；当地下水位较低时，则可能同时出现三个毛细水带。

② 毛细管作用

分布在土粒内部相互贯通的孔隙，可以看成是形状不一、直径相异、彼此连通的毛细管，如图 1-3 所示。按物理学概念，在毛细管周壁，水膜与空气的分界处存在着表面张力 T。水膜表面张力 T 的作用方向与毛细管壁成夹角 α。由于表面张力的作用，毛细管内的水被提升到自由水面以上高度 h_c处。分析高度为 h_c的水柱的静力平衡条件，因为毛细管内水面处即为大气压，若以大气压力为基准，则该处压力 $p_a=0$。

故

$$\pi r^2 h_c \gamma_w = 2\pi r T\cos\alpha \tag{1-6}$$

$$h_c = \frac{2T\cos\alpha}{r\gamma_w} = \frac{4T\cos\alpha}{d\gamma_w} \tag{1-7}$$

式中　γ_w——水的重度。

该式表明，毛细水上升高度 h_c与毛细管管径 d（半径 r）成反比，毛细管管径越细，毛细水上升高度越大。

在天然土层中毛细水的上升高度不能简单地直接用式(1-7)计算，这是因为土中的孔隙是不规则的，与圆柱状的毛细管根本不同，特别是土颗粒与水之间存在物理化学作用，使得天然土层中的毛细现象比毛细管的情况要复杂得多。例如，假定黏土颗粒是直径等于 0.0005 mm的圆球，那么这种假想土粒对应毛细管的孔隙直径 $d=0.00001$ cm，代入式(1-7)中将得到毛细水上升高度 $h_c=300$ m，这在实际土层中是根本不可能发生的。

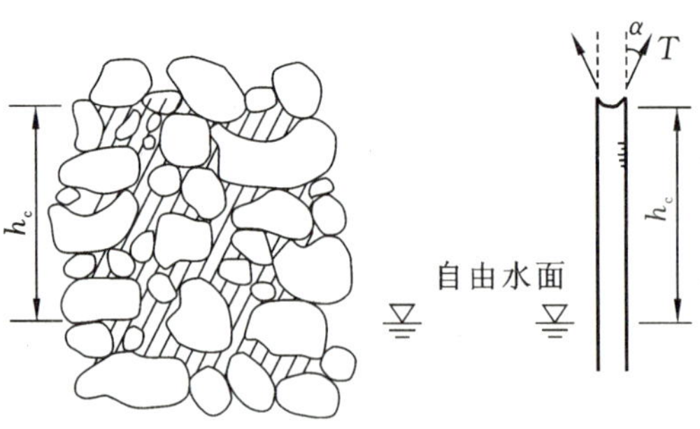

图 1-3　土中的毛细水升高

实践中，毛细水上升高度是通过实地调查、观测得到的。对于无黏性土，也可根据当地经验、规范或文献中推荐的经验公式估算或经验表格查取。无黏性土毛细水上升高度的大致范围如表 1-2 所示。由表 1-2 可见，砾类（除粉砾外）与粗砂，毛细水上升高度很小，而粉细砂和粉土(silt)（包括粉质黏土），毛细水上升高度大，而且上升速度也快，即毛细现象严重；反而黏性土由于结合水膜的存在，土中孔隙的有效直径减小，使毛细水在上升时受到很大阻力，故上升速度慢，上升高度也受到影响。

③ 毛细压力

干燥的砂土(sand)是松散的，颗粒间没有黏结力，水下的饱和砂土也是这样。但有一定含水量的湿砂，却表现出颗粒间有一些黏结力，如湿砂可捏成团。有时在湿砂中可挖成直立的坑壁，短期内不会坍塌。这些都说明湿砂的土粒间有一些黏结力，这个黏结力是由土粒间接触面上一些水的毛细压力所形成的。

表 1-2　土中毛细水上升高度

土名称	颗粒直径 d_{10}/mm	孔隙比	毛细水头/cm	
			毛细水上升高度	饱和毛细水头
粗砾	0.82	0.27	5.4	6
砂砾	0.20	0.45	28.4	20
细砾	0.30	0.29	19.5	20
粉砾	0.06	0.45	106.0	68
粗砂	0.11	0.27	82	60
中砂	0.03	0.36	165.5	112
细砂	0.02	0.48～0.66	239.6	120
粉土	0.006	0.93～0.95	359.2	180

由图 1-4 可知，若弯液面处毛细水的压力为 u_c，分析该处水膜受力的平衡条件，取铅直方向力的总和为零，则有：

$$2T\pi r\cos\alpha + u_c\pi r^2 = 0 \tag{1-8}$$

若取 $\alpha=0$(即认为是完全湿润的)，由式(1-7)可知，$T=h_c r\gamma_w/2$，代入上式得：

$$u_c = \frac{-2T}{r} = -h_c\gamma_w \tag{1-9}$$

式(1-9)表明区域内的水压力与一般静水压力的概念相同，它与水头高度 h_c 成正比，负号表示拉力。这样，自由水位上下的水压力分布如图 1-4 所示。自由水位以下为压力，自由水位以上，毛细区域为拉力。颗粒骨架承受水的反作用力，因此自由水位以上，毛细区域内，颗粒间受压力，称为毛细压力。毛细压力呈倒三角形分布，弯液面处最大，自由水面处为零。

毛细压力还可以用图 1-5 来说明。图中两个土粒 A、B(假想是球体)的接触面间有一些毛细水，由于土粒表面的湿润作用，使毛细水形成弯液面。在水和空气的分界面上产生的表面张力是沿着弯液面切线方向作用的，它促使两个土粒相互靠拢，在土粒的接触面上就产生了一个压力，这个压力称为毛细压力 p_k，也称毛细黏聚力。它随含水量的变化时有时无。

(3) 土的冻胀

地面下一定深度的水温，随大气温度而改变。当大气负温传入土中时，土中的自由水首先冻结成冰晶体，随着气温的继续下降，弱结合水的最外层也开始冻结，使冰晶体逐渐扩大。这就使冰晶体周围土粒的结合水膜减薄，土里就产生剩余的分子引力，另外，由于结合水膜的

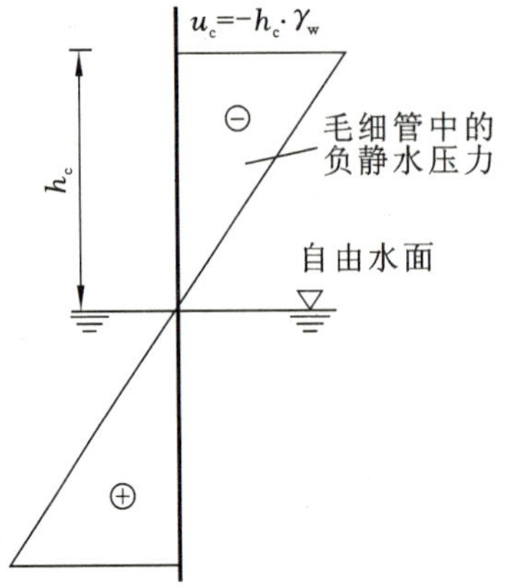

图 1-4　毛细水中的水压力分布图

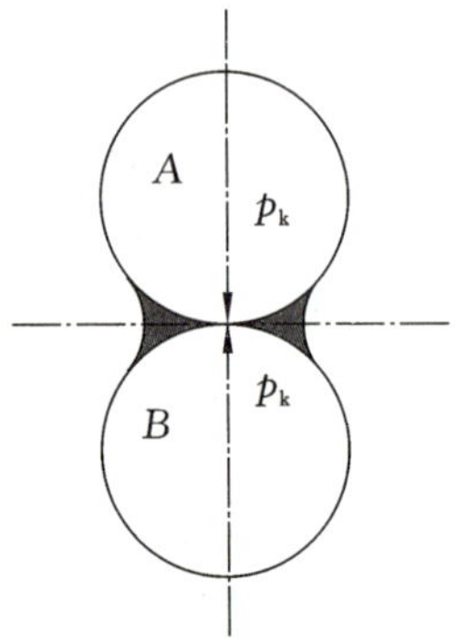

图 1-5　毛细压力示意图

减薄,使得水膜中的离子浓度增加,产生了渗透压力(即当两种水溶液的浓度不同时,会在它们之间产生一种压力差,使浓度较小溶液中的水向浓度较大的溶液渗流)。在这两种引力作用下,下卧未冻结区水膜较厚处的弱结合水,被吸引到水膜较薄的冻结区,并参与冻结,使冰晶体增大,而不平衡引力却继续存在。假使下卧未冻结区存在着水源(如地下水距冻结区很近)及适当的水源补给通道(即毛细通道),能够源源不断地补充水到冻结区来,那么,未冻结区的水分(包括弱结合水和自由水)就会不断地向冻结区迁移和集聚,使冰晶体不断扩大,在土层中形成冰夹层,土体随之发生隆起,即冻胀现象。这种冰晶体的增大,一直要到水源的补给断绝后才停止。

当土层解冻时,土中集聚的冰晶体融化,土体随之下陷,即出现融陷现象。土的冻胀现象和融陷现象是季节性冻土的特征,亦即土的冻胀性。

可见,冻胀和融陷都对工程产生不利影响。特别是高寒地区,发生冻胀时,使路基隆起,柔性路面鼓包、开裂,刚性路面错缝或折断;修建在冻土上的建筑物,冻胀引起建筑物的开裂、倾斜甚至使轻型构筑物倒塌。而发生融陷后,路基土在车辆反复碾压下,轻者路面变得较软,重者路面翻浆,也会使房屋、桥梁、涵管发生严重下沉或不均匀下沉,引起建筑物的开裂破坏。

1.3.3　土中气体

土中气体有两种存在形式,一种与大气相通;另一种封闭在土的孔隙中,与大气隔绝。

与大气相通的气体存在于接近地表的土孔隙中,其含量与孔隙体积大小及孔隙被填充的程度有关,它对土的工程性质影响不大。在细粒土中常存在着与大气隔绝的封闭的气泡,在受到外力作用时,随着压力的增大,这种气泡可能压缩或溶解于水中;压力减少时,气泡会恢复原状或重新游离出来,使土在外力作用下的弹性变形增加,透水性降低,可见,封闭气体对土的工程性质影响较大。

土中气体的成分与大气成分相比,主要区别在于 CO_2、O_2 及 N_2 的含量不同。一般土中气体中含有更多的 CO_2,较少的 O_2,较多的 N_2。土中气体与大气的交换越困难,两者的差别就越大。

含气体的土称为非饱和土,非饱和土的工程性质研究已经形成土力学的一个新的分支。

1.3.4　土的结构

土的结构是指土颗粒的大小、形状、表面特征、相互排列及其联结关系的综合特征。一般分为单粒结构、蜂窝结构、絮状结构。

1）单粒结构

单粒结构是无黏性土的基本组成形式，由较粗的砾石颗粒、砂粒在自重作用下沉积而成。因颗粒较大，颗粒间没有连接力，有时仅有微弱的假黏聚力，土的密实程度受沉积条件影响。如土粒受波浪的反复冲击推动作用，其结构紧密，强度大，压缩性小，是良好的天然地基。而洪水冲积形成的砂层和砾石层一般较疏松（图 1-6），由于孔隙大，土的骨架不稳定，当受到动力荷载或其他外力作用时，土粒易于移动，以趋于更加稳定的状态，同时产生较大变形，这种土不宜作天然地基。如果细砂或粉砂处于饱和疏松状态时受到荷载作用，特别是在强烈振动作用下，土粒移向更稳定的位置，同时产生较大的变形，变成了流动状态，即发生了“液化”，土体强度丧失，若在地震区将产生震害。1976 年唐山大地震后，当地许多地方出现了喷砂冒水现象，这就是砂土液化的结果。

2）蜂窝结构

组成蜂窝结构的颗粒主要是粉粒。研究发现，粒径为 0.005～0.05 mm 的颗粒在水中沉积时，仍然是以单个颗粒下沉，当通过已沉积的颗粒时，由于它们之间的相互引力大于自重力，因此土粒停留在最初的接触点上不能再下沉，形成的结构就像蜂窝一样，具有很大的孔隙（图 1-7）。

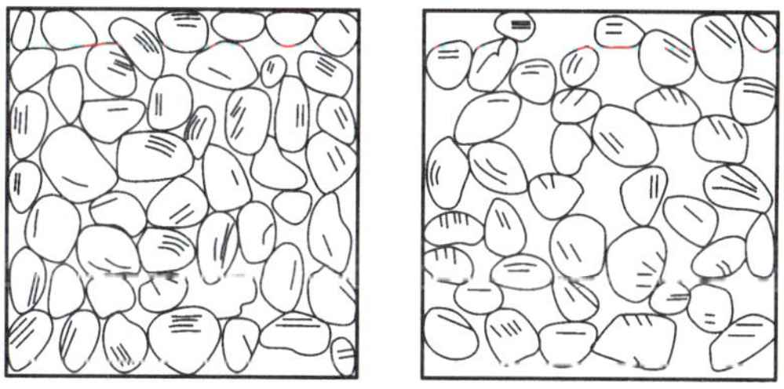

（a）　（b）

图 1-6　单粒结构

（a）紧密结构；（b）疏松结构

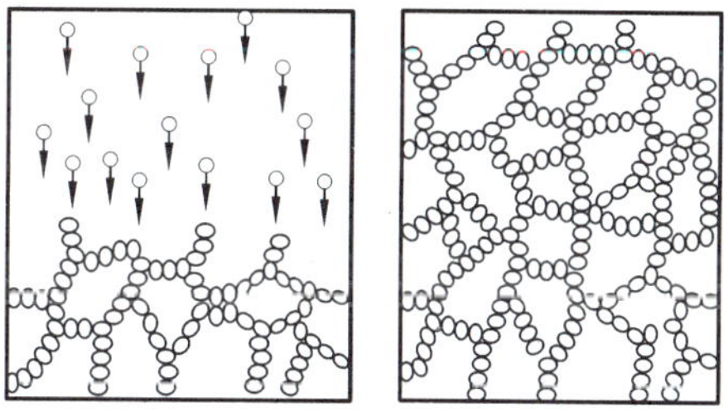

（a）　（b）

图 1-7　蜂窝结构

（a）颗粒正在沉积；（b）沉积完成

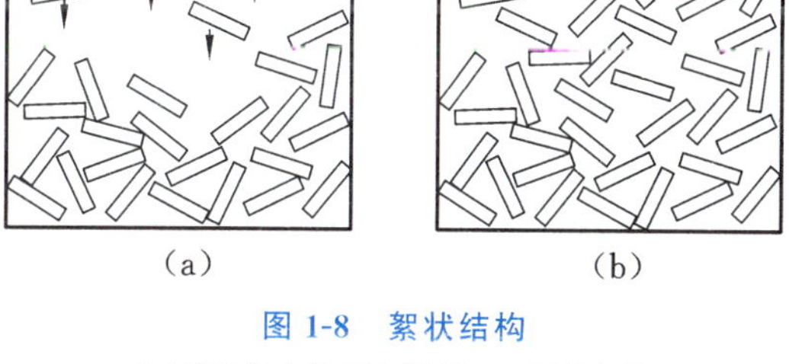

（a）　（b）

图 1-8　絮状结构

（a）絮状集合体正在沉积；（b）沉积完毕

3）絮状结构

粒径小于 0.005 mm 的黏粒在水中处于悬浮状态，不能靠自重下沉。当这些悬浮在水中的颗粒被带到电解质浓度较大的环境中（如海水），黏粒间的排斥力因电荷中和而破坏，聚集成絮状黏粒集合体，自重增大而下沉，与已下沉的絮状集合体相接触，形成孔隙很大的絮状结构（图 1-8）。

具有蜂窝结构和絮状结构的土，因为存在大量的细微孔隙，所以渗透性小，压缩性大，强度低，土粒间连接较弱；受扰动时，土粒接触点可能脱离，导致结构强度迅速下降；而后随时间增长，强度还会逐渐恢复。这类土颗粒间的连接力往往由于长期的压密作用和胶结作用而得到加强。

1.3.5 土的构造

土的构造是指同一土层中颗粒或颗粒集合体相互间的分布特征，通常分为层状构造、分散构造和裂隙构造。

层状构造是土粒在沉积过程中，由于不同阶段沉积的物质成分、颗粒大小不同，沿铅直方向呈层状分布。

分散构造是土层颗粒间无大的差别，性质相近，分布均匀，常见于厚度较大的粗粒土。

裂隙构造是土体被许多不连续的小裂隙所分割。裂隙的存在大大降低了土体的强度和稳定性，增大了透水性，对工程不利。

1.4 土的物理性质及指标

自然界中的土体结构组成十分复杂，为了分析问题方便，将其看成三相，简化成一般的物理模型进行分析。土的三相，即土粒为固相；土中的水为液相；土中的气为气相。土的三相成分及各自的性质对土的性质有显著影响，三相成分的体积和质量间的比例关系决定着土的物理、力学性质。表示土的三相组成部分质量、体积之间的比例关系的指标，称为土的三相比例指标。它们对评价土的工程性质有重要意义。

1.4.1 土的三相草图

土的颗粒、水和气体是混杂在一起的。为了分析问题方便，土力学中，通常用三相草图来表示土的三相组成，如图 1-9 所示。三相草图右侧的物理量表示三相组成的体积；三相草图左侧的物理量表示三相组成的质量。

1.4.2 试验指标

三相草图诸量中的三个量必须通过实验室的试验测定。三个试验指标是：土的密度、土

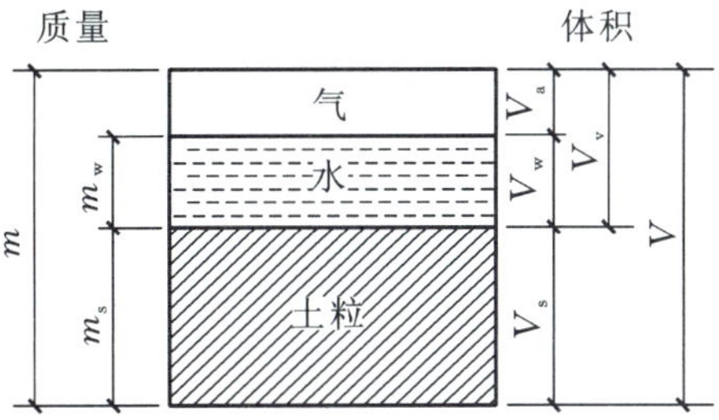

m_s—土粒质量；m_w—土中水质量；m—土的总质量；V_s—土粒体积；
V_w—土中水体积；V_a—土中气体体积；V_v—土中孔隙体积；V—土的总体积。

图 1-9　土的三相草图

的含水量和土粒比重。

1）土的密度 ρ

在天然状态下（即保持原始状态的含水量不变），单位土体积内湿土的质量称为土的湿密度，简称天然密度或密度（单位为 g/cm^3 或 t/m^3），即

$$\rho=\frac{m}{V} \tag{1-10}$$

工程中还常用重度 γ 来表示类似的概念。单位体积的土受到的重力称为土的湿重度，又称土的重力密度或重度（单位为 kN/m^3），其值等于土的湿密度乘以重力加速度 g，工程中可取 $g=10\ m/s^2$，即

$$\gamma=\rho g \tag{1-11}$$

天然状态下土的密度变化范围很大，因土的矿物成分、孔隙体积和水的含量而异，一般 $\rho=1.6\sim2.2\ g/cm^3$。若土较软则 ρ 为 $1.2\sim1.8\ g/cm^3$，有机质含量高或塑性指数大的极软黏土可降至 $1.2\ g/cm^3$ 以下。

天然密度一般采用“环刀法”测定，将一个圆环刀（刀刃向下）放置于削平的原状土样面上，垂直向下边压边削至土样伸出环刀口为止，削去两端余土，使土样与环刀面齐平，称出环刀内土质量，求得它与环刀容积比值即为土的密度。

2）土的含水量 w

在天然状态下，土中水的质量与土粒质量之比，称为土的含水量，以百分数表示，即

$$w=\frac{m_w}{m_s}\times100\% \tag{1-12}$$

含水量是土湿度的一个重要指标。天然土层的含水量变化范围较大，它与土的种类、埋藏条件及其所处的自然地理环境等有关。一般干砂的含水量接近零，而饱和砂土含水量可高达 40%；黏性土处于坚硬状态时，含水量可小于 30%，而处于流塑状态时，含水量可能大于 60%。一般情况下，同一类土含水量越大则强度越低，土的力学性质也随之改变。

土的含水量一般采用“烘干法”测定。即将天然土样的质量 m 称出，然后置于电烘箱内，在温度为 100～150 ℃条件下烘至恒重，称得干土质量 m_s，湿土与干土质量之差即为土中水的质量 m_w。

3) 土粒比重 d_s

土粒的质量与同体积 4 ℃时纯水的质量之比，称为土粒比重或土粒相对密度，即

$$d_s=\frac{m_s}{V_s\rho_w}=\frac{\rho_s}{\rho_w} \tag{1-13}$$

式中　ρ_s——土粒密度(g/cm³)；

ρ_w——纯水在 4 ℃时的密度(单位体积的质量)，等于 1 g/cm³或 1 t/m³。

土粒相对密度可在实验室采用"比重瓶法"测定。将风干碾碎的土样注入比重瓶内，由排出同体积的水的体积测定土粒的体积 V_s。土粒相对密度变化幅度不大，一般可参考表 1-3 取值。有机质土一般为 2.4～2.5；泥炭土为 1.5～1.8。

表 1-3　土粒相对密度参考值

土的名称	砂土	砂质粉土	黏性土	
			粉质黏土	黏土
土粒相对密度	2.65～2.69	2.70～2.71	2.72～2.73	2.74～2.76

1.4.3　换算指标

测出土的密度、土粒的比重和土的含水量后，就可以根据图 1-9 所示的三相草图计算出土的六个换算指标，包括土的干密度(dry density)(干重度)、饱和密度(饱和重度)、有效重度、孔隙比(void ratio)、孔隙率(porosity)和饱和度(saturation degree)。

1) 表示土中孔隙含量的指标

(1) 土的孔隙比 e

土中孔隙体积与土粒体积之比，称为土的孔隙比，即

$$e=\frac{V_v}{V_s} \tag{1-14}$$

孔隙比用小数表示。它是一个重要的物理性质指标，可以用来评价天然土层的密实程度。$e<0.6$ 时，是低压缩性的密实土；$e>1.0$ 时，是高压缩性的疏松土。

(2) 土的孔隙率 n

土中孔隙体积与土的总体积之比，称为土的孔隙率，用百分数表示，即

$$n=\frac{V_v}{V}\times 100\% \tag{1-15}$$

e 与 n 的关系：

$$n=\frac{e}{1+e} \tag{1-16}$$

土的孔隙比或孔隙率都可用来表示土的松、密程度。它随土形成过程中所受到的压力、粒径级配和颗粒排列的状况而变化。一般来说，粗粒土的孔隙率小，细粒土的孔隙率大。例如砂类土的孔隙率一般是 28%～35%；黏性土的孔隙率有时可高达 60%～70%。这种情况下，单位体积内孔隙的体积比土颗粒的体积大很多。

2）表示土中含水程度的指标

含水量 w 当然是表示土中含水程度的一个重要指标。此外，工程上往往需要知道孔隙中充水的程度，也就是土的饱和度 S_r。土中被水充满的孔隙体积与孔隙总体积之比称为土的饱和度，用小数表示，即

$$S_r=\frac{V_w}{V_v} \tag{1-17}$$

饱和度是评价土的潮湿程度的物理性质指标。$S_r<0.5$ 时土为稍湿；S_r 为 0.5～0.8 时土为很湿；$S_r>0.8$ 时土是饱和的；当 $S_r=1.0$ 时，则土处于完全饱和状态；而干土的饱和度 $S_r=0$。

3）表示土的密度和重度的几个指标

（1）干密度 ρ_d

单位土体积中固体颗粒的质量，称为土的干密度或干土密度（单位为 t/m^3 或 g/cm^3），即

$$\rho_d=\frac{m_s}{V} \tag{1-18}$$

单位土体积中固体颗粒受到的重力称为土的干重度或干土的重力密度（单位为 kN/m^3），其值等于土的干密度乘以重力加速度，即

$$\gamma_d=\rho_d g \tag{1-19}$$

土的干密度一般为 1.3～1.8 g/cm^3。工程上常用土的干密度来评价土的密实程度，以控制填土工程、高等级公路路基和坝基的施工质量。

（2）饱和密度 ρ_{sat}

土孔隙中充满水时，单位土体积内饱和土的质量，称为土的饱和密度（单位为 t/m^3 或 g/cm^3），即

$$\rho_{sat}=\frac{m_s+V_v\rho_w}{V} \tag{1-20}$$

单位土体积内饱和土所受到的重力，称为土的饱和重度（单位为 kN/m^3），其值等于饱和密度乘以重力加速度，即

$$\gamma_{sat}=\rho_{sat} g \tag{1-21}$$

土的饱和重度一般为 18～23 kN/m^3。

（3）有效密度（浮密度）ρ'

在地下水位以下，单位土体积中土粒的质量扣除同体积水的质量后，即为单位土体积中土粒的有效质量，称为土的有效密度（单位为 t/m^3 或 g/cm^3），即

$$\rho'=\frac{m_s-V_s\rho_w}{V} \tag{1-22}$$

处在水面以下的土，考虑土粒受浮力作用时，单位土体积内土粒所受到的重力扣除浮力后的重度称为土的浮重度（单位为 kN/m^3），其值为土的浮密度乘以重力加速度，即

$$\gamma'=\rho' g=\frac{m_s g-V_s\rho_w g}{V}=\gamma_{sat}-\gamma_w \tag{1-23}$$

式中　γ_w——水的重度，一般为 10 kN/m^3。

4）土粒密度 ρ_s

单位颗粒体积内颗粒的质量，称为土粒密度（单位为 t/m^3 或 g/cm^3），即

$$\rho_s = \frac{m_s}{V_s} \tag{1-24}$$

由式(1-13)可知，土粒密度在数值上等于土粒比重，即 $\rho_s = d_s$。

这几种密度在数值上有如下关系：$\rho_{sat} \geqslant \rho \geqslant \rho_d > \rho'$。

同样的，这几种重度在数值上有如下关系：$\gamma_{sat} \geqslant \gamma \geqslant \gamma_d > \gamma'$。

1.4.4 指标的换算

以上两小节对各指标进行了定义，如测得三个基本物理性质指标后，替换三相草图中的各符号即可得出其他三相比例指标，如图 1-10 所示。在推导换算指标时，一般假设 $V_s = 1$，由式(1-24)得，$m_s = \rho_s$；由式(1-13)得，$m_s = d_s\rho_w$；由式(1-12)得，$m_w = wd_s\rho_w$，因为 $\rho_w = m_w/V_w$，所以 $V_w = \frac{wd_s\rho_w}{\rho_w} = wd_s$，$m = d_s(1+w)\rho_w$，$V = \frac{d_s(1+w)\rho_w}{\rho}$，$V_a = \frac{d_s(1+w)\rho_w}{\rho} - wd_s - 1$，推导得：

$$\rho_d = \frac{m_s}{V} = \frac{\rho}{1+w} \tag{1-25}$$

$$e = \frac{V_v}{V_s} = \frac{d_s(1+w)\rho_w}{\rho} - 1 \tag{1-26}$$

$$n = \frac{V_v}{V} = 1 - \frac{\rho}{d_s(1+w)\rho_w} \tag{1-27}$$

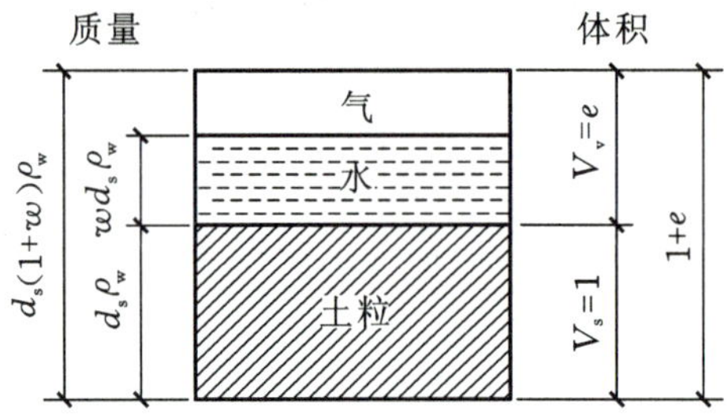

图 1-10 土的三相物理指标换算图

其他指标推导过程略，将换算公式一并列于表 1-4。

表 1-4 土的三相比例指标换算公式

名称	符号	表达式	常用换算公式	单位	常见的数值范围
含水量	w	$w = \frac{m_w}{m_s} \times 100\%$	$w = \frac{S_r e}{d_s} = \frac{\gamma}{\gamma_d} - 1$		20%～60%
土粒比重	d_s	$d_s = \frac{\rho_s}{\rho_w}$	$d_s = \frac{S_r e}{w}$		一般黏性土：2.67～2.75 砂土：2.63～2.67
密度	ρ	$\rho = \frac{m}{V}$	$\rho = \frac{d_s + S_r e}{1+e}\rho_w$	t/m³	1.6～2.2 t/m³

续表1-4

名称	符号	表达式	常用换算公式	单位	常见的数值范围
重度	γ	$\gamma=\rho g$	$\gamma=\dfrac{d_s+S_r e}{1+e}\gamma_w$	kN/m^3	$16\sim20\ kN/m^3$
干土密度	ρ_d	$\rho_d=\dfrac{m_s}{V}$	$\rho_d=\dfrac{\rho}{1+w}$	t/m^3	$1.3\sim1.8\ t/m^3$
干土重度	γ_d	$\gamma_d=\rho_d g$	$\gamma_d=\dfrac{\rho}{1+w}g=\dfrac{\gamma}{1+w}$	kN/m^3	$13\sim18\ kN/m^3$
饱和土密度	ρ_{sat}	$\rho_{sat}=\dfrac{m_s+V_v\rho_w}{V}$	$\rho_{sat}=\dfrac{d_s+e}{1+e}\rho_w$	t/m^3	$1.8\sim2.3\ t/m^3$
饱和土重度	γ_{sat}	$\gamma_{sat}=\rho_{sat}g$	$\gamma_{sat}=\dfrac{d_s+e}{1+e}\gamma_w$	kN/m^3	$18\sim23\ kN/m^3$
浮密度	ρ'	$\rho'=\dfrac{m_s-V_s\rho_w}{V}$	$\rho'=\rho_{sat}-\rho_w$	t/m^3	$0.8\sim1.3\ t/m^3$
浮重度	γ'	$\gamma'=\dfrac{m_s g-V_s\rho_w g}{V}$	$\gamma'=\gamma_{sat}-\gamma_w$	kN/m^3	$8\sim13\ kN/m^3$
孔隙比	e	$e=\dfrac{V_v}{V_s}$	$e=\dfrac{d_s\rho_\omega}{\rho_d}-1$		一般黏性土：0.40～1.20 砂土：0.30～0.90
孔隙率	n	$n=\dfrac{V_v}{V}\times100\%$	$n=\dfrac{e}{1+e}\times100\%$		一般黏性土：30%～60% 砂土：25%～45%
饱和度	S_r	$S_r=\dfrac{V_w}{V_v}$	$S_r=\dfrac{wd_s}{e}$		0～1.0

【例题 1-1】 某一原状土样，经试验测得其基本物理性质指标为：土粒比重 $d_s=2.67$，含水量 $w=12.9\%$，密度 $\rho=1.67\ g/cm^3$。求土样的干密度 ρ_d、孔隙比 e、孔隙率 n、饱和密度 ρ_{sat}、浮密度 ρ' 及饱和度 S_r。

【解】 (1) 干密度：$\rho_d=\dfrac{\rho}{1+w}=\dfrac{1.67}{1+0.129}=1.48\ g/cm^3$

(2) 孔隙比：$e=\dfrac{d_s(1+w)\rho_w}{\rho}-1=\dfrac{2.67\times(1+0.129)}{1.67}-1=0.805$

(3) 孔隙率：$n=\dfrac{e}{1+e}=\dfrac{0.805}{1+0.805}=44.6\%$

(4) 饱和密度：$\rho_{sat}=\dfrac{(d_s+e)\rho_w}{1+e}=\dfrac{2.67+0.805}{1+0.805}=1.93\ g/cm^3$

(5) 浮密度：$\rho'=\rho_{sat}-\rho_w=1.93-1=0.93\ g/cm^3$

(6) 饱和度：$S_r=\dfrac{wd_s}{e}=\dfrac{0.129\times2.67}{0.805}=0.43$

虽然实际计算中用换算公式比用三相图简单迅速，但是学习中应首先掌握三相图的概念，能熟练地通过三相图推出主要指标，这样利用换算公式时概念清楚，不易出错。

1.5 无黏性土的物理状态指标

所谓土的物理状态，对于粗粒土，是指土的密实程度，对于细粒土则是指土的软硬程度或称为黏性土的稠度。土的密实度通常是指单位体积中固体颗粒的含量。土颗粒含量多，土就密实；土颗粒含量少，土就松散。无黏性土的密实度与其工程性质有着密切的关系。无黏性土呈密实状态时，强度较大，属于良好的天然地基；呈松散状态时，则属于不良地基。

1.5.1 砂土的密实度

砂土的密实度可用天然孔隙比衡量，当 $e<0.6$ 时，属密实砂土，强度高，压缩性小。当 $e>0.95$ 时，砂土呈松散状态，强度低，压缩性大。这种测定方法较简单，但没有考虑土颗粒级配的影响。例如，同样孔隙比的砂土，当颗粒均匀时较密实，当颗粒不均匀时较松散。考虑土颗粒级配的影响，通常用砂土的相对密度 D_r 表示其密实程度：

$$D_r=\frac{e_{max}-e}{e_{max}-e_{min}} \tag{1-28}$$

式中 e_{max}——砂土的最大孔隙比，即最疏松状态的孔隙比，其测定方法是将疏松的风干土样通过长颈漏斗轻轻地倒入容器，求其最小干密度，计算孔隙比，即为 e_{max}；

e_{min}——砂土的最小孔隙比，即最密实状态的孔隙比，其测定方法是将疏松风干土样分三次装入金属容器，并加以振动和锤击，至体积不变为止，测出最大干密度，算出其孔隙比，即为 e_{min}；

e——砂土在天然状态下的孔隙比。

从上式可知，若砂土的天然孔隙比 e 接近 e_{min}，D_r 接近 1，土呈密实状态；当 e 接近 e_{max}，D_r 接近 0，土呈疏松状态。按 D_r 的大小将砂土分成下列三种密实状态：

$1\geqslant D_r>0.67$，密实的；

$0.67\geqslant D_r>0.33$，中密的；

$0.33\geqslant D_r>0$，松散的。

相对密实度 D_r 从理论上能反映土颗粒级配、形状等因素。但是由于砂土很难取得原状土样，故天然孔隙比不易测准，其相对密度的精度也就无法保证了。《建筑地基基础设计规范》(GB 50007—2011)(以下简称《规范》)用标准贯入试验锤击数 $N_{63.5}$ 来划分砂土的密实度，如表 1-5 所示。$N_{63.5}$ 是在标准贯入时，质量为 63.5 kg 的重锤自 76 cm 的高度自由落下，将贯入器竖直击入土中 30 cm 所需要的锤击数。

表 1-5 砂土的密实度

密实度	密实	中密	稍密	松散
标准贯入试验锤击数 $N_{63.5}$	$N_{63.5}>30$	$30\geqslant N_{63.5}>15$	$15\geqslant N_{63.5}>10$	$N_{63.5}\leqslant 10$

注：当用静力触探探头阻力判定砂土的密实度时，可根据当地经验确定。

1.5.2　碎石土的密实度

碎石土既不易获得原状土样，又难于将贯入器击入土中。对这类土可根据《规范》要求，用重型动力触探锤击数来划分密实度，见表 1-6。

表 1-6　碎石土的密实度

密实度	密实	中密	稍密	松散
动力触探锤击数 $N_{63.5}$	$N_{63.5}>20$	$20\geqslant N_{63.5}>10$	$10\geqslant N_{63.5}>5$	$N_{63.5}\leqslant 5$

注：1.表 1-6 中的 $N_{63.5}$ 为重型动力触探锤击数，表 1-5 中的 $N_{63.5}$ 为标准贯入试验锤击数；
2.本表适用于卵石、碎石、圆砾、角砾，对于漂石、块石以及粒径大于 200 mm 的颗粒含量较多的碎石土，可按野外鉴别方法划分其密实度；
3.表内 $N_{63.5}$ 为经综合修正后的平均值。

对于漂石、块石以及粒径大于 200 mm 的颗粒含量较多的碎石土，可根据《规范》要求，按野外鉴别方法将密实度划分为密实、中密、稍密、松散四种，见表 1-7。

表 1-7　碎石土密实度野外鉴别方法表

密实度	骨架颗粒含量和排列	可挖性	可钻性
密实	骨架颗粒含量大于总重的 70%，呈交错排列，连续接触	锹、镐挖掘困难，用撬棍方能松动；井壁一般较稳定	钻进极困难；冲击钻探时，钻杆、吊锤跳动剧烈；孔壁较稳定
中密	骨架颗粒含量等于总重的 60%～70%，呈交错排列，大部分接触	锹、镐可挖掘；井壁有掉块现象；从井壁取出大颗粒后，能保持颗粒凹面形状	钻进较困难；冲击钻探时，钻杆、吊锤跳动不剧烈；孔壁有坍塌现象
稍密	骨架颗粒含量等于总重的 55%～60%，排列混乱，大部分不接触	锹可以挖掘；井壁易坍塌；从井壁取出大颗粒后，砂土立即坍落	钻进较容易；冲击钻探时，钻杆稍有跳动；孔壁易坍塌
松散	骨架颗粒含量小于总重的 55%，排列十分混乱，绝大部分不接触	锹易挖掘；井壁极易坍塌	钻进很容易；冲击钻探时，钻杆无跳动；孔壁极易坍塌

注：1.骨架颗粒指与表 1-1 碎石土分类名称相对应粒径的颗粒；
2.碎石土密实度的划分，应按表列各项要求综合确定。

1.6　黏性土的特性和物理状态指标

所谓黏性土，就是指具有可塑状态性质的土，它们在外力的作用下可塑成任何形状而不开裂，也不改变体积；当外力去掉后，仍可保持原形状不变。土的这种性质叫作可塑性。黏性土颗粒细小，比表面积大，含水量对其工程性质有着极大的影响。随着黏性土含水量的增大，土成泥浆，呈黏滞流动的液体。当施加剪力时，泥浆将连续地变形，土的抗剪强度极低。当含水量逐渐降低到某一值，土具有一定的抗剪强度，并具有可塑性。这些特征与液体完全不同，它表现为塑性体的特征。当含水量继续降低时，土能承受较大的剪切应力，在外力作用下不再具有塑性体特性，而呈现脆性的固体特征。我们把黏性土在某一含水量下对外力引起的变形或破坏所具有的抵抗能力称为黏性土的稠度。

1.6.1 黏性土的界限含水量

黏性土从一种状态过渡到另一种状态的分界含水量称为界限含水量，有缩限含水量、塑限含水量、液(流)限含水量、黏限含水量和浮限含水量五种，工程中常用前三种含水量。如图 1-11 所示，土由可塑状态变化到流动状态的界限含水量称为液限(liquid limit)(或流限)，用 w_L表示；土由半固态变化到可塑状态的界限含水量称为塑限(plastic limit)，用 w_P表示；土由半固体状态不断蒸发水分，体积逐渐缩小，直到体积不再缩小时土的界限含水量称为缩限，用 w_s表示。界限含水量首先由瑞典科学家阿太堡(A. Atterberg)于 1911 年提出，故这些界限含水量又称为阿太堡界限。

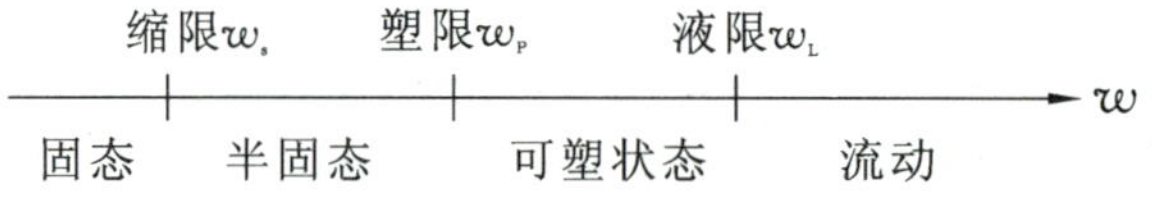

图 1-11 黏性土的状态与含水量的关系

塑限 w_P一般用“搓条法”测定，液限 w_L可采用锥式液限仪或碟式液限仪测定。上述测定液限、塑限的方法，特别是测定塑限的方法，存在的主要缺点是：手工操作，受人为因素影响较大，结果不稳定。许多单位都在探索一些新的方法，以减少人为因素的影响，如《土工试验方法标准》(GB/T 50123—2019)介绍的液塑限联合测定法。

1.6.2 黏性土的塑性指数和液性指数

液限与塑限的差值称为塑性指数(plasticity index)，用 I_p表示，即

$$I_p = w_L - w_P \tag{1-29}$$

塑性指数习惯上用不带“%”的百分数表示。从上式可见，I_p正好是土处于可塑状态的上限和下限含水量的差值。I_p越大，表明土的颗粒越细，比表面积越大，土的颗粒或亲水矿物(如蒙脱石)含量越高，土处在可塑状态的含水量变化范围就越大。也就是说塑性指数能综合地反映土的矿物成分和颗粒大小，因此，塑性指数常作为工程上对黏性土进行分类的依据。

虽然土的天然含水量对黏性土的状态有很大影响，但对于不同的土，即使具有相同的含水量，如果它们的塑限、液限不同，则它们所处的状态也就不同。因此，还需要一个表征土的天然含水量与界限含水量之间相对关系的指标，这就是液性指数(liquidity index，I_L)。即：

$$I_L=\frac{w-w_P}{w_L-w_P}$$

液性指数一般用小数表示。由上式可见，当土的天然含水量 w 小于 w_P 时，I_L 小于0，土体处于坚硬状态；当 w 大于 w_L 时，I_L 大于1，土体处于流动状态；当 w 在 w_P 和 w_L 之间时，$I_L=0\sim1$，土体处于可塑状态。因此可以利用 I_L 来表示黏性土所处的软硬状态。

《建筑地基基础设计规范》(GB 5007—2011)规定：黏性土根据液性指数可分为坚硬、硬塑、可塑、软塑及流塑五种软硬状态。

尚需注意，w_p 与 w_L 都是由扰动土样确定的指标，土的天然结构已被破坏，所以用 I_L 来判断黏性土的软硬程度，没有考虑土原有结构的影响。在含水量相同时，原状土要比扰动土坚硬。因此，用上述标准判断扰动土的软硬状态是合适的，但对原状土则偏于保守。通常当原状土的天然含水量等于液限时，原状土并不处于流塑状态，但天然结构一经扰动，土即呈现出流动状态。

在公路建设中，有时还用稠度来区分黏性土的状态。土的液限与天然含水量之差和塑性指数之比，称为土的天然稠度，即

$$w_c=\frac{w_L-w}{I_p} \tag{1-30}$$

稠度可采用直接法和间接法测定。直接法按烘干法测定原状土的天然含水量，用稠度公式计算土的天然稠度。间接法用联合测定仪测定天然结构土体的锥入深度，并用联合测定结果确定土的天然稠度。

1.6.3 黏性土的灵敏度和触变性

天然状态下的黏性土，由于地质历史作用常具有一定的结构性。当土体受到外力扰动作用，其结构被破坏时，土的强度降低，压缩性增高。工程上常用灵敏度 S_t 来衡量黏性土结构性对强度的影响，即

$$S_t=\frac{q_u}{q'_u} \tag{1-31}$$

式中 q_u，q'_u——原状土和重塑土试样的无侧限抗压强度(kPa)。

根据灵敏度可将饱和黏性土分为低灵敏($1.0<S_t\leqslant2.0$)、中等灵敏($2.0<S_t\leqslant4.0$)和高灵敏($S_t>4.0$)三类。土的灵敏度愈高，其结构性愈强，受扰动后土的强度降低就愈明显。因此，在基础工程施工中必须注意保护基槽，尽量减少对土结构的扰动。

与结构性相反的是土的触变性。饱和黏性土受到扰动后，结构产生破坏，土的强度降低。但当扰动停止后，土的强度随时间又会逐渐增大，这是土体中颗粒、离子和水分子体系随时间而逐渐趋于新的平衡状态的缘故，也可以说土的结构逐步恢复而导致强度的恢复。黏性土结构遭到破坏，强度降低，但随时间发展土体强度恢复的胶体化学性质称为土的触变性。例如，打桩时会使土体的结构扰动，使黏性土的强度降低，而打桩停止后，土的强度会部分恢复，所以打桩时要“一气呵成”，才能进展顺利，提高工效，这就是受土的触变性影响的结果。

1.7 土的压实原理

土的三相性决定了土受力容易产生变形，土体在压力作用下体积缩小的特性称为土的压缩性。在许多工程建设中，例如地基、路基、土堤和土坝中都会使用土作为建筑材料来填筑。填土时，经常采用夯击、振动或碾压等方式使土得到压实，以提高土的强度，减小压缩性，从而保证地基和土工建筑物的稳定。土的压实是指土体在压实能量作用下，土颗粒克服粒间阻力，产生位移，使土中孔隙水和孔隙中的气体被排出，孔隙体积减小，密实度增加。影响土的压实性的因素有很多，例如含水率（water content）、击实功、土的种类和颗粒级配以及粗粒含量等。

1.7.1 击实试验原理和击实曲线

击实试验是实验室测定土压实度的试验，分为轻型和重型两种。击实试验由击实仪完成。击实仪主要由套筒、底板、提手、击实锤等构成。根据《土工试验方法标准》(GB/T 50123—2019)，先将同一控制条件下的土样均分成 6～7 份，然后注入不同量的水并制备成不同含水量的土样。将制备好的土样分层（共 3～5 层）装入击实筒中，每铺一层用击实锤按规定的落距和击数锤击土样。每次击实后，记录每份土样的干密度和含水量，最后被压实的土样充满击实筒。

试验结束后，根据数据得到击实曲线。横坐标表示含水量，纵坐标表示干密度。可以看出，只有当含水量处于某一值时，土样才能被压至最密实状态，此时的含水量称为最优含水量（optimum water content）(ω_{OP})。它表示在这一含水量下，以这种压实方式，能够达到最大干密度（maximum dry density）(ρ_{dmax})。同一种土，干密度越大，孔隙比越小，所以最大干密度对应试验到达的最小孔隙比。在某一含水量下，将土压到最密，理论上就是尽可能多地将土中气体从孔隙中挤出。一般认为，土击实后的紧密程度与所需克服的阻力大小有关。含水量小时，包裹土粒的结合水膜较薄，土粒间相对位移的阻力较大，因而所得到的干密度小；随着含水量的增加，水膜逐渐增厚，粒间联结逐渐减弱，相当于增加粒间的润滑作用，土粒易于发生位移，干密度得以逐渐增加；当含水量超过某一限度，土中除结合水外，还增加了自由水，冲击荷载只能使未被水所占据的那部分孔隙体积发生改变，而不能使孔隙水排出，因而击实效果随含水量的增加而减弱，同时因为理论饱和曲线假定土中空气全部被排除，孔隙完全被水占据。而实际上无法将孔隙内气体完全排出，因此击实曲线必定位于饱和曲线的左侧而不可能与饱和曲线相切或相交。

1.7.2 压实度及影响因素

在工程建设中，压实度是检查压实效果是否达到要求的指标。土的压实度定义为现场土压实后的干密度与室内试验标准最大干密度的比值，即

$$\lambda_c=\frac{\rho_d}{\rho_{dmax}}\times 100\% \tag{1-32}$$

式中　λ_c——土的压实度，以百分比计。

在施工过程中，填土的质量以压实度来控制。压实度越接近 1，说明对压实质量要求越严格。《公路路基设计规范》(JTG D30—2015)要求应分层铺筑，均匀压实，路床和路堤压实度应符合表 1-8 和表 1-9 的规定。

表 1-8　路床压实度要求

路基部位		路面底面以下深度/m	路床压实度/%		
			高速公路、一级公路	二级公路	三、四级公路
上路床		0～0.3	≥96	≥95	≥94
下路床	轻、中等及重交通	0.3～0.8	≥96	≥95	≥94
	特重、极重交通	0.3～1.2	≥96	≥95	—

土的压实过程实际上是细小颗粒嵌入较粗土粒孔隙的过程。在这一过程中，土粒重新组合，彼此挤紧，孔隙减少，孔隙中的水和气体被排出，土体单位体积的质量提高，从而形成密实的整体。同时，内摩擦力和黏聚力增加，土的整体强度和稳定性增加。

影响土压实的因素包括含水量、土的类别及颗粒级配、击实功、矿物含量、毛细水压以及孔隙水压等，其中前三个因素是主要影响因素。

表 1-9　路堤压实度要求

填挖类型		路面底面以下深度/m	路堤压实度/%		
			高速公路、一级公路	二级公路	三、四级公路
上路堤	轻、中等及重交通	0.8～1.5	≥94	≥94	≥93
	特重、极重交通	1.2～1.9	≥94	≥94	—
下路堤	轻、中等及重交通	1.5 以下	≥93	≥92	≥90
	特重、极重交通	1.9 以下			

1.8　地基土的工程分类

自然界的土类很多，工程性质各异。为便于研究，需要按其主要特征进行分类。把工程性质接近的土划为一类，这样既便于选择正确的对土的研究方法，也便于对土做出合理的评价，又能使工程人员对土有共同的概念，便于经验交流。当前国内使用的土名和土的分类方法并不统一。各个部门使用各自指定的规范，各个规范的规定也不完全一样。国际上的情况同样如此，各个国家都有自己一套或多套规定。

1.8.1 土的工程分类的依据

自然界的各种土，从直观上可以分成两大类：一类是凭肉眼可见的松散颗粒所堆成且颗粒通过接触点直接接触的无黏性土。粒间除重力和有时有些毛细压力外，其他的联结十分微弱，可以忽略不计。另一类是由肉眼难以辨别的微粒所组成的黏性土。黏土颗粒之间存在着分子引力和静电力的作用，颗粒之间互相联结。颗粒之间常常是通过静电力引起的结合水膜相联结，使这类土具有可塑性。另外，黏土矿物具有吸水膨胀、失水收缩的特征，结合水膜也因土中水分的变化而增厚或变薄，使这类土具有胀缩性。

在实际的工程应用中，仅有这种粗糙的分类是远远不够的，必须进一步选择对土的工程性质影响最大、最能反映土的基本属性和便于测定的指标来进行系统的分类。按前面的分析，影响土的工程性质的三个主要因素是土的三相组成，土的物理状态和土的结构。其中，起主要作用的是三相组成。在三相组成中，首要的是土的固体颗粒，特别是其中的细小颗粒。按实践经验，工程上以粒径大于 0.075 mm 的颗粒质量占全部土粒质量的 50%作为第一个分类的界限。大于 50%的称为粗粒土，小于或等于 50%的称为细粒土。

粗粒土的工程性质，如透水性、压缩性和强度等，很大程度上取决于土的粒径级配。因此，粗粒土按其粒径级配累计曲线再分成细类。

细粒土的工程性质不仅取决于粒径级配，还与土里的矿物成分和颗粒形状有密切关系。可以认为，比表面积和矿物成分在很大程度上决定了细粒土的性质。直接测量和鉴定土的比表面积和矿物成分均较困难，但是它们直接综合表现为土吸附结合水的能力。因此，在目前国内外的各种规范中多用吸附结合水的能力作为细粒土的分类标准。如前所述，反映土吸附结合水能力的特性指标有液限 w_L、塑限 w_P 和塑性指标 I_p。长期以来很多试验结果的统计分析表明：在这三个指标中，液限 w_L 和塑性指标 I_p 与土的工程性质的关系更密切、规律性更强，因此国内外对细粒土的分类，多用塑性指标或者液限加塑性指标作为分类依据。

20 世纪初期，瑞典科学家阿太堡提出了土的粒组划分方法和土的液限、塑限的测定方法，为近代土分类(soil classification)系统的形成奠定了基础。到 20 世纪 40 年代末 50 年代初，土的工程分类已经逐渐成熟，形成了不同的分类体系。

我国在 20 世纪 80 年代到 90 年代制订的一批规范发展和丰富了土的分类系统，也使我国的岩土分类学研究达到了一个新的水平。目前我国各行业的标准中关于土的分类存在着不同的体系。下面主要介绍《建筑地基基础设计规范》(GB 50007—2011)中土的分类方法。

1.8.2 建筑地基土的分类

《建筑地基基础设计规范》(GB 50007—2011)把作为建筑物的地基岩土，分为岩石、碎石土、砂土、粉土、黏性土和人工填土。

1) 岩石

岩石是指颗粒间牢固联结，形成整体或具有节理、裂隙的岩体。岩石作为建筑场地和建筑地基，除应确定其地质名称外，还应按表 1-10 和表 1-11 划分其坚硬程度和完整程度。岩石的坚硬程度应根据岩块的饱和单轴抗压强度 f_{rk} 按表 1-10 分为坚硬岩、较硬岩、较软岩、软岩和极软岩。当缺乏饱和单轴抗压强度资料或不能进行该项试验时，可在现场通过观察定性划分。岩石的风化程度可分为未风化、微风化、中风化、强风化和全风化。岩体完整程度应按表 1-11 划分为完整、较完整、较破碎、破碎和极破碎。

表 1-10　岩石坚硬程度的划分表

坚硬程度类别	坚硬岩	较硬岩	较软岩	软岩	极软岩
饱和单轴抗压强度标准值 f_{rk}/MPa	$f_{rk}>60$	$60\geqslant f_{rk}>30$	$30\geqslant f_{rk}>15$	$15\geqslant f_{rk}>5$	$f_{rk}\leqslant 5$

表 1-11　岩体完整程度的划分表

完整程度等级	完整	较完整	较破碎	破碎	极破碎
完整性指数	>0.75	0.75～0.55	0.55～0.35	0.35～0.15	<0.15

注：完整性指数为岩体纵波波速与岩块纵波波速之比的平方。测定波速时选定的岩体、岩块应有代表性。

2）碎石土

碎石土为粒径大于 2 mm 的颗粒含量超过全重 50%的土。碎石土可按表 1-12 分为漂石、块石、卵石、碎石、圆砾和角砾。碎石土的密实度可按表 1-6 分为松散、稍密、中密和密实。

表 1-12　碎石土的分类表

土的名称	颗粒形状	粒组含量
漂石 块石	圆形及亚圆形为主 棱角形为主	粒径大于 200 mm 的颗粒含量超过全重 50%
卵石 碎石	圆形及亚圆形为主 棱角形为主	粒径大于 20 mm 的颗粒含量超过全重 50%
圆砾 角砾	圆形及亚圆形为主 棱角形为主	粒径大于 2 mm 的颗粒含量超过全重 50%

注：分类时应根据粒组含量栏从上到下以最先符合者确定。

3）砂土

砂土为粒径大于 2 mm 的颗粒含量不超过全重 50%，粒径大于 0.075 mm 的颗粒含量超过 50%的土。砂土可按表 1-13 分为砾砂、粗砂、中砂、细砂和粉砂。砂土的密实度可按表 1-5 分为松散、稍密、中密、密实。

表 1-13　砂土的分类表

土的名称	粒组含量
砾砂	粒径大于 2 mm 的颗粒含量占全重 25%～50%

续表1-13

土的名称	粒组含量
粗 砂	粒径大于 0.5 mm 的颗粒含量超过全重 50%
中 砂	粒径大于 0.25 mm 的颗粒含量超过全重 50%
细 砂	粒径大于 0.075 mm 的颗粒含量超过全重 85%
粉 砂	粒径大于 0.075 mm 的颗粒含量超过全重 50%

注:分类时应根据颗粒含量栏从上到下以最先符合者确定。

4）粉土

粉土是塑性指数 I_p 小于或等于 10，且粒径大于 0.075 mm 的颗粒含量不超过全重 50% 的土。粉土的性质介于砂土和黏性土之间。

现有资料分析表明，粉土的密实度与天然孔隙比 e 有关。一般 $e \geqslant 0.9$ 时，为稍密，强度较低，属软弱地基；$0.75 \leqslant e < 0.9$，为中密；$e < 0.75$，为密实，其强度高，属良好的天然地基。粉土的湿度状态可按天然含水量 w 划分，$w < 20\%$，为稍湿；$20\% \leqslant w < 30\%$，为湿；$w \geqslant 30\%$，为很湿。粉土在饱水状态下易于散化与结构软化，以致强度降低，压缩性增大。野外鉴别粉土可将其浸水饱和，团成小球，置于手掌上左右反复摇晃，并以另一手振击，则土中水迅速渗出土面，并呈现光泽。

5）黏性土

黏性土是指塑性指数 I_p 大于 10 的土，根据塑性指数 I_p 按表 1-14 可分为黏土和粉质黏土。根据液性指数 I_L，黏性土的状态可按表 1-15 分为坚硬、硬塑、可塑、软塑、流塑。

表 1-14　黏性土的分类表

塑性指数 I_p	土的分类
$I_p > 17$	黏土
$10 < I_p \leqslant 17$	粉质黏土

表 1-15　黏性土的状态表

液性指数 I_L	$I_L \leqslant 0$	$0 < I_L \leqslant 0.25$	$0.25 < I_L \leqslant 0.75$	$0.75 < I_L \leqslant 1$	$I_L > 1$
黏性土的状态	坚硬	硬塑	可塑	软塑	流塑

工程实践表明，土的沉积年代对土的工程性质影响很大，不同沉积年代的黏性土，尽管其物理性质指标很接近，但其工程性质可能相差悬殊。如湖南的网纹状黏土，具有较高的结构强度和较低的压缩性。因此《岩土工程勘察规范》(GB 50021—2001)(2009 年版)按沉积年代又将黏性土分为：老黏性土、一般黏性土和新近沉积的黏性土。

(1) 老黏性土：是指第四纪晚更新世(Q_3)及其以前沉积的黏性土，广泛分布于长江中下游、内蒙古自治区等地区。其沉积年代久，工程性能好。通常在物理性质指标相近的条件下，老黏性土比一般黏性土强度高而压缩性低。但也须注意：一些地区的老黏性土强度并不高，甚至有低于一般黏性土的，因此使用时需要根据当地的实践经验取值。

(2) 一般黏性土:是指第四纪全新世(Q_4,文化期以前)沉积的黏性土,在工程上最常遇到,透水性较小,其力学性质在各类土中属于中等。

(3) 新近沉积的黏性土:是指文化期以来新近沉积的黏性土。其沉积年代较短,结构性差,压缩性相对较高,而且强度很低,主要分布于河漫滩、山前冲、洪积扇的表层和已填塞的沟、塘、谷和河道泛滥区。

6) 人工填土

人工填土是指由于人类活动而堆积的土,其物质成分杂乱,均匀性较差。根据其物质组成和成因可分为素填土、杂填土和冲填土三类。

(1) 素填土:由碎石、砂土、粉土、黏性土等组成的填土。素填土不含杂质或含杂质很少,按主要组成物质分为碎石素填土、砂性素填土、粉性素填土及黏性素填土,经分层压实或夯实的素填土称为压实填土。

(2) 杂填土:含有大量建筑垃圾、工业废料或生活垃圾等杂物的填土。按组成物质分为建筑垃圾土、工业垃圾土及生活垃圾土。

(3) 冲填土:由水力冲填泥沙形成的填土。

人工填土可按堆填时间分为老填土和新填土,通常把堆填时间超过 10 年的黏性填土或超过 5 年的粉性填土称为老填土,否则称为新填土。

7) 其他类土

除了上述六类土外,《建筑地基基础设计规范》(GB 50007—2011)中还对淤泥和淤泥质土、红黏土、膨胀土以及湿陷性土进行了分类。

(1) 淤泥为在静水或缓慢的流水环境中沉积,并经生物化学作用形成,天然含水量大于液限、天然孔隙比大于或等于 1.5 的黏性土。天然含水量大于液限而天然孔隙比小于 1.5 但大于或等于 1.0 的黏性土或粉土为淤泥质土。

(2) 红黏土为碳酸盐岩系的岩石经红土化作用形成的高塑性黏土,液限一般大于 50。红黏土经再搬运后仍保留其基本特征,液限大于 45 的土称为次生红黏土。

(3) 膨胀土为土中黏粒成分主要由亲水性矿物组成,具有显著的吸水膨胀和失水收缩特性,自由膨胀率大于或等于 40%的黏性土。

(4) 湿陷性土为浸水后产生附加沉降,湿陷系数大于或等于 0.015 的土。

习　题

1-1　土是如何生成的?土与其他材料(如混凝土、钢材等)最重要的区别是什么?

1-2　什么叫作粒径级配曲线?如何从级配曲线的陡缓判断土的工程性质?

1-3　土是由哪几部分组成的?

1-4　何谓土的结构?土的结构有几种?

1-5　土的物理性质指标有几个?哪些是直接测定的?如何测定?

1-6　土的物理状态指标有几个?

1-7　如何按工程性质对地基土进行分类?

1-8　一块原状土样，经试验测得土的天然密度 $\rho=1.67\ kN/m^3$，含水量为 12.9%，土粒的相对密度 $d_s=2.67$，求孔隙比 e、孔隙率 n 和饱和度 S_r。

1-9　某砂土土样的天然密度 $\rho=1.77\ kN/m^3$，天然含水量为 9.8%，土粒的相对密度 $d_s=2.67$，烘干后测定最小孔隙比为 0.461，最大孔隙比为 0.943，试求天然孔隙比 e 和相对密度 d_s，并评定该砂土的密实度。

1-10　黏性土的含水量 $w=36.4\%$，液限 $w_L=48\%$，塑限 $w_P=25.4\%$，要求：计算该土的塑性指数；根据塑性指数确定该土的名称；计算该土的液性指数；按液性指数确定土的状态。

第 2 章　土的渗透性

2.1　概　　述

土是一种碎散的多孔介质，其孔隙在空间互相连通。由于土的松散性和三相性，土力学中提出“土骨架”的概念。土骨架是由相互接触的土颗粒组成的构架体，它具有整块土体的体积与截面面积，但不包括孔隙中的气体与液体。正如一块丝瓜瓤或者海绵一样，只考虑它所占据的全部空间中的固体部分。而孔隙中包含有流体，这些流体在势能差的作用下会在孔隙中流动，这就是土中的渗流(seepage)，如图 2-1 所示。土能被水等液体透过的性质称为土的渗透性。

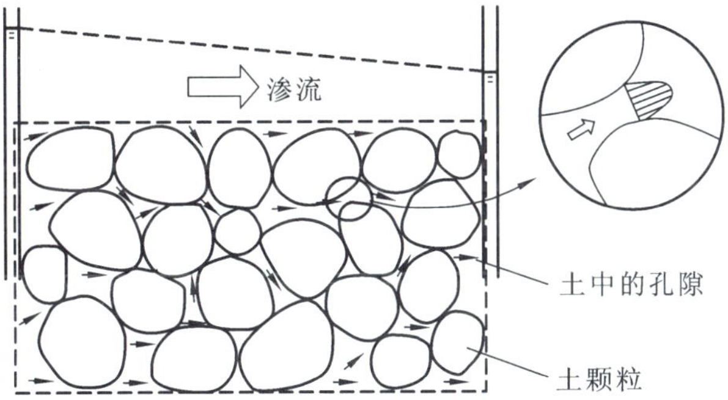

图 2-1　土中的渗流

土中通常含有水，含水量的变化及土体中水的流动对土特性的影响非常大。有时这种影响可能会带来灾难。水对土特性影响的直观理解为：土的含水量小时，土比较硬，土中适当含水可使土颗粒黏合在一起，使其具有一定的黏结强度，但当土的含水量过大时土会变软。当水在土中流动得比较急时，可能会带着土颗粒一起流动，严重时会造成塌方、泥石流及流土等灾害。岩土工程的很多事故均与水有关，水对土的影响是一个绝对不可忽视的问题。

归纳起来，对土渗透性的研究主要包括以下三个方面：

(1) 渗流量估算问题：在岩土工程施工中，一般都需要计算渗流量，以配置排水设备和进行支挡结构的设计计算。渗流量的大小将直接影响到工程的经济效益。

(2) 渗透破坏问题：如图 2-2 所示，当渗透水流的流速较大时，水流拖曳土体的渗透力(seepage force)将增大，从而导致土颗粒或土体移动，这时土体就会发生渗透变形，甚至发生渗透破坏，如地面隆起、细颗粒被水带出等现象。渗透破坏问题直接关系到建筑物的安全，它是导致水工建筑物、基坑和地基发生破坏的重要原因之一。

(3) 渗流控制问题：在土工渗流问题中，通常都要求评判其渗透稳定性，当渗流量或渗透变形不满足设计要求时，就应采取合理的工程措施进行渗流控制。

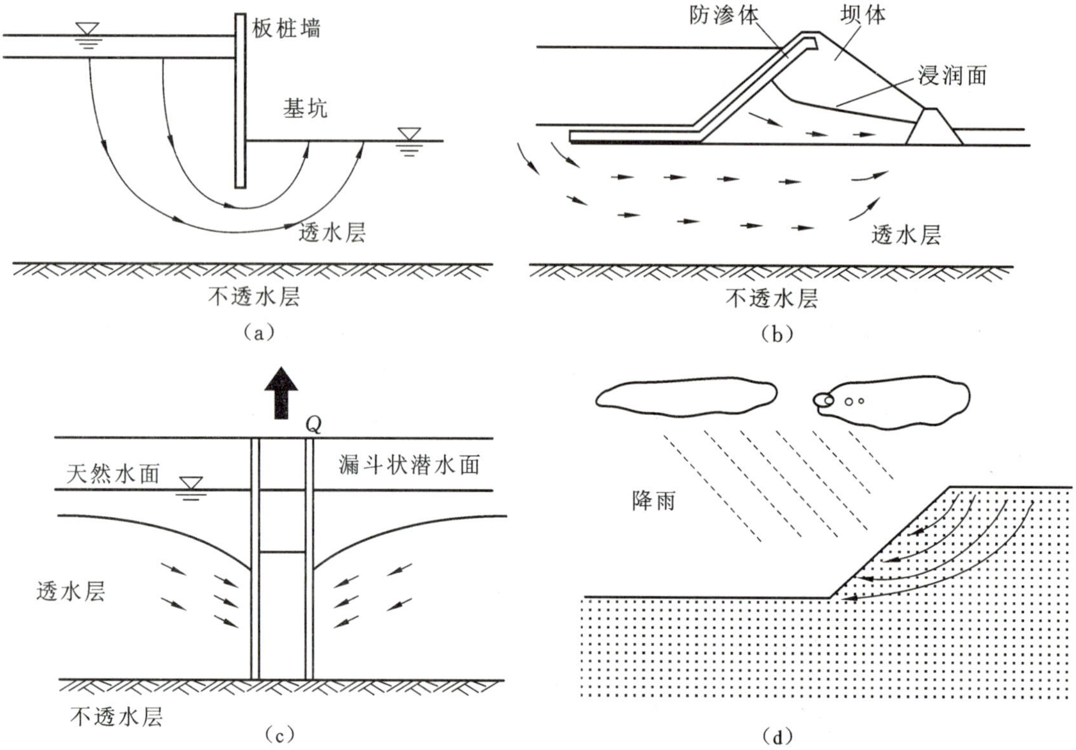

图 2-2　一些常见的渗流问题

(a)支护结构下的基坑渗流；(b)坝身及坝基的渗流；(c)水井渗流；(d)降雨引起的滑坡及泥石流

综上所述，水在土体中的渗流，一方面会造成水头损失或基坑积水，影响工程效益和进度；另一方面将引起土体变形，改变构筑物或地基的稳定条件，直接影响工程安全，更有甚者还会酿成破坏事故。此外，土的渗透性的强弱对土体的固结、强度以及工程施工都有非常重要的影响，因此研究土的渗透性规律及其与工程的关系具有重要意义。由于非饱和土的渗透性较复杂，工程实用性较小，本章主要介绍饱和土的渗透性及渗流规律、平面渗流及流网(flow net)简介、渗透破坏与渗流控制。

2.2　土的渗透性与渗透规律

2.2.1　水头与水力坡降

由水力学理论可知，能量是水体发生流动的驱动力。水在土中流动时，除了满足连续性原理外，还应满足能量守恒原理，即应满足伯努利(Daniel Bernoulli)方程。如果忽略摩擦引起的能量损失，则流动过程中的总能量表示为：

$$E = mgz + mg\frac{u}{\gamma_w} + \frac{1}{2}mv^2 \tag{2-1}$$

即总能量表示为位置势能、压力势能与动能之和。

单位重量水流的能量可用水头来表示，即伯努利方程表示如下：

$$h = \frac{v^2}{2g} + z + \frac{u}{\gamma_w} = 常数 \tag{2-2}$$

式中　$\frac{v^2}{2g}$——速度水头，v 是流速，g 是重力加速度；

z——位置水头，从基准面到计算点的高度；

$\frac{u}{\gamma_w}$——压力水头，u 是水压，γ_w 是水的重度。

以上三者之和称为总水头。不难看出，式(2-2)中各项均代表单位重量水体所具有的各种机械能，而其量纲却都是长度。总水头 h 的物理意义为单位重量水体所具有的总能量之和。

由于土体中渗流阻力大，故渗流流速 v 在一般情况下都很小，因而形成的流速水头 $\frac{v^2}{2g}$ 一般很小，为简便起见可以忽略。这样，渗流中任一点的总水头就可近似用下式来代替：

$$h = z + \frac{u}{\gamma_w} \tag{2-3}$$

上式也称为测管水头，是渗流的总驱动能。在上述各种水头中，我们最关心的是总水头，或者更确切地说是总水头差。因为饱和土体中两点间是否发生渗流，完全是由总水头差 Δh 决定的。只有当两点间的总水头差 $\Delta h > 0$ 时，孔隙水才会发生从总水头高的点向总水头低的点的流动。这与上文指出的渗流是水从能量高的点向能量低的点流动的概念是一致的。

图 2-3 表示渗流在土体中流经 A、B 两点时，各种水头的相互关系。按照式(2-3)，A、B 两点的总水头可分别表示为：

$$h_A = z_A + \frac{u_A}{\gamma_w} \tag{2-4}$$

$$h_B = z_B + \frac{u_B}{\gamma_w} \tag{2-5}$$

且

$$h_A = h_B + \Delta h \tag{2-6}$$

式中　z_A，z_B——A 点和 B 点的位置水头；

u_A，u_B——A 点和 B 点的水压力，在土力学中称为孔隙水压力；

$\frac{u_A}{\gamma_w}$，$\frac{u_B}{\gamma_w}$——A 点和 B 点的压力水头；

h_A，h_B——A 点和 B 点的总水头；

Δh——A 点和 B 点的总水头差，表示单位重量水从 A 点向 B 点流动时，为克服阻力而损失的能量。

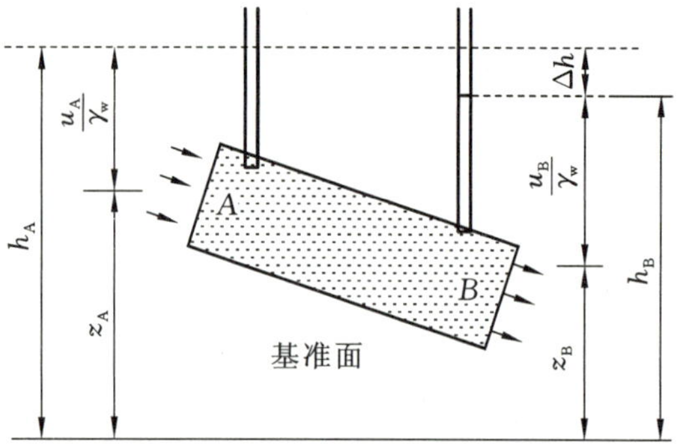

图 2-3　渗流中的各种水头和渗透坡降

如果为稳定渗流，将图 2-3 中 A、B 两点的测管水头连接起来，可得到测管水头线（又称水力坡降线）。由于渗流过程中存在能量损失，测管水头线沿渗流方向逐步下降。A、B 两点间的水头损失 Δh 实际上是在它的渗流长度 L（A、B 两点的直线距离）上发生的，那么单位渗流长度上的水头损失为：

$$i=\frac{\Delta h}{L} \tag{2-7}$$

用微分表示则为：

$$i=\lim_{\Delta L\to 0}\frac{\Delta h}{\Delta L}=\frac{\mathrm{d}h}{\mathrm{d}L} \tag{2-8}$$

式中　i——水力坡降，其物理意义为单位渗流长度上的总的水头损失，并指向总水头变化最快的方向。

在研究土体的渗透规律时，水力坡降 i 是个十分重要的物理量。

2.2.2　渗透试验与达西定律

1. 渗透试验

由于土体中孔隙的形状和大小是极不规则的，渗流过程中黏滞阻力很大，所以多数情形下，水在土体中的流速十分缓慢，处于层流状态，即相邻两个水分子运动的轨迹相互平行而不混掺。一百多年前，法国工程师达西（Henry Darcy）首先采用图 2-4 所示的试验装置对均匀砂土进行了大量渗流试验，得出了层流条件下土体中水渗流速度与能量（水头）损失之间的规律，即达西定律（Darcy's law）。

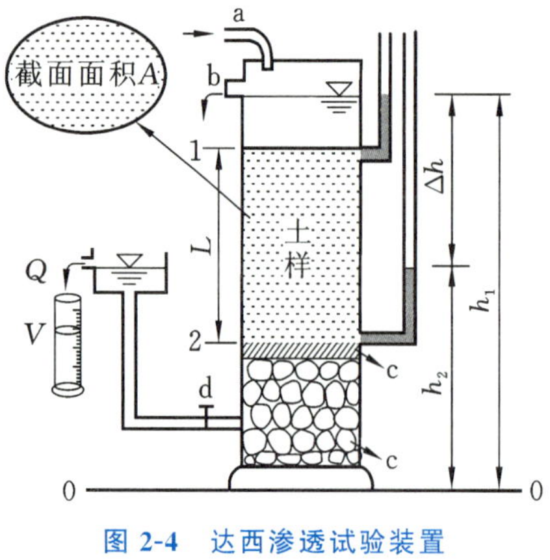

图 2-4　达西渗透试验装置

达西渗透试验装置是一个上端开口的直立圆筒，下部放碎石，碎石上放一块多孔滤板 c，滤板上面放置砂土试样，其截面面积为 A、长度为 L。筒的侧壁装有两支测压管，分别设置在土样上下两端的过水断面处 1、2。水由上端进水管 a 注入圆筒，并以溢水管 b 保持筒内水面恒定水，过土样的水从装有控制阀门 d 的弯管流入容器 V 中。当筒的上部水面保持恒定以后，通过砂土的渗流是恒定流，测压管中的水面将恒定不变。取图中 0—0 面为基准面，h_1、h_2 分别为 1、2 断面处的测压管水头，经过砂样渗流长度 L 后的水头损失即水头差为 $\Delta h=h_1-h_2$。

达西的研究结果表明渗流量 Q 除了与圆筒断面面积 A 成正比外，还正比于水头损失 $\Delta h=h_1-h_2$，反比于渗流长度 L，且与土的透水性质有关，即

$$Q\propto A\times\frac{\Delta h}{L} \tag{2-9}$$

写成等式则为：

$$Q=kAi \tag{2-10}$$

或

$$v=\frac{Q}{A}=ki \tag{2-11}$$

式中　v——断面平均渗透速度（mm/s 或 m/d）；

k——反映土体透水性能的比例系数，称为土体的渗透系数，其数值等于水力坡降 $i=1$ 时的渗透速度，故其单位与流速相同，为 mm/s 或 m/d。

式(2-11)称为达西定律。

达西定律表明，在处于层流状态的渗流中，渗透速度 v 与水力坡降 i 的一次方成正比，并与土体的性质有关。

需要说明的是，以上达西定律的表达式采用了以下基本假定：

1）土样断面内不仅包含孔隙，还包含土颗粒，而只有在土颗粒间的孔隙才会有水的流动，而且，沿着土样长度方向，不同断面的孔隙大小和分布是不同的，所以式(2-11)中的渗透速度 v 并不是土孔隙中水的实际平均流速。在公式推导中采用的是土样的整个断面面积，其中包括了土粒骨架所占的部分面积，故真实的过水断面面积 A_r 应小于整个断面面积 A，从而实际平均流速 v_r 应大于 v，一般称 v 为假想平均流速。v 与 v_r 的关系可通过水流连续原理得到：

$$Q=vA=v_rA_r \tag{2-12}$$

若均质砂土的孔隙率为 n，则 $A_r=nA$，即得

$$v_r=\frac{vA}{nA}=\frac{v}{n} \tag{2-13}$$

由于水在土中沿孔隙流动的实际路径十分复杂，v_r 也并非渗透水流的真实流速。无论理论分析或试验都很难确定某一具体位置的真实流速，后面所说的渗透速度均指这种假想平均流速。

2）水的实际渗流路径是十分弯曲的，具体的路径长度也无法测得。达西定律中的水力坡降是按照土试样长度计算的平均水力坡降，而不是局部的真正水力坡降。

2. 达西定律的适用范围

前面已经指出，达西定律是描述层流状态下渗透流速与水头损失关系的规律，亦即渗流速度 v 与水力坡降 i 呈线性关系只适用于层流范围。在水利和土木工程中，绝大多数渗流，无论是发生于砂土中还是一般的黏性土中，均属于层流范围，故达西定律一般均可适用。

从另一个方面来讲，以下两种情况可认为超出达西定律适用范围。

一种情况是对于黏性很强的密实黏土，由于结合水具有较大的黏滞阻力，因此，只有当水力梯度达到某一数值，克服了结合水的黏滞阻力以后，才能发生渗透，如图 2-5(a)所示。一开始发生渗透时的水力坡降称为黏性土的初始水力坡降。一些试验资料表明，当水力坡降超过初始水力坡降后，渗透速度与水力坡降还会偏离达西定律而呈非线性关系，如图 2-5(b)中的实线所示。为了使用方便，常用图中的虚直线来描述密实黏土的渗透速度与水力坡降的关系，并以下式表示：

$$v=k(i-i_0) \tag{2-14}$$

式中 i_0——黏性土初始水力坡降，表示克服结合水阻力形成渗流所需的能量，是达西定律适用的下限。

另一种情况是在纯砾石以上的粗粒土，如堆石坝等裂隙介质中，只有在小的坡降下，渗透速度与水力坡降才呈线性关系；当水力坡降较大时，流速增大，渗流由层流过渡为紊流，这时渗透速度与水力坡降呈非线性关系，达西定律不再适用，如图 2-5(c)所示。对于层流和紊流的界限，即达西定律适用上限，目前没有明确的确定方法。有些学者主张用雷诺数 Re 进行判断。

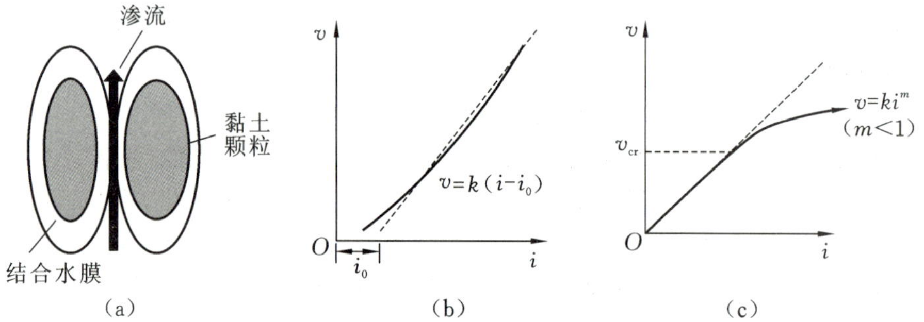

图 2-5 渗透速度与水力坡降的关系

(a)结合水膜的影响；(b)密实黏土；(c)砾石

$Re<5$，层流，适用达西定律，地下水低速运动，黏滞力占优势；

$5<Re<200$，层流，不适用达西定律，地下水流速增大，为过渡带，由黏滞力占优势的层流运动转变为惯性力占优势的层流运动；

$Re>200$，紊流，不适用达西定律。

2.2.3 渗透系数的测定

渗透系数(permeability coefficient)是一个重要的水文地质参数，也是渗流计算时必须用到的一个基本参数，是反映土渗透能力的定量指标，数值上等于水力梯度 $i=1$ 时的渗透速度。

渗透系数的大小不仅取决于土的特性，如颗粒大小、形状、排列等，而且还与流体的物理性质(如重度、黏度等)有关。如果在同一装置中对同样的土试样分别用水和油进行渗透试验，在同样的水头差作用下，水的流速明显大于油的流速，即水的渗透系数大于油的渗透系数，说明不同的流体具有不同的渗透系数。

渗透系数只能通过试验直接测定，测定方法可分为室内渗透试验和现场试验两大类。一般来讲，现场试验比室内试验的结果更准确可靠，有条件的情况下或者重要工程都需要进行现场试验测定渗透系数。

1. 实验室测定方法

目前在实验室中测定渗透系数 k 的仪器种类和试验方法很多，但从试验原理上大体可分为常水头试验法和变水头试验法两种。

(1) 常水头试验法(constant head hydraulic conductivity test)

常水头试验法是指在整个试验过程中保持土样两端水头不变的渗流试验，显然此时土样两端的水头差也为常数。图 2-6 所示的试验装置与前面所述图 2-4 的达西渗透试验装置都属于这种类型。

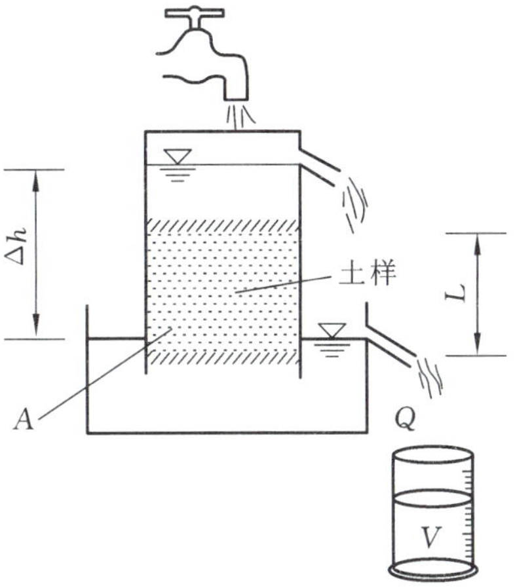

图 2-6　常水头试验装置示意图

试验时，可在透明塑料筒中装填横截面面积为 A、长度为 L 的饱和土样，打开阀门，使水自上而下渗过土样，并自出水口处排出。待水头差 Δh 和渗出流量 Q 稳定后，量测一定时间 t 内流经试样的水量 V，则

$$V = Qt = vAt$$

根据达西定律，$v = ki$，则

$$V = k\frac{\Delta h}{L}At$$

从而得出

$$k = \frac{VL}{A\Delta ht} \tag{2-15}$$

常水头试验法适用于测定透水性较大的砂性土的渗透系数。黏性土由于渗透系数很小，渗透水量很少，用这种试验方法不易准确测定，需改用变水头试验法。

(2) 变水头试验法(falling head hydraulic conductivity test)

变水头试验法在整个试验过程中，水头是随着时间而变化的，其试验装置如图 2-7 所示。

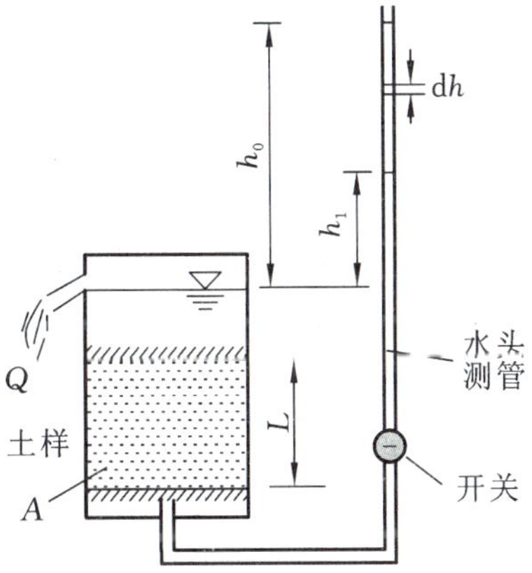

图 2-7　变水头试验装置示意图

土试样的一端与细玻璃管相接，在试验过程中量测某一时段内细玻璃管中水位变化，就可以根据达西定律求得土的渗透系数。

设细玻璃管的内截面面积为 a，试验开始时水头为 h_0，经过时间 t 后降为 h_1，水头差为 h。土样长度为 L，在时间段 $\mathrm{d}t$ 内，细玻璃管中水位下落 $\mathrm{d}h$，则在时段 $\mathrm{d}t$ 内经过细管的流水量 $\mathrm{d}Q = -a\,\mathrm{d}h$(负号表示渗水量随

h 的减少而增加)。

根据达西定律,在时段 $\mathrm{d}t$ 内流经土样的渗水量又可以表示为 $\mathrm{d}Q=k\ \dfrac{h}{L}A\,\mathrm{d}t$

根据同一时间段内流入、流出土样的水量相等,可得:

$$-a\,\mathrm{d}h=k\ \frac{h}{L}A\,\mathrm{d}t$$

则

$$\mathrm{d}t=-\frac{aL\,\mathrm{d}h}{kAh}$$

将上式两边积分得:

$$\int_{t_0}^{t_1}\mathrm{d}t=-\int_{h_0}^{h_1}\frac{aL}{kA}\ \frac{\mathrm{d}h}{h}$$

即可得到土的渗透系数:

$$k=\frac{aL}{A(t_1-t_0)}\ln\frac{h_0}{h_1} \tag{2-16}$$

如用常数对数表示,则上式可写成:

$$k=\frac{2.3aL}{A(t_1-t_0)}\lg\frac{h_0}{h_1} \tag{2-17}$$

式(2-16)和式(2-17)中的 a、L、A 为已知,试验时只要测得时刻 t_0、t_1 及对应的水位 h_0、h_1,就可以求出渗透系数 k。

2. 现场测定方法

实验室内测定土体渗透系数 k 的优点是实验设备简单,费用较少。但是,由于土体渗透性与土体结构有很大关系,地层中水平方向和垂直方向的渗透性也往往不一样;再加之取土样时的扰动,不易取得具有代表性的原状土样,特别是砂土。因此,室内试验测出的数值常常不能很好地反映现场土层的实际渗透性质。为了量测地基土层的实际渗透系数,可直接在现场进行渗透系数的原位测定。

但是野外现场试验规模一般较大,费用较高,耗时较长,而且需要一定数量的人力。在现场进行渗透系数测定时,常用的方法是现场井孔抽水试验或井孔注水试验。一般来说,抽水试验可能使土中细粒土发生潜蚀,测定的渗透系数偏高。注水试验可能出现土孔隙堵塞现象,测定的渗透系数偏低。下面主要介绍通过抽水试验确定渗透系数 k 值的方法。

图 2-8 为一现场井孔抽水试验示意图。在现场打一口试验井,贯穿要测定 k 值的含潜水的均匀砂土层,并在距井中心不同距离处设置两个观测孔,然后自井中以不变的流量连续抽水。抽水会造成水井周围的地下水水位逐渐下降,形成一个以井孔为轴心的降落漏斗状的地下水面。测定试验井和观测孔中的稳定水位,可以得到试验井周围测压管水面的分布图。测管水头差形成的水力坡降,使土中水流向井内。假定水流是水平流向时,则流向水井渗流的过水断面应是以抽水井为中心的一系列同心圆柱面。待抽水量和井中的水位稳定一段时间后,可测得抽水量为 Q,距离抽水井轴线分别为 r_1、r_2 的观测孔中的水位高度为 h_1、h_2。根据上述结果,利用达西定律即可求出土层的平均渗透系数 k 值。

现围绕井中心轴线取一过水圆柱断面,该断面距井中心轴线的距离为 r,水面高度为 h,

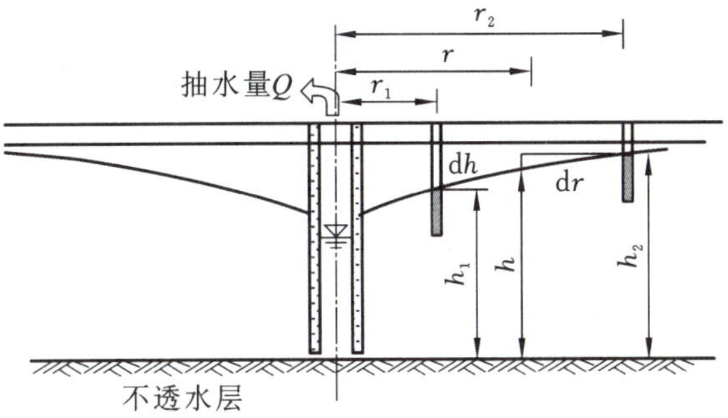

图 2-8 现场井孔抽水试验

则该圆柱过水断面面积 A 为：

$$A=2\pi rh$$

假设该圆柱过水断面上各处水力坡降为常数，且等于地下水位线在该处的坡度，则

$$i=\frac{\mathrm{d}h}{\mathrm{d}r}$$

根据渗流的连续性条件，单位时间自井内抽出的水量 Q 等于渗过该过水圆柱断面的渗流量。因此，由达西定律可得：

$$Q=Aki=2\pi rh\cdot k\frac{\mathrm{d}h}{\mathrm{d}r}$$

$$Q\frac{\mathrm{d}r}{r}=2\pi kh\,\mathrm{d}h$$

将上式两边进行积分，并代入边界条件

$$Q\int_{r_1}^{r_2}\frac{\mathrm{d}r}{r}=2\pi k\int_{h_1}^{h_2}h\,\mathrm{d}h$$

得：

$$Q\ln\frac{r_1}{r_2}=\pi k(h_2^2-h_1^2)$$

从而得出：

$$k=\frac{Q}{\pi}\frac{\ln(r_2/r_1)}{(h_2^2-h_1^2)} \tag{2-18}$$

或用常用对数表示，则为：

$$k=2.3\frac{Q}{\pi}\frac{\lg(r_2/r_1)}{(h_2^2-h_1^2)} \tag{2-19}$$

前面已经讲到，现场测定 k 值可以获得场地地基土层较为可靠的平均渗透系数，但试验所需费用较多，故要根据工程规模和勘察要求确定是否需要进行。

3. 影响渗透系数的因素

影响土体渗透系数的因素很多，与土的种类有关。由于渗透系数 k 综合反映了水在土体孔隙中流动的难易程度，因而其值必然要受到土体性质和水性质的影响。

(1) 土的颗粒级配和矿物成分

土颗粒越大、越浑圆、越均匀，级配越差时，渗透性越大；反之，渗透性越小。例如，砂土中黏土颗粒含量增加时，其渗透系数就大大降低。土的矿物成分对无黏性土的渗透性影响不大，但对黏性土的渗透性影响较大。黏性土中含有膨胀性的亲水黏土矿物（如蒙脱石）或有机质时，会大大降低土的渗透性。例如，含有大量有机质的淤泥几乎是不透水的。

（2）孔隙比

由 $e=\frac{V_v}{V_s}$ 可知，土颗粒体积 V_s 固定时，孔隙比 e 越大，V_v 越大，渗透系数就越大。而孔隙比的大小，主要取决于土体中的孔隙体积，而孔隙体积大小又取决于孔隙的直径大小、土粒的颗粒大小和级配。

（3）结合水水膜厚度

黏性土中若土粒的结合水水膜厚度较大时，会阻塞土的孔隙，降低土的渗透性。

（4）土的结构构造

天然土层通常是各向异性的，在渗透性方面往往也是如此。如黄土具有竖直方向的大孔隙，所以它在竖直方向的渗透系数要比水平方向的大得多。层状黏土常夹有薄的粉砂层，它在水平方向的渗透系数要比竖直方向的大得多。细粒土在天然状态下结构复杂，结构一旦扰动，原有的过水通道的形状、大小及其分布就会全都改变，因而 k 值也就不同。扰动土样与击实土样的 k 值通常均比同一密度原状土样的 k 值小。

（5）土中气体

当土中存在封闭气泡时，会阻塞水的渗透，从而降低了土的渗透性。这种密闭气泡有时是由溶解于水中的气体分离而形成的，故土的含气量也影响土的渗透系数。

（6）水的黏滞度

水在土中的渗透速度与水的重度及黏滞度有关，而这两个数值又与温度有关。一般水的重度随温度变化很小，可忽略不计。但水的黏滞度随温度的升高而降低，从而增加了水的渗透性。

为了准确测定土的渗透系数，必须消除各种因素的影响，尽量保持其原始状态。几种土的渗透系数参考值如表 2-1 所示。

表 2-1　几种土的渗透系数参考值

土类名称	渗透系数 k	渗透性
纯砾	$>10^{-1}$	高渗透性
砂、砾混合物	$10^{-3}\sim10^{-1}$	中渗透性
极细砂	$10^{-5}\sim10^{-3}$	低渗透性
粉土、砂与黏土混合物	$10^{-7}\sim10^{-5}$	极低渗透性
黏土	$<10^{-7}$	几乎无渗透性

2.2.4　层状地基的等效渗透系数

天然地基往往由渗透性不同的土层组成，有时土层间渗透系数相差很大，宏观上具有非均质性。为了计算方便，按照一定的等效原则，把几个实际土层等效成厚度等于各实际土层厚度之和的单一土层，单一土层的渗透系数即为等效渗透系数(equivalent permeability coefficient)。等效渗透系数的大小与水流的流向有关。对于与土层层面平行和垂直的简单渗流情况，当各土层的渗透系数和厚度已知时，即可求出整个土层与层面平行和垂直的等效渗透系数。

1. 水平渗流情况

图 2-9 为一个多土层地基发生水平向渗流的情况。已知地基内各土层的渗透系数分别为 k_1、k_2、k_3、…，土层厚度相应为 H_1、H_2、H_3、…，总土层厚度亦即等效土层厚度为

$$H=\sum_{j=1}^{n}H_j$$

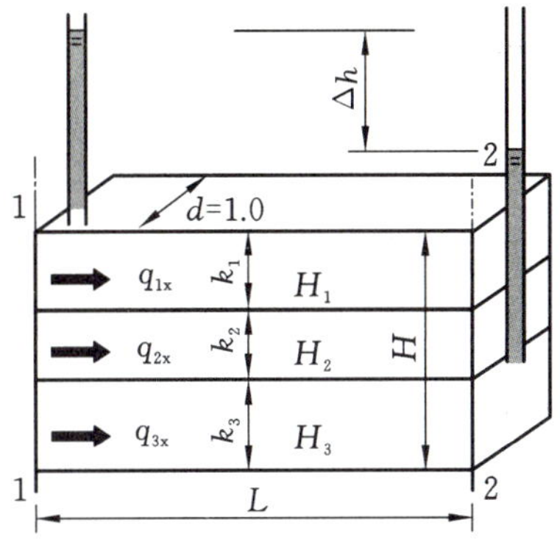

图 2-9　层状土水平等效渗透系数计算示意图

渗透水流自断面 1—1 水平向流至断面 2—2，距离为 L，水头损失为 δh。这种平行于各土层的水平渗流(horizontal flow)的特点是：

(1) 各土层中的水力坡降 $i=\Delta h/L$ 与等效土层的平均水力坡降 i 相同。

(2) 在垂直渗流方向取单位宽度 $d=1.0$，则通过等效土层的总渗流量 q_x 等于通过各土层渗流量之和，即

$$q_x=q_{1x}+q_{2x}+q_{3x}+\cdots=\sum_{j-1}^{n}q_{jx} \tag{2-20}$$

设等效土层的等效渗透系数为 k_x，应用达西定律可得：

$$k_x iH=\sum_{j=1}^{n}k_j iH_j=i\sum_{j=1}^{n}k_j H_j$$

消去 i 后，即可得出沿水平方向的等效渗透系数

$$k_x=\frac{1}{H}\sum_{j=1}^{n}k_j H_j \tag{2-21}$$

可见，k_x 为各土层渗透系数按土层厚度的加权平均值。

2. 垂直渗流(vertical flow)情况

图 2-10 为一个多土层地基发生垂直渗流的情况。设承压水流经土层 H 厚度的总水头损失为 Δh，流经每一土层的水头损失分别为 Δh_1、Δh_2、Δh_3、…。这种垂直于各层面的渗流特点是：

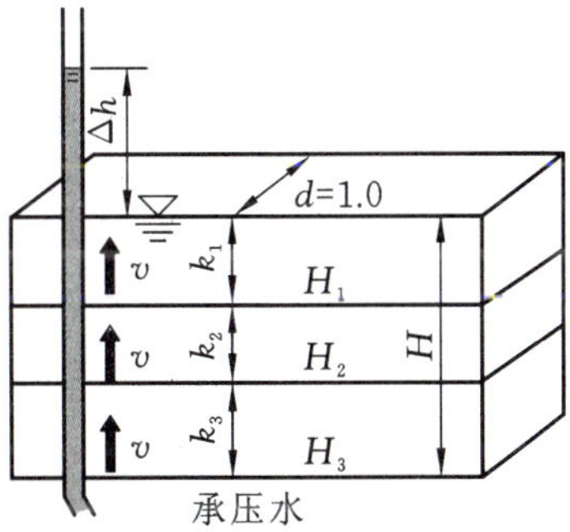

图 2-10　层状土垂直等效渗透系数计算示意图

根据水流连续原理，流经各土层的流速与流经等效土层的流速相同，即

$$v_1=v_2=v_3=\cdots=v \tag{2-22}$$

流经等效土层 H 的总水头损失 Δh 等于各土层的水头损失之和，即

$$\Delta h = \Delta h_1 + \Delta h_2 + \Delta h_3 + \cdots = \sum_{j=1}^{n} \Delta h_j \tag{2-23}$$

应用达西定律有

$$k_1 \frac{\Delta h_1}{H_1} = k_2 \frac{\Delta h_2}{H_2} = \cdots = k_j \frac{\Delta h_j}{H_j} = v$$

从而可解出

$$\Delta h_j = \frac{vH_j}{k_j} \quad (j=1,2,3,\cdots) \tag{2-24}$$

设竖直等效渗透系数为 k_z，对等效土层，有：

$$v = k_z \frac{\Delta h}{H}$$

从而可得

$$\Delta h = \frac{vH}{k_z} \tag{2-25}$$

将式(2-25)和式(2-24)代入式(2-23)得：

$$\frac{vH}{k_z} = \sum_{j=1}^{n} \frac{vH_j}{k_j}$$

消去 v，即可得出垂直层面方向的等效渗透系数 k_z：

$$k_z = \frac{H}{\sum_{j=1}^{n} \frac{H_j}{k_j}} \tag{2-26}$$

【例题 2-1】 如图 2-11 所示，在两个不透水土层之间有一厚度为 H 的砂土层，砂土层内含有承压水。为了测定砂土层的渗透系数 k，进行了现场抽水试验，当抽水量为 Q 且土层中渗流达到稳定状态时，分别在距离抽水井 r_1 和 r_2 的观测孔内测得水位高度为 h_1 和 h_2，且抽水井中的水位仍高于砂土层顶面，亦即有 $h_0 \geq H_a$。

证明：砂土层渗透系数的计算公式为 $k = \frac{2.3Q}{2\pi H_a (h_2 - h_1)} \lg \frac{r_2}{r_1}$。

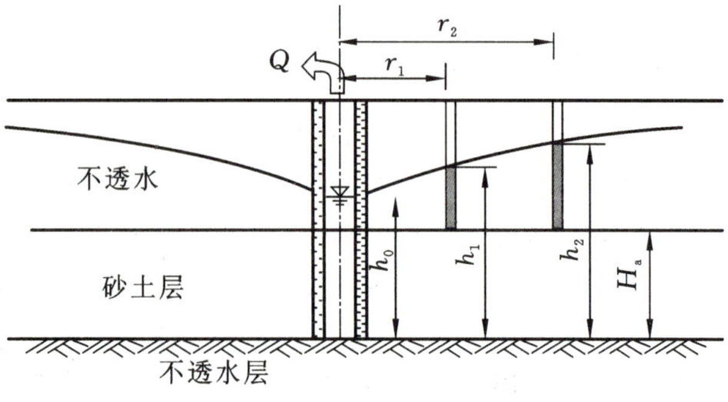

图 2-11 例题 2-1 图

解法一：围绕井中心轴线取一过水圆柱断面，该断面距离井中心轴线的距离为 r，水面高

度为 h，则该圆柱断面的过水断面面积 $A=2\pi rH_a$，水力坡降 $i=\frac{dh}{dr}$。

则总用水量

$$Q=k\frac{dh}{dr}\cdot 2\pi rH_a \Rightarrow Q\frac{dr}{r}=2\pi kH_a dh$$

积分得：

$$Q\int_{r_1}^{r_2}\frac{dr}{r}=2\pi kH_a\int_{h_1}^{h_2}dh \Rightarrow k=\frac{Q\ln\left(\frac{r_2}{r_1}\right)}{2\pi H_a(h_2-h_1)} \Rightarrow k=\frac{2.3Q}{2\pi H_a(h_2-h_1)}\lg\left(\frac{r_2}{r_1}\right)$$

解法二：取井轴为轴，径向为轴。根据达西定律，单井的涌水量：

$$Q=k\frac{dh}{dr}2\pi rH_a$$

积分得：

$$h=\frac{Q}{2\pi kH_a}\ln r+c$$

代入边界条件 $r=r_1$，$h=h_1$ 得：

$$h_1=\frac{Q}{2\pi kH_a}\ln r_1+c$$

代入边界条件 $r=r_2$，$h=h_2$ 得：

$$h_2=\frac{Q}{2\pi kH_a}\ln r_2+c$$

两式相减得 $h_1-h_2=\frac{Q}{2\pi kH_a}\ln\frac{r_1}{r_2}$，得：

$$k=\frac{Q}{2\pi H_a(h_2-h_1)}\ln\frac{r_2}{r_1}=\frac{2.3Q}{2\pi H_a(h_2-h_1)}\lg\frac{r_2}{r_1}$$

2.3　二维渗流和流网的应用

前面所讲渗流属于简单边界条件下的一维渗流，只要土体的渗透系数和厚度以及两端的水头或水头差已知，可用达西定律进行渗流计算。但实际工程中遇到的渗流问题，边界条件复杂，水流形态往往是二维或三维的，土体内的流动特性每点均不相同，不能再视为一维渗流。这时达西定律需要用微分形式表达，然后根据边界条件进行求解。在实际工程中经常涉及渗流问题的常见构筑物有坝基、闸基及带挡墙(或板桩)的基坑等，这类构筑物有一个共同的特点是轴线长度远大于其横截面尺寸，因而可以认为渗流仅发生在横断面内(严格地说，只有当轴向长度为无限长时才能成立)。因此对这类问题只要研究任一横断面的渗流特性，也就掌握了整个渗流场的渗流情况，这种渗流称为平面渗流或者二维渗流。本节将简要介绍平面渗流方程及流网的有关内容。

2.3.1 二维渗流的控制方程及概念

1. 广义达西定律

在二维平面稳定问题中，渗流场中各点的测管水头 h 为其位置坐标(x,z)的函数，因此，可以定义渗流场中任一点的水力坡降 i 在两个坐标方向的分量 i_x 和 i_z 分别为

$$i_x=-\frac{\partial h}{\partial x} \tag{2-27a}$$

$$i_z=-\frac{\partial h}{\partial z} \tag{2-27b}$$

式中，负号表示水力坡降的正值对应测管水头降低的方向。上式表明，像渗透流速一样，渗流场中每一点的水力坡降都是一个具有方向的矢量，其大小等于该点测管水头 h 的梯度，但两者方向相反。

由式(2-11)所表示的达西定律仅适用于一维单向渗流的情况。对于二维平面渗流，可将该式推广为如下矩阵形式：

$$\begin{bmatrix} v_x \\ v_z \end{bmatrix}=\begin{bmatrix} k_x & k_{xz} \\ k_{zx} & k_z \end{bmatrix}\begin{bmatrix} i_x \\ i_z \end{bmatrix} \tag{2-28a}$$

或简写为：

$$\boldsymbol{v}=\boldsymbol{k}\boldsymbol{i} \tag{2-28b}$$

式中，$\boldsymbol{k}$ 一般称为渗透系数矩阵，它是一个对称矩阵，亦即总有 $k_{xz}=k_{zx}$。需要说明的是，土体内任一点的渗透性是土体的固有性质，不受坐标系选取的影响。因此，渗透系数矩阵 $\boldsymbol{k}$ 满足坐标系变换的规则，对应 $k_{xz}=k_{zx}=0$ 的方向称为渗透主轴方向。

式(2-28)称为广义达西定律。在工程实践中，常常遇到如下两种简化的情况：

当坐标轴和渗透主轴的方向一致时，有 $k_{xz}=k_{zx}=0$，此时，有：

$$v_x=k_x i_x \tag{2-29a}$$

$$v_z=k_z i_z \tag{2-29b}$$

对各向同性土体，恒有 $k_{xz}=k_{zx}=0$，且 $k_x=k_z=k$，因此，有：

$$v_x=k i_x \tag{2-30a}$$

$$v_z=k i_z \tag{2-30b}$$

由广义达西定律式(2-28a)、式(2-28b)可知，对于各向异性土体，渗透流速和水力坡降的方向并不相同，两者之间存在夹角。只有对各向同性土体，也即当满足式(2-30a)、式(2-30b)时，渗透流速和渗透坡降的方向才会一致。需要说明的是，于本书和工程中所遇到的渗流问题，一般均假定土是各向同性的。

2. 平面渗流的控制方程

如前所述，当渗流场中水头及流速等渗流要素不随时间改变时，这种渗流称为稳定渗流。对于平面渗流问题，可从稳定渗流场中任意点 A 取一微元体，面积为 $\mathrm{d}x\mathrm{d}z$，厚度 $\mathrm{d}y=$

1，在 x、z 方向的流速为 v_x、v_z，如图 2-12 所示。

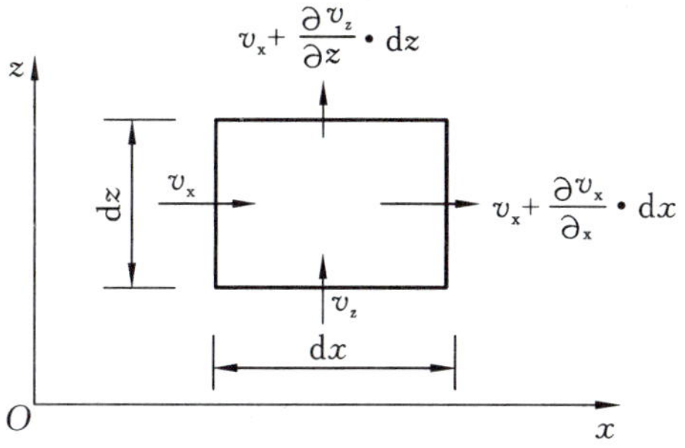

图 2-12　微元平面渗流连续条件示意图

单位时间流入这个微元体的水量为 dq_e，则

$$dq_e = v_x dz \times 1 + v_z dx \times 1$$

单位时间流出这个微元体的水量为 dq_0，则

$$dq_0 = \left(v_x + \frac{\partial v_x}{\partial x}dx\right)dz \times 1 + \left(v_z + \frac{\partial v_z}{\partial z}dz\right)dx \times 1$$

假定水体不可压缩，则根据水流连续原理，单位时间内流入和流出微元体的水量应相等，即

$$dq_e = dq_0$$

从而得出：

$$\frac{\partial v_x}{\partial x} + \frac{\partial v_z}{\partial z} = 0 \tag{2-31}$$

式(2-31)即为平面渗流连续方程。

对于各向异性土，根据广义达西定律，且不考虑初始水力坡降，有：

$$v_x = k_x i_x = -k_x \frac{\partial h}{\partial x} \tag{2-32a}$$

$$v_z = k_z i_z = -k_z \frac{\partial h}{\partial z} \tag{2-32b}$$

式中　k_x，k_z——x 和 z 方向的渗透系数；

h——测管水头。

将式(2-32a)、式(2-32b)代入式(2-31)得出：

$$\frac{\partial v_x}{\partial x} + \frac{\partial v_z}{\partial z} = \frac{\partial}{\partial x}\left(k_x \frac{\partial h}{\partial x}\right) + \frac{\partial}{\partial z}\left(k_z \frac{\partial h}{\partial z}\right) = k_x \frac{\partial^2 h}{\partial x^2} + k_z \frac{\partial^2 h}{\partial z^2} = 0 \tag{2-32c}$$

对丁各向同性的均质土，$k_x = k_z$，则上式简化为：

$$\frac{\partial^2 h}{\partial x^2} + \frac{\partial^2 h}{\partial z^2} = 0 \tag{2-33}$$

式(2-33)即为著名的拉普拉斯(Laplace)方程，也是平面稳定渗流的基本方程式。该方程描述了符合达西定律的不可压缩均匀介质的稳定渗流场内部的测管水头 h 的分布规律。通过求解一定边界条件下的拉普拉斯方程，即可求得该条件下的渗流场。

满足拉普拉斯方程的解是两个共轭函数，即势函数 $\Phi(x,z)$ 和流函数 $\Psi(x,z)$。它们的图形是彼此正交的曲线簇。就渗流而言，一组曲线称为等势线，在任一条等势线上各点的势能是相等的，或者说，在同一条等势线上的测管水头都是等高的。另一组曲线称为流线，它们的切线代表渗流的方向。必须指出，只有满足边界条件的流线和等势线才是方程式$\frac{\partial^2 h}{\partial x^2}+\frac{\partial^2 h}{\partial z^2}=0$的正确解。

3. 渗流问题的边界条件

每一个渗流问题都是在限定空间的渗流场内发生的。在渗流场的内部，渗流满足前面所讨论的渗流控制方程。在渗流场边界起支配作用的条件称为边界条件。求解一个渗流场问题，正确地设定相应的边界条件非常关键。边界条件指渗流区域几何边界上的水力性质，可分为第一类边界条件、第二类边界条件和自由面边界条件。

(1) 第一类边界条件，又称为给定水头边界。

当渗流区域的某一部分边界(如 Γ_1)上的水头为已知时，边界条件为：

$$h(x,y,z,t)\Big|_{\Gamma_1}=\Phi(x,y,z,t) \tag{2-34}$$

应当注意，水头边界不是定水头边界，两者要区分开。定水头边界是指在边界上的水头函数 h 或势函数 Φ 不随时间变化，是个常数。

(2) 第二类边界条件，又称为给定流量边界

当渗流区域的某一部分边界(如 Γ_2)上的法向流速已知时，边界条件为：

$$k\frac{\partial h}{\partial n}\Big|_{\Gamma_2}=q(x,y,z,t) \tag{2-35}$$

式中　n——Γ_2 的外法线方向；

　　　q——Γ_2 的侧向补给量。

最常见的这类边界为隔水边界，此时 $q=0$。在介质各向同性的条件下，式(2-35)可简化为：

$$\frac{\partial h}{\partial n}\Big|_{\Gamma_2}=0 \tag{2-36}$$

(3) 自由面(浸润面)边界条件

在自由面(Γ_3)上有：

$$\frac{\partial H}{\partial n}\Big|_{\Gamma_3}=0 \tag{2-37}$$

$$H(x,y,z,t)\Big|_{\Gamma_3}=z(x,y,t) \tag{2-38}$$

下面以土坝渗流为例具体说明边界条件确定，如图 2-13 所示。

$$H=\begin{cases} H_1 & \text{在 } AB \text{ 上} \\ H_2 & \text{在 } DC \text{ 上} \\ z_1 & \text{在 } AE \text{ 上} \\ z_2 & \text{在 } ED \text{ 上} \\ \frac{\partial H}{\partial n}=0 & \text{在 } AE\text{、}BC \text{ 上} \end{cases}$$

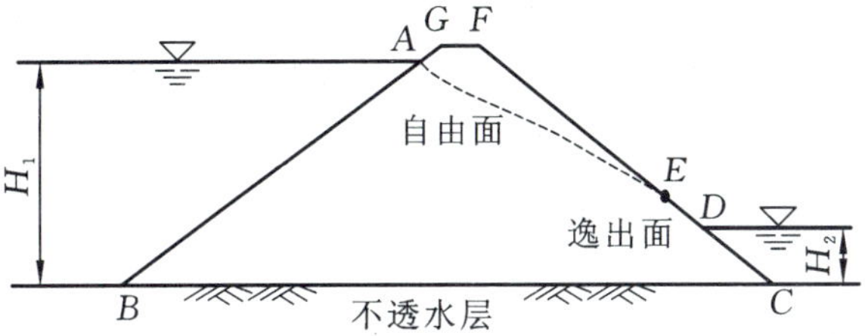

图 2-13　渗流区域和边界示意图

2.3.2　流网的绘制及应用

由前面的讨论可知，在渗流场中势函数和流函数均满足拉普拉斯方程。实际上根据相关高等数学的知识，势函数和流函数互为共轭的调和函数，当求得其中一个时就可以推求出另外一个。从这个意义上讲，势函数和流函数均可独立而完备地描述一个渗流场。

在渗流场中，由一组等势线（或者等水头线）和流线组成的网格称为流网。流网具有如下特性：

（1）对各向同性土体，等势线（等水头线）和流线处处垂直，故流网为正交的网格。该条特性可通过等势线和流线的物理意义进行说明。根据等势线的特性可知，渗流场中任一点的渗流速度方向为等势线的梯度方向，这表明渗流速度必与等势线垂直。而另一方面，根据流线的定义可知，渗流场中任一点的渗流速度方向又是流线的切线方向。因此，等势线与流线必定相互垂直正交。

（2）在绘制流网时，如果取相邻等势线间的 $\Delta\phi$ 和相邻流线间的 $\Delta\psi$ 为不变的常数，则流网中每一个网格的边长比也为常数。特别是当取 $\Delta\phi=\Delta\psi$ 时，流网中每一个网格的边长比为 1，此时流网中的每一个网格均为曲边正方形。

在流网中取出一个网格，如图 2-14 所示，相邻等势线的差值为 $\Delta\phi$，间距 l；相邻流线的差值为 $\Delta\psi$，间距 s。设网格处的渗透流速为 v，则有：

$$\Delta\psi=\Delta q-v\cdot s$$

$$\Delta\phi=-k\Delta h=-k\frac{\Delta h}{l}l=v\cdot l$$

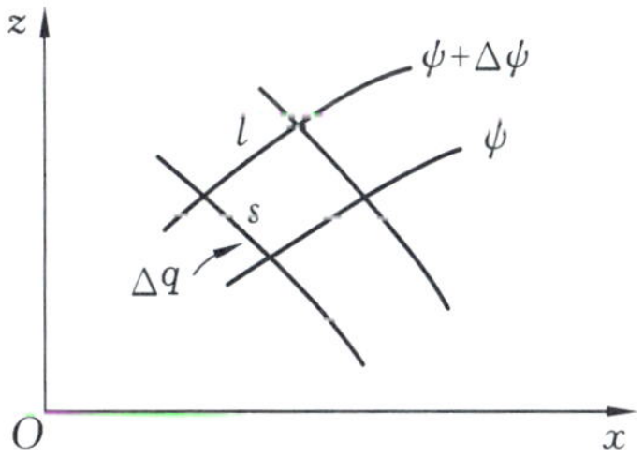

图 2-14　流网的特性

所以

$$\frac{\Delta\phi}{\Delta\psi}=\frac{v\cdot l}{v\cdot s}=\frac{l}{s}$$

因此，当 $\Delta\phi$ 和 $\Delta\psi$ 均保持不变时，流网网格的长宽比 l/s 也保持为一常数，而当 $\Delta\phi=\Delta\psi$ 时，对流网中的每一个网格均有 $l=s$，即流网中的每一个网格均为曲边正方形。

1. 流网的画法

根据前述的流网特征可知，绘制的流网必须满足下列条件：

（1）流线与等势线必须正交。

(2) 流线与等势线构成的各个网格的长宽比应为常数,即 l/s 为常数。为了绘图的方便,一般取 $l=s$,此时网格应呈曲线正方形,这是最方便和最常见的一种流网图形。

(3) 必须满足渗流场的边界条件,以保证解的唯一性。

现以图 2-15 所示混凝土坝下透水地基的流网为例,说明绘制流网的步骤:

(1) 首先根据渗流场的边界条件,确定边界流线和边界等势线。该例中的渗流是有压渗流,因而坝基轮廓线 $BCDE$ 是第一条流线;其次,不透水层(impermeable layer)层面 GH 也是一条边界流线。上下游透水地基表面 AB 和 EF 则是两条边界等势线。

(2) 根据绘制流网的另外两个要求,初步绘制流网。按边界趋势先大致画出几条流线,如②、③、④,彼此不能相交,且每条流线都要和上下游透水地基表面(等势线)正交。然后再自中央向两边绘制等势线,图 2-15 中先绘制中线 6,再绘制等势线 5 和 7,如此向两侧推进。每根等势线要与流线正交,并弯曲使网格成曲线正方形。

(3) 一般初绘的流网总是不能完全符合要求,必须反复修改,直至大部分网格是曲边正方形为止。但应指出,由于边界形状不规则,在边界突变处很难画成正方形,而可能是三角形或五边形,这是流网图中流线和等势线的根数有限所造成的。只要网格的平均长度和宽度大致相等,就不会影响整个流网的精度。一个精度较高的流网,往往要经过多次反复修改,才能最后完成。

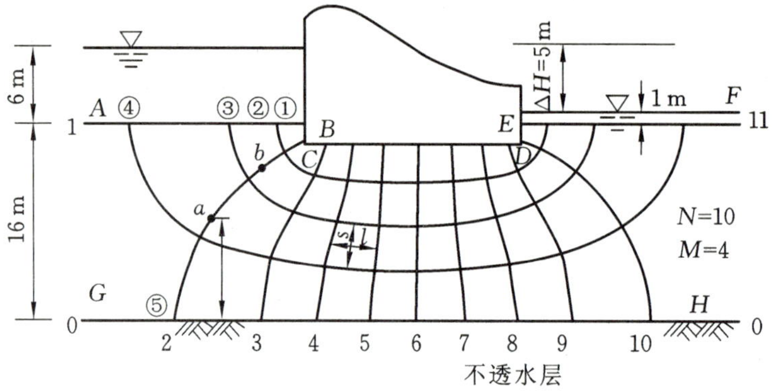

图 2-15 混凝土坝下透水地基的流网

2. 流网的应用

根据绘制的流网,可定量求得渗流场中各点的测管水头、水力坡降、渗透速度和渗透量。现以图 2-15 所示的流网为例进行计算,其中以 0—0 为基准面。

(1) 测管水头、位置水头和压力水头

根据流网特征可知,任意两相邻等势线间的势能差相等,即水头损失相等,从而可算出相邻两条等势线之间的水头损失 Δh,即

$$\Delta h=\frac{\Delta H}{N}=\frac{\Delta H}{n-1}\quad (N=n-1) \tag{2-39}$$

式中 ΔH——上、下游水位差,也就是水从上游渗到下游的总水头损失;

N——等势线间隔数；

n——等势线条数。

本例中，$n=11$，$N=10$，$\Delta H=5.0$ m，故每一个等势线间隔的水头损失 $\Delta h=5/10=0.5$ m。有了 Δh 就可求出流网中任意点的测管水头。下面以图 2-15 中的 a 点为例进行说明。

由于 a 点位于第 2 条等势线上，所以测管水头应从上游算起降低一个 Δh，故其测管水头应为 $h_a=6.0-0.5=5.5$ m。

位置水头 z_a 为 a 点到基准面的高度，可从图上直接量取。压力水头 $h_{ua}=h_a-z_a$。

(2) 孔隙水压力

渗流场中各点的孔隙水压力可根据该点的压力水头 h_u 按下式计算得到：

$$u=h_u \cdot \gamma_w \tag{2-40}$$

应当注意，对图中所示位于同一根等势线上的 a、b 两点，虽然其测管水头相等，即 $h_a=h_b$，但其孔隙水压力却并不相等，$u_a \neq u_b$。

(3) 水力坡降

流网中任意网格的平均水力坡降 $i=\Delta h/l$。其中，l 为该网格处流线的平均长度，可自图中量出。由此可知，流网中网格越密处，其水力坡降越大。故图 2-15 中，下游坝趾水流渗出地面处(图中 E 点)的水力坡降最大。该处的坡降称为逸出坡降，常是地基渗透稳定的控制坡降。

(4) 渗透流速

各点的水力坡降已知后，渗透流速的大小可根据达西定律求出，即 $v=ki$，其方向为流线的切线方向。

(5) 渗透流量

流网中任意两相邻流线间的单位宽度流量 Δq 是相等的，因为：

$$\Delta q=v \cdot \Delta A=ki \cdot s \times 1.0=k\,\frac{\Delta h}{l}s$$

当取 $l=s$ 时，有：

$$\Delta q=k\Delta h \tag{2-41}$$

由于 Δh 是常数，故 Δq 也是常数。

通过坝下渗流区的总单宽流量：

$$q=\sum \Delta q=M \cdot \Delta q=Mk\Delta h \tag{2-42}$$

式中　M—— 流网中的流槽数，数值上等于流线数减 1，本例中 $M=4$。

当坝基长度为 B 时，通过坝底的总渗流量为：

$$Q=q \cdot B \tag{2-43}$$

此外，还可通过流网所确定的各点的孔隙水压力值，确定作用于混凝土坝坝底的渗透压力，具体可参考相关水工建筑物教材。

2.4 渗透力与渗透变形

2.4.1 渗透力

1. 渗透力的概念

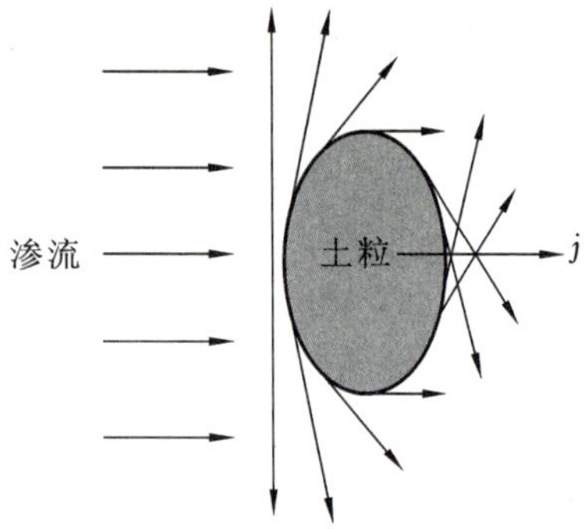

图 2-16 土颗粒的渗透力

水在土中流动的过程中将受到土阻力作用，从而引起水头损失，从作用力与反作用力的原理可知，水流动过程中必定同时对土颗粒施加压力和切向拖曳力，导致土体中的应力与变形发生变化。这种渗透水流对单位体积土颗粒产生的作用力称为渗透力或动水力，用 j 来表示，它是渗流方向的压力和渗流方向切向力的合力，如图 2-16 所示。

在许多基坑工程、水工建筑物及土坝中，渗透力的大小是影响工程安全的重要因素之一。实际工程中，由此会造成基坑失稳、流土（quick sand/liquification）、管涌（piping）、地面沉降，使工程施工中断，更严重的还会对基坑周围的建筑物、地下管线和其他市政设施产生影响。因此，在进行工程设计与施工时，应高度重视渗透力可能给地基土稳定性带来的不良后果。

为了进一步研究渗透力的大小和性质，下面对图 2-17 中承受稳定渗流的土样进行受力分析。受力分析可以采用两种不同的隔离体取法，下面分别进行介绍。

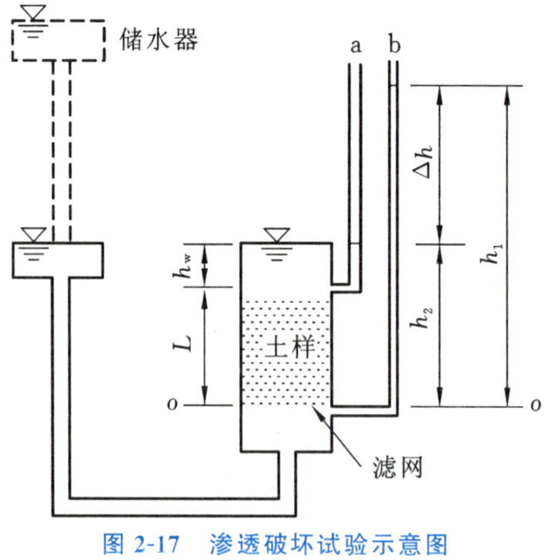

图 2-17 渗透破坏试验示意图

(1) 土-水整体受力分析

在土-水整体受力分析中，取土样的土体骨架和孔隙水整体作为隔离体，则作用在土样上的力如图 2-18 所示，计有：

① 土-水总重量 $W=\gamma_{sat}L=(\gamma'+\gamma_w)L$；

② 土样两端边界水压力：$P_1=\gamma_w h_w$ 和 $P_2=\gamma_w h_1$；

③ 土样下部滤网的支承反力 R。

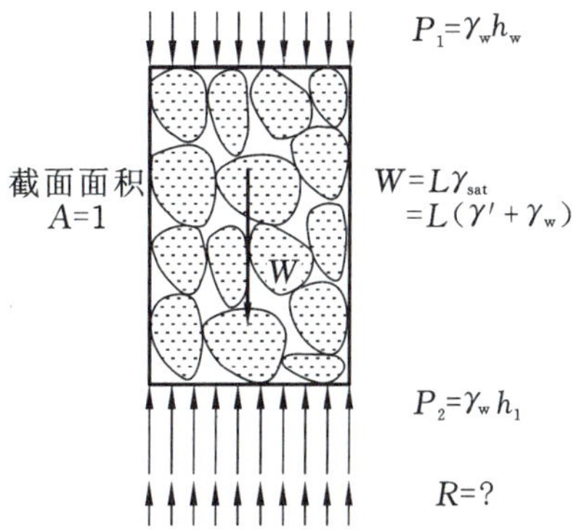

图 2-18　土-水整体受力分析

在此种条件下，土粒与水之间的作用力为内力，在土样的受力分析中不出现。土样下部滤网的支承反力 R 是未知量，可以通过土样总体在竖向的平衡条件求得：

$$P_1+W=P_2+R$$

因此有

$$\gamma_w h_w+(\gamma'+\gamma_w)L=\gamma_w h_1+R$$

整理可得：

$$R=\gamma' L-\gamma_w \Delta h \tag{2-44}$$

由式(2-44)可见，在静水条件下，亦即 $\Delta h=0$ 时，土样下部滤网的支承反力 $R=\gamma' L$；而当存在向上渗流时，也即 $\Delta h>0$ 时，滤网支承反力会相应减少 $\gamma_w \Delta h$。实际上，这个减少的部分就是由作用在土体骨架整体上的渗透力 J 承担的，即作用在土样上的总渗透力 J 为

$$J=\gamma_w \Delta h$$

因此，单位体积内土颗粒所受到的渗流作用力，即渗透力 j 为：

$$j=\frac{J}{V}=\frac{\gamma_w \Delta h}{1\times L}=\gamma_w i \tag{2-45}$$

上式表明，在渗流场中土体骨架所受到的渗透力的大小和水力坡降成正比，且其作用方向与水力坡降的方向一致。渗透力是一种体积力，其量纲与 γ_w 相同。

(2) 土-水隔离受力分析

在土-水隔离受力分析中，把土样的颗粒骨架和孔隙水分开来取隔离体，分别进行受力分析，如图 2-19 所示。

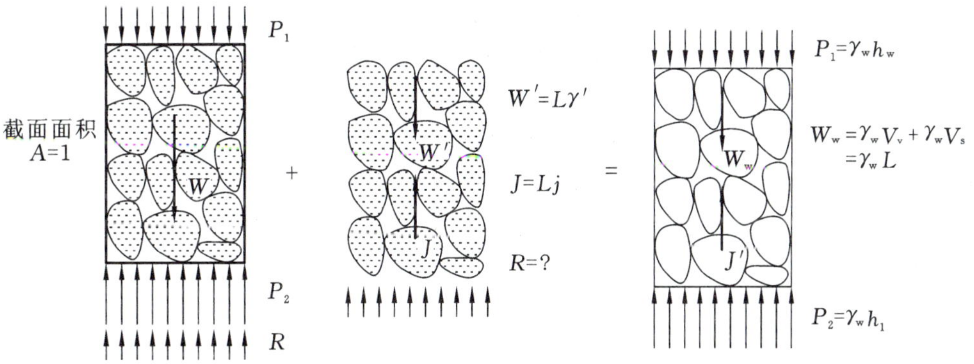

图 2-19　土-水隔离受力分析

先看土体颗粒骨架隔离体。这时，由于土骨架浸没于水中，土颗粒受浮力作用，其值等

于排开同体积的水重，故计算重力时应采用浮重度 γ'。另外，由于已将土骨架与水体分开考虑，则土颗粒受到的水流作用力——渗透力，即成为外力。因此，作用在土样内土颗粒骨架上的作用力有：

① 土颗粒的有效重量 $W'=L\gamma'$；

② 总渗透力 $J=Lj$，方向竖直向上；

③ 下部滤网的支承反力 R。

下面再看土样中的孔隙水隔离体。作用在其上的力有：

① 孔隙水自重和土颗粒浮力的反力之和，后者应等于与土颗粒等体积的水重，故

$$W_w=\gamma_w V_v+\gamma_w V_s=\gamma_w V=\gamma_w L$$

可以看出，W_w 即为 L 长度的水柱重量。

② 水柱上下两个端面的边界水压力为：$P_1=\gamma_w h_w$ 和 $P_2=\gamma_w h_1$。

③ 土样内土颗粒对水流的阻力，其大小应和渗透力相等，方向相反。设单位土体内土颗粒给水流的阻力为 j'，则总阻力的数值 $J'=j'L=J$，方向竖直向下。

考虑孔隙水的竖向受力平衡，可得：

$$P_1+W_w+J'=P_2$$

亦即

$$\gamma_w h_w+L\gamma_w+Lj=\gamma_w h_1$$

考虑到 $h_1=L+h_w+\Delta h$，整理可得 $J=\gamma_w\Delta h$，亦即

$$j=\frac{J}{V}=\frac{\gamma_w\Delta h}{1\times L}=\gamma_w i$$

考虑颗粒骨架的竖向受力平衡，可得：

$$W'=J+R$$

亦即

$$L\gamma'=Lj+R$$

整理可得：

$$R=L\gamma'-\gamma_w\Delta h$$

显然，由图 2-18 和图 2-19 以及前面的分析结果可以看出，取土-水整体为隔离体或者分别取颗粒骨架和孔隙水为隔离体进行受力分析，最终所得到的结果是完全相同的。

通过上述分析可知，在考虑渗流作用，分析土体的受力平衡或者稳定性时，可以有两种取隔离体的方法：一是考虑土-水整体作为隔离体，此时应用土体饱和重度 γ_{sat} 与作用于土体周边边界上的水压力组合；二是把土骨架当作隔离体，用土体的浮重度 γ' 与渗透力 j 组合。以上证明，两种不同分析方法得出的结果完全一样，但使用时应注意其作用力的不同组合，搭配要正确。上述两种分析方法都是土力学中经常使用的方法。

2. 渗透力的性质和计算

渗透力反映的是渗流场中单位体积土体内土骨架所受到的渗透水流的推动和拖曳力。前文根据对土样一维渗流问题的分析，得到了渗流场中土体骨架所受到的渗透力的计算公式(2-45)。需要指出的是，尽管该式是在一维渗流条件下推导得到的，但却是一个具有普遍

适用意义的计算公式，对于二维渗流，该式可扩展为：

$$\begin{bmatrix} j_x \\ j_z \end{bmatrix} = \gamma_w \begin{bmatrix} i_x \\ i_z \end{bmatrix} \tag{2-46}$$

式(2-46)表明，渗透力是一种体积力，其大小和水力坡降成正比，作用方向也与渗流场的水力坡降方向一致。

需要说明的是，水力坡降是由渗透水流的推动和拖曳作用所致，但其作用方向却并不一定总是同渗流流速的方向一致。对各向同性土体，渗流流速方向和水力坡降方向相同，此时渗透力作用方向和渗流流速方向也一致；但对于各向异性土体，由于渗流流速方向和水力坡降方向不一致[见式(2-28)]，此时渗透力作用方向和渗流流速方向也不再相同。

图 2-20 给出了一个土颗粒在渗流场中发生绕流时在水平面上的受力分析简图。其中，v_∞为来流流速。水流作用在颗粒表面微元 dS 上的力包括两个分量：

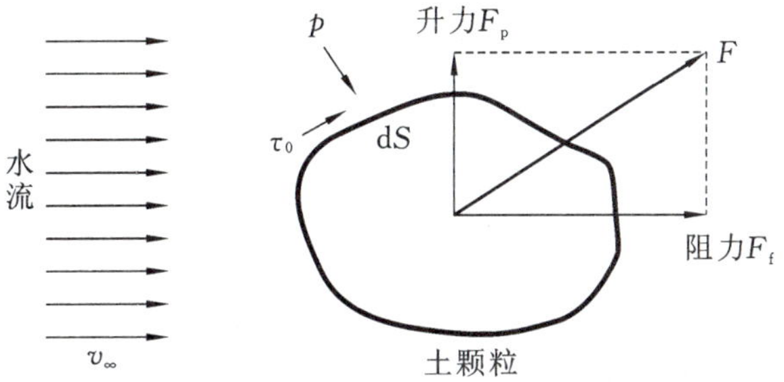

图 2-20　渗流场中土颗粒的受力分析

(1) 水流与颗粒表面之间的摩擦阻力 τ_0。由于水流在固体边界上存在固壁效应，所以该摩擦阻力并不直接发生在水流和固体边界之间，而是发生在水流的流动质点和黏附质点之间，所以往往称为内摩擦阻力。

(2) 法向压力分量 p。水流在颗粒表面的法向压强分布受颗粒形状的影响。具体来说，如果颗粒是扁平流线形的，并且被以顺流方式放置(即水流沿着颗粒表面的流动方向)，那么颗粒形状对法向压强的影响会比较小。也就是说，颗粒的具体形状会影响水流在颗粒表面的压强分布情况。而对钝形颗粒的绕流问题，法向压强的影响可起主要的作用。

将上述的两个分量沿颗粒表面进行积分，可得到颗粒所受到的合力 F。根据流体力学的概念，这个合力在水流流速方向的分力称为水流对颗粒的阻力 F_f，而在垂直于水流流速方向的分力一般称之为水流对颗粒的升力 F_p。显然，仅在颗粒形状沿水流方向对称的情况下，才有升力 $F_p=0$。此时，颗粒所受到的合力 F 和水流流速方向一致。

对于一般的土体，其颗粒形状和孔隙中的水流是十分复杂的，所以单个土颗粒通常会存在垂直于水流流速方向的升力。但是，对于各向同性土体，在所考虑的特征体积之内包含有相当多数量的颗粒，因此当对所有颗粒的作用力求和之后，垂直水流流速方向的升力可相互抵消，使得其合力(渗透力)的方向和流速方向一致。而对于各向异性土体，由于颗粒的定向排列等因素，使得垂直水流流速方向的升力不可相互抵消，此时，渗透力的方向和渗流流速的方向不一致。

由式(2-46)可知，渗透力计算的关键是渗流场中水力坡降的计算。

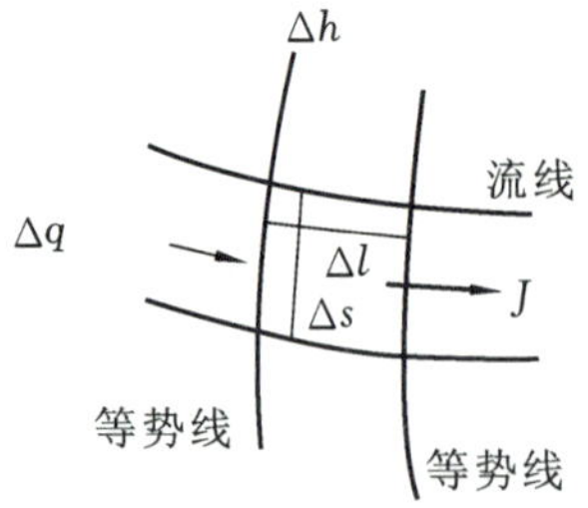

图 2-21　流网中的渗透力计算

对于二维渗流，当流网绘出后，即可方便地求出流网中任意网格上的渗透力及其作用方向。例如，图 2-21 表示自流网中取出的一个网格，已知相邻两条等势线之间的水头损失为 Δh，则网格平均水力坡降 $i=\Delta h/\Delta l$，单位厚度网格土体的体积 $V=\Delta s\cdot\Delta l$，则作用于该网格土体上的总渗透力为

$$J=jV=\gamma_w\Delta h\Delta s$$

假定 J 作用于该网格的形心上，方向与等势线垂直(对各向同性土体，方向也和流线平行)。

显然，流网中各处的渗透力在大小和方向上均不相同。在等势线密集区域，由于水力坡降 i 大，因而渗透力 j 也大。例如，在图 2-15 所示的流网中，上游的 BC 入渗处和下游的 DE 逸出处，渗透力均较大，但两处渗透力对土体稳定性的影响却截然相反。在 BC 处，由于渗透力方向与重力方向一致，故渗透力对土骨架起渗流压密作用，对土体的稳定有利；而在 DE 处，渗透力方向与重力方向相反，渗透力对土体起浮托作用，对稳定十分不利，甚至当渗透力大到某一数值时，会使该处土体发生浮起和破坏。因此，研究渗流逸出区域的渗透力或逸出坡降，对地基与建筑物的安全有很大的意义。

3. 临界水力坡降

在图 2-17 所示的试验装置中，若土样两侧水头差 Δh 逐渐增大，使得作用在土体中的渗透力也逐渐增大。由于渗流方向向上，所以当 Δh 增大到某一数值，向上的渗透力克服了向下的重力时，土体就会发生浮起或受到破坏。将这种在向上的渗透力作用下，粒间作用力为零时，颗粒群发生悬浮、移动的现象称为流砂现象或流土现象。使土开始发生流土现象时的水力坡降称为临界水力坡降 i_{cr}。显然，渗透力 J 等于土的有效重量 W'时，土处于产生流砂的临界状态，因此临界水力坡降 i_{cr}推导如下：

取图 2-19 土骨架为隔离体，研究其平衡状态。当发生流土现象时，土骨架重力 W'和向上的渗透力 J 相等，则 $W'-J=0$，$\gamma'L-jL=0$，$\gamma'=j=\gamma_w i_{cr}$，即

$$i_{cr}=\frac{\gamma'}{\gamma_w} \tag{2-47}$$

式中　W——土粒的有效重量；

J——渗透力，方向竖直向上；

γ'——土的有效重度。

由于土的有效重度可以表示为：

$$\gamma'=\frac{(G_s-1)\gamma_w}{1+e} \tag{2-48}$$

代入式(2-47)中则有：

$$i_{cr}=\frac{d_s-1}{1+e}=(d_s-1)(1-n) \tag{2-49}$$

式中　d_s——土粒相对密度；

e——孔隙比；

n——孔隙率。

由式(2-48)、式(2-49)可以看出，土体的临界水力坡降取决于土的物理性质。当对实际工程问题进行估算时，i_{cr}常取值为 1.0。

2.4.2　渗透变形

土工建筑物及地基由于渗流作用而出现的变形或破坏称为渗透变形或渗透破坏，如土层剥落、地面隆起、在向上水流作用下土颗粒悬浮、细颗粒被水带出以及出现集中渗流通道等。渗透变形是土工建筑物或地基发生破坏从而引发工程事故的重要原因之一。

1. 渗透破坏的类型

渗流所引起的变形(稳定)问题一般可归结为两类：

一类是土体的局部稳定问题。这是渗透水流将土体中的细颗粒冲出、带走或局部土体产生移动，导致土体变形而引起的渗透变形。

另一类是整体稳定问题。这是由于在渗流作用下，整个土体发生滑动或坍塌。

渗透破坏主要有两种形式，即流土与管涌。渗流将表层土局部范围土体带走的现象称为流土；渗流将土体粗粒土之间的细小颗粒冲出的现象称为管涌。

根据渗透破坏的机理，可产生渗透变形必须具备内外因素：外因是渗透力大小和工程因素，它们是产生渗透变形的必要条件；内因则是地质条件和土体结构，称之为充分条件。只有当土具备充分必要条件时，才发生渗透破坏。

(1) 流土

在向上的渗透水流作用下，表层土局部范围内的土体或颗粒群同时发生悬浮、移动的现象称为流土。任何类型的土，只要水力坡降达到一定的大小，就会发生流土破坏。

工程经验表明，流土常发生在堤坝下游渗流逸出处无保护的情况下。图 2-22 所示为一座建在双层地基上的堤坝。地基表层为渗透系数小的黏性土层，厚度较薄；下层为渗透性大的无黏性土层，且 $k_1 \ll k_2$。当渗流经过上述的双层地基时，水头将主要损失在水流从上游渗入和从下游渗出黏性土层的过程中，而在砂土层流程上的水头损失很小，因此造成下游逸出处渗透坡降 i 值较大。当 $i > i_{cr}$时就会在下游坝脚处发生土体表面隆起、裂缝开展、砂粒涌出以致整块土体被渗透水流抬起的现象，这就是典型的流土破坏。

若地基为比较均匀的砂层(不均匀系数 $C_u \leqslant 10$)，当上下游水位差较大，渗透途径不够长时，下游渗流逸出处也可能会出现 $i > i_{cr}$的情况。这时地表将普遍出现小泉眼、冒气泡，继而砂土颗粒群向上悬浮，发生浮动、跳跃，此现象称为砂沸。砂沸也是流土的一种形式。

流土一般发生在渗流的逸出处，因此只要将渗流逸出处的水力坡降，即逸出坡降 i 求出，就可判别流土的可能性。

当 $i < i_{cr}$，则土体处于稳定状态；

当 $i = i_{cr}$，则土体处于临界状态；

当 $i > i_{cr}$，则土体处于流土状态。

黏性土中，渗透力作用往往使渗流逸出处某一范围的土体出现表面隆起变形，基坑底部土体隆起。而在粉砂、细砂及粉土等黏聚性差的细粒土中，水力坡降达到一定值后，渗流逸

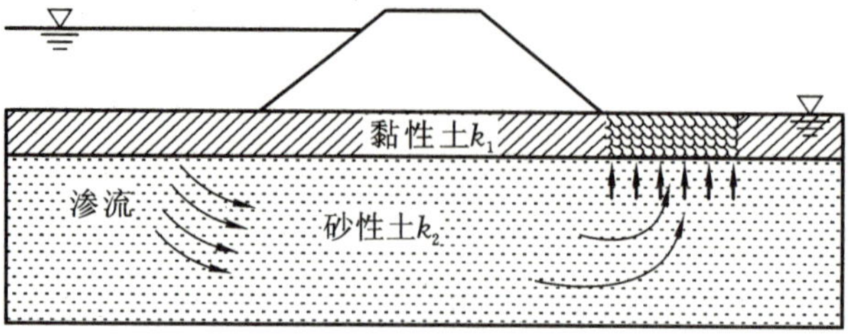

图 2-22 堤坝下游逸出处的流土破坏

出处出现表面隆起变形的同时，还可能出现渗透水流夹带泥土向外涌出的砂沸现象，致使地基破坏，工程上将这种流土现象称为流砂。

为了使地基具有一定的可靠度，工程中将临界水力坡降 i_{cr} 除以安全系数 F_s 作为容许水力坡降 $[i]$，设计时渗流逸出处的水力坡降 i 应满足如下要求：

$$i \leqslant [i] = \frac{i_{cr}}{F_s} \tag{2-50}$$

对流土安全性进行评价时，F_s 一般可取 2.0～2.5。渗流逸出处的水力坡降 i 可以通过相应流网单元的平均水力坡降来计算。

(2) 管涌

管涌是指在渗流作用下，一定级配的无黏性土中的细小颗粒在较大颗粒所形成的孔隙中发生移动，最终在土中形成与地表贯通的管道，从而引发土工建筑物或地基发生破坏的现象，如图 2-23 所示。

管涌破坏一般有个随时间逐步发展的过程，是一种渐进性质的破坏。首先，在渗透水流作用下，较细的颗粒在粗颗粒形成的孔隙中移动流失；之后，土体的孔隙不断扩大，渗流速度不断增加，较粗颗粒也会相继被水流带走；随着上述冲刷过程的不断发展，会在土体中形成贯穿的渗流通道，造成土体塌陷或其他类型的破坏。

管涌通常发生在一定级配的无黏性土中，发生的部位可以在渗流逸出处，也可以在土体内部，故也称之为渗流的潜蚀现象。

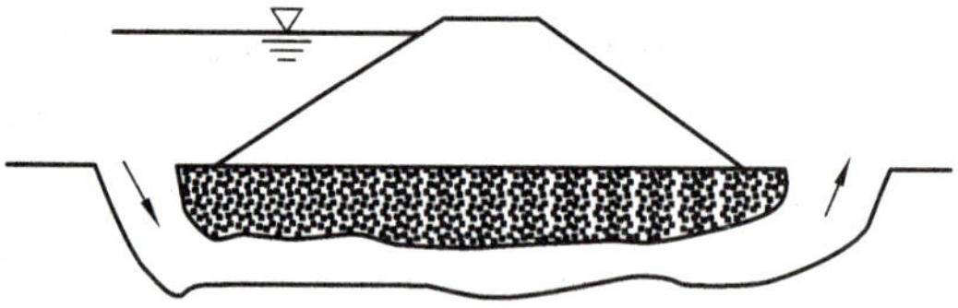

图 2-23 通过坝基的管涌示意图

土是否发生管涌，首先取决于土的性质。一般黏性土(分散性土除外)只会发生流土而不会发生管涌，故属于非管涌土。在无黏性土中，发生管涌必须具备相应的几何条件和水力条件。

(1) 几何条件

土中粗颗粒所构成的孔隙直径必须大于细颗粒的直径，才有可能让细颗粒在其中发生移动，这是发生管涌的必要条件。

对于不均匀系数 $C_u \leqslant 10$ 的较均匀土，颗粒粗细相差不多，粗颗粒形成的孔隙直径不比细颗粒直径大，因此细颗粒不能在孔隙中移动，也就不可能发生管涌。

大量试验证明，对于 $C_u > 10$ 的不均匀砂砾石土，既可能发生管涌也可能发生流土，主要取决于土的级配情况和细粒含量。下面分两种情况进行讨论。

对于缺乏中间粒径、级配不连续的土，其渗透变形型式主要取决于细料含量。这里所谓的细料是指粒径在级配曲线水平段以下的细颗粒，如图 2-24 曲线 1 中 b 点以下的粒径。试验成果表明，当细料含量在 25％以下时，细料填不满粗料所形成的孔隙，渗透变形基本上属管涌型；当细料含量在 35％以上时，细料足以填满粗料所形成的孔隙，粗料、细料形成整体，抗渗能力增强，渗透变形则为流土型；当细料含量为 25％～35％时，则是过渡型。具体型式还要看土的松密程度。

对于级配连续的不均匀土，如图 2-24 曲线 2，骨架与填充料的分界线不明显。有的学者提出用土孔隙平均直径 D_0 与最细部分的颗粒粒径 d 相比较，来判断渗透变形的类型。孔隙平均直径 D_0 的经验公式

$$D_0=0.25d_{20} \tag{2-51}$$

式中　d_{20}——小于该粒径的土质量占总质量的 20％。

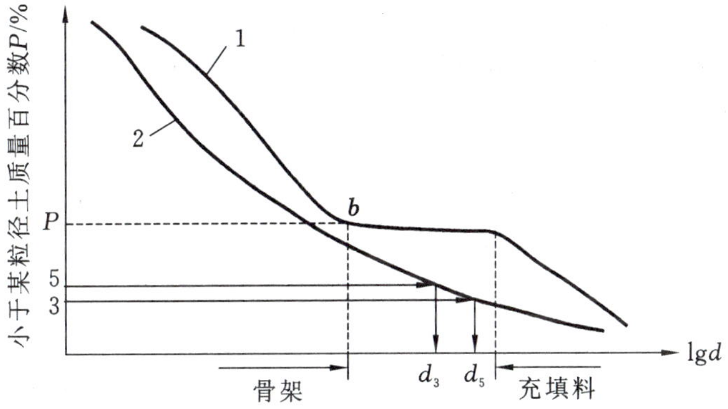

1—缺乏中间粒径级配曲线；2—正常级配位径曲线

图 2-24　粒径级配曲线

试验结果表明，当土中有 5％以上的细颗粒小于土的孔隙平均直径 D_0，即 $D_0>d_5$ 时，破坏形式为管涌；而当土中小于 D_0 的细粒含量＜3％，即 $D_0<d_3$ 时，可能流失的土颗粒很少，不会发生管涌，呈流土破坏。

综上所述，可将无黏性土是否发生管涌的几何条件总结到表 2-2。

表 2-2　无黏性土发生管涌的几何条件

级配		孔隙直径及细砂含量	判定
较均匀土（$C_u\leqslant 10$）		粗颗粒形成的孔隙直径小于细颗粒直径	非管涌土
不均匀土（$C_u>10$）	不连续	细粒含量＞35％	非管涌土
		细粒含量＜25％	管涌土
		细粒含量＝25％～35％	过渡型土
	连续 $D_0=0.25d_{20}$	$D_0<d_3$	非管涌土
		$D_0>d_5$	管涌土
		$D_0=d_3\sim d_5$	过渡型土

(2) 水力条件

渗透力能够带动细颗粒在孔隙间移动是发生管涌的水力条件,可用管涌的水力坡降来表示。管涌土的临界水力坡降可通过公式计算,但其计算理论至今尚未成熟;也可以通过试验来测定,试验时除了根据肉眼观察细土颗粒的移动来判断管涌外,还可以借助水力坡降 i 与流速 v 之间的变化来判断管涌是否出现。对于重大工程,应尽量由试验确定。

2. 渗透变形的防治措施

防治流土的关键在于控制逸出处的水力坡降,为了保证实际的逸出坡降不超过允许坡降,水利工程上常采取下列措施。

(1) 上游做垂直防渗帷幕,如混凝土防渗墙、水泥土截水墙、板桩或灌浆帷幕等。根据实际需要,帷幕可完全切断地基的透水层(permeable layer),彻底解决地基土的渗透变形问题,也可不完全切断透水层,做成悬挂式,起延长渗流途径、降低下游逸出坡降的作用。

(2) 上游做水平防渗铺盖,以延长渗流途径、降低下游的逸出坡降。

(3) 在下游水流逸出处挖减压沟或打减压井,贯穿渗透性小的黏性土层,以降低作用在黏性土层底面的渗透压力。

(4) 在下游水流逸出处填筑一定厚度的透水盖重,以防止土体被渗透压力推起。

这几种措施往往是联合使用的,具体的设计方法可参阅水工建筑专业的有关书籍。

防止发生管涌一般可从下列两方面采取措施:

(1) 改变水力条件,降低土层内部和渗流逸出处的渗透坡降,如在上游做防渗铺盖或竖直防渗结构等。

(2) 改变几何条件,在渗流逸出部位铺设反滤保护层,是防止管涌破坏的有效措施。反滤保护层一般是 1～3 层级配较为均匀的砂土和砾石层,用以保护基土不让其中的细颗粒被带出;同时应具有较大的透水性,使渗流可以畅通,具体设计方法可参阅相关的专业教材。

【例题 2-2】 一种黏性土的比重 $G_s=2.70$,孔隙比 $e=0.58$,试求该土发生流土的临界水力坡降。

【解】 $i_{cr}=\dfrac{G_s-1}{1+e}=\dfrac{2.7-1}{1+0.58}=1.08$

【例题 2-3】 在图 2-25 所示的试验中:已知土样两端水头差 $h=20$ cm,土样长度 $L=30$ cm。

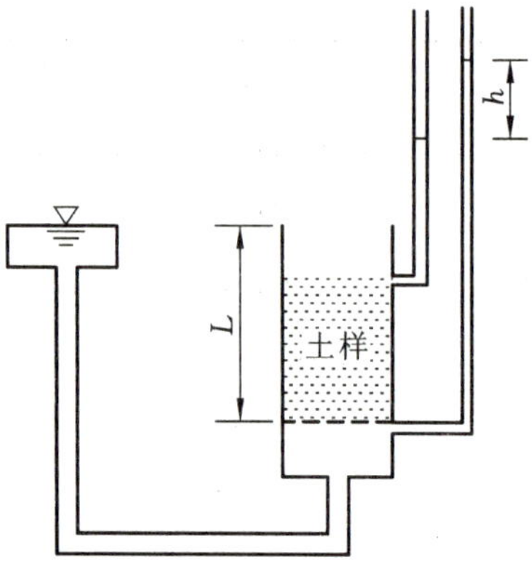

图 2-25 例题 2-3 图

(1) 试求土样单位体积所受到的渗透力 j。

(2) 若已知土样的 $G_s=2.72$，$e=0.63$，问该土样是否会发生流土现象？

(3) 求出使土样发生流土时的水头差 h 值。

【解】 (1)$i=20/30=0.667$，则 $j=0.667\times 10=6.67\ \mathrm{kN/m^3}$。

(2) $i_{cr}=\dfrac{2.72-1}{1+0.63}=1.06>0.667$，不发生流土。

(3) 若发生流土则 $i=\dfrac{h}{30}\geqslant i_{cr}=\dfrac{2.72-1}{1+0.63}$，得 $h\geqslant 31.66\ \mathrm{cm}$。

习　　题

2-1　试解释起始水力梯度产生的原因。

2-2　简述影响土的渗透性的因素主要有哪些。

2-3　流砂与管涌现象有什么区别和联系？

2-4　某渗透试验装置如图 2-26 所示。砂Ⅰ的渗透系数 $k_1=2\times 10^{-1}\ \mathrm{cm/s}$；砂Ⅱ的渗透系数 $k_2=1\times 10^{-1}\ \mathrm{cm/s}$，砂土试样的横断面面积 $A=200\ \mathrm{cm^2}$。

(1) 若在砂Ⅰ与砂Ⅱ分界面处安装一测压管，则测压管中水面将升至其左端水面以上多高？

(2) 流过砂土试样的渗透流量 Q 多大？

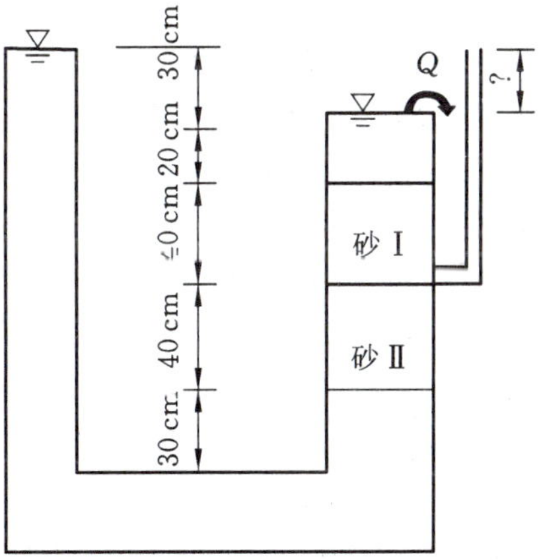

图 2-26　习题 2-4 图

2-5　定水头渗透试验中，已知渗透仪直径 $D=75\ \mathrm{mm}$，在 $L=200\ \mathrm{mm}$ 渗流途径上的水头损失 $h=83\ \mathrm{mm}$，在 60 s 时间内的渗水量 $Q=71.6\ \mathrm{cm^3}$，求土的渗透系数。

第 3 章　土中的应力计算

3.1　概　　述

土力学解决的基本问题是地基的变形及土体的稳定性。计算地基的沉降量、分析土体的稳定性(包括承载力、挡土墙上的土压力及边坡稳定性)的前提是必须要知道原始场地的自重应力(stress)及在各种外荷载作用下产生的附加应力。本章的任务就是计算土体中自重应力及附加应力。土体中附加应力的分布具有鲜明的尺寸效应,例如,在相同的基础底部压力作用下,大尺寸基础的附加应力的影响深度深,由此而产生的对地基变形和承载力的影响十分显著。这可在地基的沉降计算及稳定性分析的章节中体现。

在计算地基中的附加应力时,把地基简化为由土颗粒骨架和孔隙水共同组成的弹性体,并把弹性力学的成果直接用于弹性地基。将由离散的土颗粒组成的土假定为弹性体,在小应变(strain)时是很不合适的。例如,根据后面第四章可知,土的模量随着约束应力的不同而不同。在弹性解中,垂直方向的应力分量与材料的性质无关,其他的应力分量也只与泊松比 ν 相关,与弹性模量 E 无关。所以,尽管按弹性理论计算出的变形不合适(本章不介绍地基变形的弹性理论方法),但按弹性理论计算的应力分布的近似程度还能满足工程上的要求。基于以上道理,可以采用下面的弹性解析结果。

① 用弹性力学的方法求地基中的应力分布,但沉降量则用固结沉降计算公式计算。例如,可以根据 e-lg$p$ 的关系式计算沉降量(根据弹性力学的公式也可以计算出地基的变形量,但是实际中不用它计算沉降量,只用应力计算公式求应力分布)。

② 用弹性力学的方法求地基中的应力分布,估计可能发生问题的地基范围,确定调查和讨论的范围(常常用后述的应力泡的方法)。

③ 用弹性力学的方法求基础底面的接触压应力,设计基础。

应该注意,对于本来不是弹性体的地基,弹性力学的方法只适用于求应力并不能用于求解地基的所有问题。所以,近年来,基于土的弹塑性本构关系式、有限元等数值计算方法被广泛应用。

3.2　土中自重应力计算

若将地基视为均质的半无限体,土体在自重应力作用下只能产生竖向变形,而无侧向位移及剪切变形存在。如图 3-1 所示,在深度 z 处的平面上,土体因自身重力产生的竖向应力

σ_{cz}就等于单位面积上土柱体的重力。在计算土中自重应力时，只考虑土中某单位面积上的平均应力。

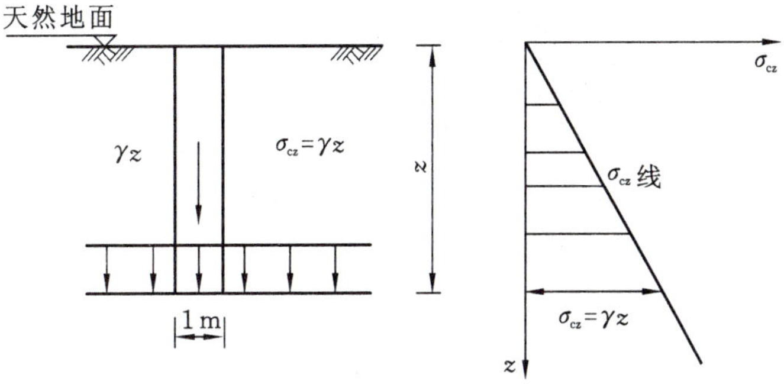

图 3-1　地基中自重应力的计算简图及分布

如果地面下土质均匀，土体重度为 γ，则在天然地面下任意深度 z 处的水平面上的竖向自重应力为：

$$\sigma_{cz}=\gamma z \tag{3-1}$$

可见自重应力沿水平面均匀分布，且与 z 成正比，即随深度按线性规律分布（图 3-1）。地基中除有作用于水平面上的竖向自重应力外，还有作用在竖直面上的水平自重应力。因为假定地基沿任一水平面均匀地无限分布，由此地基土在自重作用下只能产生竖向变形，而不能产生侧向变形和剪切变形。从这个条件出发，根据弹性力学，水平自重应力 σ_{cx} 和 σ_{cy} 应与 σ_{cz}成正比，而剪应力均为零，即：

$$\sigma_{cx}=\sigma_{cy}=K_0\sigma_{cz} \tag{3-2}$$

$$\tau_{xy}=\tau_{yz}=\tau_{xz}=0 \tag{3-3}$$

式中　σ_{cz}——天然地面下任意深度 z 处水平面上的竖直自重应力；

σ_{cx}，σ_{cy}——天然地面下任意深度 z 处竖直面上的水平自重应力；

K_0——土的侧压力系数或静止土压力系数，由实测或按以下经验公式确定；

$$K_0\approx 1-\sin\varphi \tag{3-4}$$

τ_{xy}，τ_{yz}，τ_{xz}——天然地面下任意深度 z 处土单元体的剪应力。

地基土往往是成层的，因而各土层具有不同的重度。地下水位也应作为分层的界面。成层土自重应力的计算公式为：

$$\sigma_{cz}=\sum_{i=1}^{n}\gamma_i h_i \tag{3-5}$$

式中　n——深度 z 范围内的土层总数；

h_i——第 i 层土的厚度；

γ_i——第 i 层土的天然重度，对地下水位以下的土应取有效重度。

图 3-2 给出了成层地基中自重应力的分布。

【例题 3-1】　绘出图 3-3 地基中的有效应力（有效应力的概念将在第 3.5 节中进一步说明）和水压力分布图。

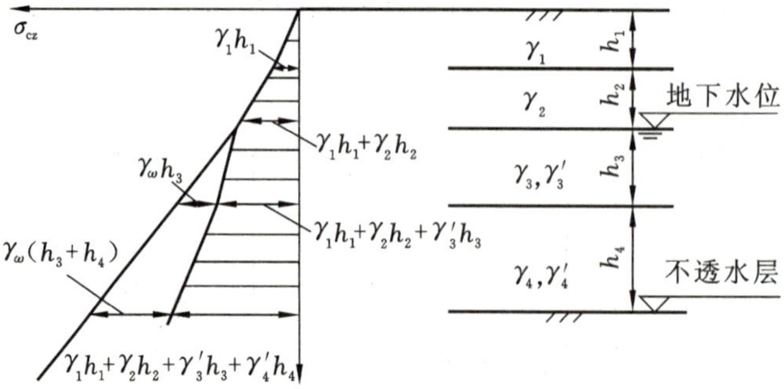

图 3-2　成层地基中自重应力分布

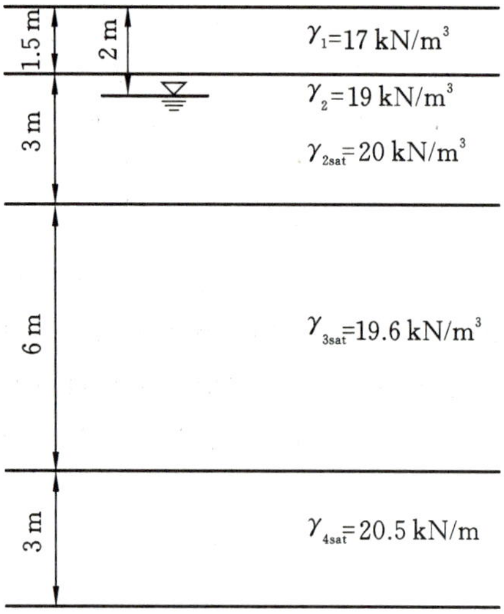

图 3-3　成层地基的土性情况

【解】 各土层分界面上的有效土压力分别为：

$$17\times1.5=25.5\ \text{kN/m}^2$$

$$25.5+0.5\times19=35\ \text{kN/m}^2$$

$$35+2.5\times(20-9.8)=60.5\ \text{kN/m}^2$$

$$60.5+6\times(19.6-9.8)=119.3\ \text{kN/m}^2$$

$$119.3+3\times(20.5-9.8)=151.4\ \text{kN/m}^2$$

水压力分别为：

$$2.5\times9.8=24.5\ \text{kN/m}^2$$

$$24.5+6\times9.8=83.3\ \text{kN/m}^2$$

$$83.3+3\times9.8=112.7\ \text{kN/m}^2$$

即可绘出土压力和水压力的分布图如图 3-4 所示。

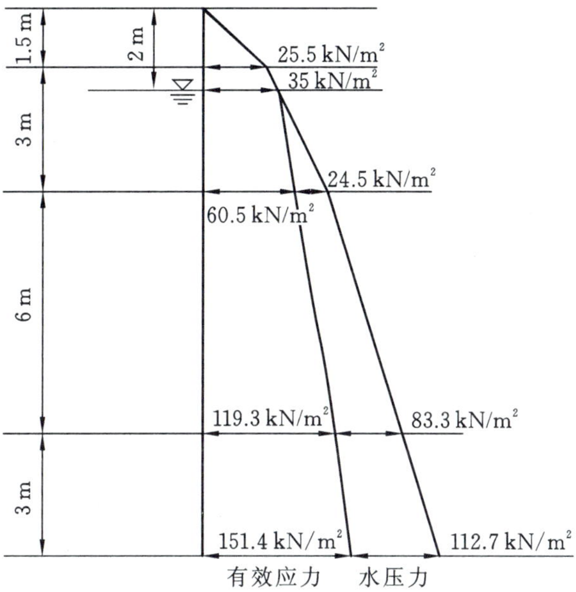

图 3-4　成层地基的压力分布图

3.3　基底压力计算

基础是建筑物结构的地下部分，它将建筑物的荷载传递到地基上。作用在基底表面的各种分布荷载都是通过建筑物的基础传到地基中的，称基础底面传递给地基表面的压力为基底压力。由于基底压力作用于基础与地基的接触面上，故也称基底接触压力。基底压力既是计算地基中附加应力的外荷载，也是计算基础结构内力的外荷载，因此，在计算地基附加应力和基础内力时，都必须先研究基底压力的分布规律和计算方法。

通常，传至基础底面的压力按均匀分布荷载计算，所以按均匀分布的接触压力计算地基中的附加应力。然而，基础刚度大的时候，接触压力未必是均匀分布的。刚度小的基础，如图 3-5(a)所示，基础就像橡胶膜似的传递压力，所以上部传来的均布荷载又均匀地传向地基，刚度大的基础，如图 3-5(b)所示，上部传来的均布荷载通过基础并以基础端部应力集中的形式传向地基。

图 3-5　基础的刚度和接触压力分布

(a)柔性基础；(b)刚性基础

3.3.1 基底压力的分布规律

精准地确定基底压力的大小与分布形式是一个很复杂的问题，它涉及上部结构、基础、地基三者间的共同作用问题，与三者的变形特性（如建筑物和基础的刚度，土层的应力应变关系等）有关，影响因素很多，这里仅对其分布规律及主要影响因素作些定性的讨论与分析。为将问题简化，暂不考虑上部结构的影响。

1. 基础刚度的影响

为了便于分析，假设基础直接放在地面上，并把各种基础按照与地基土的相对抗弯刚度（EI）分成三种类型。

（1）弹性地基上的完全柔性基础（$EI=0$）

当完全柔性基础上作用着如图 3-6(a)所示的均布条形荷载时，由于该基础不能承受任何弯矩，所以基础上下的外力分布必须完全一致，如果上部荷载是均布的，经过基础传至基底的压力也是均布的。由于基础完全柔性，抗弯刚度 $EI=0$，像个放在地上的柔软橡皮板，可以完全适应地基的变形。这种均布荷载在半无限弹性地基表面上引起的沉降为中间大、两端小的锅底形凹曲线，如图 3-6(b)、图 3-6(c)所示。

当然，实际上没有 $EI=0$ 的完全柔性基础，工程中，常把土坝（堤）及用钢板做成的储油罐底板等视为柔性基础，因此在计算土坝底部由土坝自重引起的接触压力分布时，可认为底部压力与土坝的外形轮廓相同，其大小等于各点以上的土柱重量，如图 3-7 所示。

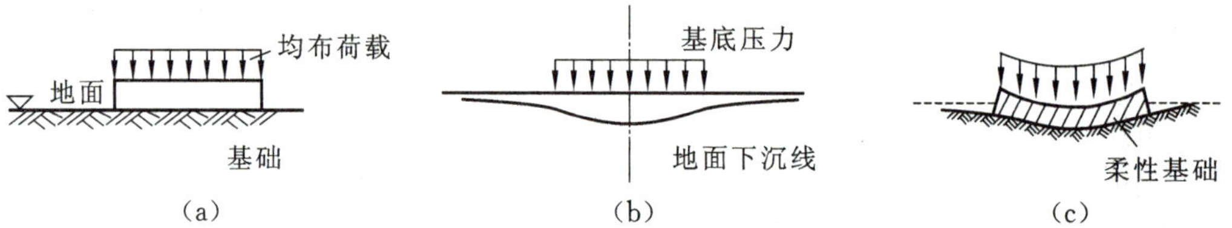

图 3-6 柔性基础基底压力分布

(a)柔性基础受到荷载；(b)地基变形；(c)柔性基础适应变形

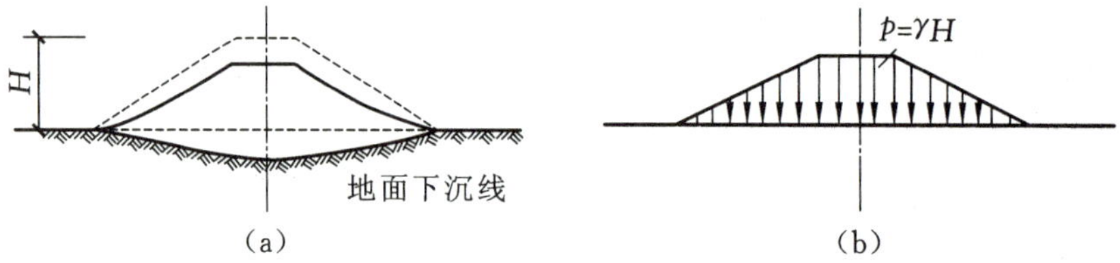

图 3-7 土坝（堤）的接触压力分布

(a)实际模型；(b)等效荷载

（2）弹性地基上的绝对刚性基础（$EI=\infty$）

由于基础刚度与土相比通常很大，可假设为绝对刚性，在均布荷载作用下，基础只能保持平面下沉而不能弯曲。这时如果假设地基上基底压力也是均匀的，地基将产生不均匀沉降,如图 3-8(a)中的虚线所示,其基础变形与地基变形不相协调,基底中部将会与地面脱开,出现架桥作用。为使基础与地基的变形保持协调相容[图 3-8(c)],必然要重新调整基底压力的分布形式,使两端应力加大,中间应力减小,从而使地面保持均匀下沉,以适应绝对刚性基础的变形而不致二者脱离。如果地基是完全弹性体,根据弹性理论解得的基底压力分布如图 3-8(b)中实线所示,基础边缘处的压力趋于无穷大,

通过以上分析可以看出,对于刚性基础,基底压力的分布形式与作用在它上面的荷载分布形式不一致。

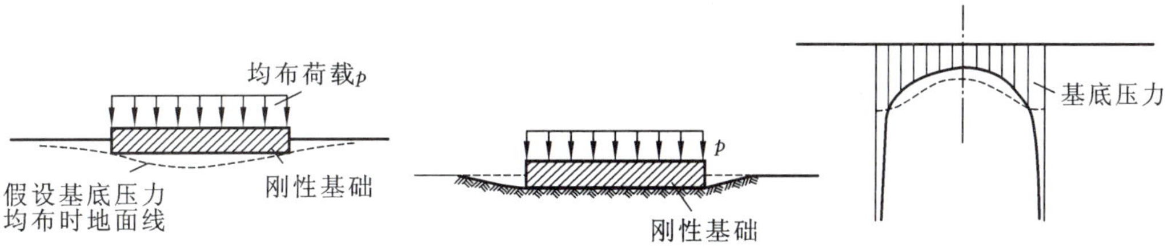

(a)　(b)　(c)

图 3-8　刚性基础的基底压力分布

(a)刚性基础受到荷载;(b)地基变形;(c)基底压力分布

(3) 弹塑性地基上有限刚性的基础

这是工程实践中最常见的情况。由于绝对刚性基础只是一种理想情况,地基也不是完全弹性体,因此上述弹性理论解得的基底压力分布图形实际上是不可能出现的。因为当基底两端的压力足够大,超过土的强度后,土体就会达到塑性状态,这时基底两端处地基土所承受的压力不能再增大,多余的应力自行调整向中间转移;又因基础并不是绝对刚性的,可以稍微弯曲,基底压力分布可以成为各种更加复杂的形式,例如可以成为马鞍形分布,这时基底两端应力不会是无穷大,而中间部分应力会比理论值大些,如图 3-8(b)中虚线所示。具体的压力分布形状与地基、基础的材料特性、基础尺寸以及荷载大小和分布形状等因素有关。

2. 荷载及土性的影响

实测资料表明,刚性基础底面上的压力分布形状大致有图 3-9 所示的几种情况。当荷载较小时,基底压力分布形状如图 3-9(a)所示,接近于弹性理论解;荷载增大后,基底压力可呈马鞍形[图 3-9(b)];荷载再增大时,边缘塑性区逐渐扩大,所增加的荷载必须靠基底中部应力的增大来平衡,基底压力图形可变为抛物线形[图 3-9(d)]以至于倒钟形分布[图 3-9(c)]。

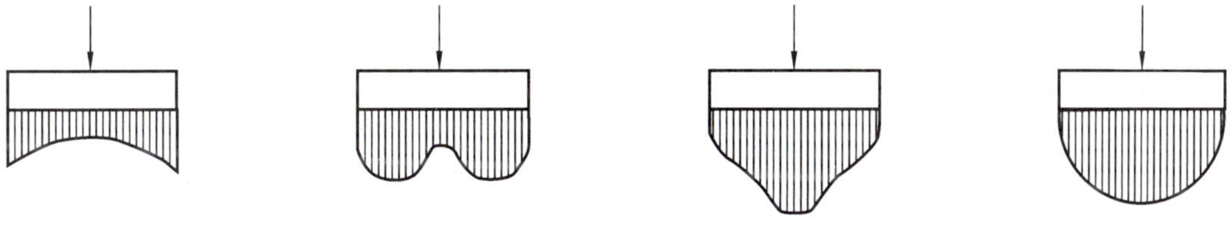

(a)　(b)　(c)　(d)

图 3-9　实测刚性基础底面上的压力分布

(a)较小荷载;(b)荷载增大;(c)荷载再增大;(d)砂土地基

此外，当刚性基础放在砂土地基表面时，由于砂颗粒之间无黏结力，浅埋基础边缘处砂土的强度很低，其基底压力分布更易发展成如图 3-9(d)所示的抛物线形；而在黏性土地基表面上的刚性基础，其基底压力分布易成图 3-9(b)所示的马鞍形。从以上分析可见，基底压力分布形式十分复杂，但由于基底压力都是作用在地基表面附近，根据弹性理论中的圣维南原理可知，其具体分布形式对地基中应力计算的影响随深度的增加而减少，至一定深度后，地基中应力分布几乎与基底压力的分布形状无关，而只取决于荷载合力的大小和位置。因此，目前在基础工程的地基计算中，允许采用简化方法，即假定基底压力按直线分布的材料力学方法。但要注意简化方法用于计算基础内力时会引起较大的误差。

3.3.2 基底压力的简化计算

1. 中心荷载作用

竖向集中荷载作用于基底形心时，其产生的基底压力假定为均匀分布(图 3-10)，对于矩形基础

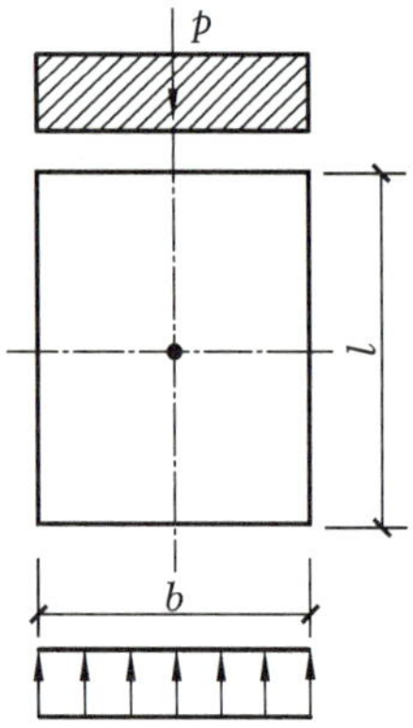

图 3-10 中心荷载作用下的基底压力

$$p=\frac{F+G}{A} \tag{3-6}$$

式中 p——基底压力(kPa)。

F——作用在基础顶面通过基底形心的竖向荷载(kN)。

G——基础及其台阶上填土的总重，$G=\gamma_G Ad$，其中，γ_G 是基础和填土的平均重度，一般取 20 kN/m^3，地下水位以下取有效重度；d 是基础埋置深度；A 为基底面积(m^2)，$A=bl$，b 和 l 分别为矩形基底的宽度和长度。

对于条形基础，在长度方向取 1 m 计算，故

$$p=\frac{F+G}{b} \tag{3-7}$$

式中 p——沿长度方向 1 m 内的相应荷载值(kN/m)；

$G=\gamma_G bd$。

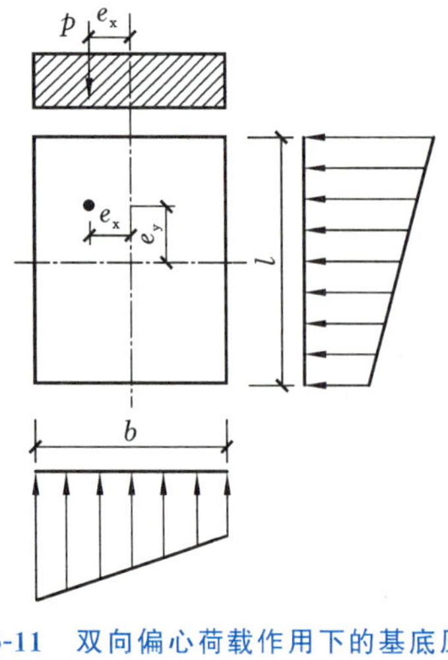

图 3-11 双向偏心荷载作用下的基底压力

2. 偏心荷载作用

矩形基础受偏心荷载作用时，产生的基底压力可按材料力学偏心受压柱计算。若基础受双向偏心荷载作用(图 3-11)，则基底任意点的基底压力为：

$$p_{(x,y)}=\frac{F+G}{A}\pm\frac{M_x\cdot y}{I_x}\pm\frac{M_y\cdot x}{I_y} \tag{3-8}$$

式中 $p_{(x,y)}$——基底内任意点[坐标(x,y)]的基底压力(kPa)；

M_x, M_y——竖直偏心荷载 $p=F+G$ 对基础底面 x 轴和 y 轴的力矩(kN·m)，$M_x=p\cdot e_y$，$M_y=p\cdot e_x$；

I_x, I_y——基础底面对 x 轴和 y 轴的惯性矩(m^4)；

e_x, e_y——竖直荷载对 y 轴和 x 轴的偏心矩(m)。

若基础受单向偏心荷载作用时，例如作用于主轴上(图 3-12)，则 $M_x=0$，$e_y=e$。这时，基底两端的压力为：

$$p_{\substack{\max\\\min}}=\frac{F+G}{A}\pm\frac{M}{W} \tag{3-9}$$

式中　M——作用在基础底面的力矩，$M=(F+G)\cdot e$，e 为偏心距；

W——基础底面的抗弯截面抵抗距，即：

$$W=\frac{l\cdot b^2}{6} \tag{3-10}$$

l, b——基底平面的两边尺寸，其中 b 为平行于弯矩作用方向的边长。

将式(3-10)代入式(3-9)，得

$$p_{\substack{\max\\\min}}=\frac{F+G}{lb}\left(1\pm\frac{6e}{b}\right) \tag{3-11}$$

以下分析偏心距对接触压力的影响：

(1) 当 $e<b/6$ 时，接触压力呈梯形分布，$p_{\min}>0$。

(2) 当 $e=b/6$ 时，接触压力呈三角形分布，$p_{\min}=0$。

(3) 当 $e>b/6$ 时，即荷载作用点在截面核心外，$p_{\min}<0$；接触压力出现拉力。但由于地基土不可能承受拉力，此时基础与地基土局部脱开，使接触压力重新分布，如图 3-12(c)所示。这种情况在设计中应尽量避免，但有时高耸结构物下的基底压力可能出现此种情况。这时，根据基础底面下所有压力之和与基础上总竖直荷载 P 相等的条件，得出基底边缘最大压力 $p_{\max}$ 为：

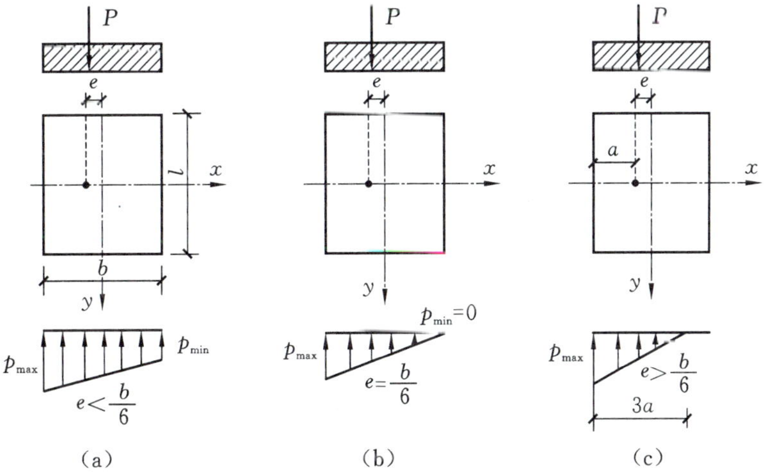

图 3-12　单向偏心荷载作用下的基底压力

(a) $e<\frac{b}{6}$；(b) $e=\frac{b}{6}$；(c) $e>\frac{b}{6}$

$$p_{\max}=\frac{2(F+G)}{3al} \tag{3-12}$$

式中　$a=\frac{b}{2}-e$；其他符号意义同前。

若条形基础受偏心荷载作用，同样可在长度方向取 1 m 进行计算，则基底宽度方向两端的压力为：

$$P_{\substack{\max\\\min}}=\frac{F+G}{b}\left(1\pm\frac{6e}{b}\right) \tag{3-13}$$

式中　P——沿长度方向取 1 m，作用于基础上的总荷载。

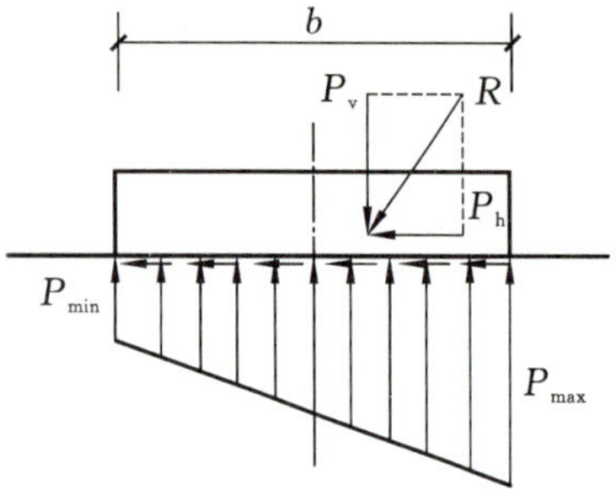

图 3-13　倾斜荷载作用下的基底压力

3. 水平荷载作用

承受水压力或侧向土压力的建筑物基础常常受到倾斜荷载的作用，如图 3-13 所示，斜向荷载除了引起竖直向基底应力 p_v 外，还会引起基底水平向应力 p_h。计算时，可将斜向荷载 R 分解为竖直向荷载 P_v 和水平向荷载 P_h，由 P_h 引起的基底水平应力一般假定为均匀分布于整个基础底面，则对于矩形基础有：

$$p_h=\frac{P_h}{A} \tag{3-14}$$

对于条形基础有：

$$p_h=\frac{P_h}{b} \tag{3-15}$$

式中符号意义同前。

3.4　土中的附加应力计算

土中附加应力是由建筑物荷载引起的应力增量。本节讨论在竖向集中力作用时土中的附加应力计算。虽然在实际情况中不存在集中力，但它在土的应力计算中是一个基本公式，应用集中力的解答，通过叠加原理或者数值积分的方法可以得到各种分布荷载作用时的土中应力计算公式。

3.4.1　基底附加压力

基础通常埋置在天然地面下一定深度处。由于天然土层在自重作用下的变形已经完成，故只有超出基底处原有自重应力的那部分应力才会使地基产生附加变形，使地基产生附加变形的基底压力称为基底附加压力 p_0。因此，基底附加压力是上部结构和基础传到基底的接触压力与基底处原先存在于土中的自重应力之差，按下式计算

$$p_0=p-\sigma_{cz}=p-\gamma_m d \tag{3-16}$$

式中　p_0——基底附加压力，由于建筑物的建设，基底在原自重应力基础上新增加的压应力；

d——基础埋深，计算时从天然地面算起；

γ_m——基底以上土的天然土层重度的加权平均值，地下水位以下取有效重度。

$$\gamma_m=\frac{\gamma_1 h_1+\gamma_2 h_2+\cdots+\gamma_n h_n}{h_1+h_2+\cdots+h_n} \tag{3-17}$$

式中　n——计算土层数；

γ_i——第 i 层土的重度；

h_i——第 i 层土的厚度。

3.4.2　集中荷载作用下的附加应力计算

地基表面上作用着理论意义的集中荷载，虽然实际上不存在，但是集中荷载在地基中引起的应力解答却是求解地基内部附加应力分布的基础。

1. 竖直集中力作用——布辛内斯克课题

1885 年法国数学家布辛内斯克(J. V. Boussinesq)用弹性理论推出了在半无限空间弹性体表面上作用有竖直集中力 Q 时，在弹性体内任意点 M 处所引起的应力解析解。这是一个轴对称的空间问题，对称轴就是集中力 Q 的作用线，以 Q 作用点 O 为原点，则 M 点坐标为 x、y、z，如图 3-14 所示，M' 点为 M 点在弹性体表面上的投影。由布辛内斯克课题得出 M 点的 6 个应力分量和 3 个位移分量，其中对地基沉降计算意义最大的是竖直法向正应力。

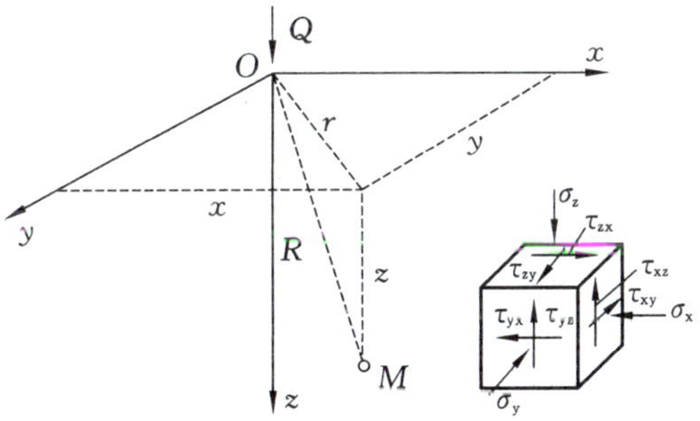

图 3-14　布辛内斯克课题(直角坐标表示)

(1) 采用直角坐标系

M 点应力为：

$$\sigma_z=\frac{3Qz^3}{2\pi R^5} \tag{3-18}$$

$$\sigma_x=\frac{3Q}{2\pi}\left\{\frac{zx^2}{R^5}+\frac{1-2\mu}{3}\left[\frac{R^2-Rz-z^2}{R^3(R+z)}-\frac{x^2(2R+z)}{R^3(R+z)^2}\right]\right\} \tag{3-19}$$

$$\sigma_y=\frac{3Q}{2\pi}\left\{\frac{zy^2}{R^5}+\frac{1-2\mu}{3}\left[\frac{R^2-Rz-z^2}{R^3(R+z)}-\frac{y^2(2R+z)}{R^3(R+z)^2}\right]\right\} \tag{3-20}$$

$$\tau_{xy}=\tau_{yx}=\frac{3Q}{2\pi}\left[\frac{xyz}{R^5}-\frac{1-2\mu}{3}\cdot\frac{xy(2R+z)}{R^3(R+z)^2}\right] \tag{3-21}$$

$$\tau_{yz}=\tau_{zy}=\frac{3Q}{2\pi}\frac{yz^2}{R^5} \tag{3-22}$$

$$\tau_{xz}=\tau_{zx}=\frac{3Q}{2\pi}\frac{xz^2}{R^5} \tag{3-23}$$

M 点在 x、y、z 轴方向的位移：

$$u=\frac{Q(1+\mu)}{2\pi E}\left[\frac{xz}{R^3}-(1-2\mu)\frac{x}{R(R+z)}\right] \tag{3-24}$$

$$v=\frac{Q(1+\mu)}{2\pi E}\left[\frac{yz}{R^3}-(1-2\mu)\frac{y}{R(R+z)}\right] \tag{3-25}$$

$$\omega=\frac{Q(1+\mu)}{2\pi E}\left[\frac{z^2}{R^3}+2(1-\mu)\frac{1}{R}\right] \tag{3-26}$$

$$R=\sqrt{x^2+y^2+z^2} \tag{3-27}$$

式中　x, y, z——M 点坐标；

　　　E, μ——弹性模量和泊松比。

（2）当 M 点应力用极坐标表示(图 3-15)

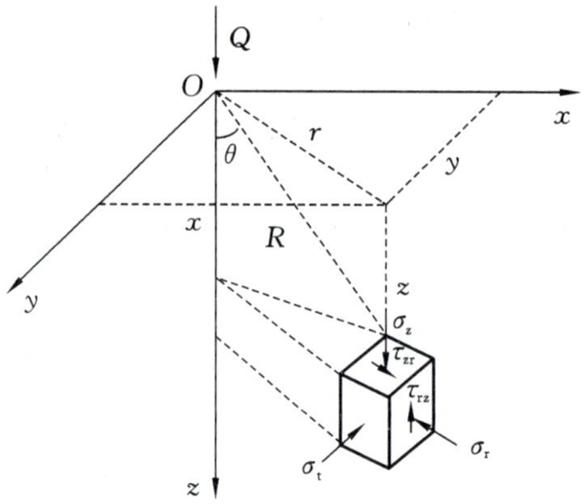

图 3-15　布辛内斯克课题(极坐标表示)

$$\sigma_z=\frac{3Qz^3}{2\pi R^5}=\frac{3Q}{2\pi R^2}\cos^5\theta \tag{3-28}$$

$$\sigma_r=\frac{3Q}{2\pi R^2}\left[3\sin^2\theta\cos^3\theta-\frac{(1-2\mu)\cos^2\theta}{1+\cos\theta}\right] \tag{3-29}$$

$$\sigma_t=-\frac{Q(1-2\mu)}{2\pi R^2}\left(\cos^3\theta-\frac{\cos^2\theta}{1+\cos\theta}\right) \tag{3-30}$$

$$\tau_{rz}=\frac{3Q}{2\pi R^2}(\sin\theta\cos^4\theta) \tag{3-31}$$

$$\tau_{tz}=\tau_{tr}=0 \tag{3-32}$$

利用图 3-15 中的几何关系 $R^2=r^2+z^2$，式(3-28)可以改写为：

$$\sigma_z=\frac{3Qz^3}{2\pi R^5}=\frac{3}{2\pi}\frac{1}{\left[1+\left(\frac{r}{z}\right)^2\right]^{\frac{5}{2}}}\cdot\frac{Q}{z^2}=K\cdot\frac{Q}{z^2} \tag{3-33}$$

$$K=\frac{3}{2\pi}\frac{1}{\left[1+\left(\frac{r}{z}\right)^2\right]^{\frac{5}{2}}} \tag{3-34}$$

K 称为集中力作用下的应力分布系数，量纲为1，是 r/z 的函数，可由图 3-16 查得。

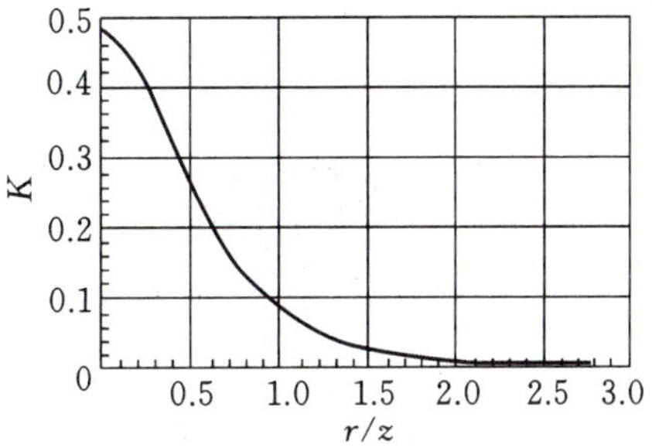

图 3-16　K-r/z 关系曲线

由于竖直向集中力 Q 作用下地基中的应力状态是轴对称空间问题，因此可以在通过 Q 作用线的任意竖直面上进行 σ_z 分布特征的讨论。

(1) 在集中力 Q 作用线上 σ_z 的分布

在 Q 作用线上，$r=0$，由式(3-33)可知，$K=\frac{3}{2\pi}$，$\sigma_z=\frac{3}{2\pi}\frac{Q}{z^2}$

① 当 $z=0$ 时，$\sigma_z=\infty$

出现这一结果是将集中力作用面积看作零所致。它一方面说明该解不适用于集中力作用点处及其附近点，因此在选择应力计算点时，不应过于接近集中力作用点；另一方面也说明在靠近 Q 作用线处应力 σ_z 很大。

② 当 $z=\infty$ 时，$\sigma_z=0$

可见，沿 Q 作用线上 σ_z 的分布是随深度 z 的增加而递减，如图 3-17 所示。

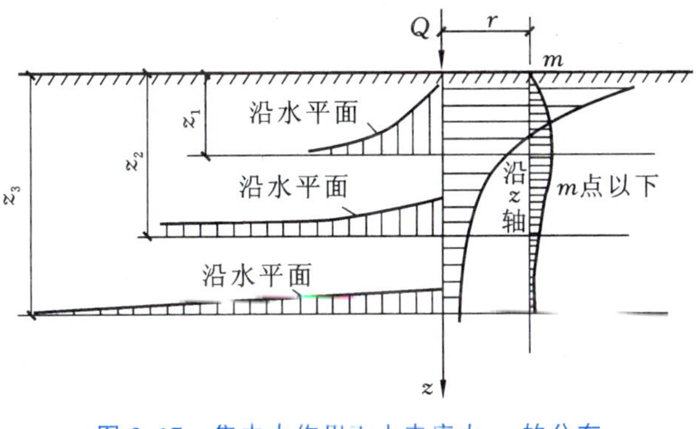

图 3-17　集中力作用下土中应力 σ_z 的分布

(2) 在 $r>0$ 的竖直线上 σ_z 的分布

由式(3-18)可知，$z=0$ 时，$R>0$，$\sigma_z=0$；随着 z 的增加，σ_z 从零逐渐增大，至一定深度后又随着 z 的增加而逐渐变小，如图 3-17 中 m 点以下的竖直线所示。

(3) 在 $z=$常数的水平面上 σ_z 的分布

σ_z 值在集中力作用线上最大，并随着 r 的增加而逐渐减小。随着深度 z 的增加，集中力作用线上的 σ_z 减小，而水平面上应力的分布趋于均匀，如图 3-17 所示。

若在空间中将 σ_z 相同的点连接成曲面，可以得到如图 3-18 所示的 σ_z 的等值线，其空间曲面的形状如泡状，所以也称为应力泡。

通过上述对应力 σ_z 分布图形的讨论，应该建立起土中应力分布的正确概念，即：集中力 Q 在地基中引起的附加应力 σ_z 的分布是向下、向四周无限扩散开的。

当地基表面作用有几个集中力时，可分别算出各集中力在地基中引起的附加应力，然后根据弹性体应力叠加原理求出附加应力的总和。图 3-19 中曲线 a 表示集中力 P_1 在 z 深度水平线上引起的应力分布，曲线 b 表示集中力 P_2 在同一水平线上引起的应力分布，把曲线 a 和曲线 b 相加得到的曲线 c 就是该水平线上总的附加应力。

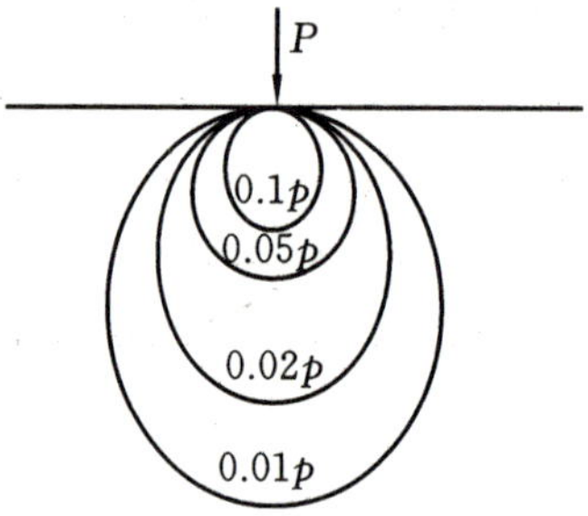

图 3-18 σ_z 的等值线

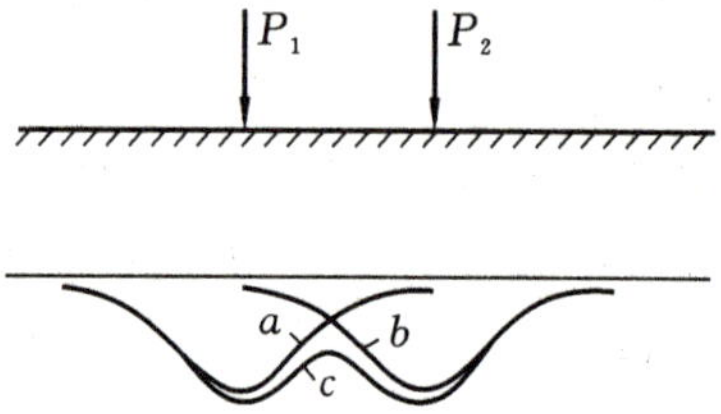

图 3-19 两个集中力作用下地基中 σ_z 的叠加

在实际工程中，当基础底面形状不规则或荷载分布较复杂时，可将基底分为若干个小面积，把小面积上的荷载当成集中力，然后利用上述公式计算附加应力。如果小面积的最大边长小于计算应力点深度的 1/3，用此法所得的应力值与精确计算的应力值相比，误差不超过 5%。

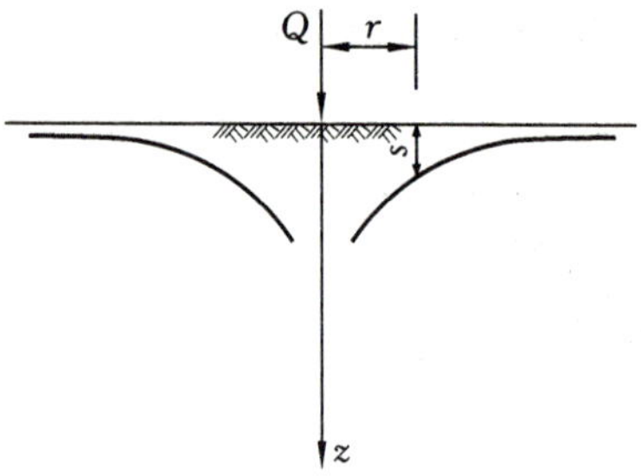

图 3-20 集中力作用下的地面沉降

【例题 3-2】 如图 3-20 所示，在地基表面作用集中力 $Q=200$ kN，计算地面深度 $z=3$ m 处水平面上的竖向应力 σ_z 分布，以及距 Q 的作用点 $r=1$ m 处竖直面上的竖向应力 σ_z 分布。

【解】 各点的竖向应力 σ_z 可按式(3-33)计算，并列于表 3-1 及表 3-2 中，同时可绘出 σ_z 的分布图，见图 3-21。σ_z 的分布曲线表明，在半无限土体内任一水平面上，随着与集中力作用点距离的增大，σ_z 值迅速减小。在不通过集中力作用点的任一竖向剖面上，在土体表面处，随着深度的增加，σ_z 逐渐增大，在某一深度处达到最大值，此后又逐渐减小。

表 3-1 $z=3$ m 处水平面上竖向应力 σ_z 的计算

r/m	0	1	2	3	4	5
r/z	0	0.33	0.67	1.00	1.33	1.67
K	0.478	0.369	0.189	0.084	0.038	0.017
σ_z/kPa	10.6	8.2	4.2	1.9	0.8	0.7

表 3-2 $r=1$ m 处水平面上竖向应力 σ_z 的计算

z/m	0	1	2	3	4	5	6
r/z	∞	1.00	0.50	0.33	0.25	0.20	0.17

续表3-2

z/m	0	1	2	3	4	5	6
K	0	0.084	0.273	0.369	0.410	0.433	0.444
σ_z/kPa	0	16.8	13.7	8.2	5.1	3.5	2.5

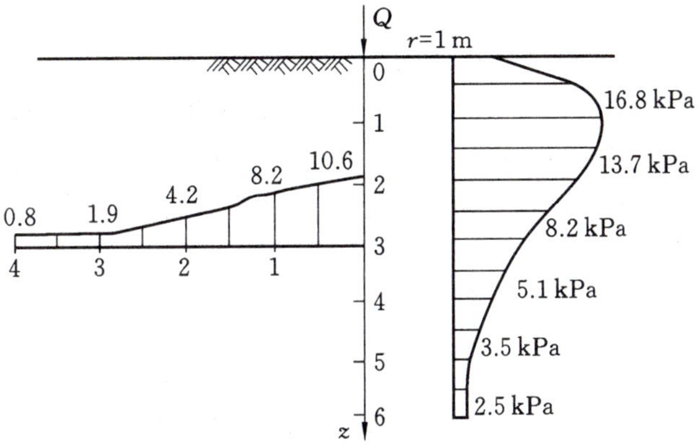

图 3-21　竖向集中力作用下土中应力分布

2. 水平集中力作用——西罗提课题

如果地基表面作用有平行于 xOy 面的水平集中力 P_h时，求解在地基中任意点 $M(x,y,z)$ 所引起的应力问题是弹性体内应力计算的另一个基本课题，该课题已由西罗提(V. Cerruti)用弹性理论解出。这里只介绍与沉降计算关系最大的垂直压应力 σ_z 的表达式：

$$\sigma_z=\frac{3P_h xz^2}{2\pi R^5} \tag{3-35}$$

式中符号见图 3-22。

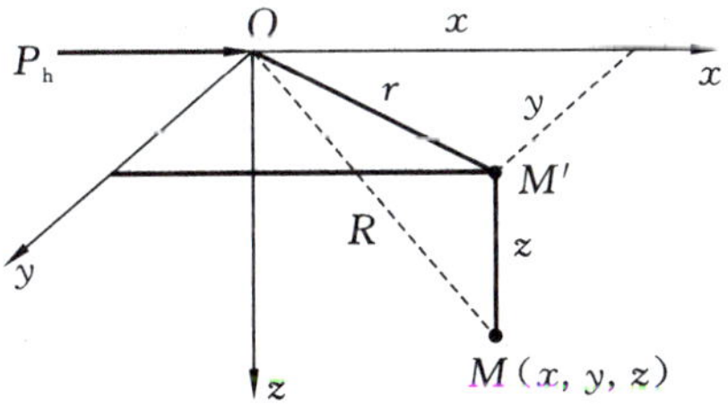

图 3-22　水平集中荷载作用下土中应力分布

3.4.3　矩形面积上各种分布荷载作用下的附加应力计算

任何建筑物都要通过一定尺寸的基础把荷载传给地基。基底的平面形状和基底上的压力分布各不相同，但都可以利用上述集中荷载引起的应力计算方法和弹性体中的应力叠加原理，计算地基内任意点的附加应力。矩形基础是最常用的基础，以下讨论矩形面积上各类分布荷载在地基中引起的附加应力计算。

1. 矩形面积竖直均布荷载

地基表面有一矩形面积，宽度为 b，长度为 l，其上作用着竖向均布荷载，荷载强度为 p，求地基内各点的附加应力。

(1) 矩形面积中心点点 O 下土中竖向应力 σ_z 计算

图 3-23 表示在地基表面 $l\times b$ 面积上作用均布荷载 p，在荷载面积内任取微分面积 $dA=dxdy$，并将其上作用的荷载以集中力 dP 代替，则 $dP=pdA=Pdxdy$。利用式(3-18)可求出该集中力在中心点点 O 以下深度 z 处 M 点所引起的竖直向附加应力 $d\sigma_z$：

$$d\sigma_z=\frac{3dPz^3}{2\pi R^5}=\frac{3P}{2\pi}\frac{z^3}{(x^2+y^2+z^2)^{\frac{5}{2}}}dxdy \tag{3-36}$$

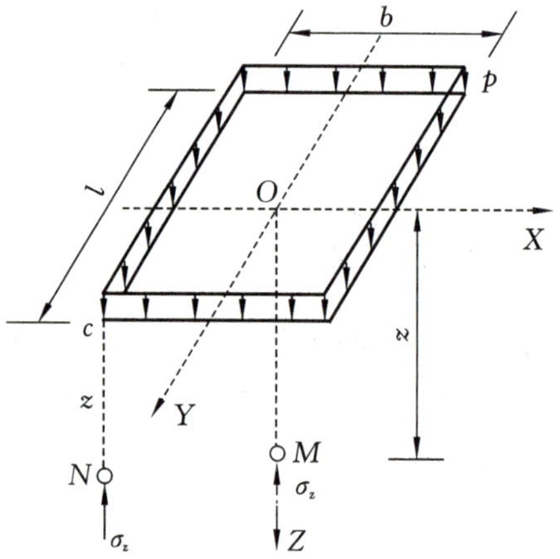

图 3-23 矩形面积均布荷载作用下中点和角点竖向应力 σ_z 的计算

将式(3-36)沿整个矩形面积积分，即可得出矩形面积上均布荷载 P 在中点下 M 点引起的附加应力 σ_z：

$$\begin{aligned}\sigma_z&=\int_{-\frac{l}{2}}^{\frac{l}{2}}\int_{-\frac{b}{2}}^{\frac{b}{2}}\frac{3P}{2\pi}\frac{z^3}{(x^2+y^2+z^2)^{\frac{5}{2}}}dxdy\\&=\frac{2P}{\pi}\left[\arctan\left(\frac{m}{2n\sqrt{1+m^2+4n^2}}\right)+\frac{2m\cdot n(1+m^2+8n^2)}{\sqrt{1+m^2+4n^2}(m^2+4n^2)(1+4n^2)}\right]\\&=\alpha_0 p\end{aligned} \tag{3-37}$$

式中，$\alpha_0=\frac{2}{\pi}\left[\arctan\left(\frac{m}{2n\sqrt{1+m^2+4n^2}}\right)+\frac{2m\cdot n(1+m^2+8n^2)}{\sqrt{1+m^2+4n^2}(m^2+4n^2)(1+4n^2)}\right]$，为矩形面积上均布荷载作用时中点下的应力分布系数。

$\alpha_0=f(m,n)$，$m=\frac{l}{b}$，$n=\frac{z}{b}$，其中 l 为矩形的长边，b 为矩形的短边，见表 3-3。

表 3-3　矩形面积上均布荷载作用时，中点下竖直向应力分布系数 α_0 值

$n=z/b$	$m=l/b$										
	1	1.2	1.4	1.6	1.8	2	3	4	5	6	10
0	1.000	1.000	1.000	1.000	1.000	1.000	1.000	1.000	1.000	1.000	1.000
0.2	0.961	0.968	0.972	0.974	0.975	0.976	0.977	0.978	0.978	0.978	0.978
0.4	0.800	0.830	0.848	0.859	0.866	0.871	0.879	0.881	0.881	0.881	0.881
0.6	0.607	0.652	0.682	0.703	0.718	0.728	0.748	0.753	0.755	0.755	0.756
0.8	0.449	0.496	0.532	0.559	0.578	0.593	0.627	0.636	0.639	0.641	0.642
1	0.336	0.379	0.414	0.442	0.464	0.481	0.526	0.540	0.545	0.548	0.550
1.2	0.257	0.294	0.325	0.352	0.374	0.392	0.443	0.463	0.470	0.474	0.477
1.4	0.201	0.232	0.260	0.284	0.304	0.322	0.377	0.400	0.410	0.414	0.419
1.6	0.160	0.187	0.211	0.232	0.251	0.267	0.322	0.348	0.360	0.366	0.373
1.8	0.131	0.153	0.173	0.192	0.209	0.224	0.278	0.305	0.319	0.327	0.335
2	0.108	0.127	0.145	0.161	0.176	0.190	0.241	0.270	0.285	0.293	0.304
2.2	0.091	0.107	0.123	0.137	0.150	0.163	0.211	0.239	0.256	0.265	0.277
2.4	0.077	0.091	0.105	0.118	0.130	0.141	0.185	0.213	0.230	0.240	0.254
2.6	0.067	0.079	0.091	0.102	0.113	0.123	0.164	0.191	0.208	0.219	0.235
2.8	0.058	0.069	0.079	0.089	0.099	0.108	0.146	0.172	0.189	0.200	0.217
3	0.051	0.060	0.070	0.078	0.087	0.095	0.130	0.155	0.173	0.184	0.202
3.2	0.045	0.053	0.062	0.070	0.077	0.085	0.117	0.141	0.158	0.169	0.189
3.4	0.040	0.047	0.055	0.062	0.069	0.076	0.105	0.128	0.145	0.156	0.177
3.6	0.036	0.043	0.049	0.056	0.062	0.068	0.096	0.117	0.133	0.145	0.166
3.8	0.032	0.038	0.044	0.050	0.056	0.062	0.087	0.107	0.123	0.134	0.156
4	0.029	0.035	0.040	0.046	0.051	0.056	0.079	0.098	0.113	0.125	0.147
4.2	0.026	0.032	0.037	0.042	0.046	0.051	0.073	0.091	0.105	0.116	0.139
4.4	0.024	0.029	0.033	0.038	0.042	0.047	0.067	0.084	0.098	0.108	0.131
4.6	0.022	0.026	0.031	0.035	0.039	0.043	0.062	0.078	0.091	0.101	0.124
4.8	0.020	0.024	0.028	0.032	0.036	0.040	0.057	0.072	0.085	0.095	0.118
5	0.019	0.022	0.026	0.030	0.033	0.037	0.053	0.067	0.079	0.089	0.112
6	0.013	0.016	0.018	0.021	0.023	0.026	0.038	0.048	0.058	0.066	0.088
7	0.010	0.012	0.013	0.015	0.017	0.019	0.028	0.036	0.044	0.051	0.070
8	0.007	0.009	0.010	0.012	0.013	0.015	0.022	0.028	0.034	0.040	0.057
9	0.006	0.007	0.008	0.009	0.011	0.012	0.017	0.023	0.028	0.032	0.047
10	0.005	0.006	0.007	0.008	0.009	0.009	0.014	0.018	0.023	0.027	0.040

(2) 矩形面积角点下的应力 σ_z 计算

角点下的应力是指图 3-24 中 O、A、C、D 四个角点下任意深度处的应力，由于平面的对称性，只要深度 z 一样，则四个角点下的应力 σ_z 都相同。将坐标的原点取在角点 O 上，在荷载面积内任取微分面积 $dA = dxdy$，并将其上作用的荷载以集中力 dP 代替，则 $dP = pdA = pdxdy$。利用式(3-18)可求出该集中力在角点 O 以下深度 z 处 M 点所引起的竖直向附加应力 $d\sigma_z$：

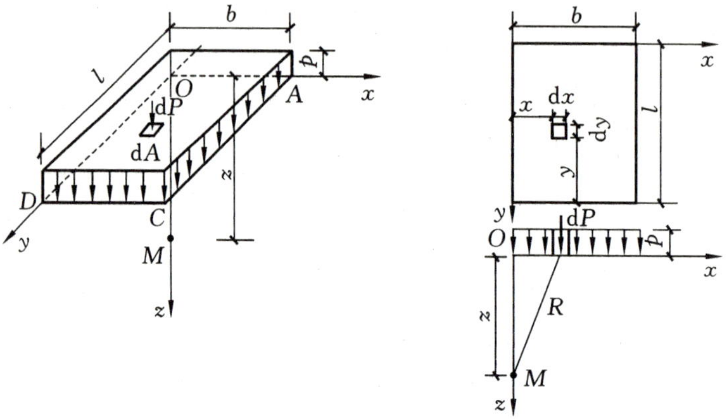

图 3-24 矩形面积均布荷载作用下角点下点的应力

$$d\sigma_z = \frac{3dPz^3}{2\pi R^5} = \frac{3P}{2\pi}\frac{z^3}{(x^2+y^2+z^2)^{\frac{5}{2}}}dxdy$$

将式(3-36)沿整个矩形面积 $OACD$ 积分，即可得出矩形面积上均布荷载 p 在角点下 M 点引起的附加应力 σ_z：

$$\begin{aligned}\sigma_z &= \int_0^l \int_0^b \frac{3P}{2\pi}\frac{z^3}{(x^2+y^2+z^2)^{\frac{5}{2}}}dxdy \\ &= \frac{P}{2\pi}\left[\arctan\left(\frac{m}{n\sqrt{1+m^2+n^2}}\right) + \frac{m \cdot n}{\sqrt{1+m^2+n^2}}\left(\frac{1}{m^2+n^2}+\frac{1}{1+n^2}\right)\right]\end{aligned} \tag{3-38}$$

式中 $m = \frac{l}{b}$；$n = \frac{z}{b}$，其中 l 为矩形的长边，b 为矩形的短边。

为计算方便，可将式(3-38)简写为：

$$\sigma_z = K_s P \tag{3-39}$$

K_s 为矩形面积受竖直均布荷载作用时角点下的应力分布系数，$K_s = f(m, n)$，可从表 3-4 中查得。

(3) 任意点的应力——角点法

利用角点下的应力计算公式(3-39)和应力叠加原理推求地基中任意点的附加应力的方法称为角点法。角点法的应用可分下列两种情况。第一种情况：计算受竖向均布荷载 p 作用的矩形面积内任一点 M' 下深度为 z 的附加应力[图 3-25(a)]。过 M' 点将矩形荷载面积 $abcd$ 分成 4 个小矩形 Ⅰ、Ⅱ、Ⅲ、Ⅳ，M' 点为 4 个小矩形的公共角点，则 M' 点下任意深度 z 处的附加应力 $\sigma_{zM'}$ 为：$\sigma_{zM'} = (K_{hbeM'} + K_{ecfM'} + K_{hagM'} + K_{fdgM'})p$

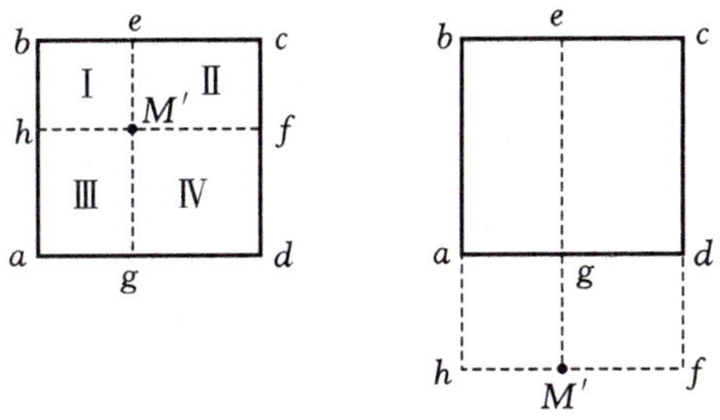

(a)　　(b)

图 3-25　角点法计算 M'点以下的附加应力

(a)计算荷载内一点;(b)计算荷载外一点

第二种情况:计算受竖向均布荷载 p 作用的矩形面积外任意点 M'下深度为 z 的附加应力。仍然设法使 M'点成为几个小矩形面积的公共角点,如图 3-25(b)所示。然后将其应力进行代数叠加:

$$\sigma_{zM'} = (K_{hbeM'} + K_{fceM'} - K_{hagM'} - K_{fdgM'}) \cdot p \tag{3-40}$$

以上两式中 $K_{hbeM'}$、$K_{fceM'}$、$K_{hagM'}$、$K_{fdgM'}$ 分别为矩形 $hbeM'$、$fceM'$、$hagM'$、$fdgM'$ 的角点应力分布系数;p 为荷载强度。必须注意在应用角点法计算每一块矩形面积的 K_s 值时,b 恒为短边,l 恒为长边。

表 3-4　矩形面积受竖直均布荷载作用时角点下的应力分布系数 K_s 值

$n=z/b$	$m=l/b$										
	1	1.2	1.4	1.6	1.8	2	3	4	5	6	10
0	0.250	0.250	0.250	0.250	0.250	0.250	0.250	0.250	0.250	0.250	0.250
0.2	0.249	0.249	0.249	0.249	0.249	0.249	0.249	0.249	0.249	0.249	0.249
0.4	0.240	0.242	0.243	0.244	0.244	0.244	0.244	0.244	0.244	0.244	0.244
0.6	0.223	0.228	0.230	0.232	0.233	0.233	0.234	0.234	0.234	0.234	0.234
0.8	0.200	0.208	0.212	0.215	0.217	0.218	0.220	0.220	0.220	0.220	0.220
1	0.175	0.185	0.191	0.196	0.198	0.200	0.204	0.204	0.205	0.205	0.205
1.2	0.152	0.163	0.171	0.176	0.179	0.182	0.187	0.188	0.189	0.189	0.189
1.4	0.131	0.142	0.151	0.157	0.161	0.164	0.171	0.173	0.174	0.174	0.174
1.6	0.112	0.124	0.133	0.140	0.145	0.148	0.157	0.159	0.160	0.160	0.160
1.8	0.097	0.108	0.117	0.124	0.129	0.133	0.143	0.146	0.147	0.148	0.148
2	0.084	0.095	0.103	0.110	0.116	0.120	0.131	0.135	0.136	0.137	0.137
2.2	0.073	0.083	0.092	0.098	0.104	0.108	0.121	0.125	0.126	0.127	0.128
2.4	0.064	0.073	0.081	0.088	0.093	0.098	0.111	0.116	0.118	0.118	0.119
2.6	0.057	0.065	0.073	0.079	0.084	0.089	0.102	0.107	0.110	0.111	0.112
2.8	0.050	0.058	0.065	0.071	0.076	0.081	0.094	0.100	0.102	0.104	0.105
3	0.045	0.052	0.058	0.064	0.069	0.073	0.087	0.093	0.096	0.097	0.099

续表3-4

$n=z/b$	$m=l/b$										
	1	1.2	1.4	1.6	1.8	2	3	4	5	6	10
3.2	0.040	0.047	0.053	0.058	0.063	0.067	0.081	0.087	0.090	0.092	0.093
3.4	0.036	0.042	0.048	0.053	0.057	0.061	0.075	0.081	0.085	0.086	0.088
3.6	0.033	0.038	0.043	0.048	0.052	0.056	0.069	0.076	0.080	0.082	0.084
3.8	0.030	0.035	0.040	0.044	0.048	0.052	0.065	0.072	0.075	0.077	0.080
4	0.027	0.032	0.036	0.040	0.044	0.048	0.060	0.067	0.071	0.073	0.076
4.2	0.025	0.029	0.033	0.037	0.041	0.044	0.056	0.063	0.067	0.070	0.072
4.4	0.023	0.027	0.031	0.034	0.038	0.041	0.053	0.060	0.064	0.066	0.069
4.6	0.021	0.025	0.028	0.032	0.035	0.038	0.049	0.056	0.061	0.063	0.066
4.8	0.019	0.023	0.026	0.029	0.032	0.035	0.046	0.053	0.058	0.060	0.064
5	0.018	0.021	0.024	0.027	0.030	0.033	0.043	0.050	0.055	0.057	0.061
6	0.013	0.015	0.017	0.020	0.022	0.024	0.033	0.039	0.043	0.046	0.051
7	0.009	0.011	0.013	0.015	0.016	0.018	0.025	0.031	0.035	0.038	0.043
8	0.007	0.009	0.010	0.011	0.013	0.014	0.020	0.025	0.028	0.031	0.037
9	0.006	0.007	0.008	0.009	0.010	0.011	0.016	0.020	0.024	0.026	0.032
10	0.005	0.006	0.007	0.007	0.008	0.009	0.013	0.017	0.020	0.022	0.028

【例题 3-3】 有一矩形面积基础，$b=4$ m，$l=6$ m，其上作用均布荷载 $p=100$ kPa，计算矩形基础中点下深度 $z=8$ m 处 M 点竖向应力 σ_z 值(图 3-26)。

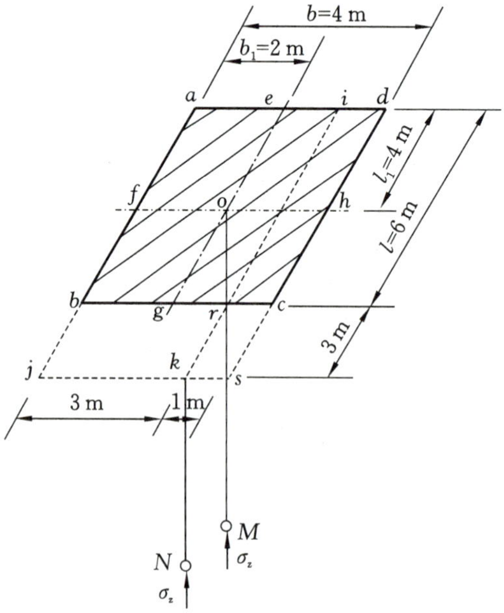

图 3-26　例题 3-3、例题 3-4、例题 3-5 图

【解】 按式(3-37)计算 σ_z 值，即：

$$\sigma_z=\alpha_0 P$$

已知 $l/b=6/4=1.5$，$z/b=8/4=2$，由表 3-3 查得应力系数 $\alpha_0=0.153$。

由式(3-37)得：$\sigma_z=0.153\times100=15.3$ kPa。

【例题 3-4】 同例题 3-3，但用角点法计算 M 点的竖向应力 σ_z 值。

【解】 将矩形面积 $abcd$ 通过中心点 o 划分成 4 个相等的小矩形面积($afoe$、$ofbg$、$eohd$ 及 $ogch$)，M 点位于 4 个小矩形面积的角点下，可以按式(3-39)用角点法计算点的竖向应力 σ_z 值。

考虑矩形面积 $afoe$，已知 $\dfrac{l_1}{b_1}=\dfrac{3}{2}=1.5$，$\dfrac{z}{b_1}=\dfrac{8}{2}=4$，由表 3-4 查得应力系数 $K_s=0.038$，故得：

$$\sigma_z=4K_s p=4\times0.038\times100=15.2\ \text{kPa}$$

按角点法计算的结果与例题 3-3 的计算结果一致。

【例题 3-5】 同例题 3-3，但求矩形基础外 k 点下深度 $z=6$ m 处点竖向应力 σ_z 值(图 3-26)。

【解】 如图 3-26 所示，将 k 点置于假设的矩形受荷面积的角点处，按角点法计算 N 点的竖向应力。N 点的竖向应力是由矩形受荷面积($ajki$)与($iksd$)引起的竖向应力之和，再减去矩形受荷面积($bjkr$)与($rksc$)引起的竖向应力。即：

$$\sigma_z=(K_{ajki}+K_{iksd}-K_{bjkr}-K_{rksc})\cdot p$$

将计算结果列于表 3-5。

表 3-5　用角点法计算 N 点竖向应力 σ_z 值

荷载面积	$m=l/b$	$n=z/b$	K_s
($ajki$)	9/3=3	6/3=2	0.131
($iksd$)	9/1=9	6/1=6	0.051
($bjkr$)	3/3=1	6/3=2	0.084
($rksc$)	3/1=3	6/1=6	0.035

$$\begin{aligned}\sigma_z&=(K_{ajki}+K_{iksd}-K_{bjkr}-K_{rksc})\cdot p\\&=(0.131+0.051-0.084-0.035)\times100\\&=0.063\times100=6.3\ \text{kPa}\end{aligned}$$

2. 矩形面积竖直三角形荷载

如图 3-27 所示，在地基表面矩形面积($b\times l$)上作用三角形分布荷载，计算荷载为零的角点下深度 z 处 M 点的竖向应力 σ_z 时，同样可以用式(3-36)求解。将坐标原点取在荷载为零的角点上，z 轴通过 M 点。取微小面积 $\mathrm{d}A=\mathrm{d}x\mathrm{d}y$，以集中力 $\mathrm{d}Q=\dfrac{x}{b}\cdot p\cdot\mathrm{d}x\mathrm{d}y$ 代替其上作用的分布荷载，则得：

$$\sigma_z = \frac{3z^3 p}{2\pi}\int_0^l \int_0^b \frac{\frac{x}{b}}{(x^2+y^2+z^2)^{\frac{5}{2}}}\mathrm{d}x\,\mathrm{d}y = \frac{mn}{2\pi}\left[\frac{1}{\sqrt{m^2+n^2}} - \frac{n^2}{(1+n^2)\sqrt{1+m^2+n^2}}\right]p = K_t p \tag{3-41}$$

式中，$K_t = \frac{mn}{2\pi}\left[\frac{1}{\sqrt{m^2+n^2}} - \frac{n^2}{(1+n^2)\sqrt{1+m^2+n^2}}\right]$，为矩形面积受三角形分布荷载作用时角点下的应力分布系数，其值可由表 3-6 查得，$K_t = f(m,n)$，$m=l/b$，$n=z/b$。注意 b 是沿三角形荷载变化方向的矩形边长（不一定是矩形的短边）。另外，该表给出的是角点 o 下不同深度处的应力系数。如果要求荷载分布为梯形分布时角点 o 下的应力，可用竖直均布荷载与竖直三角形荷载叠加得到。

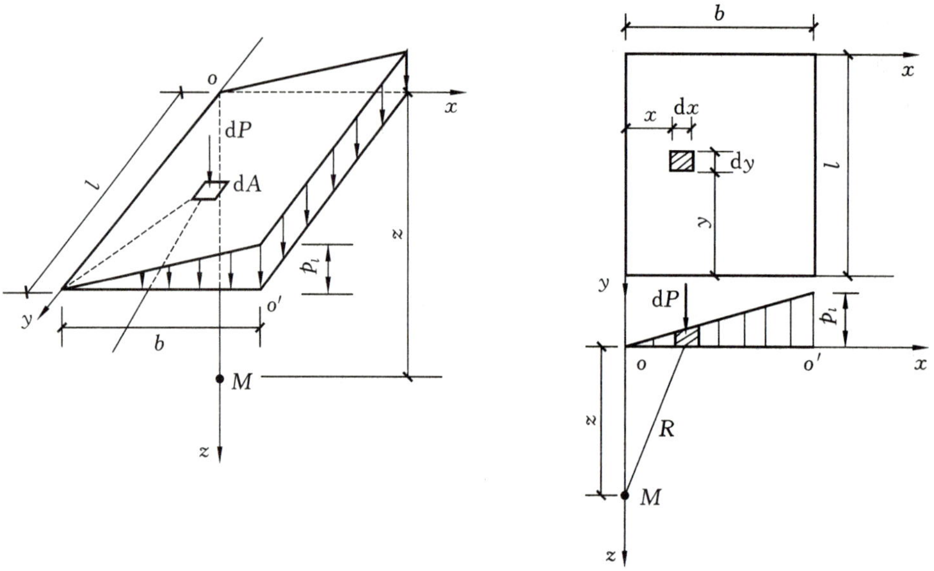

图 3-27 矩形面积作用三角形分布荷载时角点下的应力

表 3-6 矩形面积受三角形分布荷载作用时角点下的应力分布系数 K_t 值

$n=z/b$	$m=l/b$														
	0.2	0.4	0.6	0.8	1	1.2	1.4	1.6	1.8	2	3	4	6	8	10
0	0.000	0.000	0.000	0.000	0.000	0.000	0.000	0.000	0.000	0.000	0.000	0.000	0.000	0.000	0.000
0.2	0.0223	0.028	0.030	0.030	0.030	0.030	0.031	0.031	0.031	0.031	0.031	0.03	0.031	0.031	0.031
0.4	0.0269	0.042	0.049	0.052	0.053	0.054	0.054	0.055	0.055	0.055	0.055	0.05	0.055	0.055	0.055
0.6	0.0259	0.045	0.056	0.062	0.065	0.067	0.068	0.069	0.069	0.070	0.070	0.07	0.07	0.07	0.07
0.8	0.0232	0.042	0.055	0.064	0.069	0.072	0.074	0.075	0.076	0.076	0.077	0.08	0.078	0.078	0.078
1	0.0201	0.037	0.051	0.060	0.067	0.071	0.074	0.075	0.077	0.077	0.079	0.08	0.08	0.08	0.08
1.2	0.0171	0.032	0.045	0.055	0.062	0.066	0.070	0.072	0.074	0.075	0.077	0.08	0.078	0.078	0.078
1.4	0.0145	0.028	0.039	0.048	0.055	0.061	0.064	0.067	0.069	0.071	0.074	0.07	0.075	0.075	0.075

续表3-6

$n=z/b$	$m=l/b$														
	0.2	0.4	0.6	0.8	1	1.2	1.4	1.6	1.8	2	3	4	6	8	10
1.6	0.0123	0.024	0.034	0.042	0.049	0.055	0.059	0.062	0.064	0.066	0.070	0.07	0.071	0.072	0.072
1.8	0.0105	0.020	0.029	0.037	0.044	0.049	0.053	0.056	0.059	0.060	0.065	0.07	0.067	0.068	0.068
2	0.0090	0.018	0.025	0.032	0.038	0.043	0.047	0.051	0.053	0.055	0.061	0.06	0.063	0.064	0.064
2.2	0.0078	0.015	0.022	0.028	0.034	0.039	0.043	0.046	0.048	0.051	0.056	0.06	0.06	0.06	0.06
2.4	0.0068	0.013	0.019	0.025	0.030	0.034	0.038	0.041	0.044	0.046	0.052	0.05	0.056	0.056	0.056
2.6	0.0059	0.012	0.017	0.022	0.027	0.031	0.034	0.037	0.040	0.042	0.049	0.05	0.053	0.053	0.053
2.8	0.0052	0.010	0.015	0.020	0.024	0.028	0.031	0.034	0.036	0.038	0.045	0.05	0.05	0.05	0.05
3	0.0046	0.009	0.014	0.018	0.021	0.025	0.028	0.031	0.033	0.035	0.042	0.04	0.047	0.047	0.048
3.2	0.0041	0.008	0.012	0.016	0.019	0.022	0.025	0.028	0.030	0.032	0.039	0.04	0.044	0.045	0.045
3.4	0.0037	0.007	0.011	0.014	0.017	0.020	0.023	0.025	0.028	0.030	0.036	0.04	0.042	0.043	0.043
3.6	0.0034	0.007	0.010	0.013	0.016	0.019	0.021	0.023	0.025	0.027	0.034	0.04	0.04	0.041	0.041
3.8	0.0030	0.006	0.009	0.012	0.014	0.017	0.019	0.021	0.023	0.025	0.032	0.03	0.038	0.039	0.039
4	0.0028	0.005	0.008	0.011	0.013	0.016	0.018	0.020	0.022	0.023	0.029	0.03	0.036	0.037	0.037
4.2	0.0025	0.005	0.007	0.010	0.012	0.014	0.016	0.018	0.020	0.022	0.028	0.03	0.034	0.035	0.036
4.4	0.0023	0.005	0.007	0.009	0.011	0.013	0.015	0.017	0.018	0.020	0.026	0.03	0.033	0.034	0.034
4.6	0.0021	0.004	0.006	0.008	0.010	0.012	0.014	0.016	0.017	0.019	0.024	0.03	0.031	0.032	0.033
4.8	0.0020	0.004	0.006	0.008	0.009	0.011	0.013	0.014	0.016	0.017	0.023	0.03	0.03	0.031	0.031
5	0.0018	0.004	0.005	0.007	0.009	0.010	0.012	0.013	0.015	0.016	0.021	0.02	0.028	0.03	0.03
6	0.0013	0.003	0.004	0.005	0.006	0.007	0.009	0.010	0.011	0.012	0.016	0.02	0.023	0.024	0.025
7	0.0009	0.002	0.003	0.004	0.005	0.006	0.006	0.007	0.008	0.009	0.012	0.02	0.019	0.02	0.021
8	0.0007	0.001	0.002	0.003	0.004	0.004	0.005	0.006	0.006	0.007	0.010	0.01	0.015	0.017	0.018
9	0.0006	0.001	0.002	0.002	0.003	0.003	0.004	0.005	0.005	0.006	0.008	0.01	0.013	0.015	0.016
10	0.0005	0.001	0.001	0.002	0.002	0.003	0.003	0.004	0.004	0.005	0.007	0.01	0.011	0.013	0.014

【例题 3-6】 三角形分布的荷载作用在地基表面一矩形面积($l=5$ m,$b=3$ m)上,荷载最大值 $p=100$ kPa,计算在矩形面积内 o 点下深度 $z=3$ m 处的竖向应力 σ_z 值(图 3-28)。

【解】 本例题求解时要通过两次叠加。第一次是荷载作用面积的叠加,即前述的角点法;第二次是荷载分布图形的叠加。分别计算如下:

(1) 荷载作用面积叠加计算

因为 o 点在矩形面积($abcd$)内,故可用角点法划分计算。如图 3-28(a)、(b)所示,通过 o 点将矩形面积划分为 4 块,假定其上作用着均布荷载 q[见图 3-28(c)中荷载 $DABE$],则 M 点产生的竖向应力 σ_z 可用前述角点法计算,即:

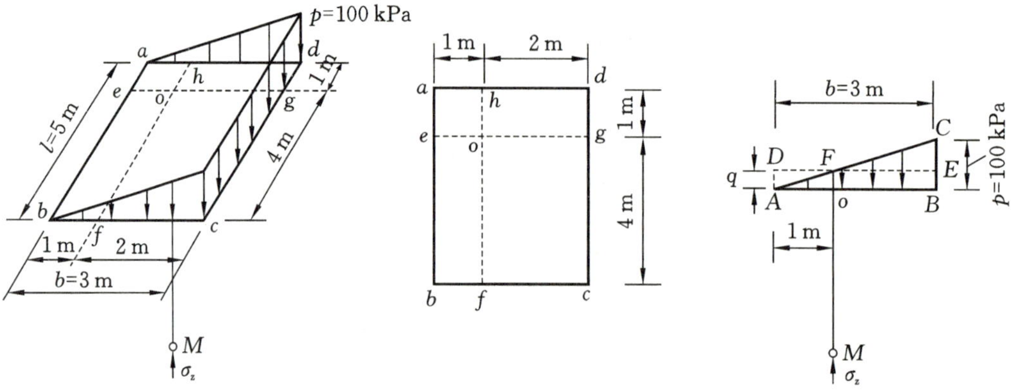

图 3-28　例题 3-6 计算图

$$\sigma_{z1}=\sigma_{aeoh}+\sigma_{ebfo}+\sigma_{ofcg}+\sigma_{hogd}=(K_{aeoh}+K_{ebfo}+K_{ofcg}+K_{hogd})\cdot q$$

应力系数 K_s 计算见表 3-7。

表 3-7　应力系数 K_s 计算

编号	荷载作用面积	m	n	K_s
1	$(aeoh)$	1/1=1	3/1=3	0.045
2	$(ebfo)$	4/1=4	3/1=3	0.093
3	$(ofcg)$	4/2=2	3/2=1.5	0.156
4	$(hogd)$	2/1=2	3/1=3	0.073

$$\sigma_{z1}=(0.045+0.093+0.156+0.073)\times\frac{100}{3}=0.367\times\frac{100}{3}=12.2\ \text{kPa}$$

(2) 荷载分布图形叠加计算

上述角点法求得的应力 σ_{z1} 是由均布荷载 q 引起的，但实际作用的荷载为三角形分布，因此可以将图 3-28(c)所示的三角形分布荷载(ABC)分割成 3 块：均布荷载($DABE$)，三角形荷载(AFD)及(CFE)。三角形荷载(ABC)等于均布荷载($DABE$)减去三角形荷载(AFD)，加上三角形荷载(CFE)。故可将此三块分布荷载产生的应力叠加计算。

三角形分布荷载(AFD)，其最大值为 q，作用在矩形面积($aeoh$)及($ebfo$)上，并且 o 点在荷载为零处。因此它在 M 点引起的竖向应力 σ_{z2} 是两块矩形面积上三角形分布荷载引起的应力之和，可按式(3-41)计算。即：

$$\sigma_{z2}=\sigma_{z2(aeoh)}+\sigma_{z2(ebfo)}=(K_{z2(aeoh)}+K_{z2(ebfo)})q$$

$$\sigma_{z2}=(0.021+0.045)\times\frac{100}{3}=2.2\ \text{kPa}$$

应力系数 K_t 计算见表 3-8。

表 3-8　应力系数 K_t 计算

编号	荷载作用面积	m	n	K_t
1	$(aeoh)$	1/1=1	3/1=3	0.021

续表3-8

编号	荷载作用面积	m	n	K_t
2	$(ebfo)$	4/1=4	3/1=3	0.045
3	$(ofcg)$	4/2=2	3/2=1.5	0.069
4	$(hogd)$	1/2=0.5	3/2=1.5	0.032

三角形分布荷载(CFE)，其最大值为($p-q$)，作用在矩形面积($ofcg$)及($hogd$)上，同样 o 点也在荷载零点处。因此，它在 M 点产生的竖向应力 σ_{z3} 是这两块矩形面积上三角形分布荷载引起的应力之和，按式(3-41)计算。即：

$$\begin{aligned}\sigma_{z3} &= \sigma_{z3(\text{ofcg})} + \sigma_{z3(\text{hogd})} \\ &= [K_{z3(\text{ofcg})} + K_{z3(\text{hogd})}](p-q) \\ &= \left(100-\frac{100}{3}\right)\times(0.069+0.032) = 6.7\ \text{kPa}\end{aligned}$$

最后叠加求得三角形分布荷载(ABC)对 M 点产生的竖向应力 σ_z 为：

$$\sigma_z = \sigma_{z1} - \sigma_{z2} + \sigma_{z3} = 12.2 - 2.2 + 6.7 = 16.7\ \text{kPa}$$

3.4.4　圆形面积上均布荷载作用下的附加应力计算

在图 3-29 中，圆形面积上作用均布荷载 p，计算土中任一点 $M(r,z)$ 的竖向应力。若采用极坐标表示，原点在圆心 o。取元素面积 $\mathrm{d}F=\rho \mathrm{d}\rho \mathrm{d}\varphi$，其上作用微单元荷载 $\mathrm{d}Q=p\mathrm{d}F=p\rho \mathrm{d}\rho \mathrm{d}\varphi$，那么可以由式(3-18)在圆面积范围内积分求得 σ_z 值。应注意式中的 R 值在图 3-29 中是用 R_1 表示，已知：

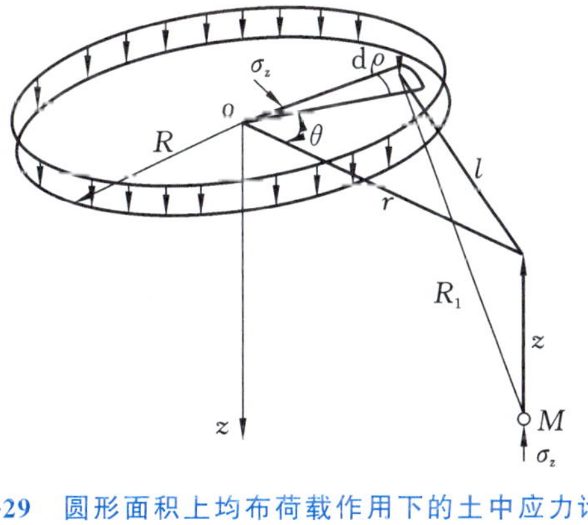

图 3-29　圆形面积上均布荷载作用下的土中应力计算

$$R_1 = \sqrt{l^2+z^2} = (\rho^2 + r^2 - 2\rho r\cos\varphi + z^2)^{\frac{1}{2}}$$

$$\sigma_z = \frac{3z^3 p}{2\pi}\int_0^{2\pi}\int_0^R \frac{\rho}{[\rho^2+r^2-2\rho r\cos\varphi+z^2]^{\frac{5}{2}}}\mathrm{d}\rho\,\mathrm{d}\varphi = \left[1-\frac{1}{\left[1+\left(\frac{r}{z}\right)^2\right]^{\frac{3}{2}}}\right]p = K_0 p \tag{3-42}$$

式中　K_0——应力系数，$K_0=f\left(\frac{z}{R},\frac{r}{R}\right)$，可由表 3-9 查得。

表 3-9　圆形面积上均布荷载作用下的竖向应力系数 K_0 值

z/R	r/R										
	0	0.2	0.4	0.6	0.8	1	1.2	1.4	1.6	1.8	2
0	1	1	1	1	1	0.5	0	0	0	0	0
0.2	0.998	0.991	0.987	0.970	0.89	0.468	0.077	0.015	0.005	0.002	0.001
0.4	0.949	0.943	0.920	0.860	0.712	0.435	0.181	0.065	0.026	0.012	0.006
0.6	0.864	0.852	0.813	0.733	0.591	0.400	0.224	0.113	0.056—	0.029	0.016
0.8	0.756	0.742	0.699	0.619	0.504	0.366	0.237	0.142	0.083	0.048	0.029
1	0.646	0.633	0.593	0.525	0.434	0.332	0.235	0.157	0.102	0.065	0.012
1.2	0.547	0.535	0.502	0.447	0.377	0.300	0.226	0.162	0.113	0.078	0.053
1.4	0.461	0.452	0.425	0.383	0.329	0.270	0.212	0.161	0.118	0.088	0.062
1.6	0.390	0.383	0.362	0.33	0.288	0.243	0.197	0.156	0.120	0.090	0.068
1.8	0.332	0.327	0.311	0.285	0.254	0.218	0.182	0.148	0.118	0.092	0.072
2	0.285	0.280	0.268	0.248	0.224	0.196	0.167	0.140	0.114	0.092	0.074
2.2	0.246	0.242	0.233	0.218	0.198	0.176	0.153	0.131	0.109	0.090	0.074
2.4	0.214	0.211	0.203	0.192	0.176	0.159	0.146	0.122	0.101	0.087	0.073
2.6	0.187	0.185	0.179	0.170	0.158	0.144	0.129	0.113	0.098	0.084	0.071
2.8	0.165	0.163	0.159	0.151	0.141	0.130	0.118	0.105	0.092	0.080	0.069
3	0.146	0.145	0.141	0.135	0.127	0.118	0.108	0.097	0.087	0.077	0.067
3.4	0.117	0.116	0.114	0.110	0.105	0.098	0.091	0.084	0.076	0.068	0.061
3.8	0.096	0.095	0.093	0.091	0.087	0.083	0.078	0.073	0.067	0.061	0.053
4.2	0.079	0.079	0.078	0.076	0.073	0.070	0.067	0.063	0.059	0.054	0.050
4.6	0.067	0.067	0.066	0.064	0.063	0.060	0.058	0.055	0.052	0.048	0.045
5	0.057	0.057	0.056	0.055	0.054	0.052	0.050	0.048	0.046	0.043	0.041
5.5	0.048	0.048	0.047	0.046	0.045	0.044	0.043	0.041	0.039	0.038	0.036
6	0.04	0.04	0.04	0.039	0.039	0.038	0.037	0.036	0.034	0.033	0.031

【例题 3-7】　有一圆形基础，半径 $R=1$ m，其上作用中心荷载 $Q=200$ kN，求基础边缘点下的竖向应力 σ_z 的分布，并将计算结果与例题 3-2 的计算结果（表 3-1）进行比较。

【解】　在基础底面的压力为：

$$p=\frac{Q}{F}=\frac{200}{\pi\times 1^2}=63.7\ \text{kPa}$$

圆形基础边缘点下的竖向应力 σ_z 按公式(3-42)计算，即：

$$\sigma_z = K_0 p$$

将计算结果列于表 3-10，在表中同时列出了例题 3-2 中表 3-1 的结果。

表 3-10　例题 3-7 和例题 3-2 计算结果表

z/m	圆形面积上均布荷载力 p 作用时		集中力 Q 作用时	
	K_0	$\sigma_z = K_0 p$/kPa	K	σ_z/kPa
0	0.500	31.8	0	0
0.5	0.418	26.6	0.0085	6.8
1.0	0.332	21.1	0.084	16.8
2.0	0.196	12.5	0.273	13.7
3.0	0.118	7.5	0.369	8.2
4.0	0.077	4.9	0.410	5.1
6.0	0.038	2.4	0.444	2.5

3.4.5　条形面积上各种分布荷载作用下的附加应力计算

若在半无限体表面作用无限长条形的分布荷载，荷载在宽度方向分布是任意的，但在长度方向的分布规律则是相同的(荷载在各个截面上的分布都相同时)。土中的应力状态即为平面应变状态，这时垂直于长度方向的任一截面内附加应力的大小及分布规律都是相同的，而与所取截面的位置无关。实际建筑中当然没有无限长的荷载面积，但研究表明，当截面两侧荷载面积的延伸长度均大于或等于 $5b$ 时，该截面内的应力分布与 $l/b=\infty$ 时土中的应力分布相差甚少，因此也可以用表 3-4 中 $m=l/b=10$ 查得角点的 K_u 乘以 2.0 作为条形面积上边点的附加应力数值。像墙基、路基、挡土墙及堤坝等条形基础，均可按平面问题计算地基中的附加应力。

如图 3-30 所示，此时土中任一点 M 的应力，只与该点的平面坐标(x，z)有关，而与荷载长度方向 Y 轴坐标无关，这种情况属于平面应变问题。虽然在工程实践中不存在无限长条分布荷载，但一般常把路堤、堤坝以及长宽比 $l/b \geqslant 10$ 的条形基础等视作平面应变问题计算。

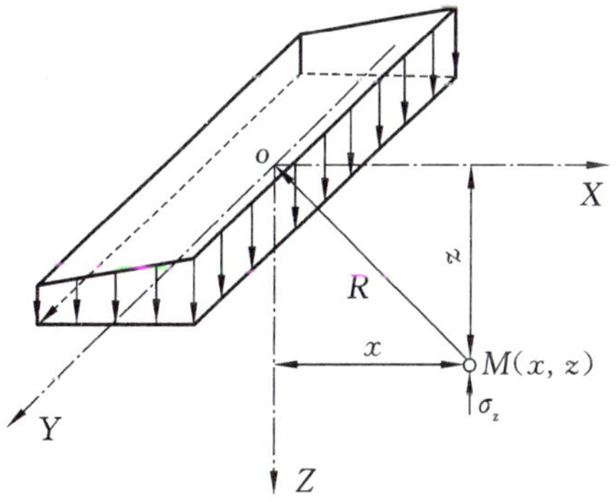

图 3-30　无限长条分布荷载

1. 均布线性荷载作用时土中应力计算

在地基土表面作用无限分布的均布线荷载 p，如图 3-31 所示，计算土中任一点 M 的应力时，可以用布辛内斯克解公式[式(3-18)至式(3-23)]积分求得：

$$\sigma_z=\frac{3z^3}{2\pi}p\int_{-\infty}^{+\infty}\frac{\mathrm{d}y}{(x^2+y^2+z^2)^{\frac{5}{2}}}=\frac{2z^3p}{\pi(x^2+z^2)^2} \tag{3-43}$$

$$\sigma_x=\frac{2x^2zp}{\pi(x^2+z^2)^2} \tag{3-44}$$

$$\tau_{xz}=\frac{2xz^2p}{\pi(x^2+z^2)^2} \tag{3-45}$$

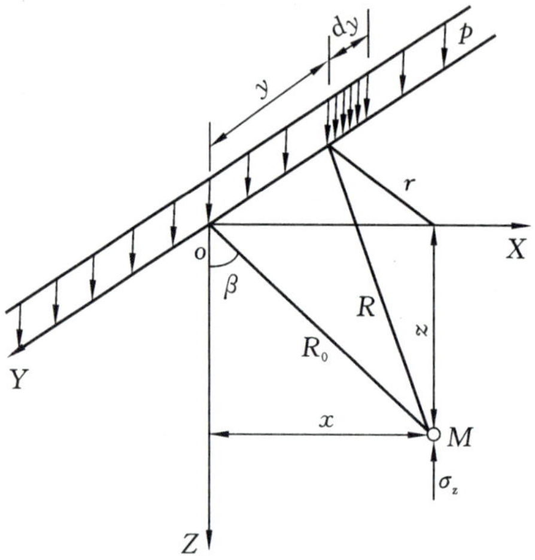

图 3-31　均布线荷载作用时土中应力计算

上式在弹性理论中称为弗拉曼(Flamant)解。若用极坐标表示时,从图 3-31 可知,$z=R_0\cos\beta$,$x=R_0\sin\beta$,代入式(3-43)至式(3-45),即得:

$$\sigma_z=\frac{2p}{\pi R_0}\cos^3\beta \tag{3-46}$$

$$\sigma_x=\frac{p}{\pi R_0}\sin\beta\cdot\sin2\beta \tag{3-47}$$

$$\tau_{xz}=\frac{p}{\pi R_0}\cos\beta\cdot\sin2\beta \tag{3-48}$$

2. 均布条形荷载作用下土中应力 σ_z 计算

在土体表面作用均布条形荷载 p,其分布宽度为 b,如图 3-32 所示,计算土中任一点 $M(x,z)$的竖向应力σ_z 时,可以将式(3-43)在荷载分布宽度 b 范围内积分:

$$\begin{aligned}\sigma_z&=\frac{3z^3}{2\pi}p\int_{-\frac{b}{2}}^{+\frac{b}{2}}\frac{2z^3p\,\mathrm{d}\xi}{\pi[(x-\xi)^2+z^2]^2}\\&=\frac{p}{\pi}\left[\arctan\frac{1-2m}{2n}+\arctan\frac{1+2m}{2n}-\frac{4n(4m^2-4n^2-1)}{(4m^2+4n^2-1)^2+16n^2}\right]=K_up\end{aligned} \tag{3-49}$$

式中　K_u——应力系数,它是 $n=z/b$ 和 $m=x/b$ 的函数,可从表 3-11 中查得。

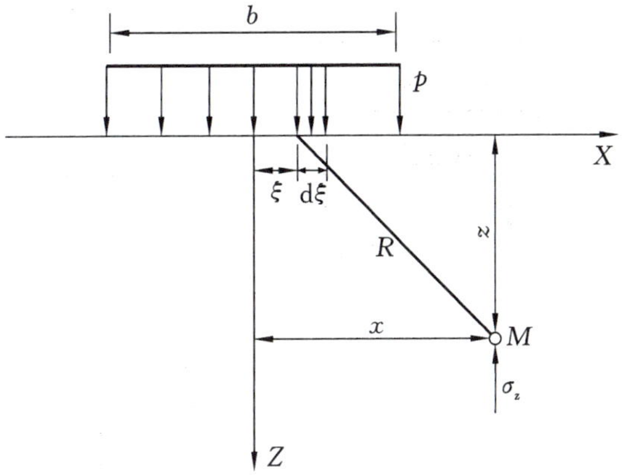

图 3-32　均布条形荷载作用下土中 σ_z 计算

表 3-11　均布条形荷载作用下竖向应力系数 K_u 值

$n=z/b$	$m=x/b$					
	0	0.25	0.5	1.0	1.5	2.0
0	1.00	1.00	0.50	0.00	0.00	0.00
0.25	0.96	0.90	0.50	0.02	0.00	0.00
0.5	0.82	0.74	0.48	0.08	0.02	0.00
0.75	0.67	0.61	0.45	0.15	0.04	0.02
1.00	0.55	0.51	0.41	0.19	0.07	0.03
1.25	0.46	0.44	0.37	0.20	0.10	0.04
1.50	0.40	0.38	0.33	0.21	0.11	0.06
1.75	0.35	0.34	0.30	0.21	0.13	0.07
2.00	0.31	0.31	0.28	0.20	0.13	0.08
3.00	0.21	0.21	0.20	0.17	0.14	0.10
4.00	0.16	0.16	0.15	0.14	0.12	0.10
5.00	0.13	0.13	0.12	0.12	0.11	0.09
6.00	0.11	0.10	0.10	0.10	0.10	—

注：坐标轴的原点是在均布荷载的中点处。

若采用图 3-33 中的极坐标表示时，从 M 点到荷载边缘的连线与竖直线之间的夹角分别为 β_1 和 β_2，并规定从竖直线 MN 绕 M 点逆时针旋转至连线时为正，反之为负。在图 3-33 中的 β_1 和 β_2，均为正值。

取微单元荷载宽度 $\mathrm{d}x$，可知：

$$\mathrm{d}x=\frac{R_0\,\mathrm{d}\beta}{\cos\beta}$$

利用极坐标表示的弗拉曼公式[式(3-46)至式(3-48)]，在荷载分布宽度范围内积分，即可求得 M 点的应力表达式：

$$\sigma_z=\frac{2p}{\pi R_0}\int_{\beta_2}^{\beta_1}\cos^3\beta\cdot\frac{R}{\cos\beta}\mathrm{d}\beta=\frac{2p}{\pi}\int_{\beta_2}^{\beta_1}\cos^2\beta\,\mathrm{d}\beta=\frac{p}{\pi}\left(\beta_1+\frac{1}{2}\sin2\beta_1-\beta_2-\frac{1}{2}\sin2\beta_2\right) \tag{3-50}$$

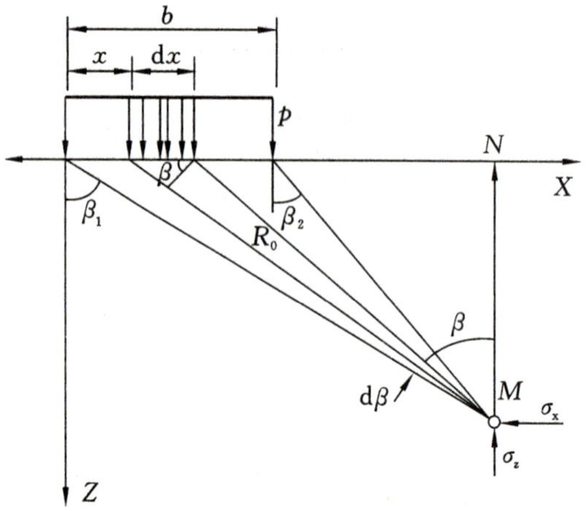

图 3-33　均布条形荷载作用时土中应力计算(极坐标表示)

$$\sigma_x = \frac{p}{\pi}\left(\beta_1 - \frac{1}{2}\sin 2\beta_1 - \beta_2 + \frac{1}{2}\sin 2\beta_2\right) \tag{3-51}$$

$$\tau_{xz} = \frac{p}{2\pi}(\cos 2\beta_2 - \cos 2\beta_1) \tag{3-52}$$

3. 三角形分布条形荷载作用时土中应力计算(图 3-34)

其最大值为 p，计算土中 M 点 (x,z) 的竖向应力 σ_z 时，可按式(3-43)在宽度范围 b 内积分，即得：

$$dp = \frac{\xi}{b} p \, d\xi$$

$$\sigma_z = \frac{2z^3 p}{\pi b}\int_0^b \frac{\xi \, d\xi}{[(x-\xi)^2 + z^2]^2} = \frac{p}{\pi}\left[n\left(\arctan\frac{n}{m} - \arctan\frac{n-1}{m}\right) - \frac{m(n-1)}{(n-1)^2 + m^2}\right] = a_s p \tag{3-53}$$

式中　a_s——应力系数，它是 $n=z/b$ 和 $m=x/b$ 的函数，可由表 3-12 查得(坐标轴原点在三角形荷载的零点处)。

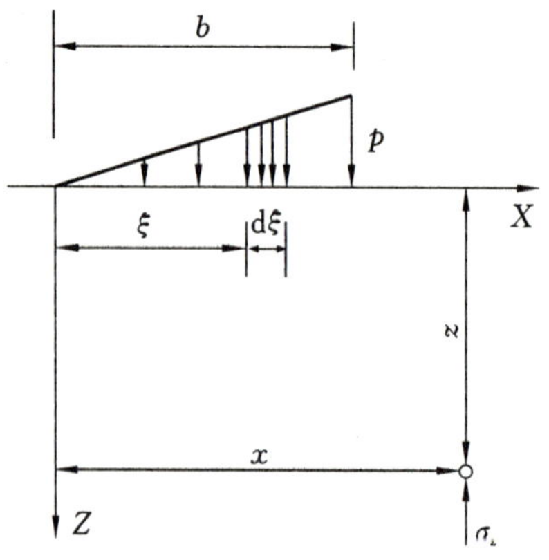

图 3-34　三角形分布条形荷载作用下土中竖向应力 σ_z 计算

表 3-12　三角形分布的条形荷载作用下竖向应力系数 α_s 值

$n=z/b$	$m=x/b$										
	−1.5	−1.0	−0.5	0.0	0.25	0.50	0.75	1.0	1.5	2.0	2.5
0.00	0.000	0.000	0.000	0.000	0.250	0.500	0.750	0.500	0.000	0.000	0.000
0.25	0.000	0.000	0.001	0.075	0.256	0.480	0.643	0.424	0.017	0.003	0.000
0.50	0.002	0.003	0.023	0.127	0.263	0.410	0.477	0.353	0.056	0.017	0.003
0.75	0.006	0.016	0.042	0.153	0.248	0.335	0.361	0.293	0.108	0.024	0.009
1.00	0.014	0.025	0.061	0.159	0.223	0.275	0.279	0.241	0.129	0.045	0.013
1.50	0.020	0.048	0.096	0.145	0.178	0.200	0.202	0.185	0.124	0.062	0.041
2.00	0.033	0.061	0.092	0.127	0.146	0.155	0.163	0.153	0.108	0.069	0.050
3.00	0.050	0.064	0.080	0.096	0.103	0.104	0.108	0.104	0.090	0.071	0.050
4.00	0.051	0.060	0.067	0.075	0.078	0.085	0.082	0.075	0.073	0.060	0.049
5.00	0.047	0.052	0.057	0.059	0.062	0.063	0.063	0.065	0.061	0.051	0.047
6.00	0.041	0.041	0.050	0.051	0.052	0.053	0.053	0.053	0.050	0.050	0.045

注：坐标轴原点在三角形荷载的零点处。

3.4.6　非均质和各向异性土体中附加应力问题

地基附加应力计算都是按柔性荷载和均质各向同性的土体考虑，因此土中附加应力计算与土的性质无关。实际工程中，地基往往是由软硬不一的多种土层组成，土的变形性质无论在竖直方向还是在水平方向的差异较大。对于类似问题的考虑是比较复杂的，目前也未得到完全满意的解。但从一些简单情况的解答发现，由两种压缩性不同的土层构成的双层地基的应力分布与各向同性地基相比较，地基竖向应力的影响有两种情况：一种是坚硬土层上覆盖着不厚的可压缩土层；另一种是软弱土层上有一层压缩模量较高的硬壳层，见图 3-35。

当上层土的压缩模量比下层土低时，即 $E_1<E_2$，则土中附加应力分布将发生应力集中的现象，如图 3-35 中曲线 2 所示，两土层分界面上的应力分布如图 3-36(a)所示。当上层土的压缩模量比下层土高时，即 $E_1>E_2$，则土中附加应力将发生扩散现象，如图 3-35 中曲线 3 所示，分界面上的应力分布如图 3-36(b)所示。土中曲线 1(虚线)为均质地基中附加应力分布。

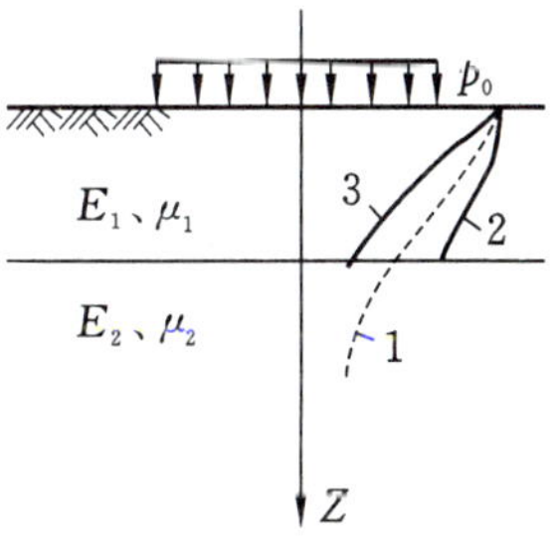

图 3-35　双层地基竖向应力比较

下卧刚性岩层的存在对应力集中的影响与岩层的埋藏深度有关，岩层埋藏越浅，对应力集中的影响越显著。

坚硬土层在上软弱土层在下引起应力扩散的现象随上层坚硬土层厚度的增大而更加显著。应力集中和应力扩散现象主要与上下两层土的模量比 E_1/E_2 有关，而土的泊松比因本身

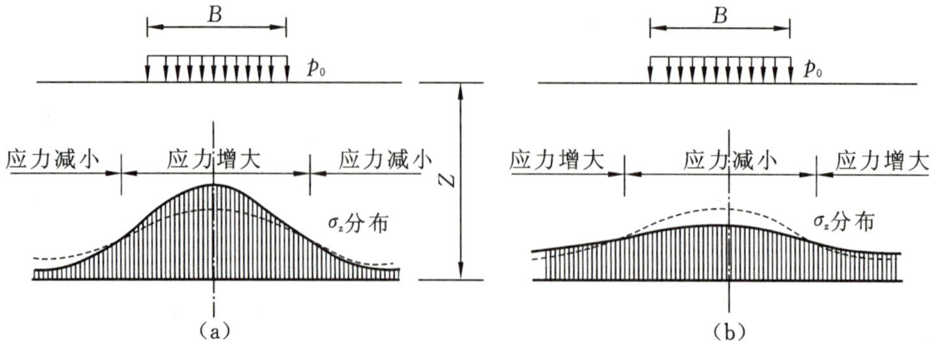

图 3-36　双层地基上附加应力的分布(虚线表示均质地基中水平面上的附加应力分布)

(a)发生应力集中;(b)发生应力扩散

变化不大,所以影响较小,一般不予考虑。双层地基中应力集中和扩散的概念十分重要,特别是在软土地区,地基表面有一层硬壳层,由于应力扩散作用可以减少地基的沉降,所以在设计中基础尽量浅埋,在施工中也采取保护措施,避免硬壳层遭受破坏。

3.5　有效应力原理

计算土中应力的目的是为了研究土体受力后的变形和强度问题,但是土的体积变化和强度大小并不是直接取决于土体所受的全部应力(以下称为总应力),这是因为土是一种由三相物质构成的碎散材料,受力后存在着:(1)外力如何由三种成分分担;(2)它们是如何传递与相互转化的;(3)它们和材料的变形与强度有什么关系等问题。太沙基(Terzaghi)发现并研究了这些问题,提出了土力学中最重要的饱和土体的有效应力原理和固结理论(详见第4章),可以说有效应力原理的提出和应用阐明了多孔碎散颗粒材料与连续固体材料在应力-应变关系上的重大区别,是使土力学成为一门独立学科的重要标志。

3.5.1　饱和土中的两种应力

饱和土是由固体颗粒构成的骨架和充满其间的水组成的两相体,所谓土骨架是土体中相互接触的固体颗粒所形成的构架,它可以传递力,并具有土体的全部体积和全部截面面积。作用于土体的外力,一部分由土骨架承担,并通过颗粒之间的接触面进行力的传递,称为粒间力;另一部分则由孔隙中的水来承担,水虽然不能承担剪应力,但却能承受各向等压的法向应力,并且可以通过连通的孔隙水传递,这部分水压力称为孔隙水压力(pore water pressure)。有效应力原理就是研究饱和土中这两种应力的不同性质和它们与总应力的关系。图 3-37 表示饱和土体中某一放大了的横截面 $a—a$,总水平投影面积为 A,假设 $a—a$ 面都通过了土颗粒的接触点。由于颗粒所有接触点的面积在水平面上的投影之和 A_s 很小,故面积 A 中绝大部分都是孔隙水所占据的面积 $A_w=A-A_s$。若在该截面单位水平投影面积上作用有竖直总应力 σ,则在 $a—a$ 面上的孔隙水处将作用有孔隙水压力 u,在第 i 个颗粒接触处将存在粒间作用力 P_{si}。P_{si} 的大小和方向都是随机的，现将其分解为竖直向和水平向两个分力，竖直向分力为 P_{svi}。而当颗粒接触点足够多时，其水平分力之和为 0。设共有 n 个接触点，考虑 $a—a$ 面的竖向力平衡可知

$$\sigma A = \sum_{i=1}^{n} P_{svi} + uA_{w}$$

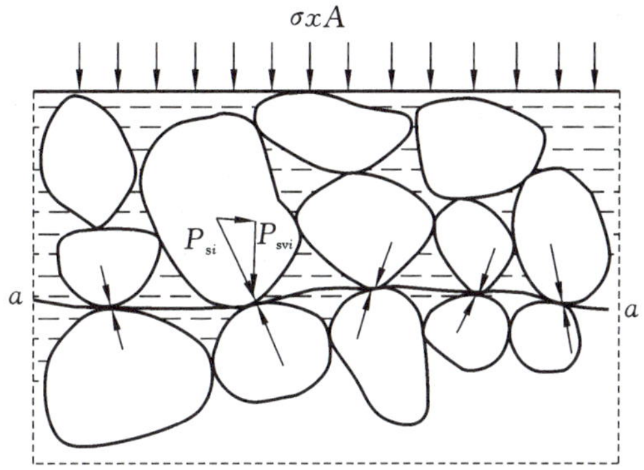

图 3-37　有效应力概念图

两边均除以面积 A，则

$$\sigma = \frac{\sum_{i=1}^{n} P_{svi}}{A} + u\frac{A_{w}}{A}$$

上式右端第一项 $\sum_{i=1}^{n} P_{svi}/A$ 为全部粒间作用力的竖向分量之和除以水平投影面积 A，它代表全面积 A 上土骨架的平均竖直向应力，并定义为有效应力，习惯上用 σ' 表示。根据研究颗粒接触点面积 A_{s} 一般不超过 $0.03A$，故右端第二项 $A_{w}/A \approx 1$。由此，上式可简化为

$$\sigma = \sigma' + u \tag{3-54}$$

这就是土力学中著名的有效应力原理表达式。可见所谓有效应力是由土颗粒接触点传递的应力，它由土骨架承担，是单位面积土骨架(亦即单位面积土体)上所有颗粒的接触力在总应力 σ 方向上的分量之和。有效应力是一个虚拟的应力，是很多力之和并除以总面积。实际上颗粒间真正的接触应力是很大的，粗粒土的颗粒接触应力常常会达到颗粒矿物的屈服强度。对于黏性土由于颗粒周围包有结合水膜，颗粒间一般不直接接触，但是可以认为粒间力仍可通过黏滞性很高的结合水膜传递，所以上式仍然适用。实际上有效应力原理更多地用于解决黏性土中的工程问题。

3.5.2　有效应力原理要点

有效应力原理是太沙基于 1936 年首次用英语论述的，其主要内容可归纳为如下两点：

(1) 饱和土体内任一平面上受到的总应力可分为由土骨架承受的有效应力和由孔隙水承受的孔隙水压力两部分，二者间关系总是满足式(3-54)：

$$\sigma = \sigma' + u$$

式中　σ——作用在饱和土中任意面上的总应力；

　　σ'——有效应力，作用于同一平面的土骨架上；

　　u——孔隙水压力，作用于同一平面的孔隙水上。

(2) 土的变形(压缩)与强度的变化都只取决于有效应力的变化。

这意味着土的体积压缩和抗剪强度变化并不取决于作用在土体上的总应力，而是取决于总应力与孔隙水压力之间的差值——有效应力。孔隙水压力本身并不能使土发生变形和强度的变化，这是因为水压力各方向相等，并均衡地作用于每个土颗粒周围，因而不会使土颗粒移动而导致孔隙体积变化。它除了使土颗粒受到浮力外，只能使土颗粒本身受到水压力，而固体颗粒的模量 E 很大，本身的压缩可以忽略不计。另外，水不能承受剪应力，因此孔隙水压力自身的变化也不会引起土的抗剪强度的变化，正因为如此，孔隙水压力也被称为中性应力。但值得注意的是当总应力 σ 保持为常数时，孔压 u 发生变化将直接引起有效应力 σ' 发生变化，从而使土体的体积和强度发生变化。

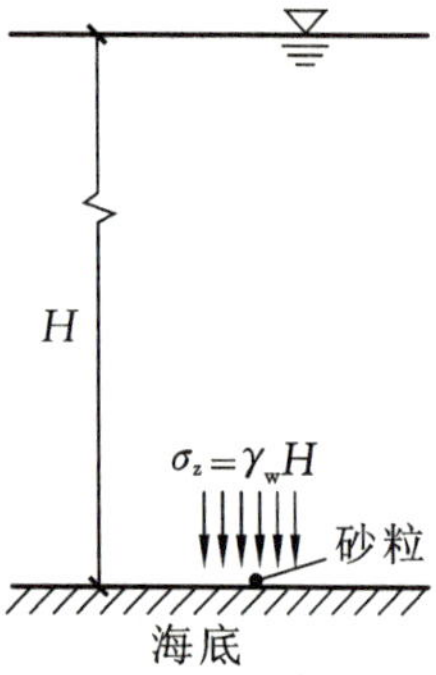

图 3-38　总应力和有效应力

为了帮助理解使土颗粒受压变密并不取决于作用于其上的总应力这一概念，不妨考察一下粒径 $d=1$ mm 的砂粒沉入深海海底的应力状态(图 3-38)。这时作用于海底面砂粒上的总应力(其实也就是水压力)应为 $\sigma_z=\gamma_w H$，若水深 $H=1000$ m，则 σ_z 约为 100 个大气压(即 10^4 kPa)的高压，但是由于砂粒的四周都承受有这个压力，所以砂粒对海底土层的作用力仅只是作用于砂粒上的重力与其浮力之差，在此情况下仅约为 0.9×10^{-5} N 这样小的值。

有效应力原理是土力学中极为重要的原理，灵活应用并不容易。近 80 多年来，土力学的许多重大进展都是与有效应力原理的推广和应用相联系的。迄今为止，国内外公认有效应力原理可毫无疑问地应用于饱和土；对于非饱和土的应用则还有待进一步研究。

习　题

3-1　何谓土中应力？它有哪些分类和用途？

3-2　怎样简化土中应力计算模型？在工程中应注意哪些问题？

3-3　地下水位的升降对土中自重应力有何影响？工程实践中有哪些问题应充分考虑其影响？

3-4　某建筑场地的地层分布均匀，第一层杂填土厚 1.5 m，$\gamma_1=17$ kN/m^3；第二层粉质黏土厚 4 m，$\gamma_2=19$ kN/m^3，$G_s=2.73$，$w=31\%$，地下水位在地面下 2 m 深处；第三层淤泥质黏土厚 8 m，$\gamma_3=18.2$ kN/m^3，$G_s=2.74$，$w=41\%$；第四层粉土厚 3 m，$\gamma_4=19.5$ kN/m^3，$G_s=2.72$，$w=27\%$；第五层砂岩未钻穿。试计算各层交界处的竖向自重应力 σ_c。

3-5　某条形基础的宽度为 2 m，在梯形分布的条形荷载(基底附加压力)作用下，边缘 $(p_0)_{max}=200$ kPa，$(p_0)_{min}=100$ kPa，试求基底宽度中点下和边缘两点下各 3 m 及 6 m 深度处的 σ_z 值。

第4章 土的压缩性与地基沉降计算

4.1 概　述

土的物理特性决定了土体具有受力易变形的特征。对于给定的地基，其变形的大小除了取决于荷载的大小以外，还取决于荷载分布情况以及土层的变形特性。

土的压缩性(compressibility)是指土体在压力作用下体积缩小的特性，反应土的孔隙性规律，是土的主要力学特性之一。在上部建筑物重量等永久荷载及可变荷载的作用下，地基会发生变形。地基所产生的变形包括竖向变形和侧向变形，向下的竖向位移亦称为沉降。由于土具有压缩性，地基承受建筑荷载后，会产生一定的均匀沉降或非均匀沉降，从而使建筑物的上部结构(尤其是超静定结构)或路面结构产生额外的应力(stress)与变形。当不均匀沉降达到一定限度时，还会导致建筑歪斜、开裂甚至破坏，影响建筑物结构的安全和建筑物的正常使用。因此，实际工程中通过判定沉降特征，设法将其控制在建筑物所容许的范围内，对保证建筑物的正常使用、安全稳定、经济合理具有重大意义。

本章为课程的重点。在学习土的压缩性指标确定方法的基础上，掌握地基最终沉降量计算原理和地基固结问题的分析计算方法。

4.1.1 基本概念

在自重应力或附加应力作用下，地基土要产生附加变形(deformation)，包括体积变形和形状变形。对于土来说，体积变形通常表现为体积缩小。我们把这种在外力作用下土体积缩小的特性称为土的压缩性。

土体的压缩性包括两个方面的内容：一是压缩变形量的大小，即土体沉降量问题；二是压缩变形随时间的变化，即土体的固结问题。

在建筑物荷载作用下，地基土由于压缩而引起的竖直方向的位移称为沉降(settlement)。土的压缩随时间而增长的过程称为土的固结。

4.1.2 土体的压缩

土的压缩是指土中孔隙的体积缩小，即土体中水和气体所占的体积减小。土的压缩性是指土体在压力作用下体积缩小的特性。

土体发生压缩主要体现在三个方面：固体颗粒本身的压缩、孔隙水和孔隙气体的压缩、孔隙气体的溶解以及孔隙水和孔隙气体的排出。由于纯水的弹性模量约为 2×10^6 kPa，固体颗粒的弹性模量约为 9×10^7 kPa，工程压力通常处于 100～600 kPa 范围内，土粒本身和孔隙中水的压缩量不到土体总压缩量的 1/400，因此常可忽略不计。所以，土体压缩主要来自土中孔隙水和孔隙气体的排出。

土体压缩变形的快慢取决于土中水排出的速率，排水速率既取决于土体孔隙通道的大小又取决于土中黏粒含量的多少。对于透水性大的砂土(Sand)，其压缩过程在加荷后较短时间内即可完成；对于黏性土，尤其是饱和黏性土，由于黏粒含量多，排水通道狭窄，孔隙水的排出速率很低，其压缩过程比砂土要长得多。

4.1.3 土体的沉降

土体的沉降原因主要分为两个方面：土体的压缩(内因)与应力的变化(外因)。地基变形过大会导致建筑物损坏或影响使用功能。减少非均匀沉降除了选择合适的基础方案和地基处理措施外，还应在建筑、结构设计和施工过程中采取相应的措施，处理得当可以节省基础造价或地基处理费用。

沉降控制要素除沉降量以外，还有沉降差、倾斜、局部倾斜，对于不同类型的建筑所需要控制的主要类型也不同：对于单层排架结构，主要对其进行沉降量控制；相邻柱基要在此基础上对沉降差进行控制；而多高层建筑要考虑倾斜对整体结构的影响；砌体结构在实际工程中往往因局部倾斜而造成损坏，所以要通过对局部倾斜的控制来保证结构安全可靠。

最终沉降量是指地基变形达到稳定后基础底面的最大沉降值。基础最终沉降量的计算方法有很多，本章仅介绍三大主流方法：分层总和法、规范法、弹性理论法。

4.1.4 土体的变形特点

土的变形特性较为复杂，不但与土的组成、状态、结构等基本性质有关，还与土的受力条件有关(应力水平、变形条件等)。其中土的压缩性是土的重要变形特性之一，按照有效应力原理(effective stress principle)来解释，就是有效应力变化所引起的孔隙比(void ratio)e 的变化。概括起来，土的变形特征主要分为以下几个特点：

(1) 非线性(nonlinear)。土的应力-应变关系曲线随变形的发展呈明显的非线性关系。当土体处于侧限压缩条件时，压缩模量(compression modulus)随竖向应力的增加而增大；而处于常规三轴条件时，变形模量随偏差应力的增加而减小。

(2) 弹塑性(elastoplastic)。土样在荷载的作用下产生变形，在卸除外荷载后，土的应力-应变关系并没有回到原点，这说明变形中有一部分是可恢复的，另一部分是不可恢复的，即土的变形表现出明显的弹塑性。

(3) 剪胀性(dilatancy)。与弹性材料相比，土体受剪切时除了产生形状变化外，还会产生体积变化，这一现象称为剪胀性。这里剪胀性的含义是广义的，实际上包括剪应力引起的体积膨胀和体积收缩两个方面，后者也称为剪缩。较密的土易产生剪胀，即在剪应力的作用下土体积增大，孔隙体积增加，土体变松；较松的土易产生剪缩，即在剪应力的作用下土体积缩小，孔隙体积减小，土体变密。

(4) 压硬性。无论对于何种土体，当处于三轴应力状态时，变形模量和强度随围压 σ_3 的增大而增大；当处于侧限应力状态时，随着竖向压力 p 增大，土体的压缩模量会有明显提高。土的刚度或变形模量随围压而提高的现象，称为土的压硬性。由于土是由碎散的颗粒组成的，所以围压所提供的约束可增加颗粒之间相对移动的难度，从而提高了土的强度和刚度。

(5) 时间效应。由于渗流固结作用，在外荷载的作用下土体变形的发展有一个时间过程。渗流固结结束后，在有效应力不变的情况下，土骨架仍随时间继续发生变形，即蠕变(creep)。尤其是对于黏性土(cohesive soil)而言，时间效应这一特征更为明显。

4.2　土的压缩性

土的变形包括体积变形和剪切变形，测试土的变形特性的方法包括室内试验方法和原位试验方法两大类。

土体在受压变形时受到的特殊应力状态可归结为两大类：轴对称问题与一维问题。其中对于轴对称问题通常采用常规三轴试验，对于一维问题通常采用侧限压缩试验，以上均为室内试验。伴随着土体压缩力学方面的理论拓展与经验积累，逐步将特殊应力状态转化为一般应力状态来进行分析，可直接对原状土进行荷载试验、旁压试验(lateral loading test)、标准贯入试验(standard penetration test)、静力触探试验(cone penetration test)，以上均为室内试验。通过采取相关试验对土体的变形与强度特性进行检测，得出土体相关数据进行后续研究。

研究土的压缩性大小及其特征的室内试验方法称为固结试验，亦称侧限压缩试验。所谓侧限，就是使土样在竖向压力作用下只能发生竖向变形，而无侧向变形，即整个试验过程中试样的横截面面积不会发生变化。

4.2.1　固结试验和压缩性指标

1. 固结试验

室内压缩试验采用的试验装置为压缩仪(固结仪)，如图 4-1 所示。试验时将带有环刀的土样置于刚性护环中，由于金属环刀及刚性护环的限制，使得土样在竖向压力作用下只能发生竖向变形，而无侧向变形。在土样的上下面放置的透水石是土样受压后排出孔隙水的两个界面。压缩过程中竖向压力通过刚性板施加给土样，土样产生的压缩量可通过百分表量测。常规压缩试验通过逐级加荷进行试验，常用的分级加荷量 p 为：50 kPa，100 kPa，200 kPa，300 kPa，400 kPa。通过确定试样在各级压力作用下压缩稳定后的孔隙比，可绘制压缩曲线，确定压缩性指标。

2. 压缩曲线

设试样初始高度为 H_0，在第 i 级荷载下变形稳定后的高度为 H_i，则可确定试样的竖向

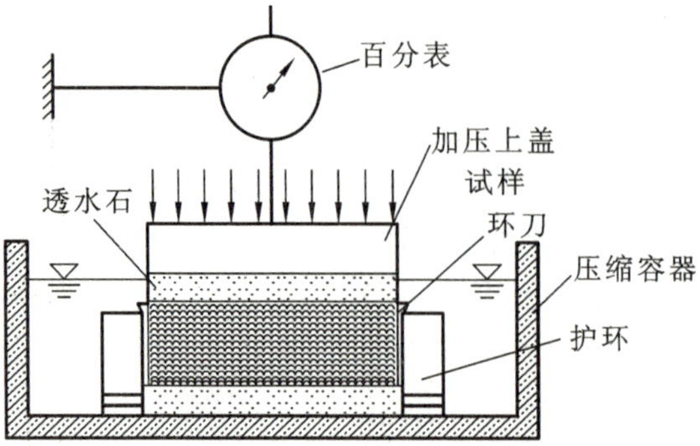

(a)

(b)

图 4-1　侧限压缩试验装置

(a)侧限压缩试验示意图;(b)侧限压缩试验实物图

压缩量为 $\Delta H_i = H_0 - H_i$。如图 4-2 所示,设土样受压前初始孔隙比为 e_0,受压后孔隙比为 e_i,则根据试样受压前后土粒体积 V_s 不变和横截面面积 A 不变,可得出:

$$\frac{1+e_0}{H_0} = \frac{1+e_i}{H_i} \tag{4-1a}$$

即:

$$\frac{H_i}{H_0} = \frac{1+e_i}{1+e_0} \tag{4-1b}$$

整理得:

$$e_i = e_0 - \frac{\Delta H_i}{H_0}(1+e_0) \tag{4-2}$$

$$e_0 = \frac{(1+w_0)d_s\rho_w}{\rho_0} \tag{4-3}$$

式中　d_s——土粒相对密度;

ρ_w——水的密度(g/cm^3);

w_0——土样的初始含水量,以小数计;

ρ_0——土样的初始密度(g/ cm^3)。

采用直角坐标绘制 e-p 压缩曲线,如图 4-3 所示。

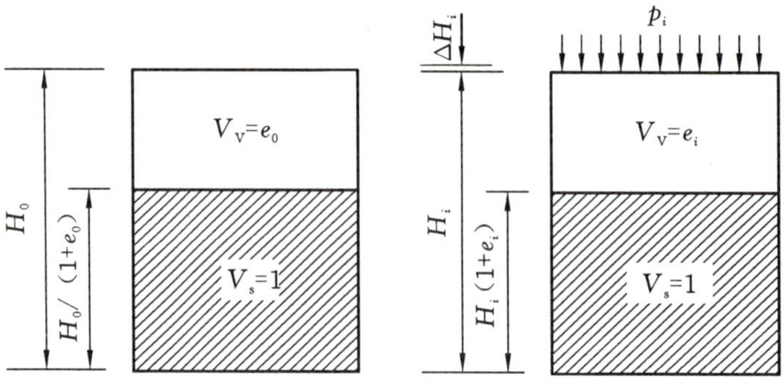

(a)　　(b)

图 4-2　侧限条件下试样孔隙比变化示意图

(a)受压前;(b)受压后

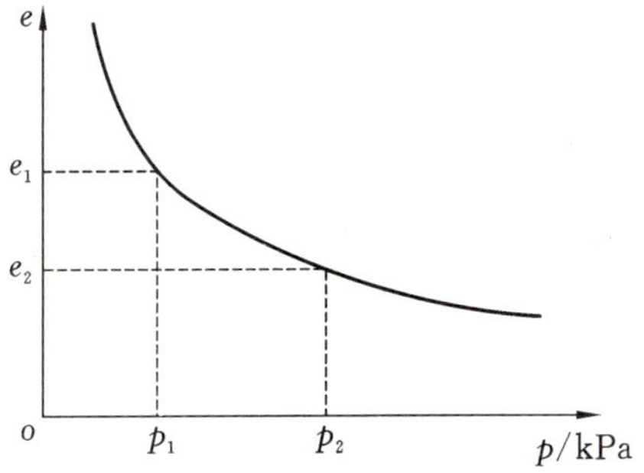

图 4-3　e-p 压缩曲线

3. 压缩系数

根据 e-p 压缩曲线，可以得出曲线越陡，土体的压缩性越大。因为在相同的压力增量下，土的孔隙比减少得越显著，土的压缩性就越高。因此，可以采用曲线上任一点的切线斜率 α 来表示相应压力作用下土的压缩性。

$$\alpha=-\frac{\mathrm{d}e}{\mathrm{d}p} \tag{4-4}$$

$$\alpha=-\frac{\Delta e}{\Delta p}=\frac{e_1-e_2}{p_2-p_1} \tag{4-5}$$

式中负号表示孔隙比 e 随固结压力 p 的增加而减小。

式(4-5)所定义的 α 即为土的压缩系数(compression exponent)，表示土体在侧限条件下孔隙比减少量与压力增量的比值(MPa^{-1})。

α 大则表示在一定压力范围内孔隙比变化大，说明土的压缩性高。不同的土压缩性变化是很大的。就同一种土而言，压缩曲线的斜率也是变化的，压力增大时，曲线的切线斜率 α 将减小。研究土中实际压力变化范围内的压缩性，均以压力由原来的自重应力 p_1 增加到外荷载作用下的土中应力 p_2(自重应力与附加应力之和)时土体显示的压缩性为代表。

在工程实际中，用 α_{1-2} 评价土的压缩性高低，即土的压力变化范围为 $p_1=100$ kPa，$p_2=200$ kPa。

$\alpha_{1-2}<0.1\ \mathrm{MPa}^{-1}$ 时，属低压缩性土；

$0.1\ \mathrm{MPa}^{-1}\leqslant\alpha_{1-2}\leqslant0.5\ \mathrm{MPa}^{-1}$ 时，属中压缩性土；

$\alpha_{1-2}\geqslant0.5\ \mathrm{MPa}^{-1}$ 时，属高压缩性土。

【例题 4-1】 侧限压缩试验试件初始厚度为 2.0 cm，当垂直压力由 200 kPa 增加到 300 kPa 时，变形稳定后土样厚度由 1.990 cm 变为 1.970 cm，试验结束后卸去全部荷载，厚度变为 1.980 cm，试验全过程都处于饱和状态。取出土样测得土样含水量 $w=27.8\%$，土粒比重为 2.7。计算土样的初始孔隙比以及 200 kPa 和 300 kPa 之间的压缩系数 α_{2-3}。

【解】 $e=G_s\times w=2.7\times0.278=0.7506$

由于 $e_i=e_0-\frac{\Delta H_i}{H_0}(1+e_0)$，则 $0.7506=e_0-\frac{0.02}{2}\times(1+e_0)$，得 $e_0=0.7683$

同理可得，$e_2=0.7595$，$e_3=0.7418$

故 $\alpha_{2-3}=\dfrac{0.7595-0.7418}{0.3-0.2}=0.177\ \mathrm{MPa^{-1}}$

4. 压缩指数

根据压缩试验资料，如果横坐标采用对数值，可绘出 e-$\lg p$ 曲线，曲线的后半段接近直线，其斜率称为压缩指数 C_c。

$$C_c=\frac{e_1-e_2}{\lg p_2-\lg p_1}=\frac{e_1-e_2}{\lg\dfrac{p_2}{p_1}} \tag{4-6}$$

如图 4-4 所示压缩指数越大，土的压缩性越高，$C_c>0.4$ 时，属高压缩性土；$C_c<0.2$ 时，属低压缩性土；$C_c=0.2\sim0.4$ 时，属中等压缩性土。

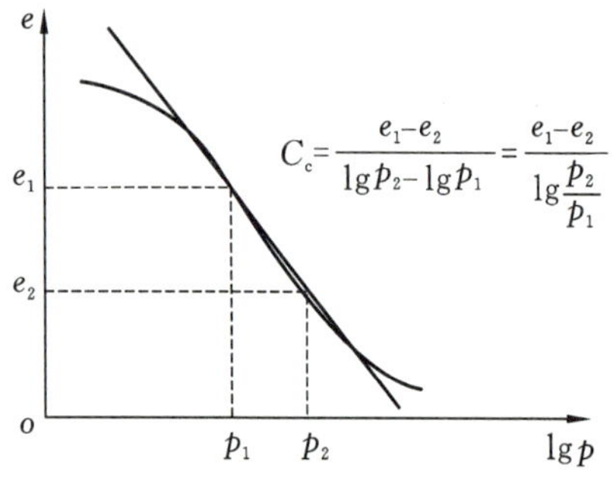

图 4-4　e-$\lg p$ 压缩曲线求 C_c（一）

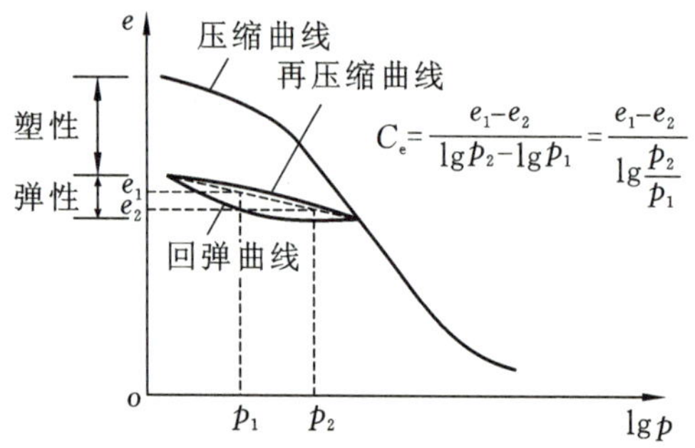

图 4-5　e-$\lg p$ 压缩曲线求 C_e（二）

5. 土的回弹指数

如图 4-5 所示，卸载段和再加载段的平均斜率称为土的回弹指数 C_e，而 $C_e>C_c$，一般黏性土的 C_c值在 1.0 左右，$C_e=(0.1\sim0.2)C_c$。

$$C_e=\frac{e_1-e_2}{\lg p_2-\lg p_1}=\frac{e_1-e_2}{\lg\dfrac{p_2}{p_1}} \tag{4-7}$$

6. 土的压缩模量

压缩模量 E_s又称侧限变形模量，表示土体在侧限条件下竖向压应力 σ_z与竖向总应变 ε_z之比，可由 e-p 压缩曲线得到。

根据压缩模量的定义，则有：

$$E_s=\frac{\sigma_z}{\varepsilon_z}=\frac{\Delta p}{\Delta H/H_1}=\frac{p_2-p_1}{(e_1-e_2)/(1+e_1)}=\frac{1+e_1}{\alpha} \tag{4-8}$$

式(4-8)表明，E_s与 α 成正比，即 E_s越大，土体的压缩性越低。

体积压缩系数定义为土体在侧限条件下的竖向（体积）应变与竖向附加压应力之比（$\mathrm{MPa^{-1}}$），即土的压缩模量的倒数：

$$m_v=\frac{1}{E_s}=\frac{\alpha}{1+e} \tag{4-9}$$

土的压缩模量与压缩系数成反比，与土的体积压缩系数成反比。一般 E_s＜4 MPa 属高压缩性土，E_s＝4～15 MPa 属中等压缩性土，E_s＞15 MPa 为低压缩性土。

4.2.2　常规三轴试验

三轴试验是测定土的应力-应变关系和强度的一种常用的室内试验方法。与上述侧限压缩试验不同的是，在三轴试验时土样侧向可以变形（侧向应变 $\varepsilon_3 \neq 0$）。三轴试验装置简称三轴仪，是土力学中一种常见的、很有用的试验仪器，示意图如图 4-6 所示。常用的试件尺寸为直径 38～100 mm，高 75～200 mm，对于碎石料，试样直径可达 150～300 mm，高 300～700 mm，甚至更大。试样用薄乳胶膜套起来，装在密闭压力室里，通过由阀门 V 进入压力室的压力液体（水或油）使试件表面承受周围压力 σ_3，简称围压，也可表示为 σ_c。然后通过活塞杆对试件顶面逐渐施加附加竖向偏差应力，$\sigma_1-\sigma_3=P/\overline{A}$，$P$ 为作用于活塞杆上的竖向压力，$\overline{A}$ 为试件的平均截面面积。与此同时，测读压力 P 作用下的竖向变形，并计算出竖向应力 ε_1。试验中可以变化周围压力 σ_3 和偏差应力 $\sigma_1-\sigma_3$，进行不同应力路径的试验。试验过程中，另外两个主应力总是相等，等于周围压力；其中如果围压 σ_3 不变，一直增加竖向应力及偏差应力 $\sigma_1-\sigma_3$ 直至试样破坏的三轴试验称为常规三轴压缩试验，下面也简称常规三轴试验或三轴试验。这种三轴压缩试验也称三轴剪切试验。

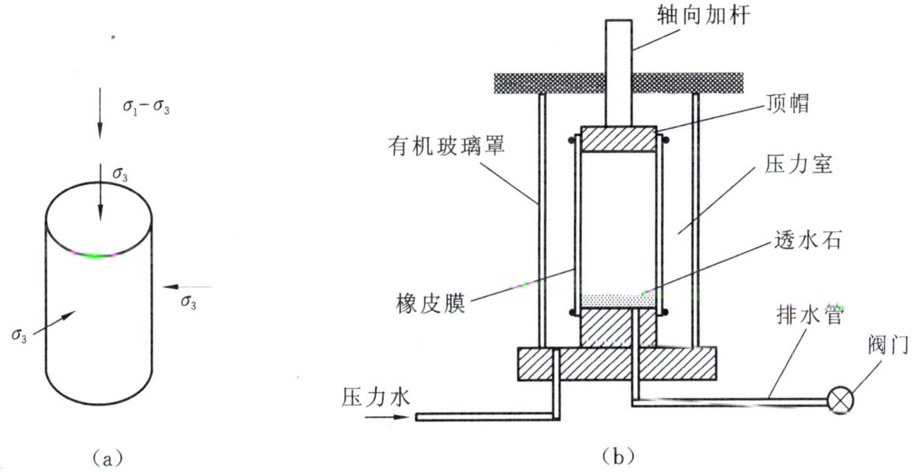

图 4-6　三轴压缩试验装置

(a)试样受力示意图；(b)试验装置示意图

三轴压缩试验主要步骤如下：

(1) 将制备好的试样套在橡皮膜内并置于压力室底座上，装上压力室外罩并密封；

(2) 向压力室冲水使周围压力达到所需的 σ_3；

(3) 按照试验要求关闭或开启各阀门，开启马达使压力室按照选定的速率匀速上升，活塞即对试样施加轴向压力增量 $\Delta\sigma$，试样的大主应力为 $\sigma_1=\sigma_3+\Delta\sigma$。

根据测量试样过程中的孔隙水压力(pore water pressure)，可以通过调压筒调整零位指示器的水银面始终保持原来位置，使得孔隙水压力表中读数就是孔隙水压力值。如要量测试验过程中的排水量,可打开排水阀,让试样中的水排入量水管中,根据量水管中的水位变化计算出试验过程中的排水量。

根据试验排水条件,三轴压缩试验(triaxial compression test)可分为不固结不排水试验(unconsolidated-undrained test)、固结不排水试验(consolidated-undrained test)、固结排水试验(consolidated-drained test)。基本方法如下:

(1) 不固结不排水试验:试样在施加围压 σ_3 后和施加竖向压力 $\Delta\sigma$ 后都不允许排水,直至试样剪切破坏,即试样自始至终都关闭排水阀,整个试验过程土样含水量不变。

(2) 固结不排水试验:试样在施加围压 σ_3 时打开排水阀,使土样充分排水固结,直至试样中孔隙水压力 $u_1=0$,然后关闭排水阀门,再施加竖向压力增量 $\Delta\sigma$,使试样在不排水的条件下剪切破坏。

(3) 固结排水试验:试验在施加围压 σ_3 时打开排水阀,使土样充分固结排水,待固结稳定后再在充分排水条件下缓慢施加轴向压力增量 $\Delta\sigma$ 至试样剪切破坏,整个过程排水阀始终打开,试样孔隙水压力始终为零。

对饱和试件,当阀门 V_2 打开时,可测读通过阀门 V_2 流出或进入试件的水量,计算得出试样在试验过程中的体积应变 ε_v;当阀门 V_2 关闭时,由于认为土颗粒和孔隙水均是不可压缩的,试件的体积应变 $\varepsilon_v=0$,试件内将产生超静孔隙水压力(excess pore water pressure),孔隙水压力的大小用安装在试件底座上的孔压传感器测读出来。当关闭阀门 V_2 且在试件上只施加周围压力 σ_3 时,测定相应产生的孔隙水压力 Δu_1,就可算出孔压系数 B 值。而当试件上 σ_3 不变,只施加偏差应力 $\Delta\sigma$ 时,测定相应的孔隙水压力增量 Δu_2,当孔压系数 B 已经测得时,就可算出孔压系数 A 值。

4.2.3 载荷试验与变形模量

施工场地测定地基土的压缩性的常用方法是室内侧限压缩(confining compression)试验。然而,当遇到所取土样的代表性差、取样困难、重大工程等实际情况时,侧限压缩试验并不适用。除了室内试验,还可以通过载荷试验或旁压试验等现场原位测试手段测得地基沉降(foundation settlement)(或土的变形)与压力之间近似的比例关系,利用地基沉降的弹性力学公式来反算土的变形模量。现场静载荷试验,即地基土的浅层平板载荷试验就是工程地质勘察工作中一项基本的原位测试。

1. 载荷试验

试验装置由加荷装置、反力装置、观测装置构成。加荷装置包括承压板 1、千斤顶 2;反力装置包括堆载系统 4、5、6;观测装置包括百分表 3 及其固定支架 7,如图 4-7 所示。

试验方法及步骤:

(1) 开挖试坑:试坑深度与被测土层的深度相同,试坑宽度不小于承压板直径或宽度 b 的三倍,承压板面积一般采用 0.25~1 m^2,均质密实土可采用 0.1 m^2,松软土不小于 0.5 m^2。

(2) 安装装置。

(3) 分级加荷:第一级荷载相当于开挖试坑卸除土的自重应力,自第二级荷载,松软土

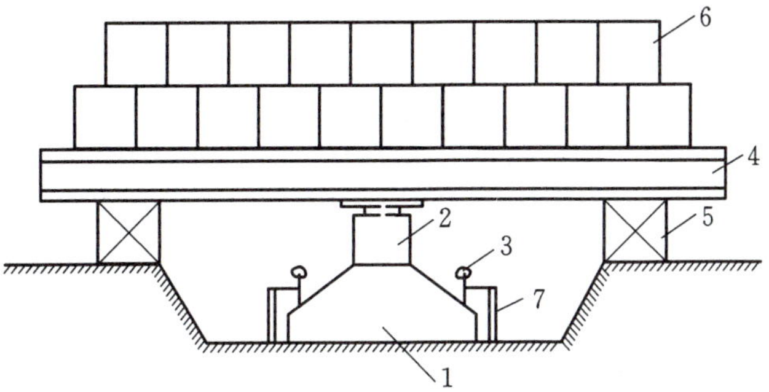

图 4-7　静载荷试验示意图

每级 10～25 kPa，坚实土每级 50 kPa，加荷等级不少于 8 级，最大荷载应加至设计荷载的 1.5～2 倍，宜加至破坏。

（4）测记数据：每级加载后，按间隔 10 min、10 min、10 min、15 min、15 min 和以后每半小时记录一次百分表读数，当连续两次测记承压板沉降量小于 0.1 mm/h 时，认为沉降已趋于稳定，可加下一级荷载。

（5）终止加荷：当出现下列情况之一时，认为已达破坏，可终止加荷。

① 承压板周围的土明显侧向挤出；

② 沉降量急剧增大，压力-沉降曲线出现陡降段；

③ 在某一级荷载下，24 h 内沉降速率不能达到稳定标准；

④ 总沉降量 $S \geqslant 0.06b$。

（6）结果分析：绘制并分析 p-S 曲线；变形三阶段；地基承载力的确定，如图 4-8 所示。

根据各级荷载及其相应的相对稳定沉降量的观测数值，即可采用适当的比例尺绘制荷载 p 与稳定沉降量 S 的关系曲线即 p-S 曲线，必要时还可绘制各级荷载下的沉降量与时间的关系曲线即 S-t 曲线。如图 4-8 所示，其中曲线的开始部分往往接近于直线，与直线段终点对应的荷载 p_{cr}，称为地基的临塑荷载。一般地基容许承载力或地基承载力特征值接近于临塑荷载。所以地基的变形处于直线变形阶段，可以利用计算地基表面沉降的弹性力学公式推求地基土的变形模量。

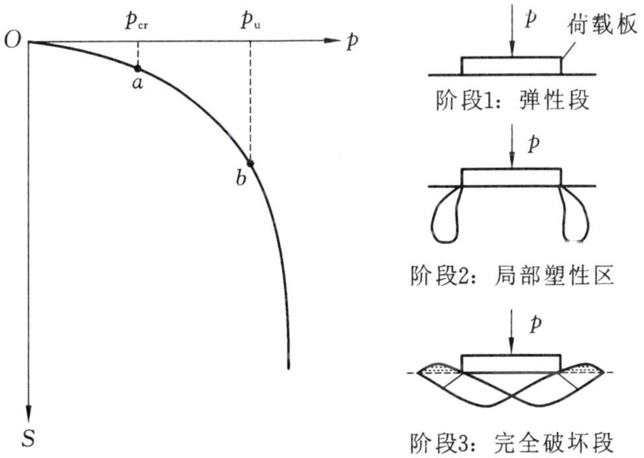

图 4-8　p-S 曲线及土体破坏阶段

2. 变形模量

地基土的变形模量 E_0是指在无侧限条件下的竖向应力与竖向应变之比。

对于半无限线性变形体：

$$S=\frac{\omega(1-\mu^2)pb}{E_0} \tag{4-10}$$

$$E_0=\frac{\omega pb(1-\mu^2)}{S} \tag{4-11}$$

式中　E_0——土的变形模量(kPa)；

ω——沉降影响系数；

μ——土的泊松比；

b——承压板的边长(m)；

p——所取定的比例界限荷载(kPa)；

S——与比例界限荷载 p 相对应的沉降。

静载荷试验一般适用于浅土层。其优点是压力的影响深度可达(1.5～2)b，因而试验成功能反映较大一部分土体的压缩性；比钻孔试样在室内试验所收到的扰动更小得多；土中应力状态与实际地基情况更为接近。缺点是耗时久，工作量大，所规定的沉降稳定标准也带有相似性，根据经验，它所反映的土固结程度仅相当于实际建筑施工完毕时的早期沉降量。对于成层土，需进行深层土载荷试验。

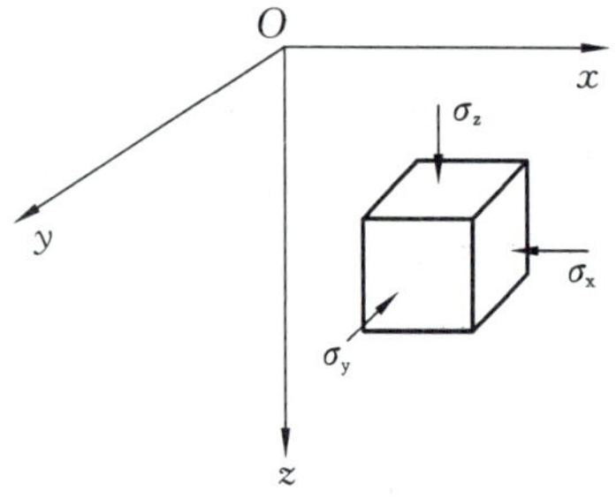

图 4-9　单元受力分析图

3. 土的变形模量与压缩模量之间的关系

土的变形模量 E_0是土体在无侧限条件下的应力与应变的比值；而土的压缩模量 E_s则是土体在侧限条件下的应力与应变的比值。从理论上来说，二者是可以互相换算的。

如图 4-9 所示，分析微单元在三向受力状态下沿 z 轴的应变 ε_z，由弹性力学的广义胡克定律可以得知：

$$\varepsilon_z=\frac{1}{E}[\sigma_z-\mu(\sigma_x+\sigma_y)] \tag{4-12}$$

式中：

$$\sigma_x=\sigma_y=k_0\sigma_z=\frac{\mu}{1-\mu}\sigma_z \tag{4-13}$$

结合：

$$E_S=\frac{\Delta\sigma_z}{\Delta\varepsilon_z}=\frac{\Delta\sigma_z}{\frac{1}{E_0}[\Delta\sigma_z-\mu(\Delta\sigma_x+\Delta\sigma_y)]} \tag{4-14}$$

可得：

$$E_S = \frac{E_0}{1 - \frac{2\mu^2}{1-\mu}} \tag{4-15}$$

令：

$$\beta = 1 - \frac{2\mu^2}{1-\mu} \tag{4-16}$$

则：

$$E_0 = \beta E_S \tag{4-17}$$

土的变形模量与压缩模量之间的关系如图 4-10 所示：

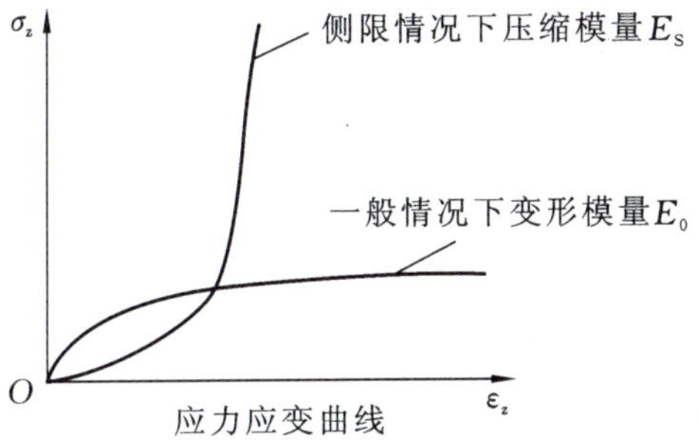

图 4-10　变形模量与压缩模量

4. 弹性模量和变形模量

弹性模量 E 是指土体在无侧限条件下瞬时压缩的应力与弹性应变的比值，可通过室内三轴试验获得。弹性模量常用于以弹性公式估算建筑物的初始瞬时沉降大小。

变形模量 E_0 的物理意义与材料力学中材料的杨氏弹性模量相同，只是土的应变中既有弹性应变又有部分不可恢复的塑性应变，因此将之定义为变形模量，二者区别如图 4-11 所示。

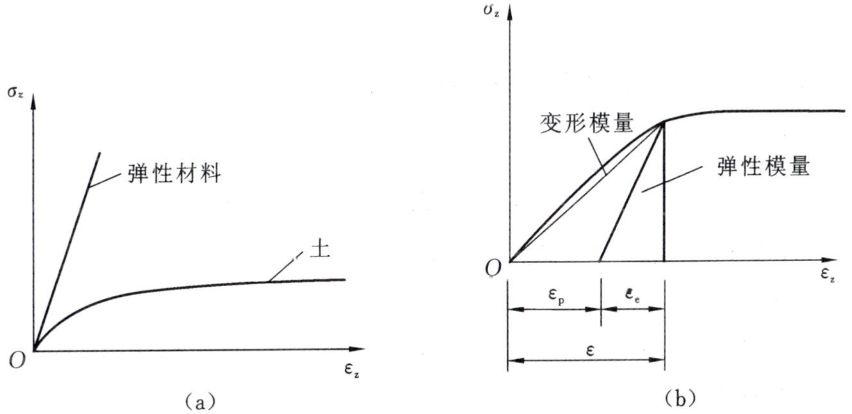

图 4-11　弹性模量和变形模量

(a)土体和弹性材料应力应变曲线的区别；(b)弹性模量与变形模量的区别

4.3 地基沉降量计算

地基沉降量指的是地基土压缩变形达固结稳定时的最大沉降量。地基沉降的主要原因可分为:结构主体荷载在地基中产生的附加应力以及土的压缩性。

目前,我国工程计算基础沉降时广泛采用分层总和法(hierarchical summation method)。分层总和法计算地基最终沉降量,是以无侧向变形条件下的压缩量公式为基础,在地基沉降计算深度范围内分层计算压缩量,最后求和。本章主要介绍三类沉降量计算方法:分层总和法、规范法、弹性理论法。

4.3.1 分层总和法

1. 计算假定

采用分层总和法计算地基最终沉降量时,通常假定:

(1) 地基为均匀、各向同性的半无限空间弹性体(即可用布氏解等弹性理论计算地基中的应力)。

(2) 假定地基土只在竖向发生压缩变形,没有侧向变形(即可以用侧限压缩试验成果进行计算)。

(3) 以基础中心点下的附加应力计算地基的压缩量。

(4) 只计算有限深度(压缩层厚度)。

为了弥补由于忽略地基土侧向变形而对计算结果造成的误差,通常采取基底中心下的附加应力进行计算,并以基底中心的沉降代表基础的平均沉降。

2. 计算原理

将土层分成若干层,每层厚度为 H_1、H_2、…、H_i、…,计算每层沉降量 ΔS_1、ΔS_2、…、ΔS_i、…,累加即为总沉降量 S。

$$S=\sum_{i=1}^{n}\Delta S_i=\sum_{i=1}^{n}\frac{e_{1i}-e_{2i}}{1+e_{1i}}H_i=\sum_{i=1}^{n}\frac{a_i(p_{1i}-p_{2i})}{1+e_{1i}}H_i=\sum_{i=1}^{n}\frac{\Delta p_i}{E_{Si}}H_i \tag{4-18}$$

式中 n——沉降计算深度 z_n 范围内的土层数;

H_i——第 i 层土层厚度(mm);

e_{1i}——根据第 i 层土层的自重应力均值 p_{1i} 从土的 e-p 压缩曲线上得到的相应孔隙比;

e_{2i}——第 i 层土层的自重应力均值 p_{1i} 与附加应力均值 Δp_i 之和从 e-p 压缩曲线上得到的相应孔隙比;

其余符号意义同前。

3. 计算步骤

① 绘制基础中心点下地基中自重应力和附加应力分布曲线。对正常固结（normal consolidation）土，计算自重应力的目的是为了确定地基土的初始孔隙比，因此，应从天然地面起算，而附加应力是指可使地基土产生新的压缩的应力，应根据基底附加压力从基底面起算。

② 确定地基沉降计算深度。沉降计算深度 z_n 是指由基础地面向下计算压缩变形所要求的深度，附加应力随深度递减，自重应力随深度递增，至深度 z_n 后，附加应力与自重应力相比已经很小，所引起的压缩变形可忽略不计，因此沉降计算到此深度即可，如图 4-12 所示。根据此"应力比法"的思路，一般取附加应力与自重应力的比值为 20%处所对应的距基底的深度为沉降计算深度：$\sigma_z=0.2\sigma_c$。如果是软土，则需加大沉降计算深度，上式改为 $\sigma_z=0.1\sigma_c$。

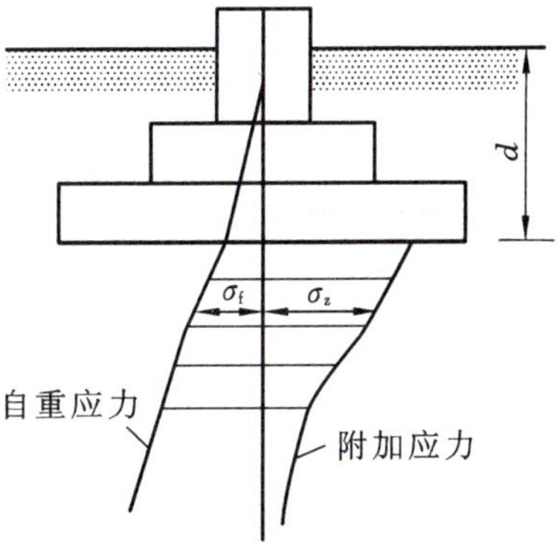

图 4-12　成层地基的沉降计算

③ 确定沉降计算深度范围内的分层界面。沉降计算分层界面可按下述原则确定：a.不同土层的分界面与地下水位面；b.每一分层厚度 H_i 不大于基底宽度的 2/5，即 $H_i\leqslant 0.4b$。

④ 计算各分层沉降量。首先根据自重应力和附加应力分布曲线确定各分层的自重应力平均值和附加应力平均值，然后分别由 e-p 压缩曲线确定 p_{1i} 和 p_{2i} 所对应的初始孔隙比 e_{1i} 和压缩稳定以后的孔隙比 e_{2i}，按式(4-19)计算任一分层的沉降量。

$$\Delta S_i=\frac{\overline{\sigma_{Si}}}{E_{Si}}H_i=\frac{e_{1i}-e_{2i}}{1+e_{1i}}H_i \tag{4-19}$$

⑤ 计算地基最终沉降量，按式(4-20)计算出基础中点的最终沉降量 S，将其视为基础的平均沉降量。

$$S=\sum_{i=1}^{n}\Delta S_i \tag{4-20}$$

【例题 4-2】　在如图 4-13 所示的地基上修建条形基础（墙基），基础宽度为 1.6 m，地面以上荷重（包括墙基自重）为 200 kN/m，基础埋置深度为 1 m，黏土层试样的压缩试验结果如表 4-1 所示。

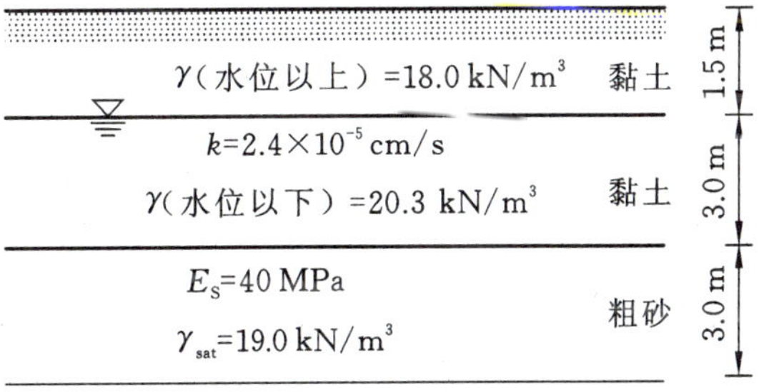

图 4-13　土层示意图

表 4-1　黏土层试样的压缩试验结果

压应力/kPa	100	200	300
孔隙比 e	0.952	0.936	0.924

试求：①绘制自重应力沿深度分布曲线；②基础中点下土层中的附加应力分布曲线（绘制在同一张图上）；③基础中点的最终沉降量（用分层总和法，用 100～200 kPa 的 E_{s1-2} 计算，设沉降计算经验系数 $\psi_s=1$，粗砂可以按一层计算）。

【解】 ①自重应力沿深度呈折线分布，拐点如表 4-2 所示。

表 4-2　自重应力沿深度分布表

深度/m	总自重应力 σ_z/kPa	孔隙水压力 μ/kPa	有效自重应力 σ'_z/kPa
0	0	0	0
1.5	27	0	27
4.5	87.5	30	57.9
7.5	144.9	60	84.9

② 基底附加应力 $p_0=200/1.6+20-18=127$ kPa，基础中点下土层中的附加应力及沿深度分布如表 4-3 所示。

表 4-3　基础中点下土层中的附加应力及沿深度分布表

地面深度 z/m	垂直均布荷载的附加应力				分布图
	l/b	z/b	α/(MPa^{-1})	σ_z/kPa	
1	条形	0	0.250	127	
1.5	条形	0.625	0.2323	118.10	
4.5	条形	4.375	0.070	35.75	
7.5	条形	8.125	0.0385	19.56	

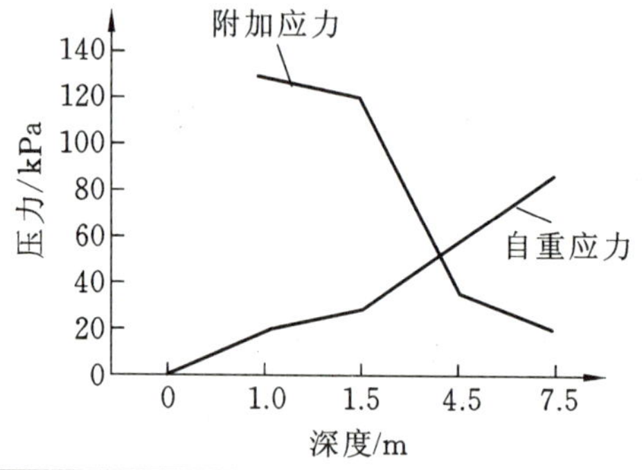

③ 按《建筑地基基础设计规范》(GB 50007—2011)计算沉降，计算至粗砂层底，见表 4-4。

表 4-4　沉降计算表

地基深度/m	l/b	z/b	$\overline{\alpha_i}$/(MPa^{-1})	$4z_i\overline{\alpha_i}$	$4(z_i\overline{\alpha_i}-z_{i-1}\overline{\alpha_{i-1}})$	E_s/MPa
0	条形	0	0.2500	0	0	—
3.5	条形	4.35	0.1453	2.0342	2.0342	12.2
6.5	条形	8.125	0.1010	2.626	0.5918	40

$$\alpha=\frac{0.952-0.936}{0.2-0.1}=0.16\ \mathrm{MPa}^{-1},E_{s1-2}=\frac{1+0.952}{0.16}=12.2\ \mathrm{MPa}$$

$$S=1\times\left(\frac{127}{12.2}\times 2.0342+\frac{127}{40}\times 0.5918\right)=23.05\ \mathrm{mm}$$

4.3.2　规范法

《建筑地基基础设计规范》(GB 50007—2011)提出了分层总和法的修正公式,该方法仍然采用分层总和法的假设前提,但在计算中引入了平均附加应力系数和经验修正系数,使得计算结果更加接近真实值。

1. 原理分析

如图 4-14 所示,分层总和法是以梯形面积代替曲边四边形面积:

$$S=\sum_{i=1}^{n}\Delta S_i=\sum_{i=1}^{n}\frac{e_{1i}-e_{2i}}{1+e_{1i}}H_i=\sum_{i=1}^{n}\frac{\alpha_i\overline{\sigma_z}}{1+e_{1i}}H_i=\sum_{i=1}^{n}\frac{\overline{\sigma_z}}{E_{si}}H_i \tag{4-21}$$

式中,$\overline{\sigma_z}H_i$ 为图中阴影部分的梯形面积。

规范法即使用解析方法精确计算出此四边形面积。

2. 附加应力系数

如图 4-15 所示,假设地基土均质,土在侧限条件下的压缩模量不随深度而变化,从基底至任意深度 z 范围内的压缩总量为:

$$s'=\int_0^z\frac{\sigma_z}{E_s}\mathrm{d}z=\frac{A}{E_s} \tag{4-22}$$

式中　σ_z——附加应力,$\sigma_z=\alpha p_0$,α 为地基竖向附加应力系数,p_0 为基底附加压力;

　　A——深度 z 范围内的附加应力面积。

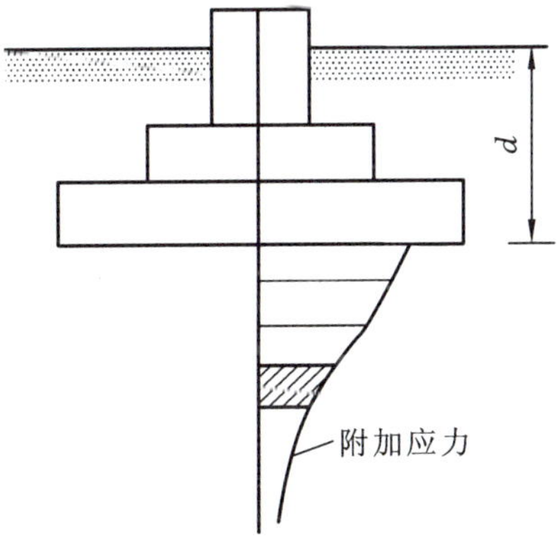

图 4-14　规范法原理分析

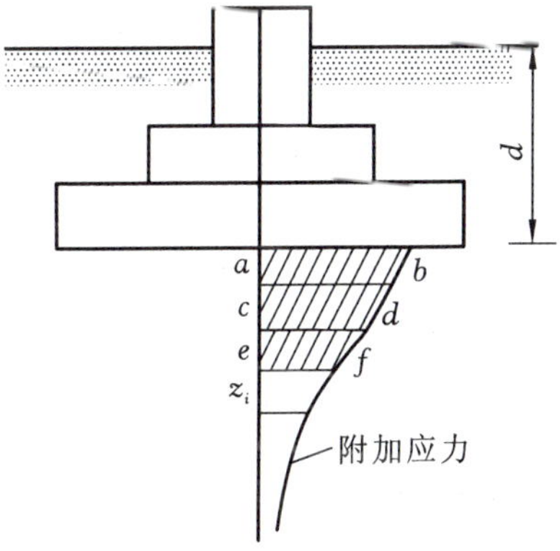

图 4-15　附加应力系数

同时引入深度 z 范围内的平均附加应力系数$\overline{\alpha_i}$,此时 A 可表示为:

$$\overline{\alpha_i}=\frac{\text{到深度 } z_i \text{ 处的面积}}{z_i p_0} \tag{4-23}$$

$$A_{cdfe} = A_{abfe} - A_{abdc} \tag{4-24}$$

$$A = \int_0^z \sigma_z dz = p_0 \int_0^z \alpha dz = \overline{\alpha_i} p_0 \tag{4-25}$$

因此：

$$\overline{\alpha_i} = \frac{A_{abfe}}{p_0 z_i} \tag{4-26}$$

故：

$$A_{abfe} = \overline{\alpha_i} z_i p_0 \tag{4-27}$$

由此可得：

$$A_{abdc} = \overline{\alpha_{i-1}} p_0 z_{i-1} \tag{4-28}$$

$$A_{cdfe} = p_0 (\overline{\alpha_i} z_i - \overline{\alpha_{i-1}} z_{i-1}) \tag{4-29}$$

3. 沉降量计算公式

即附加应力的面积由分层总和法中梯形的面积变成了曲边四边形的面积，于是：

$$\Delta s_i' = \frac{p_0}{E_{si}} (\overline{\alpha_i} z_i - \overline{\alpha_{i-1}} z_{i-1}) \tag{4-30}$$

$$s' = \sum_{i=1}^{n} \Delta s_i' = \sum_{i=1}^{n} \frac{p_0}{E_{si}} (\overline{\alpha_i} z_i - \overline{\alpha_{i-1}} z_{i-1}) \tag{4-31}$$

4. 规范法对沉降计算深度 z_n 的确定

计算深度 z_n 的确定可分为以下两类：

(1) 无相邻基础影响，基础宽度 b 在 1～30 m 范围内时，计算深度 z_n 可简化为：

$$z_n = b(2.5 - 0.4\ln b) \tag{4-32}$$

(2) 有相邻基础影响时，计算深度 z_n 采用“变形比法确定”，即

$$\Delta s_n' \leqslant 0.025 \sum_{i=1}^{n} \Delta s_i' \tag{4-33}$$

式中 $\Delta s_i'$——在计算深度范围内的第 i 层土的计算变形量；

$\Delta s_n'$——由计算深度处向上取厚度 Δz 土层的计算变形量，Δz 值取决于基底宽度 b，如表 4-5 所示。

表 4-5 Δz 值的确定

b/m	$b \leqslant 2$	$2 < b \leqslant 4$	$4 < b \leqslant 8$	$8 < b \leqslant 15$	$15 < b \leqslant 30$	$b > 30$
Δz	0.3	0.6	0.8	1.0	1.2	1.5

5. 经验修正系数

为提高计算的准确性，规范法引入了沉降计算经验系数 ψ_s 来修正最终变形量，即：

$$s = \psi_s s' = \psi_s \sum_{i=1}^{n} \frac{p_0}{E_{si}} (\overline{\alpha_i} z_i - \overline{\alpha_{i-1}} z_{i-1}) \tag{4-34}$$

式中 ψ_s——沉降计算经验系数，根据地区沉降观测资料和经验确定，无地区经验时可根据变形计算深度范围内压缩模量的当量值按基底压力确定，取值见表 4-6。

表 4-6　沉降计算经验系数 ψ_s

地基附加应力	不同 $\overline{E_s}$ 时经验系数 ψ_s				
	2.5 MPa	4.0 MPa	7.0 MPa	15.0 MPa	20.0 MPa
$P_0 \geqslant f_{ak}$	1.4	1.3	1.0	0.4	0.2
$P_0 \leqslant 0.75 f_{ak}$	1.1	1.0	0.7	0.4	0.2

注：1. f_{ak} 为地基承载力标准值。

2. $\overline{E_s}$ 为沉降计算深度范围内 E_s 当量值，按下式计算：

$$\overline{E_s} = \frac{\sum A_i}{\sum \frac{A_i}{E_{si}}}$$

$$\Delta A_i = A_i - A_{i-1} = p_0 (z_i \overline{\alpha_i} - z_{i-1} \overline{\alpha_{i-1}})$$

式中　ΔA_i——第 i 层土平均附加应力系数沿土层深度的积分值。

表 4-7、表 4-8 分别为矩形面积上均布荷载作用下角点和矩形面积上三角形分布荷载作用下的竖向平均附加应力系数 $\overline{\alpha_i}$ 值。

表 4-7　矩形面积上均布荷载作用下角点的平均附加应力系数 $\overline{\alpha_i}$

z/b	l/b												
	1.0	1.2	1.4	1.6	1.8	2.0	2.4	2.8	3.2	3.6	4.0	5.0	>10.0
0.0	1.000	1.000	1.000	1.000	1.000	1.000	1.000	1.000	1.000	1.000	1.000	1.000	1.000
0.2	0.987	0.990	0.991	0.992	0.992	0.993	0.993	0.993	0.993	0.993	0.993	0.993	0.993
0.4	0.936	0.947	0.953	0.956	0.958	0.960	0.961	0.962	0.962	0.963	0.963	0.963	0.963
0.6	0.858	0.878	0.890	0.898	0.903	0.906	0.910	0.912	0.913	0.914	0.914	0.915	0.915
0.8	0.775	0.801	0.810	0.831	0.839	0.844	0.851	0.855	0.857	0.858	0.859	0.860	0.860
1.0	0.698	0.738	0.749	0.764	0.775	0.783	0.792	0.798	0.801	0.803	0.804	0.806	0.807
1.2	0.631	0.663	0.686	0.703	0.715	0.725	0.737	0.744	0.749	0.752	0.754	0.756	0.758
1.4	0.573	0.605	0.629	0.648	0.661	0.672	0.687	0.696	0.701	0.705	0.708	0.711	0.714
1.6	0.524	0.556	0.580	0.599	0.613	0.625	0.641	0.651	0.658	0.663	0.666	0.670	0.675
1.8	0.482	0.513	0.537	0.556	0.571	0.583	0.600	0.611	0.619	0.624	0.629	0.633	0.638
2.0	0.446	0.475	0.499	0.518	0.533	0.545	0.563	0.575	0.584	0.590	0.594	0.600	0.606
2.2	0.414	0.443	0.466	0.484	0.499	0.511	0.530	0.543	0.552	0.558	0.563	0.570	0.577
2.4	0.387	0.414	0.436	0.454	0.469	0.481	0.500	0.513	0.523	0.530	0.535	0.543	0.551
2.6	0.362	0.389	0.410	0.428	0.442	0.455	0.473	0.487	0.496	0.504	0.509	0.518	0.528
2.8	0.341	0.366	0.387	0.404	0.418	0.430	0.449	0.463	0.472	0.480	0.486	0.496	0.506
3.0	0.322	0.346	0.366	0.383	0.397	0.409	0.427	0.441	0.451	0.459	0.465	0.474	0.487
3.2	0.305	0.328	0.348	0.364	0.377	0.389	0.407	0.420	0.431	0.439	0.445	0.455	0.468
3.4	0.289	0.312	0.331	0.364	0.359	0.371	0.388	0.402	0.412	0.420	0.427	0.437	0.452

续表4-7

z/b	l/b												
	1.0	1.2	1.4	1.6	1.8	2.0	2.4	2.8	3.2	3.6	4.0	5.0	>10.0
3.6	0.276	0.297	0.315	0.330	0.343	0.353	0.372	0.385	0.395	0.403	0.410	0.421	0.436
3.8	0.263	0.284	0.301	0.316	0.328	0.339	0.356	0.369	0.379	0.388	0.394	0.405	0.422
4.0	0.251	0.271	0.288	0.302	0.314	0.325	0.342	0.355	0.365	0.373	0.379	0.391	0.408
4.2	0.241	0.260	0.276	0.290	0.300	0.312	0.328	0.341	0.352	0.359	0.366	0.377	0.396
4.4	0.231	0.250	0.265	0.278	0.290	0.300	0.316	0.329	0.339	0.347	0.353	0.365	0.384
4.6	0.222	0.240	0.255	0.268	0.279	0.289	0.305	0.317	0.327	0.335	0.341	0.353	0.373
4.8	0.214	0.231	0.245	0.258	0.269	0.279	0.294	0.300	0.316	0.324	0.330	0.342	0.362
5.0	0.206	0.223	0.237	0.249	0.20	0.269	0.284	0.296	0.306	0.313	0.320	0.332	0.352

表 4-8　矩形面积上三角形分布荷载作用下角点的平均附加应力系数$\overline{\alpha_i}$

z/b	l/b									
	0.2		0.4		0.6		0.8		1.0	
	1 点	2 点	1 点	2 点	1 点	2 点	1 点	2 点	1 点	2 点
0.0	0.000	0.250	0.000	0.250	0.000	0.250	0.000	0.250	0.000	0.250
0.2	0.011	0.216	0.014	0.230	0.014	0.233	0.015	0.233	0.015	0.234
0.4	0.017	0.181	0.024	0.208	0.270	0.215	0.028	0.217	0.028	0.218
0.6	0.020	0.151	0.031	0.185	0.036	0.197	0.038	0.201	0.039	0.203
0.8	0.022	0.128	0.034	0.164	0.041	0.179	0.044	0.185	0.046	0.188
1.0	0.021	0.110	0.035	0.146	0.043	0.162	0.047	0.170	0.050	0.175
1.2	0.021	0.110	0.035	0.146	0.043	0.162	0.047	0.170	0.050	0.175
1.4	0.020	0.086	0.034	0.118	0.043	0.136	0.049	0.145	0.053	0.150
1.6	0.019	0.077	0.033	0.108	0.042	0.125	0.049	0.135	0.053	0.141
1.8	0.019	0.071	0.032	0.099	0.042	0.115	0.048	0.125	0.053	0.131
2.0	0.018	0.065	0.031	0.092	0.040	0.107	0.047	0.117	0.051	0.123
2.5	0.016	0.054	0.028	0.077	0.037	0.091	0.043	0.100	0.048	0.106
3.0	0.014	0.046	0.025	0.066	0.033	0.079	0.039	0.087	0.044	0.093
5.0	0.010	0.029	0.018	0.042	0.024	0.048	0.029	0.058	0.032	0.062
7.0	0.007	0.021	0.013	0.031	0.018	0.035	0.022	0.043	0.025	0.047
10.0	0.005	0.015	0.010	0.022	0.013	0.025	0.016	0.031	0.019	0.034

注：表中 1 点、2 点见图 4-16。

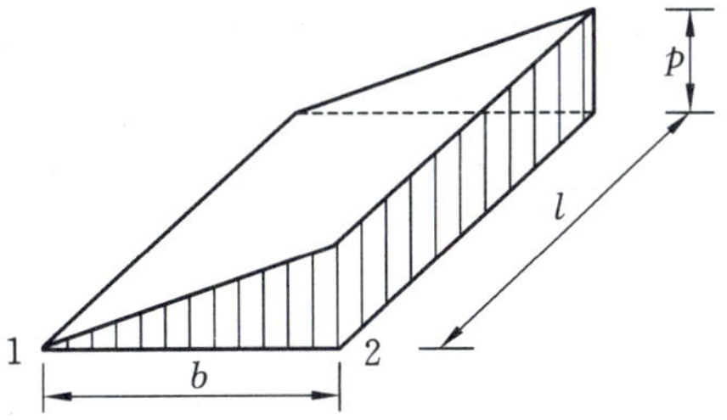

图 4-16　矩形面积上三角形荷载作用

【例题 4-3】 某建筑物的基础为矩形基础，长 3.6 m，宽 2.0 m，埋深 1.5 m，地面以上荷重 $N=900$ kN，地基土为均匀粉质黏土，$\gamma=18\ \text{kN/m}^3$，$e_0=1.0$，$\alpha=0.4\ \text{MPa}^{-1}$。试用规范法计算基础中心的最终沉降量(考虑沉降计算经验修正系数，$p_0=f_{ak}$)。

【解】$p_0=900/7.2+20\times1.5-18\times1.5=128$ kPa

$z_n=2\times(2.5-0.4\times\ln2)=4.4$ m

$E_s=\dfrac{1+1}{0.4}=5$ MPa，根据 $p_0=f_{ak}$ 可得 $\psi_s=1.2$

$l/b=1.8, z/b=4.4$，可得 $\bar{\alpha}=0.1248$

$S=1.2\times128\times\dfrac{4\times4.4\times0.1248}{5}=67.5$ mm

6. 规范法与分层总和法的比较

两者本质上是一致的。规范法是对分层总和法的改进，可以划分较少的分层数，并且地基沉降计算深度的计算更合理，同时引入了沉降计算经验系数，使得计算结果更接近真实值。

4.3.3　弹性理论法

按照布辛奈斯克给出的一个竖向集中力 P 作用在弹性半空间表面时半空间内任意点 $M(x,y,z)$ 处产生的垂直位移 $w(x,y,z)$ 解答，取坐标 $z=0$，则所得的半空间表面任意点的垂直位移 $w(x,y,0)$ 就可以作为地基表面任意点沉降 S(图 4-17)，即：

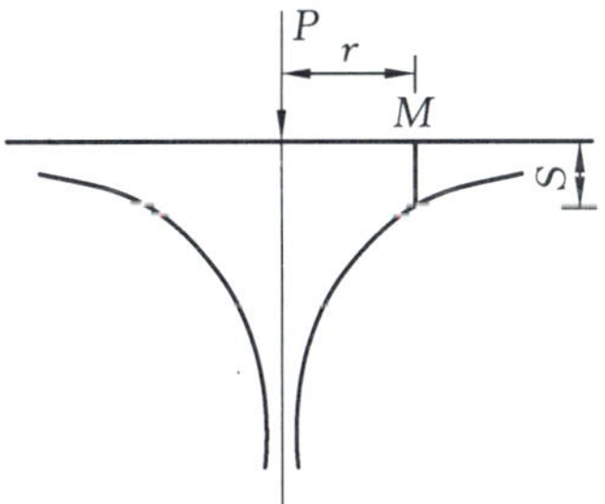

图 4-17　竖向集中力作用下地基表面的沉降曲线

$$w=\frac{P(1+\mu)}{2\pi E_0}\left[\frac{z^2}{R^3}+2(1-\mu)\frac{1}{R}\right] \tag{4-35}$$

$$S=\frac{P(1-\mu^2)}{\pi Er} \tag{4-36}$$

式中　S——竖向集中力 P 作用下地基表面任意点沉降；

r——地基表面任意点到竖向集中力作用点的距离，$r=\sqrt{x^2+y^2}$；

E——地基土的弹性模量或变形模量；

μ——地基土的泊松比。

对于局部柔性荷载作用下的地基表面沉降，可利用上式，根据叠加原理求得。如图4-18(a)所示，设荷载面 A 内任意点 $N(\xi,\eta)$ 处的分布荷载为 $p(\xi,\eta)$，该点微面积 $\mathrm{d}\xi\mathrm{d}\eta$ 上的分布荷载可由集中力 $\mathrm{d}P=p(\xi,\eta)\mathrm{d}\xi\mathrm{d}\eta$ 代替。于是，$M(x,y)$ 点沉降(ξ,η)，可按照式(4-36)积分得到：

$$S(x,y)=\frac{1-\mu^2}{\pi E}\iint_A\frac{p(\xi,\eta)\mathrm{d}\xi\mathrm{d}\eta}{\sqrt{(x-\xi)^2+(y-\eta)^2}} \tag{4-37}$$

对于均布矩形荷载 $p(\xi,\eta)=p=$常数，则矩形角点 C 处产生的沉降按上式积分的结果表达为：

$$S=\delta_c p$$

式中　δ_c——单位均布矩形荷载 $p=1$ 在角点 C 处产生的沉降，称为角点沉降系数，即：

$$\delta_c=\frac{1-\mu^2}{\pi E}\left(l\ln\frac{b+\sqrt{l^2+b^2}}{l}+b\ln\frac{l+\sqrt{l^2+b^2}}{l}\right) \tag{4-38}$$

以长宽比 $m=l/b$ 代入上式，则：

$$S=\frac{1-\mu^2}{\pi E}\left[m\ln\frac{1+\sqrt{m^2+1}}{m}+\ln(m+\sqrt{m^2+1})\right]bp \tag{4-39a}$$

令 $\omega_c=\frac{1}{\pi}\left[m\ln\frac{1+\sqrt{m^2+1}}{m}+\ln(m+\sqrt{m^2+1})\right]$，$\omega_c$ 称为角点沉降影响系数，上式改写为：

$$S=\frac{\omega_c(1-\mu^2)p_0 b}{E} \tag{4-39b}$$

利用上式，以角点法可以求得均布矩形荷载作用下地基表面任意点沉降。

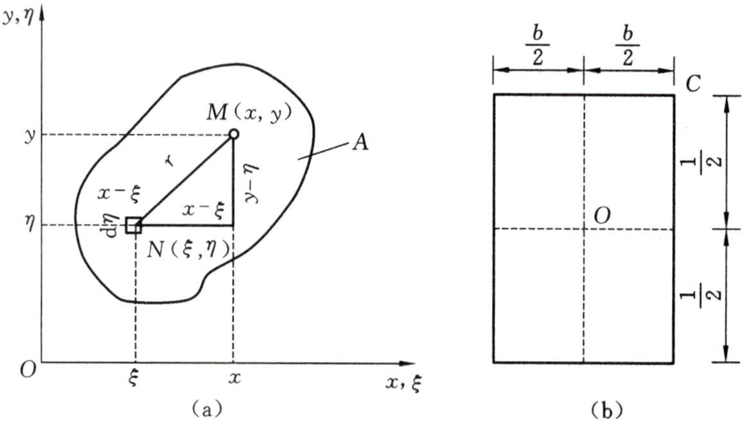

图 4-18　局部柔性荷载作用下的地面沉降计算

(a)任意荷载面；(b)矩形荷载面

对于矩形中点的沉降量[图 4-18(b)]，应等于四个按虚线划分的相同小矩形角点沉降量之和，即

$$S=4\omega_c\frac{(1-\mu^2)}{E}\left(\frac{b}{2}\right)p=2\omega_c\frac{(1-\mu^2)}{E}bp \tag{4-40a}$$

即矩形荷载中心点沉降量为角点沉降量的两倍，若令 $\omega_0=2\omega_c$，其中 ω_0 称为中心点沉降影响系数，则：

$$S=\frac{\omega_0(1-\mu^2)p_0b}{E} \tag{4-40b}$$

计算和实践表明，局部柔性荷载作用下的半空间地基具有应力扩散性。地基表面沉降不仅产生于荷载面范围内，还影响到荷载面以外。一般扩展基础多具有一定的抗弯刚度，因而基底中心点沉降可近似按柔性荷载考虑。

对于均布的矩形荷载：

$$S=\omega_m\frac{(1-\mu^2)bp}{E} \tag{4-41}$$

式中　ω_m——平均沉降影响系数。

为了便于查表计算，将式(4-39b)、(4-40b)、式(4-41)统一表达为地基表面沉降的弹性力学公式：

$$S=\omega\frac{(1-\mu^2)bp}{E} \tag{4-42}$$

式中　S——地基表面各种计算点的沉降量(mm)；

b——矩形荷载的宽度或圆形荷载的直径(m)；

p——地基表面均布荷载(kPa)；

E——地基土的弹性模量，常用土的变形模量 E_0 代替来估算最终沉降；

μ——地基土的泊松比；

ω——各种沉降影响系数，按基础的刚度、基底形状及计算点位置而定，可查表 4-9 得到。

表 4-9　沉降影响系数 ω 值

基础刚度		基底形状												
		圆形	方形	矩形(l/b)										
				1.5	2.0	3.0	4.0	5.0	6.0	7.0	8.0	9.0	10.0	100.0
柔性基础	ω_c	0.64	0.56	0.68	0.77	0.89	0.98	1.05	1.11	1.16	1.20	1.24	1.27	2.00
	ω_0	1.00	1.12	1.36	1.53	1.78	1.96	2.10	2.22	2.32	2.40	2.48	2.54	4.01
	ω_m	0.85	0.95	1.15	1.30	1.52	1.70	1.83	1.96	2.04	2.12	2.19	2.25	3.70
刚性基础	ω_r	0.785	0.886	1.08	1.22	1.44	1.61	1.72	—	—	—	—	2.12	3.40

中心荷载作用下的刚性基础被假设为具有无限大的抗弯刚度，受荷沉降后基础不挠曲，因而基底各点的沉降量处处相等。常取基底平均附加应力作为公式中的地基表面均布

荷载。

对于土质均匀的地基，利用式(4-42)估算地基表面的最终沉降量是很方便的。由于弹性力学公式是按均质、线弹性半空间的假设得出的，而实际地基常常是非匀质的成层土，其变形模量 E_0 一般随深度增大而增大，所以用土的变形模量 E_0 来估算沉降所得的结果往往偏大。地基土层的 E_0 值，若能从已有建筑物的沉降观测资料，以弹性力学公式反算得来，这种数据是很有价值的。

4.3.4 沉降计算的讨论

1. 无黏性土(砂土)的沉降

无黏性土(砂土)的沉降具有以下的特征：砂土的模量大，压缩量小；砂土排水快，大部分沉降在施工期已经完成；砂土很难取得原状土样，压缩性参数的取得主要靠现场试验(标准贯入试验、静力触探试验)确定。对于其沉降量的计算，通常采用分层总和法或规范法。

2. 黏性土的沉降

对于黏性土的沉降计算，生产中常用的也是分层总和法或规范法。根据对黏性土地基在局部(基础)荷载作用下的实际变形特征的观察和分析可知，黏性土地基的沉降 S 可以认为有三部分不同的沉降：瞬时沉降、固结沉降、次固结沉降，如图 4-19 所示。

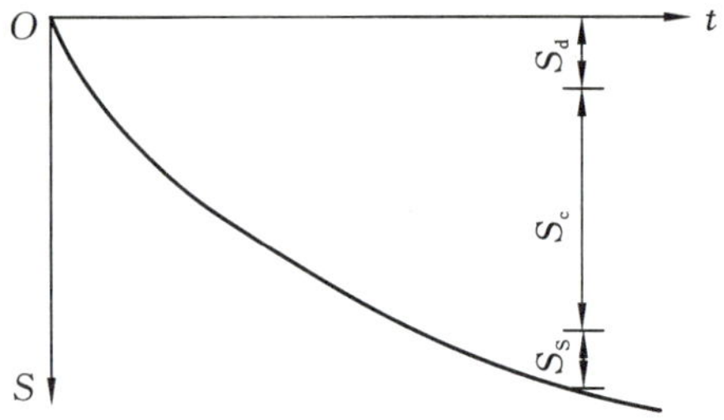

图 4-19 沉降计算类型

瞬时沉降 S_d 又称初始沉降，是地基加载后瞬时发生的沉降。在靠近基础边缘应力集中部位，地基中会有剪应变产生。对于饱和或接近饱和的黏性土，加载瞬间土中水来不及排出，在不排水和恒体积状况下，剪应变引起侧向变形，从而造成瞬时沉降，即土体在附加应力作用下产生的瞬时变形。

瞬时沉降采用弹性理论计算：

$$S_d = \frac{\omega(1-\mu^2)p_0 b}{E_0} \tag{4-43}$$

固结沉降 S_c 指的是饱和或接近饱和的黏性土在荷载作用下，随着超静孔隙水压力的消散，土中孔隙水排出，土骨架产生变形所造成的沉降(固结压密)。固结沉降速率取决于孔隙水的排出速率。采用分层总和法或规范法计算。

次固结沉降 S_S 指的是主固结过程(超静孔隙水压力消散过程)结束后,在有效应力不变的情况下,土的骨架仍随时间继续发生变形而造成的沉降。这种变形的速率已与孔隙水排出的速率无关(土的体积变化速率),而是取决于土骨架本身的蠕变性质。次固结沉降既包括剪应变,也包括体积变化。

采用的公式是:

$$S_S=\frac{H}{1+e_1}C_S\lg\frac{t_2}{t_1} \tag{4-44}$$

式中　H,e_1——土层的厚度和初始孔隙比;

C_S——土的次固结系数;

t_1——排水固结的时间;

t_2——欲求次固结沉降量的所需时间。

所以黏性土的地基沉降量公式按其变形机理可写成:

$$S=S_d+S_c+S_S \tag{4-45}$$

4.3.5　考虑应力历史影响的地基沉降计算

1. 土的先期固结压力和超固结比

土的应力历史可以通过先期固结压力(pre-consolidation pressure)p_c 来描述,即土在历史上曾受到过的最大有效应力。定义先期固结压力 p_c 与现有有效应力 p_1 之比为超固结比(over consolidation ratio,简称 OCR)。

$$OCR=\frac{p_c}{p_1} \tag{4-46}$$

当 $OCR=1$ 时,土层为正常固结状态;当 $OCR>1$ 时,土层为超固结状态(over consolidation state),OCR 值越大,表明土层所受到的固结作用越强,压缩性越小;当 $OCR<1$ 时,土层为欠固结状态,在自重应力作用下固结尚未完成的土称为欠固结土,它的先期固结压力 p_c 等于现有有效应力 p_1' 但小于固结应力 p_1。

2. 原位压缩曲线的推求

原位压缩曲线亦称现场原始压缩曲线。由于取样中不可避免的扰动和土样取出后应力释放等原因,室内试验获得的压缩曲线并不能完全代表原位压缩曲线。原位压缩曲线可通过修正室内高压固结试验的 e-lg$p$ 曲线得出。

先期固结压力 p 取决于土层的受力历史(长期自然地质作用),一般很难查明,只能根据原状土样的 e-lg$p$ 曲线推求。该曲线开始一段通常为平缓曲线,后面一段才是比较陡的直线,如图 4-20 所示。这是因为土样从土层中取出之前经历了从 A 到 B 的压缩过程,取出时经历了从 B 到 C 的卸载过程,然后放在仪器内受压,先是再压缩,当压力超过曾经受过的压力之后,才逐渐进入初始压缩直线段。

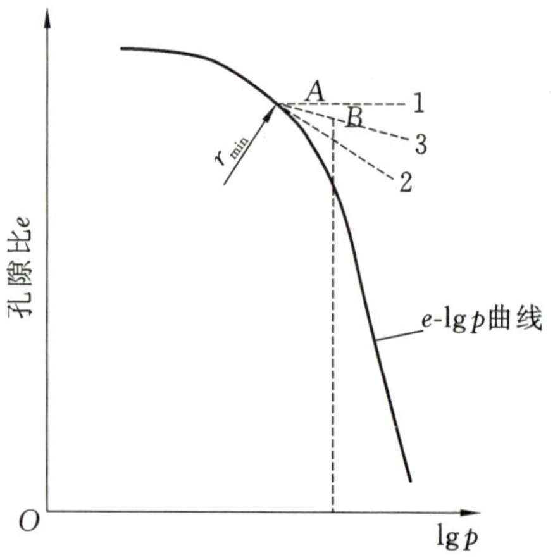

图 4-20　确定先期固结压力的作图法

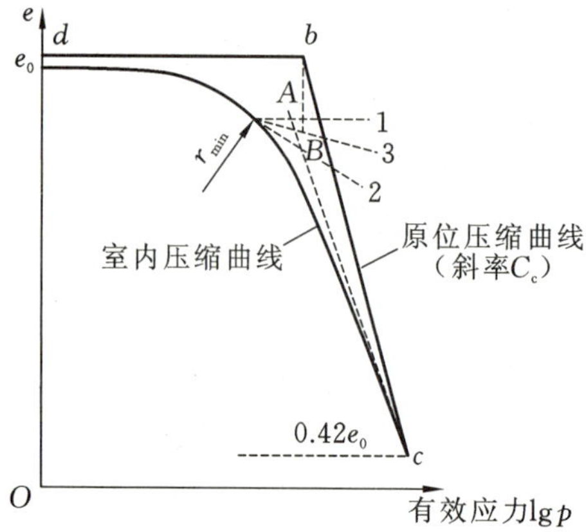

图 4-21　正常固结土的原位压缩曲线

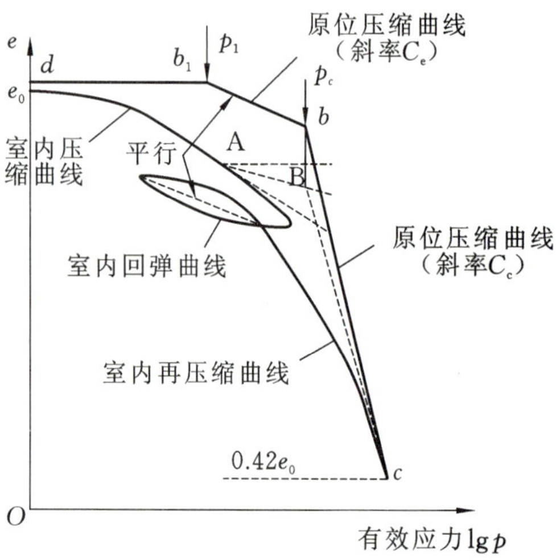

图 4-22　超固结土的原位压缩曲线

（1）正常固结土原位压缩曲线的求法

正常固结土的先期固结压力和取土深度处的自重应力相等。如图 4-21 所示，假定土样取出后体积不变，则土样的初始孔隙比 e_0 就代表取土深度处土的原位密度，即 b 点表示原位状态土的应力和密度。大量试验结果表明，经受很高压力、密度很大的土样，扰动对土的压缩性影响很小。总结得出，当 $e=0.42e_0$ 时，认为土样不受扰动的影响，即 c 点也表示原位状态土的应力和密度。因此，连接 bc 的直线就是原位压缩曲线。

（2）超固结土原位压缩曲线的求法

超固结土的先期固结压力大于当前取土点的自重应力。如图 4-22 所示，分析中，把从地基中取出的土样的初始孔隙比 e_0 作为原位孔隙比是不正确的，因为实际上由于应力释放，取出地面后土样的体积已经发生膨胀。真正的原位孔隙比应小于测得的孔隙比 e_0，所以这种方法求得的原位压缩指数结果偏大。

3. 考虑应力历史影响的地基最终沉降量计算

4.3.1 小节和 4.3.2 小节所述的分层总和法和规范法所采用的压缩性指标都通过 e-p 曲线获得，所以也被称为 e-p 曲线法。应力历史法仍然采用分层总和法的单向压缩公式，但不同的是所采用的压缩性指标是从由 e-lg$p$ 曲线推求的原位压缩曲线获得，因此也将其称为 e-lg$p$ 曲线法，该法通过原位压缩曲线考虑了应力历史对沉降的影响。

（1）正常固结土

如图 4-23 所示，根据原位压缩曲线确定压缩指数 C_{ci}，按下述公式计算固结沉降 S_c。

$$S_c = \sum_{i=1}^{n} \frac{H_i}{1+e_{0i}}\left[C_{ci}\lg\left(\frac{p_{1i}+\Delta p_i}{p_{1i}}\right)\right] \tag{4-47}$$

式中　H_i——第 i 分层的厚度；

e_{0i}——第 i 层土的初始孔隙比；

p_{1i}，Δp_i——第 i 层土的自重应力均值和附加应力均值；

C_{ci}——原位压缩曲线斜率。

（2）欠固结土

如图 4-24 所示，欠固结土的沉降计算必须考虑自重应力作用下固结还未达到稳定的那一部分沉降。孔隙比变化可近似按正常固结土方法求得的原位压缩曲线确定，固结沉降除了附加应力引起的沉降外，还包含自重应力作用下土层继续固结引起的沉降：

$$S = \sum_{i=1}^{n} \frac{H_i}{1+e_{0i}}\left[C_{ci}\lg(p_{1i}+\Delta p_i)/p_{ci}\right] \tag{4-48}$$

式中　p_{ci}——第 i 层土的实际有效压力，小于土的自重应力 p_{1i}。

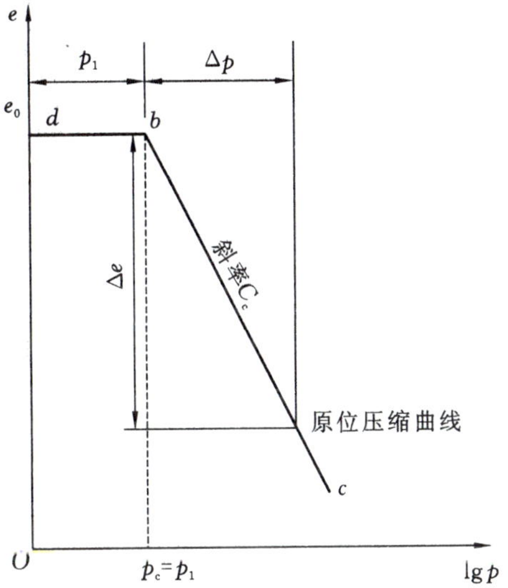

图 4 23　正常固结土沉降计算

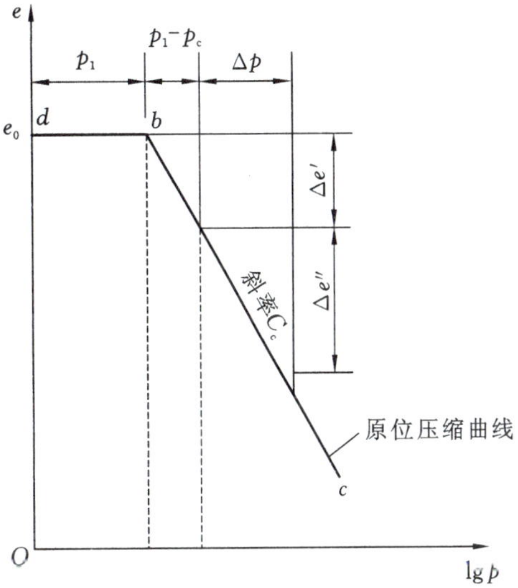

图 4-24　欠固结土沉降计算

（3）超固结土

根据原位压缩曲线和原位再压缩曲线确定土的压缩指数 C_c 和回弹指数 C_e。计算中注意区分两种情况。

当 $\Delta p > p_c - p_1$ 时：如图 4-25(a)所示，土体在 Δp_i 作用下，孔隙比将先沿原位再压缩曲线 b_1b 段减少 $\Delta e'$，然后沿原位压缩曲线 bc 段减少 $\Delta e''$，对应于 Δp 的孔隙比变化 Δe 应等于这两部分变形之和。即：

$$S = \sum_{i=1}^{n} \frac{H_i}{1+e_{0i}}\left[C_{ei}\lg\left(\frac{p_{ci}}{p_{1i}}\right)+C_{ci}\lg\left(\frac{p_{1i}+\Delta p_i}{p_{1i}}\right)\right] \tag{4-49}$$

式中　n——压缩土层中固结压力 $\Delta p > p_c - p_1$ 的分层数；

C_{ei}，C_{ci}——第 i 层土的回弹指数和压缩指数；

p_{ci}——第 i 层土的先期固结压力。

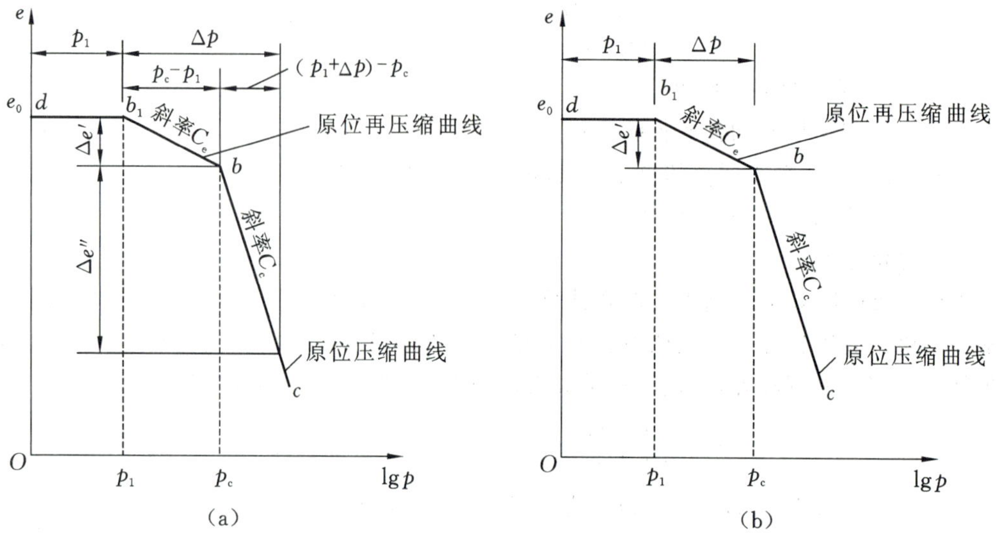

图 4-25 超固结土沉降计算

(a)$\Delta p > p_c - p_1$；(b)$\Delta p \leqslant p_c - p_1$

当 $\Delta p \leqslant p_c - p_1$时：如图 4-25(b)所示，分层土的孔隙比变化 Δe 只沿再压缩曲线 $b_1 b$ 发生，即：

$$S = \sum_{i=1}^{m} \frac{H_i}{1+e_{0i}} \left[C_{ci} \lg \left(\frac{p_{1i} + \Delta p_i}{p_{1i}} \right) \right] \tag{4-50}$$

式中 m——压缩土层中 $\Delta p \leqslant p_c - p_1$的分层数量；

其余符号意义同前。

4.4 饱和土体渗透固结理论

当可压缩土层为厚度不大的饱和软黏土层，其上面或下面(或两者)有排水砂层时，在土层表面有大面积均布荷载作用，该层土中孔隙水主要沿竖直方向排出，情况类似于土的室内侧限压缩试验。土体在荷载作用下产生的变形与孔隙水的流动仅发生在一个方向上的固结问题称为一维渗透固结，也称为单向固结。严格地说，土的一维固结只发生在室内有侧限的固结试验中，在实际工程中并不存在，但在大面积均布荷载作用下的固结，可近似为一维固结问题。

4.4.1 渗透固结

饱和土(saturated soil)的压缩主要是由于土体在外荷载作用下孔隙水被排出、孔隙体积减小所致，而在同等荷载条件下，孔隙水排出速度主要取决于土的渗透性和土层厚度，这种与自由水的渗透速度有关的饱和土固结过程被称为渗透固结。

压缩固结过程主要体现在三个方面：土体孔隙中自由水逐渐排出；土体体积逐渐减少；

孔隙水压力逐渐转移到土骨架上，成为有效应力。以上三个方面即为饱和土体的渗透固结作用，即排水、压缩和压力转移（应力转化）。

图 4-26 为太沙基建立的模拟饱和土体中某点渗透固结过程的弹簧模型。模型的容器中盛满水，水面设置一个带有排水孔的活塞，下端用一个弹簧支承。在该模型中，弹簧模拟土颗粒骨架，容器内的水模拟土中自由水。p 为总应力，此处等于外荷载；u 为在土孔隙水中所引起的超孔隙水压力；σ' 为转移给土骨架的压力，即有效应力。

当 $t=0$ 时，容器中的水来不及排出，不考虑水的压缩性时弹簧此时不受力，全部外荷载由孔隙水承担，测压管中水柱上升度高为 h，有 $u=\gamma_w h=p$，$\sigma'=0$。

当 $0<t<\infty$ 时，水从孔隙中被排出，活塞逐渐下降，弹簧受到压缩，此时 $\sigma'\geqslant 0$，测压管中水柱下降，$u=\gamma_w h<p$。随着容器中水的不断排出，u 不断减小，d 不断增大。

当 $t\to\infty$ 时，水从孔隙中被充分排出、弹簧变形达到稳定活塞不再下降，此时弹簧应力与总应力 p 平衡，即总应力 p 全部由土骨架承担，$u=0$，$\sigma'=p$，土的渗透固结完成。

上述模拟表明，饱和土的渗透固结实质是孔隙水压力向有效应力转化的过程，即土体中任一时刻的有效应力 σ' 都可通过孔隙水压力 u 和总应力 p 来描述：

$$\sigma'=p-u \tag{4-51}$$

式中　p——压缩应力，对于正常固结土，即为土中附加应力 σ_z；对于欠固结土，还需要包括自重应力。

在渗透固结过程中，随着孔隙水压力的逐渐消散，有效应力逐渐增长，土的体积也就逐渐减小，强度随之提高。

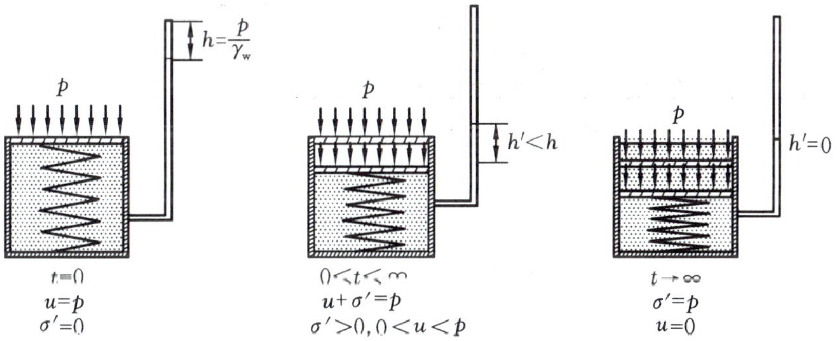

图 4-26　饱和土渗透固结模型

实际工程中，土体的有效应力 σ' 与超静空压 u 不仅与时间有关，而且还与该点离透水面的距离 z 有关，即 $\sigma'=f(z,t)$，$u=f(z,t)$，如图 4-27 所示。

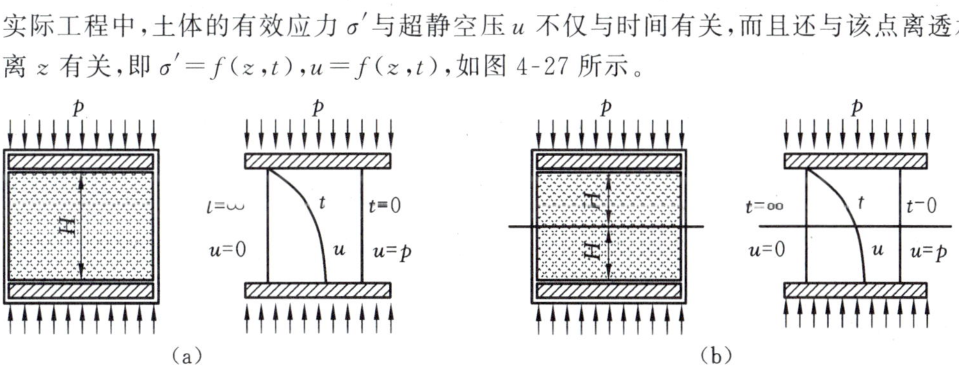

图 4-27　实际工程中的 σ' 与 u

（a）单面排水；（b）双面排水

4.4.2 太沙基一维固结理论

如图 4-28 所示，在可压缩层厚度为 H 的饱和土层表面施加无限均布竖向荷载 p，在土中产生的附加应力 $\sigma'=p$ 沿深度均匀分布，土层只在外荷载作用方向产生渗流和变形，属于一维渗透固结情况，与室内侧限压缩试验条件相似。

1. 基本假设

(1) 土层是均质、各向同性和完全饱和的。

(2) 土的压缩完全是孔隙体积的减少所致，土粒和水是不可压缩的。

(3) 水的渗流和土层的压缩仅在竖向发生。

(4) 水的渗流遵从达西定律。

(5) 渗透系数 k 和压缩系数 α 保持不变。

(6) 外荷载一次瞬时施加，且在固结过程中保持不变。

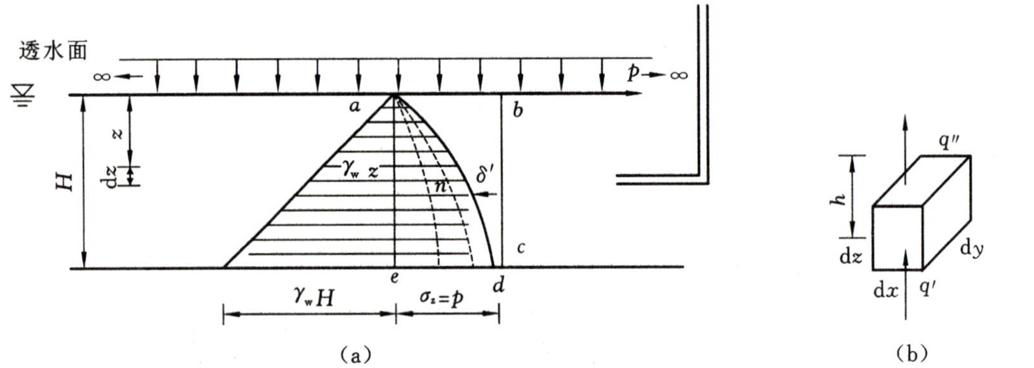

图 4-28 一维渗透固结过程

(a)固结流程示意图；(b)单元示意图

2. 基本变量

在总应力已知的情况下，利用有效应力原理，得出超静孔隙水压力的时空分布。

3. 建立方程

如图 4-29 所示，从压缩土层中深度 z 处取 $1\times1\times dz$ 的微元体，已知土粒体积 $V_s=\dfrac{1}{1+e_1}dz$，孔隙体积 $V_v=\dfrac{e_1}{1+e_1}dz$，这里 e_1 为微元体固结前的初始孔隙比。根据土的压缩条件，土粒体积 V_s 在固结过程中保持不变。其中土骨架的体积变化量＝孔隙体积的变化量＝流出的水量。

根据达西定律：

$$q=Aki=ki=k\frac{\partial h_u}{\partial z}=\frac{k}{\gamma_w}\frac{\partial u}{\partial z} \tag{4-52}$$

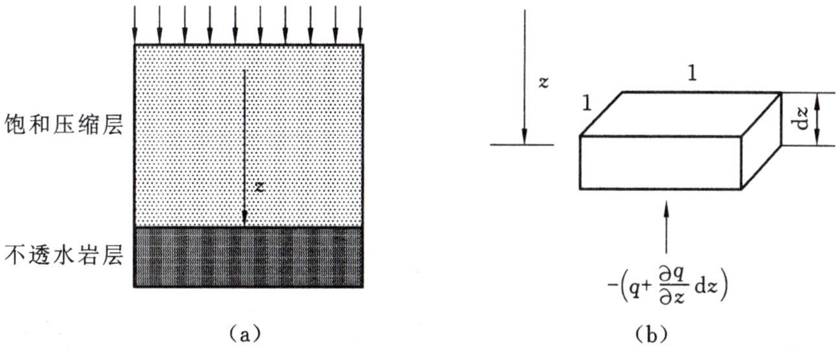

图 4-29　土体一维渗透固结过程

(a)固结流程示意图;(b)土体单元示意图

dt 时段内,孔隙体积的变化大小等于流出的水量:

$$\frac{\partial V_v}{\partial t}\mathrm{d}t=\frac{\partial q}{\partial z}\mathrm{d}z\,\mathrm{d}t \tag{4-53}$$

可简化为:

$$\frac{1}{1+e_1}\frac{\partial e}{\partial t}=\frac{\partial q}{\partial z} \tag{4-54}$$

根据土的压缩性:

$$\Delta e=-\alpha\Delta\sigma'_z \tag{4-55}$$

有效应力原理:

$$\sigma'_z=\sigma_z-u \tag{4-56}$$

可得:

$$\frac{\partial e}{\partial t}=-\alpha\frac{\partial\sigma'_z}{\partial t}=-\alpha\frac{\partial(\sigma_z-u)}{\partial t}=\alpha\frac{\partial u}{\partial t} \tag{4-57}$$

故:

$$\frac{\alpha}{1+e_1}\frac{\partial u}{\partial t}=\frac{k}{\gamma_w}\frac{\partial^2 u}{\partial^2 z} \tag{4-58a}$$

$$\frac{\partial u}{\partial t}=\frac{k(1+e_1)}{\gamma_w\alpha}\frac{\partial^2 u}{\partial^2 z} \tag{4-58b}$$

取固结系数(consolidation coefficient):

$$C_V=\frac{k(1+e_1)}{\gamma_w\alpha} \tag{4-59}$$

可得:

$$\frac{\partial u}{\partial t}=C_V\frac{\partial^2 u}{\partial^2 z} \tag{4-60}$$

式中　C_V——土的固结系数,与土的压缩系数成反比(m^2/a 或 cm^2/s);
　　其他符号意义同前。

4. 方程求解

线性齐次抛物线型微分方程式,一般可用分离变量方法求解。给出定解条件,求解渗流固结方程，就可以解出 $u_{z,t}$。

如图 4-30 所示，边界、初始条件为：

当 $t=0$ 和 $0\leqslant z\leqslant H$ 时，$u=p$；

当 $0<t<\infty$ 和 $z=0$ 时，$u=0$；

当 $0<t<\infty$ 和 $z=H$ 时，$\partial u/\partial z=0$；

当 $t\to\infty$ 和 $0\leqslant z\leqslant H$ 时，$u=0$。

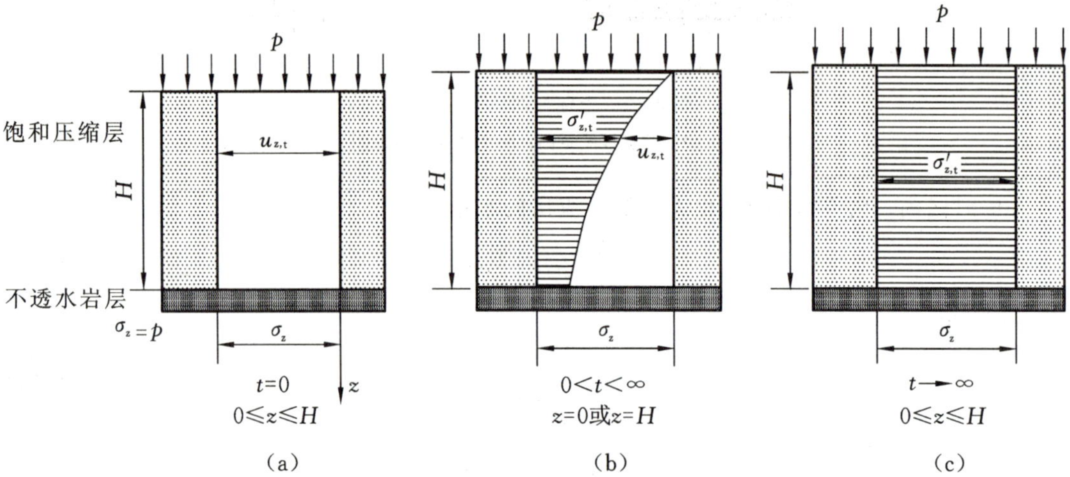

图 4-30　一维固结情况

(a) $t=0, 0\leqslant z\leqslant H$；(b) $0<t<\infty, z=0$ 或 $z=H$；(c) $t\to\infty, 0\leqslant z\leqslant H$

微分方程的解：

$$u_{z,t}=\frac{4p}{\pi}\sum_{m=1}^{\infty}\frac{1}{m}\sin\left(\frac{m\pi z}{2H}\right)e^{-m^2\left(\frac{\pi^2}{4}\right)T_V} \tag{4-61}$$

$$T_V=\frac{C_V}{H^2}t \tag{4-62}$$

式中　T_V——时间因数，与固结系数成正比；

$u_{z,t}$——深度 z 处在实践中 t 时刻的孔隙水压力；

$m=1,3,5,7,\cdots$；

H——固结土层的最长排水距离，当土层为单面排水时，H 等于土层厚度，当土层为双面排水时，H 为土层厚度的一半；

t——固结时间。

在上述边界条件下，固结微分方程的解析式(4-61)具有如下特点：

(1) 孔压 u 用无穷级数表示；

(2) 孔压 u 与 p 成正比；

(3) 每一项的正弦函数中仅含变量 z，表示孔压在空间上按三角函数分布；

(4) 每一项的指数函数中仅含变量 t 且系数为负，表示孔压在时间上按指数衰减；

(5) 随着 m 的增加，各项的影响急剧减小。

根据上述特点(5),在时间 t 不是很小时,式(4-61)去一项即可满足一般工程要求的精度。

按式(4-61),可以绘制不同 t 值时土层中的超静孔隙水压力分布曲线(u-z 曲线),如图 4-31所示,从 u-z 曲线随 t(或 T_V)的变化情况可看出渗透固结过程的进展情况。u-z 曲线上某点的切线斜率反映该点处的竖向水力梯度。

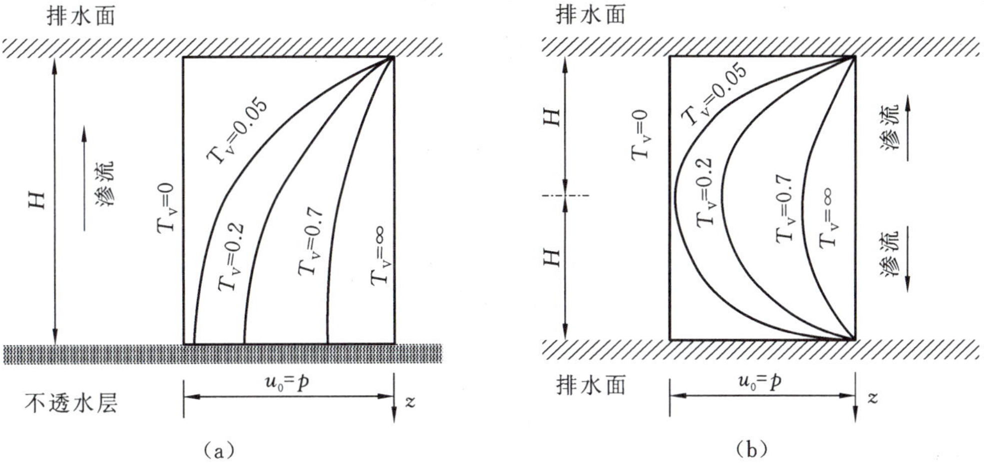

图 4-31　土层在固结过程中超净孔隙水压力的分布

(a)单面排水;(b)双面排水

4.4.3　固结度及固结时间的计算

地基中某点的固结度(degree of consolidation)$U_{z,t}$是指该点超静孔隙水压力消散程度。在附加应力 p 的作用下,在 t 时刻,$\sigma_{z,t}$和 $u_{z,t}$分别为土层中的有效应力和超静孔隙水压力。在某一深度 z 处,t 时刻有效应力 σ' 与 $t=\infty$ 时有效应力 $\sigma_{z\infty}$ 的比值,称为该点十的固结度(degree of consolidation)。深度 z 处的固结度还等于有效应力 $\sigma'_{z,t}$对总应力 p 的比值,亦即超静孔隙水压力的消散部分 $u_0-u_{z,t}$对起始孔隙水压力 u_0的比值,表示为:

$$U_{z,t}=\frac{\sigma'_z}{\sigma_z}=\frac{\sigma_z-u_{z,t}}{\sigma_z}=1-\frac{u_{z,t}}{\sigma_z} \tag{4-63}$$

对于实际工程,更有意义的是土层的平均固结度。T 时刻土层的平均固结度等于此时土层中土骨架已经承担的平均有效应力分布面积与最终平均有效应力分布面积的比值。表示为:

$$U_t=\frac{\text{有效应力分布面积}}{\text{总应力分布面积}}=\frac{\int_0^H \sigma_{z,t}\mathrm{d}z}{\int_0^H \sigma_z\mathrm{d}z}=1-\frac{\int u_{z,t}\mathrm{d}z}{\int \sigma_z\mathrm{d}z} \tag{4-64}$$

平均固结度 U_t与沉降量 S_t之间的关系为:

t 时刻:

$$U_t=\frac{有效应力分布面积}{总应力分布面积}=\frac{\int\sigma_{z,t}\mathrm{d}z}{\int\sigma_z\mathrm{d}z}=\frac{S_t}{S_\infty} \tag{4-65}$$

即平均固结度 U_t 等于在时间 t 的沉降量与最终沉降量之比：

$$S_t=U_t\cdot S_\infty \tag{4-66}$$

即确定 S_t 的关键是确定 U_t；确定 U_t 的核心问题是确定 $U_{z,t}$；

基本计算方法——均布荷载，单向排水情况。

已知：

$$U_t=1-\frac{\int u_{z,t}\mathrm{d}z}{\int\sigma_z\mathrm{d}z} \tag{4-67}$$

$$u_{z,t}=\frac{4p}{\pi}\sum_{m=1}^{\infty}\frac{1}{m}\sin\left(\frac{m\pi z}{2H}\right)\mathrm{e}^{-m^2\left(\frac{\pi^2}{4}\right)T_V} \tag{4-68}$$

解得：

$$U_t=1-\frac{8}{\pi^2}\sum_{m=1}^{\infty}\frac{1}{m^2}\mathrm{e}^{-m^2\left(\frac{\pi^2}{4}\right)T_V} \tag{4-69}$$

近似：

$$U_t=1-\frac{8}{\pi^2}\mathrm{e}^{-\frac{\pi^2}{4}T_V} \tag{4-70}$$

由式(4-69)、式(4-70)可以看出，U_t 和 T_V 之间具有一一对应的递增关系，且 T_V 是表达式 U_t 中唯一的一个变量，因为时间因数(time factor) T_V 是一个反映土层固结程度的参数。

为方便计算，式(4-69)亦可用下列近似公式表达：

$$T_V=\frac{\pi}{4}U_t^2\quad(U_t\leqslant0.6) \tag{4-71a}$$

$$T_V=-0.933\lg(1-U_t)-0.885\quad(U_t>0.6) \tag{4-71b}$$

$$T_V\approx3U_t\quad(U_t=1.0) \tag{4-71c}$$

根据式(4-70)，在压缩应力分布及排水条件相同的情况下，两个土质相同(即 C_V 相同)而排水距离不同的土层，要达到相同的固结度，其时间因数 T_V 相等，即：

$$T_V=\frac{C_V}{H_1^2}t_1=T_V=\frac{C_V}{H_2^2}t_2 \tag{4-72}$$

则：

$$\frac{t_1}{t_2}=\frac{H_1^2}{H_2^2} \tag{4-73}$$

式(4-73)表明，对于同一土层情况，若将单面排水改为双面排水，达到相同固结度所需时间减少到原来的 1/4。

【例题 4-4】 在如图 4-32 所示的饱和软黏土层表面快速施加 150 kPa 均布荷载，经过 4 个月，测得土层中各深度处的超静水压力 Δu 如表 4-10 所示。①绘制 $t=0$，$t=4$ 个月，$t=\infty$ 时土层中超静水压力沿深度的分布图。②估计需要再经过多长时间土层才能达到 90%的固结度？

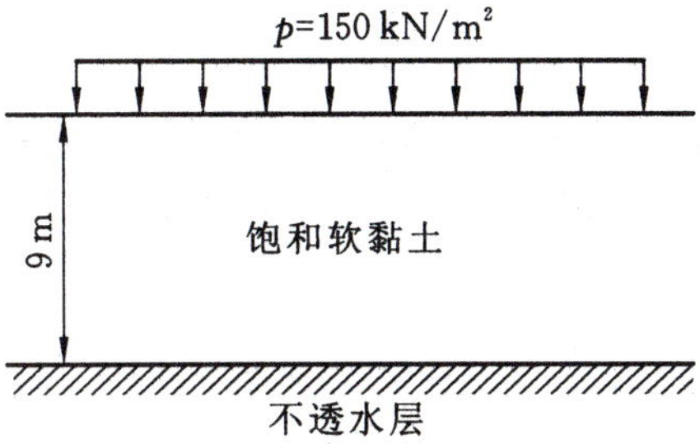

图 4-32　土层示意图

表 4-10　土层中各深度处的超静水压力 Δu

z/m	Δu/kPa	z/m	Δu/kPa
1	25	6	105
2	48	7	112
3	67	8	118
4	83	9	120
5	95		

【解】 ①$t=0$ 时，超静孔隙水压力均为附加荷载，$t=\infty$ 时，超静孔隙水压力均为 0，超静孔隙水压力 $u_{z,t}=\Delta u-u$，见表 4-11。

表 4-11　不同时间超静孔隙水压力

z/m	$t=0$ 时超静孔隙水压力/kPa	$t=4$ 时超静孔隙水压力/kPa	$t=\infty$时超静孔隙水压力/kPa
1	150	25	0
2	150	48	0
3	150	67	0
4	150	83	0
5	150	95	0
6	150	105	0
7	150	112	0
8	150	118	0
9	150	120	0

② $t=4$ 个月时固结度

$$U_t=1-\frac{\frac{25}{2}+\frac{25+48}{2}+\frac{48+67}{2}+\frac{67+83}{2}+\frac{83+95}{2}+\frac{95+105}{2}+\frac{105+112}{2}+\frac{112+118}{2}+\frac{118+120}{2}}{150\times 9}$$

$=0.472$

则 $1-0.811\times e^{-120\beta}=0.472$，解得 $\beta=3.58\times 10^{-3}\ d^{-1}$

固结度为 90% 时，$1-0.811\times e^{-120\beta}=0.9$，解方程得 $t=584.7$ d$=19.5$ 月，需要再经过 $19.5-4=15.5$ 月。

【例题 4-5】 如图 4-33 所示，设饱和黏土层的厚度为 10 m，其下为不透水且不可压缩岩层，地面上作用均布荷载 $p=240$ kPa。该黏土层的物理力学性质如下：初始孔隙比 $e_0=0.8$，压缩系数 $\alpha=0.25\ \text{MPa}^{-1}$，渗透系数 $k=2.0$ cm/年。试问：①加荷一年后地面沉降多少？②加荷历时多久地面沉降达 20 cm？（按一层计算，设粗砂垫层压缩量可忽略不计）

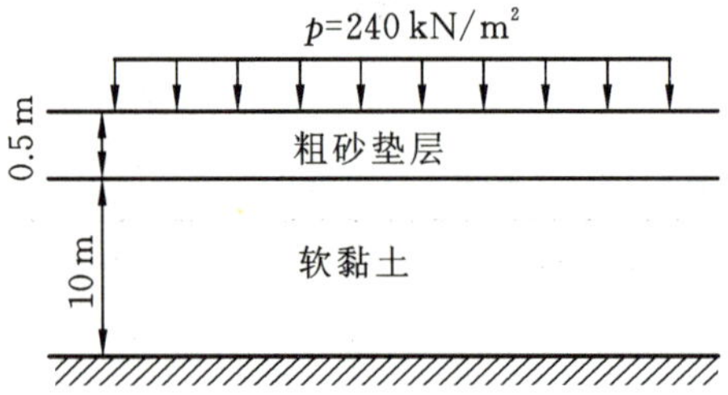

图 4-33　土层示意图

【解】 ① $s_f=\dfrac{e_0-e_1}{1+e_0}\times h=\dfrac{\alpha\times\Delta p}{1+e_0}\times h=\dfrac{0.25\times240}{1+0.8}\times10=333.33$ mm

$$C_V=\frac{k(1+e_0)}{\gamma_\omega\alpha}=\frac{2.0\times10^{-2}\times(1+0.8)}{0.25\times10\times10^{-3}}=14.4\ \text{m}^2/\text{年}$$

$$T_V=\frac{C_V}{H_1^2}t=\frac{14.4}{10^2}=0.144,U_t=1-\frac{8}{\pi^2}e^{-\frac{\pi^2}{4}T_V}=1-0.811e^{-\frac{3.14^2}{4}\times0.144}=0.432$$

$$s=s_f\times U_t=333.33\times0.432=144\ \text{mm}$$

② $s=20=33.33\times(1-0.811e^{-\frac{3.14^2}{4}\times T_V})$，解方程得：$t=1.99$ 年。

4.4.4　各种情况下地基固结度的求解

实际工程中，作用于饱和土层中的起始超静水压力分布要比图 4-34 所示的三种情况复杂，但可以把实际上可能遇到的起始超静水压力分布足够准确地近似分为五种情况处理。

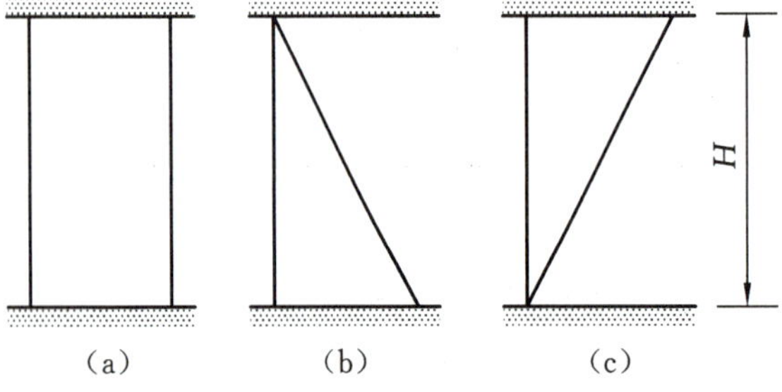

图 4-34　三种简单分布的起始孔隙水压力图

(a)第一种；(b)第二种；(c)第三种

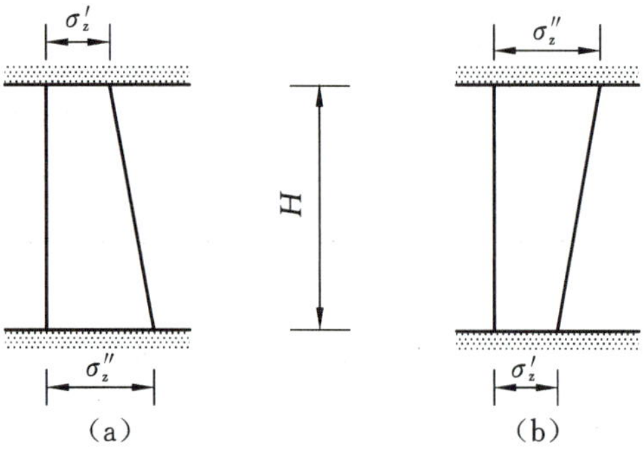

图 4-35　两种梯形分布的起始孔隙水压力图

(a)第一种；(b)第二种

对于一维固结问题的单面排水地基，起始孔隙水压力分布可被归纳为三类，如图 4-34 所示。

图 4-34(a)所示分布适用于地基土在其自重作用下已固结完成，基底面积很大而压缩土层又较薄的情况。

图 4-34(b)所示分布适用于土层在其自重作用下未固结，土的自重压力等于附加应力的情况。

图 4-34(c)所示分布适用于地基土在其自重作用下已固结完成，基底面积较小，压缩土层较厚，外荷载在压缩土层的底面引起的附加应力已接近于零的情况。

将图 4-34(a)分别和图 4-34(b)、(c)叠加，即可获得如图 4-35 所示的梯形分布，分别对应欠固结土和正常固结土基底面积和压缩层都有限的情况，图中 σ'_z和 σ''_z代表土层透水面、不透水面的起始孔隙水压力，对于正常固结土即为附加应力。

图 4-34 和图 4-35 所示均为单面排水情况，若土层为双面排水，则均按图 4-35(a)中的分布计算，但最大排水距离应取土层厚度的一半。

式(4-70)表明 U_t随地基所受附加应力和排水条件不同而不同，为便于应用，可按式(4-70)将如图 4-34 和图 4-35 所示的各种起始孔隙水压力分布的地基固结度的解绘制成如图 4-36 所示的 U_t-T_V关系曲线，该曲线称为一维渗透固结理论曲线。

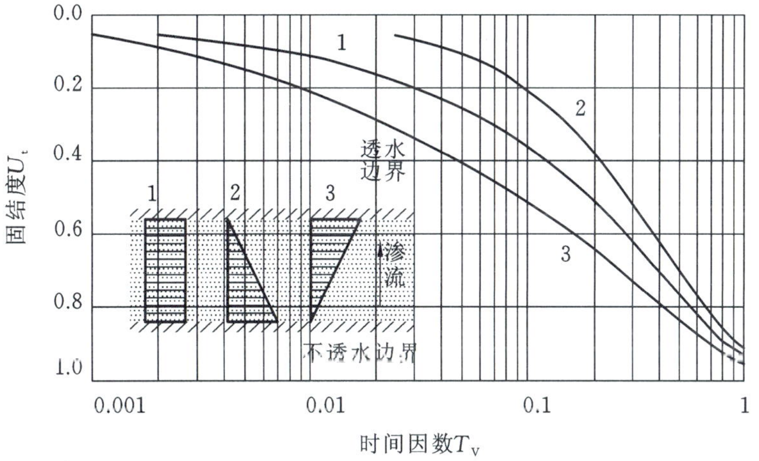

图 4-36　U_t-T_V关系曲线

图 4-36 曲线 1 用于计算图 4-34(a)中分布和所有双面排水情况，曲线 2 用于计算图 4-34(b)中分布情况，曲线 3 用于计算图 4-34(c)分布情况。

对于图 4-35 中梯形分布的情况，只能基于图 4-36 曲线采用叠加原理近似求解。设梯形分布附加应力(即起始孔隙水压力)在排水面和不排水面处分别为 σ'_z和 σ''_z。若 $\sigma'_z<\sigma''_z$，则根据固结度定义式和沉降计算式，有：

$$s_{ct}=U_t s_c=\frac{U_t}{E_s}\frac{\sigma'_z+\sigma''_z}{2}H \tag{4-74}$$

令 $s_{ct1}=U_{t1}s_{c1}=\dfrac{U_{t1}}{E_s}\sigma'_z H$，$s_{ct2}=U_{t2}s_{c2}=\dfrac{U_{t2}}{E_s}\dfrac{\sigma''_z-\sigma'_z}{2}H$，$s_{ct}=s_{ct1}+s_{ct2}$

代入上式有：

$$U_t=\frac{2\sigma'_z U_{t1}+(\sigma''_z-\sigma'_z)U_{t2}}{\sigma'_z+\sigma''_z} \tag{4-75}$$

式中 U_{t1} 和 U_{t2} 采用图 4-36 中曲线 1 和曲线 2 求解。

同理，当 $\sigma'_z>\sigma''_z$ 时，可采用曲线 1 和曲线 3 求解，相应的叠加公式为：

$$U_t=\frac{2\sigma''_z U_{t1}+(\sigma'_z-\sigma''_z)U_{t3}}{\sigma'_z+\sigma''_z} \tag{4-76}$$

综上，求解地基在任意时刻的沉降量的步骤如下：

(1) 根据土中应力计算方法计算地基附加应力沿深度分布；

(2) 根据地基最终沉降计算方法计算地基最终固结沉降 s_c；

(3) 根据土性指标计算土层竖向固结系数 C_V 和竖向固结时间因数 T_V；

(4) 根据 T_V 和一维渗透固结理论曲线确定相应的地基平均固结度 U_t；

(5) 根据 $s_{ct}=U_t s_c$ 计算地基固结过程中某一时刻 t 的沉降量 s_{ct}。

4.4.5 有关沉降-时间的工程问题

工程问题中，关于沉降量与固结度的求解可分为三类：求某一时刻 t 的固结度与沉降量；求达到某一沉降量（固结度）所需要的时间 t；根据前一阶段测定的沉降-时间曲线，推算以后的沉降-时间关系和对应的各种初始应力分布（对应的各种初始应力分布，固结度均可写成：$U_t=1-\alpha e^{-\beta t}$）。三类问题具体步骤如图 4-37 所示。

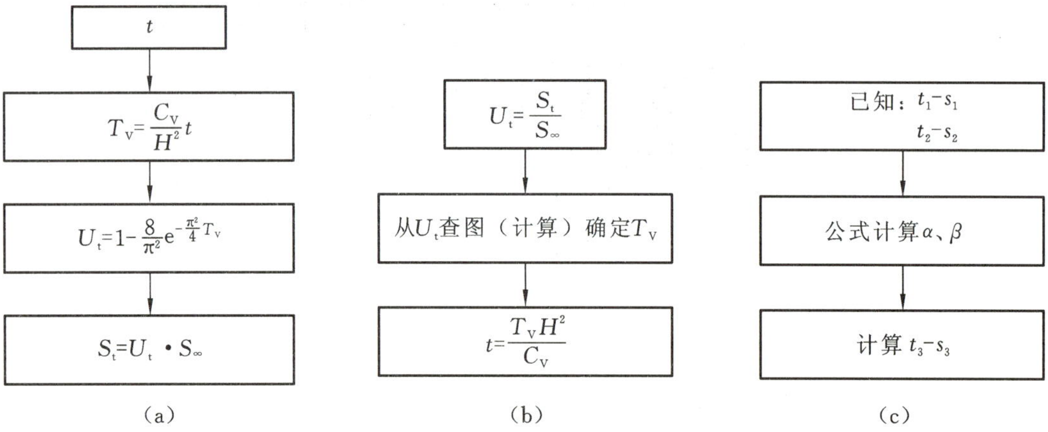

图 4-37 工程中沉降-时间问题的具体解决步骤

实际工程不存在完全的一维问题，例如砂井的固结排水除了存在竖向固结外，还存在径向固结。此外，实际工程中的荷载施加情况也并非只有瞬时加载，还存在分级加载，具体情况参阅相关手册。

习　题

4-1　通过固结试验可以得到土的哪些压缩性指标？如何求得？

4-2　试从基本概念、计算公式及适用条件等方面比较压缩模量、变形模量与弹性模量，它们与材料力学中的杨氏模量有什么区别？

4-3　何谓现场原位压缩曲线？三类土的原位压缩曲线和压缩性指标由实验室测定的方法有何不同？

4-4　某一场地在地表以下 20 m 内有两层土，上层为粗砂，下层为黏性土。粗砂厚 5 m，其饱和重度 $\gamma_{sat}=19.8\ kN/m^3$，原地下水位位于地表，由于某种原因地下水位大面积下降至黏土层顶面，此时粗砂重度为 18 kN/m³，黏土层压缩模量 $E_s=3$ MPa。求：由于地下水位的大面积下降引起的黏土层的沉降量。

4-5　两个基础的底面面积相同，但埋置深度不同，若地基土层为均质、各向同性体且其他条件相同，试问哪一个地基的沉降大？若基础底面面积不同，但埋置深度相同，哪一个基础的沉降大？为什么？

4-6　由于建筑物传来的荷载，地基中某一饱和黏土层产生梯形分布的竖向附加应力，该层顶面和底面的附加应力分别为 $\sigma'_z=240$ kPa 和 $\sigma''_z=160$ kPa，顶面透水如图 4-38 所示，土层平均 $k=0.2$ cm/年，$e=0.88$，$\alpha=0.39\ MPa^{-1}$，$E_s=4.82$ MPa。试求：①该土层的最终沉降量；②达到最终沉降量一半所需的时间；③当达到 120 mm 沉降所需的时间；④如果该饱和黏土层下卧不透水层，则达到 120 mm 沉降所需的时间。

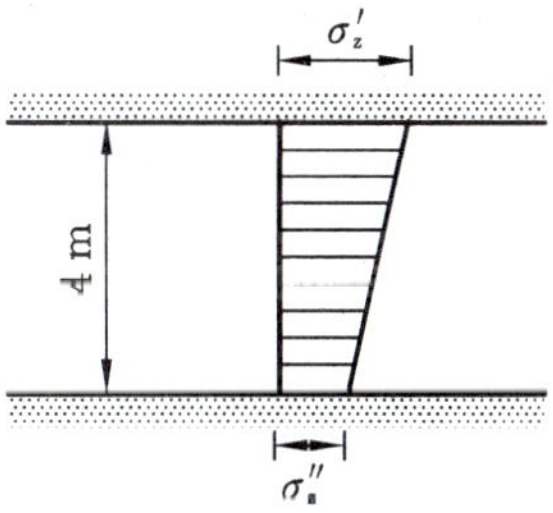

图 4-38　习题 4-6

第 5 章　土的抗剪强度

5.1　概　　述

材料在外力作用下抵抗破坏的能力称为材料的强度。土作为一种常见的工程材料，也具有强度。土的强度通常是指抗剪强度，即土抵抗剪切破坏的极限能力，而土的抗剪性是指土具有抗剪强度的特性。

土是由固体土颗粒及孔隙中的水和气体组成的多孔分散体系，土颗粒间的连接强度远小于固体土颗粒本身的强度。当土体在外荷载作用下，若土中某点的剪切应力达到抗剪强度时，首先是局部土颗粒之间发生相互错动，产生局部剪切变形，当剪切变形逐渐扩大成连续的滑动面时，便发生整体剪切破坏从而丧失稳定。因此，研究土的抗剪性，就是研究土的抗剪强度特性。

在实际工程中，与土的抗剪强度直接相关的工程问题可归纳为三类。第一类是把土作为工程构筑物环境的问题，如挡土墙、地下结构等周围的土，在可能发生剪切破坏时土体将产生过大的侧向土压力，导致构筑物发生滑动、倾覆等工程事故，如图 5-1(a)所示。第二类是把土作为建筑物地基的承载力问题，如基础下地基土产生整体剪切破坏或者局部剪切破坏，造成上部结构破坏或影响正常使用，如图 5-1(b)所示。第三类是土质边坡的稳定性问题，如土坝、路基等填方边坡、挖方边坡以及天然土坡等，如图 5-1(c)所示。上述工程问题的设计和验算，主要是依据土的抗剪强度，而土的抗剪强度指标的选取是否正确，往往是工程设计和施工的关键。

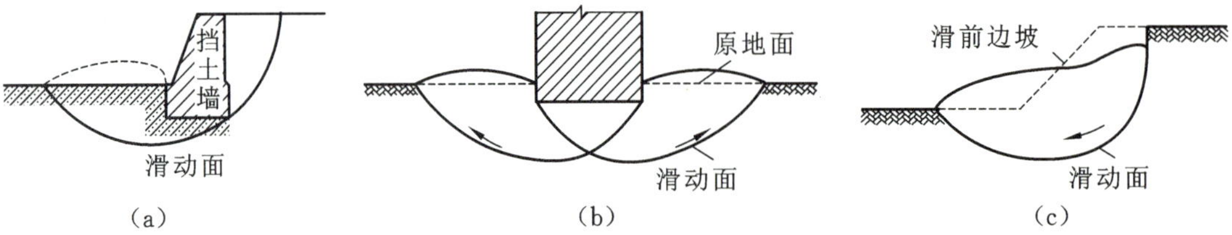

图 5-1　与土体抗剪强度有关的工程问题

(a)第一类工程问题；(b)第二类工程问题；(c)第三类工程问题

土的抗剪强度是土重要的力学指标之一。土的抗剪强度取决于本身的基本性质，即土的组成、状态和结构，这些性质又与土的形成环境、应力状态、应力路径和应力历史等因素有关。不同种类的土，由于成因、物质组成和结构构造的差异，其抗剪强度有着明显的不同。工程实际中，土的抗剪强度取决于多种因素，考虑多种因素的土体抗剪强度的函数表达式为：

$$\tau_f = F(\sigma'_{ij}, c', \varphi', \varepsilon_{ij}, \dot{\varepsilon}_{ij}, e, C, H, T, S, S_p, E, t) \tag{5-1}$$

式中　σ'_{ij}——有效应力；

c'——有效凝聚力；

φ'——有效内摩擦角；

ε_{ij}——应变；

$\dot{\varepsilon}_{ij}$——应变速率；

e——孔隙比；

C——土体组成；

H——应力历史；

T——温度；

S——土体结构；

S_p——应力路径；

E——环境和生成条件的影响因素；

t——时间。

一般来说，影响土抗剪强度的因素主要有内部因素和外部因素两大类。式(5-1)中的影响因素可能并不是相互独立的，具体的函数形式也是未知的。就式(5-1)的抗剪强度来说，有效应力是最大的影响因素，其次是土体的孔隙比。

由于土具有碎散性、多相性等特征，土的抗剪强度具有以下特点：

(1) 土具有碎散性，使得土颗粒之间的相互连接较弱，土的强度主要由土颗粒间的相互作用力决定，而不是由土粒本身的强度决定。

(2) 土的破坏主要表现为剪切破坏，土的抗剪强度主要由土体的摩擦强度和黏结强度提供。

(3) 土是一种三相体系，固体颗粒与气体、液体的相互作用是影响土体强度的重要因素。因此在研究中要考虑孔隙水压力、吸力等对土体强度的影响。

(4) 土的成因、地质历史导致土体具有多变性、结构性和各向异性，土的强度也具有多变性、结构性和各向异性。

上述土强度的特性反映了其强度受内部和外部、宏观和细观等诸多因素的影响，是土力学中的重点与难点问题。土的抗剪强度指标的获取主要依靠室内试验和原位测试，试验仪器的种类和试验方法对强度指标值有很大的影响。本章主要介绍土的抗剪强度的基本概念、土的抗剪强度理论、抗剪强度指标的测试仪器和试验方法、抗剪强度指标的选取、抗剪强度的影响因素。另外，还重点阐述了室内试验过程中土样的排水条件对实测强度指标的影响。

5.2　土的抗剪强度理论

5.2.1　莫尔-库仑强度理论

材料力学中关于材料强度的理论有多种，不同的材料适用于不同的强度理论。在土力学中应用最多的是莫尔-库仑强度理论。法国科学家库仑于 1776 年根据剪切试验结果，提出了土的抗剪强度规律：砂土的抗剪强度与作用在剪切面上的法向应力 σ 成正比，比例系数为摩擦系数；黏性土的抗剪强度比砂土的抗剪强度增加一项黏聚力，其表达式如下：

砂土：
$$\tau_f=\sigma\tan\varphi \tag{5-2}$$

黏性土：
$$\tau_f=\sigma\tan\varphi+c \tag{5-3}$$

式中 τ_f——剪切破坏面上的剪应力，即土体的抗剪强度(kPa)；

σ——作用在剪切面上的法向应力(kPa)；

φ——土的内摩擦角(°)；

c——土的黏聚力(kPa)。

上述式(5-2)和式(5-3)是土抗剪强度的数学表达式，称为库仑公式，其中 c 和 φ 称为土的抗剪强度指标，可通过试验获得。库仑公式在 τ_f-σ 坐标中为一条直线，如图 5-2 所示。砂土的黏聚力 $c=0$，可把式(5-2)视为式(5-3)的一个特例。

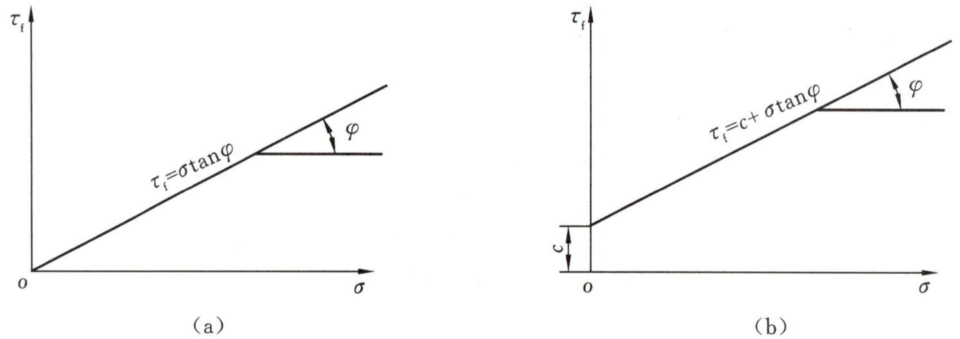

图 5-2 抗剪强度与法向应力之间的关系

(a)砂土；(b)黏性土

根据太沙基有效应力原理，土的抗剪强度只取决于剪切面上的有效法向应力的大小，即有效应力的变化才能引起土体抗剪强度的变化，土的抗剪强度应表示为剪切面上有效法向应力的函数。根据库仑公式，土体的抗剪强度有效应力表达式为：

砂土：
$$\tau_f=(\sigma-u)\tan\varphi'=\sigma'\tan\varphi' \tag{5-4}$$

黏性土：
$$\tau_f=(\sigma-u)\tan\varphi'+c'=\sigma'\tan\varphi'+c' \tag{5-5}$$

式中 u——孔隙水压力(kPa)；

σ'——作用在剪切面上的有效法向应力(kPa)；

φ'——有效土的内摩擦角(°)；

c'——土的有效黏聚力(kPa)。

因此，土的抗剪强度有两种表达方式。一种是以总应力 σ 表示剪切破坏面上的法向应力，称为抗剪强度总应力法，相应的抗剪强度指标 c 和 φ 称为土的总应力强度指标；另一种则以有效应力 σ' 表示剪切破坏面上的法向应力，称为抗剪强度的有效应力法，相应的抗剪强度指标 c' 和 φ' 称为有效应力强度指标。

根据库仑公式，土的抗剪强度由两部分组成，即摩擦强度和黏结强度。摩擦强度包括固体颗粒间的滑动摩擦强度和凹凸接触面间的咬合摩擦强度。摩擦强度取决于剪切面上的正应力和土的内摩擦角，内摩擦角是度量滑动难易程度和咬合作用强弱的参数，影响内摩擦角的主要因素有密度、颗粒级配、矿物成分、颗粒形状和含水率等。土颗粒表面愈粗糙，棱角愈多和密实度愈大，土的内摩擦角愈大。显然密砂土比松砂土的内摩擦角要大。

黏性土的黏结强度有两部分组成，即原始黏聚力和固化黏聚力，原始黏聚力来源于土颗粒间的静电吸引力和范德华力。土颗粒间的距离愈近，单位面积上土粒的接触点愈多，则原始黏聚力愈大。因此，对同一种土而言，其密度愈大，原始黏聚力就愈大。当土颗粒间相互分开一定距离以后，原始黏聚力才完全消失。固化黏聚力取决于颗粒之间胶结物质的胶结作用。例如，土中存在的游离氧化物、铁盐、碳酸盐和有机质等。固化黏聚力除了与胶结物质的强度有关外，还随着时间的推移而逐渐增大。密度相同的重塑土的抗剪强度与原状土的抗剪强度有较大的区别。而且，沉积年代愈远的土，其抗剪强度愈高。在这里，固化黏结力所起的作用是很重要的原因。

莫尔于 1900 年提出了材料破坏是剪切破坏的理论，并指出土体达到极限状态时，滑动破坏面上的剪应力达到了一个与正应力有关的最大值(即抗剪强度)，可用如下公式表示：

$$\tau_f = f(\sigma) \tag{5-6}$$

公式(5-6)定义的函数曲线称为莫尔包线，或称为抗剪强度包线，莫尔包线表示材料受到不同应力作用达到极限状态时，剪切破坏面上法向应力 σ 与剪应力 τ_f 的关系，见图 5-3。如果代表土单元体中某一个面上的法向应力 σ 和剪切应力的点落在图 5-3 中破坏包线下面，如 A 点，表明在该法向应力 σ 作用下，该截面上的剪应力小于土的抗剪强度 τ，土体不会沿该截面发生剪切破坏。如果点正好落在强度包线上，如 B 点，表明剪应力等于抗剪强度，土体单元处于临界破坏状态。如果点落在强度包线以上的区域，如 C 点，表明土体已经破坏。实际上，这种应力状态是不会存在的，因为剪应力 τ 增加到 τ_f 时，就不可能再继续增加了。莫尔包线的具体表达式，可根据试验结果用拟合法得到，常见的破坏包线形式有斜直线形、二次抛物线形等。大量试验证明，土在一般应力水平下，可以近似地用斜直线形表示，该直线方程就是库仑公式所表示的方程。由库仑公式表示莫尔包线的强度理论称为莫尔-库仑强度理论。

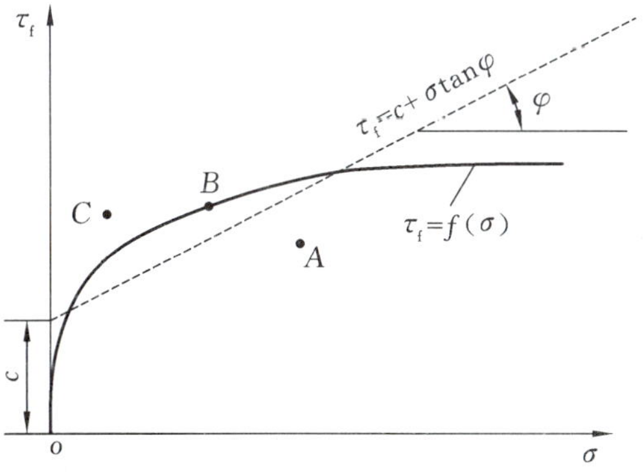

图 5-3　莫尔包线

5.2.2 土的极限平衡条件

当土发生剪切破坏的平面位置已知，只要算出作用于该平面上的剪应力和正应力，再依据莫尔-库仑强度理论算出其抗剪强度，通过剪应力和抗剪强度值的比较，就能判别土体剪切破坏是否发生。但在工程实际中，发生剪切破坏的平面一般不能预先确定，土中的应力计算不能直接判定土体单元是否破坏。直接运用主应力表示莫尔-库仑强度理论，对土体是否破坏进行判别的方法称为土的极限平衡条件。

下面仅考虑平面问题来建立土的极限平衡条件，并引用材料力学中有关表达一点应力状态的应力圆方法。如图 5-4 所示，在土体中 M 点作用应力，按材料力学公式，可得该点的大小主应力值如下：

$$\sigma_{1,3}=\frac{\sigma_x+\sigma_z}{2}\pm\sqrt{\left(\frac{\sigma_x-\sigma_z}{2}\right)^2+\tau_{xz}^2} \tag{5-7}$$

假设作用在 M 点微单元体上的大小主应力分别为 σ_1 和 σ_3，在微单元体内，与大主应力 σ_1 作用面成任意角 α 的平面 mn 上的正应力为 σ、剪应力为 τ。为了建立 σ、τ 与 σ_1、σ_3 间的关系，截取楔形脱离体 abc，见图 5-5(b)，将所有作用力分别按水平方向和竖直方向分解，根据静力平衡条件得：

$$\begin{cases}\sum F_x=0, & \sigma_3 ds\sin\alpha-\sigma ds\sin\alpha+\tau ds\cos\alpha=0\\ \sum F_y=0, & \sigma_1 ds\cos\alpha-\sigma ds\cos\alpha-\tau ds\sin\alpha=0\end{cases}$$

求解以上联立方程，可得到斜截面 mn 上的正应力 σ 和剪应力 τ 为：

$$\left.\begin{aligned}\sigma&=\frac{\sigma_1+\sigma_3}{2}+\frac{\sigma_1-\sigma_3}{2}\cos2\alpha\\ \tau&=\frac{\sigma_1-\sigma_3}{2}\sin2\alpha\end{aligned}\right\} \tag{5-8}$$

消去式(5-8)中的角度 α，得到：

$$\left(\sigma-\frac{\sigma_1+\sigma_3}{2}\right)^2+\tau^2=\left(\frac{\sigma_1-\sigma_3}{2}\right)^2 \tag{5-9}$$

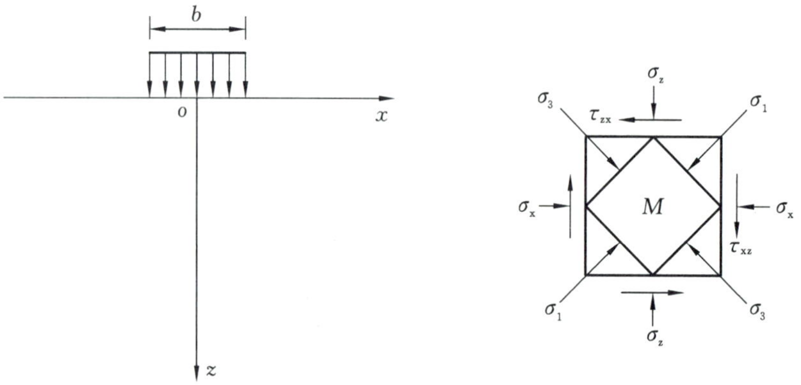

图 5-4 土中任一点的应力状态

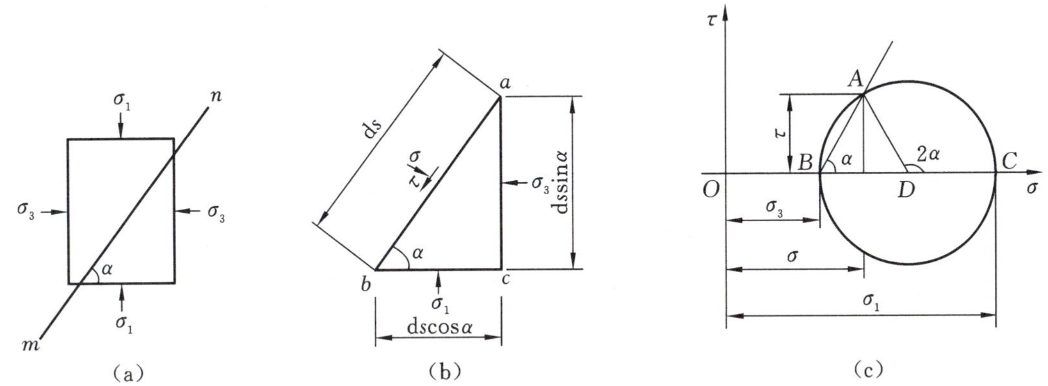

图 5-5　土体中的任意应力

(a)微单元体上的应力；(b)脱离体 *abc* 上的应力；(c)莫尔圆

从材料力学可知，σ、τ 与 σ_1、σ_3 间的关系可以用莫尔应力圆表示，见图 5-5(c)。绘制莫尔圆时，一般以法向应力 σ 为横坐标，以剪应力 τ 为纵坐标，在横轴上取 OD 等于$\dfrac{\sigma_1+\sigma_3}{2}$，以 D 为圆心，$\dfrac{\sigma_1-\sigma_3}{2}$为半径作圆。该圆与横坐标交于 B、C 两点，OC 等于大主应力 σ_1，OB 等于小主应力 σ_3。从 DC 开始逆时针旋转角，使 DA 线与圆周交于 A 点，可以证得，A 点的横坐标即为斜截面 mn 上的正应力 σ，纵坐标即为剪应力 τ，见图 5-6。于是，采用莫尔圆就可以表示土体中一点的应力状态，莫尔圆圆周上各点的坐标就表示该点在相应平面上的正应力和剪应力。应指出的是，在土力学中画莫尔圆时，应力的正负号与材料力学不同，一般规定：法向应力以压为正、拉为负，剪应力以逆时针方向为正、顺时针方向为负。

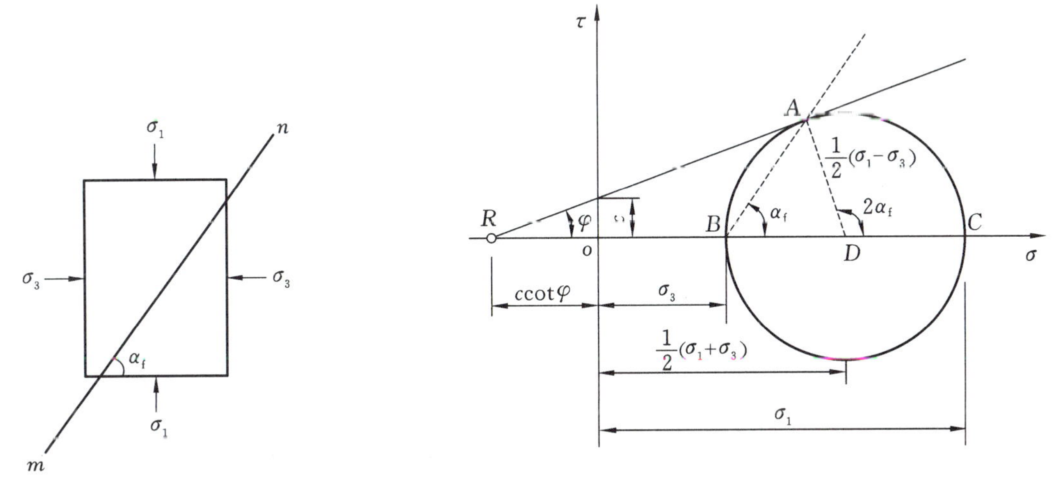

图 5-6　土体中一点达到极限平衡状态时的莫尔应力圆

如果给定了土的抗剪强度参数 c 和 φ(或 c'和 φ')以及土中某点的应力状态，则可将抗剪强度包线与莫尔应力圆画在同一张坐标图上，见图 5-7。它们之间可能存在着以下三种情况的关系：

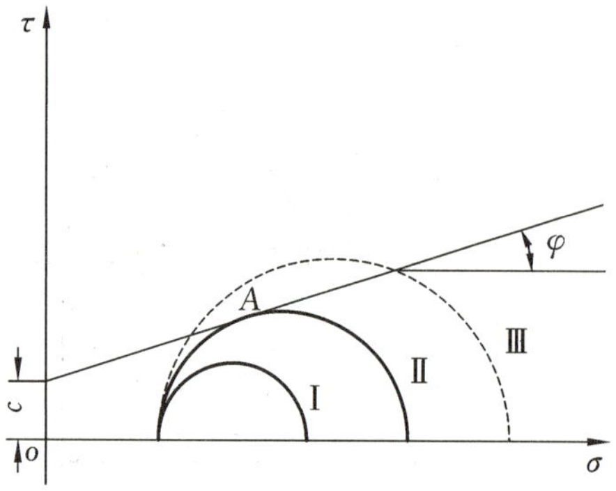

图 5-7　莫尔圆与抗剪强度包线之间的关系

（1）整个莫尔圆位于抗剪强度包线的下方（圆Ⅰ），表明该点在任何平面上的剪应力都小于土的抗剪强度（$\tau<\tau_f$）。因此，该点不会发生剪切破坏。

（2）莫尔圆与抗剪强度包线相切（圆Ⅱ），切点为 A，说明在 A 点所代表的平面上剪应力正好等于抗剪强度（$\tau=\tau_f$）。该点处于极限平衡状态，此时的莫尔圆（圆Ⅱ）称为极限莫尔圆。

（3）莫尔圆与抗剪强度包线相割（圆Ⅲ），表明 A 点已经破坏。实际上这种应力状态并不存在，任意斜截面上的剪应力都不可能超过土的抗剪强度（不存在 $\tau>\tau_f$）。

根据上述莫尔圆与抗剪强度包线的关系可知，当土体中某点的应力处于极限平衡状态时，即斜截面上的剪应力正好等于抗剪强度，该点的极限莫尔圆刚好与抗剪强度包线相切。据此可推导出黏性土的极限平衡条件计算公式。假设土体中某点剪切破坏时的破坏面与大主应力 σ_1 作用面成 α_f 角，如图 5-6 所示，将抗剪强度包线延长与横坐标交于 R 点，由直角三角形 ARD 可知：

$$\sin\varphi=\frac{AD}{RD}=\frac{(\sigma_1-\sigma_3)/2}{c\cot\varphi+(\sigma_1+\sigma_3)/2}=\frac{\sigma_1-\sigma_3}{2c\cot\varphi+\sigma_1+\sigma_3}\tag{5-10}$$

对式(5-10)进行简化整理得：

$$\sigma_1=\sigma_3\frac{1+\sin\varphi}{1-\sin\varphi}+2c\frac{\cos\varphi}{1-\sin\varphi}\tag{5-11}$$

或

$$\sigma_3=\sigma_1\frac{1-\sin\varphi}{1+\sin\varphi}-2c\frac{\cos\varphi}{1+\sin\varphi}\tag{5-12}$$

由三角函数公式可证明：

$$\frac{1+\sin\varphi}{1-\sin\varphi}=\frac{\sin90°+\sin\varphi}{\sin90°-\sin\varphi}=\frac{2\sin\left(45°+\frac{\varphi}{2}\right)\cos\left(45°-\frac{\varphi}{2}\right)}{2\sin\left(45°-\frac{\varphi}{2}\right)\cos\left(45°+\frac{\varphi}{2}\right)}=\tan^2\left(45°+\frac{\varphi}{2}\right)$$

$$\frac{\cos\varphi}{1-\sin\varphi}=\sqrt{\frac{1-\sin^2\varphi}{(1-\sin\varphi)^2}}=\sqrt{\frac{1+\sin\varphi}{1-\sin\varphi}}=\tan\left(45°+\frac{\varphi}{2}\right)$$

$$\frac{1-\sin\varphi}{1+\sin\varphi}=\tan^2\left(45°-\frac{\varphi}{2}\right)$$

$$\frac{\cos\varphi}{1+\sin\varphi}=\sqrt{\frac{1-\sin^2\varphi}{(1+\sin\varphi)^2}}=\sqrt{\frac{1-\sin\varphi}{1+\sin\varphi}}=\tan\left(45°-\frac{\varphi}{2}\right)$$

将上述关系代入式(5-11)和式(5-12)，可得黏性土的极限平衡条件为：

$$\sigma_1=\sigma_3\tan^2\left(45°+\frac{\varphi}{2}\right)+2c\tan\left(45°+\frac{\varphi}{2}\right)\tag{5-13}$$

或

$$\sigma_3=\sigma_1\tan^2\left(45°-\frac{\varphi}{2}\right)-2c\tan\left(45°-\frac{\varphi}{2}\right)\tag{5-14}$$

对于砂土，由于黏聚力 $c=0$，由式(5-10)、式(5-13)和式(5-14)可得砂土的极限平衡条件为：

$$\sin\varphi=\frac{\sigma_1-\sigma_3}{\sigma_1+\sigma_3} \tag{5-15}$$

$$\sigma_1=\sigma_3\tan^2\left(45°+\frac{\varphi}{2}\right) \tag{5-16}$$

$$\sigma_3=\sigma_1\tan^2\left(45°-\frac{\varphi}{2}\right) \tag{5-17}$$

由图 5-6 中△ADR 外角和内角的关系，可得：

$$2\alpha_f=90°+\varphi$$

土体中出现的斜截面破坏面与最大主应力 σ_1 作用面的夹角 α_f 为：

$$\alpha_f=45°+\frac{\varphi}{2} \tag{5-18}$$

由式(5-18)可知，与一般连续性材料(如钢筋、混凝土等)不同，土是一种具有摩擦强度的颗粒材料，这种材料的破坏面不是最大剪应力面，而是与最大主应力面成 $45°+\frac{\varphi}{2}$ 夹角的平面。式(5-13)至式(5-18)表示了土体处于极限平衡状态时大小主应力间的相互关系。因此，可用以上公式来判断土体是否达到剪切破坏，具体步骤如下：

(1) 确定土体任意一点单元体的应力状态($\sigma_x,\sigma_z,\tau_{xz}$)；

(2) 计算该单元体的大小主应力(σ_1,σ_3)：$\sigma_{1,3}=\frac{\sigma_x+\sigma_z}{2}\pm\sqrt{\left(\frac{\sigma_x-\sigma_z}{2}\right)^2+\tau_{xz}^2}$；

(3) 选用极限平衡条件判断土单元体是否发生剪切破坏。

常采用以下三种方法判断土体是否发生剪切破坏：

① 最大主应力比较法[图 5-8(a)]

利用土单元体的实际最小主应力 σ_3 和抗剪强度参数 c 和 φ，求取土体处在极限平衡状态时的最大主应力 σ_{1f}：

$$\sigma_{1f}=\sigma_3\tan^2\left(45°+\frac{\varphi}{2}\right)+2c\tan\left(45°+\frac{\varphi}{2}\right)$$

指 σ_{1f} 与土单元体的实际最大主应力 σ_1 相比较。如果 $\sigma_{1f}>\sigma_1$，表示达到极限平衡状态要求的最大主应力大于实际的最大主应力，土单元体没有发生剪切破坏；如果 $\sigma_{1f}=\sigma_1$，表示土体正好处于极限平衡状态，土单元体发生破坏；如果 $\sigma_{1f}<\sigma_1$，表示土单元体已发生了破坏，但实际上此种情况是不可能存在的。

② 最小主应力比较法[图 5-8(b)]

利用土单元体的实际最大主应力 σ_1 和抗剪强度参数 c 和 φ，求取土体处在极限平衡状态时的最小土应力 σ_{3f}：

$$\sigma_{3f}=\sigma_1\tan^2\left(45°-\frac{\varphi}{2}\right)-2c\tan\left(45°-\frac{\varphi}{2}\right)$$

将 σ_{3f} 与土单元体的实际最小主应力 σ_3 相比较。如果 $\sigma_{3f}<\sigma_3$，表示达到极限平衡状态要求的最小主应力小于实际的最小主应力，土单元体没有发生剪切破坏；如果 $\sigma_{3f}=\sigma_3$，表示土体正好处于极限平衡状态，土单元体发生破坏；如果 $\sigma_{3f}>\sigma_3$，表示土单元体已发生了破坏，同样此种情况也是不可能存在的。

③ 内摩擦角比较法[图 5-8(c)]

如图 5-8(c)所示，假定土体的莫尔-库仑强度包线与横轴相交于 o' 点。通过该交点作土体应力状态莫尔圆的切线，将该切线的倾角称为该应力状态莫尔圆的视内摩擦角 φ_m。根据几何关系，φ_m 的值可用公式(5-10)进行计算：

$$\sin\varphi_m = \frac{\sigma_1 - \sigma_3}{2c\cot\varphi + \sigma_1 + \sigma_3}$$

将视内摩擦角 φ_m 与土体的实际内摩擦角 φ 相比较，可直观地判断土单元体是否发生了剪切破坏。如果 $\varphi_m < \varphi$，表示土单元体应力状态莫尔圆位于强度包线之下，土单元体没有发生剪切破坏；如果 $\varphi_m = \varphi$，表示土单元体应力状态莫尔圆正好与强度包线相切，土体发生破坏；如果 $\varphi_m > \varphi$，表示土单元体已发生了破坏，此种情况也是不可能存在的。

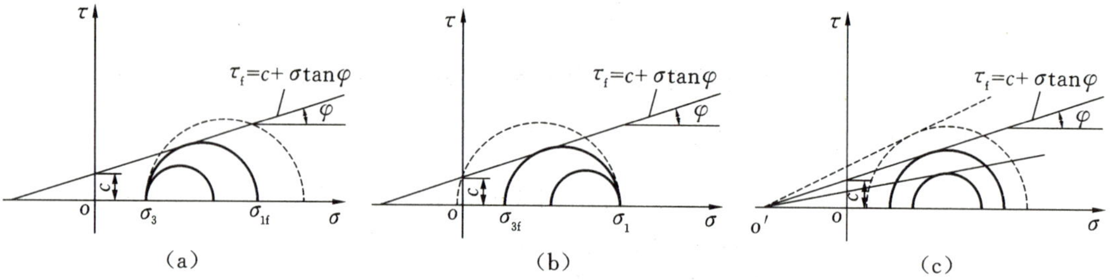

图 5-8 土单元体是否破坏的判别

(a)最大主应力比较法；(b)最小主应力比较法；(c)内摩擦角比较法

由式(5-13)和式(5-14)可知，根据莫尔-库仑破坏准则，破坏时的极限平衡状态仅与大主应力 σ_1 和小主应力 σ_3 有关，而与中主应力 σ_2 的大小无关；但试验资料表明，σ_2 对土的抗剪强度有一定的影响。图 5-9 给出了平面应变试验(试件在 $\sigma_1 > \sigma_2 > \sigma_3$ 的状态下剪切破坏)结果和常规三轴压缩试验(试件在 $\sigma_1 > \sigma_2 = \sigma_3$ 的状态下剪切破坏)结果。两种试验结果得出的抗剪强度指标有明显的差别，这种差别就是由中主应力 σ_2 不同引起的。

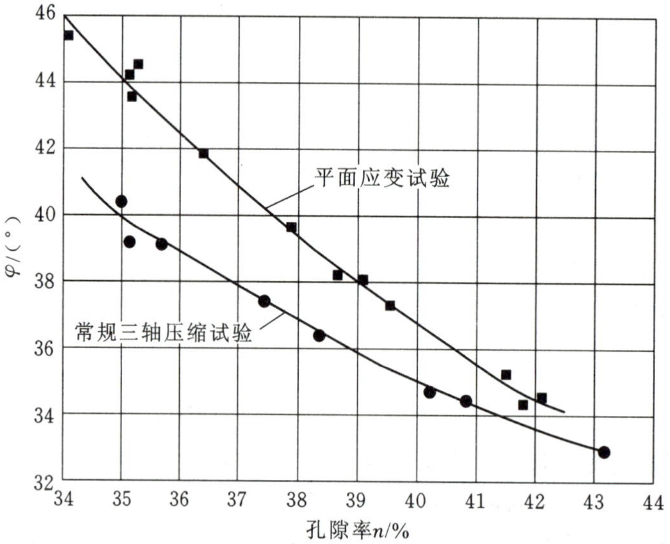

图 5-9 平面应变试验和常规三轴压缩试验的内摩擦角 φ

【例题 5-1】 若砂土地基中一点的最大主应力 $\sigma_1=400$ kPa、最小主应力 $\sigma_3=200$ kPa，砂土的内摩擦角 $\varphi=25°$、黏聚力 $c=0$，试判断该点是否发生剪切破坏。

【解】 方法一：最大主应力比较法判断剪切破坏情况

按公式(5-16)，求出发生剪切破坏时对应的最大主应力 σ_{1f}：

$$\sigma_{1f}=\sigma_3\tan^2\left(45°+\frac{\varphi}{2}\right)=200\times\tan^2\left(45°+\frac{25°}{2}\right)=492.8\ \text{kPa}$$

由于 $\sigma_{1f}=492.8\ \text{kPa}>\sigma_1=400$ kPa，可判断该点未发生剪切破坏。

方法二：最小主应力比较法判断剪切破坏情况

按公式(5-17)，求出发生剪切破坏时对应的最小主应力 σ_{3f}：

$$\sigma_{3f}=\sigma_1\ \tan^2\left(45°-\frac{\varphi}{2}\right)=400\times\tan^2\left(45°-\frac{\varphi}{2}\right)=162.3\ \text{kPa}$$

由于 $\sigma_{3f}=162.3\ \text{kPa}<\sigma_3=200$ kPa，可判断该点未发生剪切破坏。

方法三：内摩擦角比较法判断剪切破坏情况

按公式(5-15)，求出发生剪切破坏时，该土单元体应力状态莫尔圆的视内摩擦角 φ_m：

$$\sin\varphi_m=\frac{\sigma_1-\sigma_3}{\sigma_1+\sigma_3}=\frac{400-200}{400+200}=0.333$$

由于 $\sin\varphi_m=0.333<\sin\varphi=\sin25°=0.423$，即 $\varphi_m<\varphi$，可判断该点未发生剪切破坏。

【例题 5-2】 砂土地基中某一点，其最大剪应力及相应的法向应力分别为 150 kPa 和 300 kPa，若该点发生剪切破坏。求：(1)该点的最大、最小主应力；(2)砂土的内摩擦角；(3)破坏面上的法向应力和剪应力。

【解】 (1) 任意斜截面的正应力 σ 和剪应力 τ 为：

$$\sigma=\frac{\sigma_1+\sigma_3}{2}+\frac{\sigma_1-\sigma_3}{2}\cos2\alpha$$

$$\tau=\frac{\sigma_1-\sigma_3}{2}\sin2\alpha$$

因为最大剪应力面与最大主应力面的夹角为 45°，代入上式，可得：

$$\tau_{\max}=\frac{1}{2}(\sigma_1-\sigma_3)=150\ \text{kPa}$$

$$\sigma=\frac{1}{2}(\sigma_1+\sigma_3)=300\ \text{kPa}$$

可得该点的最大、最小主应力分别为：$\sigma_1=450$ kPa，$\sigma_3=150$ kPa

(2) 当该点发生剪切破坏时：

$$\sin\varphi=\frac{\sigma_1-\sigma_3}{\sigma_1+\sigma_3}=\frac{450-150}{450+150}=\frac{1}{2}$$

即砂土的内摩擦角 $\varphi=30°$

(3) 破坏面与最大主应力面夹角 $\alpha_f=45°+\frac{\varphi}{2}=60°$

破坏面上的法向应力 σ 和剪应力 τ 分别为：

$$\sigma=\frac{1}{2}(\sigma_1+\sigma_3)+\frac{1}{2}(\sigma_1-\sigma_3)\cos2\alpha=\frac{1}{2}\times(450+150)+\frac{1}{2}\times(450-150)\times\cos120^\circ=225\ \text{kPa}$$

$$\tau=\frac{1}{2}(\sigma_1-\sigma_3)\sin2\alpha=\frac{1}{2}\times(450-150)\times\sin120^\circ=129.9\ \text{kPa}$$

5.3 土的抗剪强度试验

土工试验技术随着岩土工程的进步而不断发展，目前可测定土的抗剪强度指标的试验方法和试验仪器有很多种。常用于测定土抗剪强度指标的试验方法主要有室内剪切试验和现场剪切试验两大类。室内剪切试验常用的方法有直接剪切试验、三轴剪切试验、单向剪切试验和空心圆柱扭剪试验等，而现场剪切试验常用的方法主要有十字板剪切试验和现场大型直剪试验等。

室内试验具有边界条件明确、容易控制等特点，但现场取样过程不可避免地引起应力释放和土体结构的扰动，试验结果的可靠性将首先取决于取样的质量。原位试验直接在现场原位置进行，其特点是简捷、快速，并大体在原位应力和条件下进行，能够很好地反映土体的结构和构造特性。但缺点是边界条件无法精准确定和控制，这也给试验结果的解释带来了困难。对无法进行或很难进行室内试验的土，如粗粒土、极软黏土等，通常需要进行原位试验。为了合理获得可供设计或计算分析所用的抗剪强度指标，在进行室内试验时，应采用具有代表性的土样，且应尽量采用能够模拟现场条件的试验方法。但在现有的测试设备和技术条件下，完全模拟现场条件仍存在一定的难度，应尽可能地近似模拟，把握现场主要因素并加以简化，使试验条件大致模拟经简化后的现场条件，以便设计计算与试验结果相协调。

5.3.1 直接剪切试验

直接剪切试验是测定土抗剪强度的一种古老的常见方法，由于其设备简单，易于操作，在岩土工程界应用广泛，它适用于黏性土和砂土。所使用的仪器称为直剪仪，按加荷方式分为应变控制式和应力控制式，前者以等应变速率使试样产生剪切位移直至破坏，并测定相应的剪应力；后者通过分级施加水平剪应力并测定相应的剪切位移。我国普遍采用的是应变控制式直剪仪，其构造简图见图 5-10。应变控制式直剪仪由剪切盒、垂直加压设备、剪切传动装置、测力计、位移量测系统组成。小环刀内径为 61.8 mm，高度为 20 mm。位移量测设备是量程为 10 mm、分度值为 0.01 mm 的百分表，或准确度为全量程 0.2%的传感器。

试验时，将试样装入剪切盒内，并根据试验排水条件，在试样的上下面各放置一块透水石（允许排水）或不透水板（不允许排水），再在上盒顶部放置一个加压活塞以在试验过程中施加法向应力。开始试验后，首先由杠杆系统通过加压活塞对试样施加竖向压力 F_N 以施加法向应力 σ（$\sigma=F_N/A$，A 为试样截面面积，即环刀截面面积），然后以规定的速率对下盒施加水平推力 F_S，随着水平推力的逐级施加，上盒和下盒间逐渐沿水平剪切面发生相对位移（剪切位移）而使试样在剪切面上逐级产生剪应力 τ（$\tau=F_S/A$），直至剪切破坏。直剪试验过程中试样的受力示意图如图 5-11 所示。在水平推力施加后，分别通过百分表及变形测微计测定试样的剪切位移和法向位移，通过量力钢环测定对应的剪切应力。试样剪破后即可得到完整的应力-应变特征曲线，图 5-12 所示即为松砂与密砂的直剪应力-应变曲线。

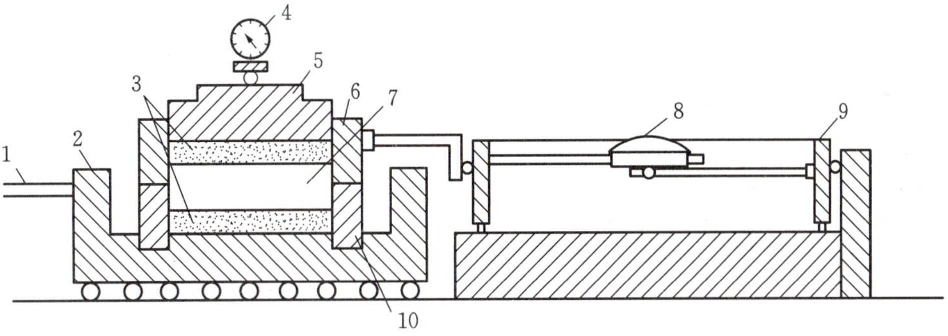

1—轮轴；2—底座；3—透水石；4—垂直变形量表；5—活塞；
6—上盒；7—土样；8—水平位移量表；9—量力环；10—下盒。

图 5-10　应变控制式直剪仪构造简图

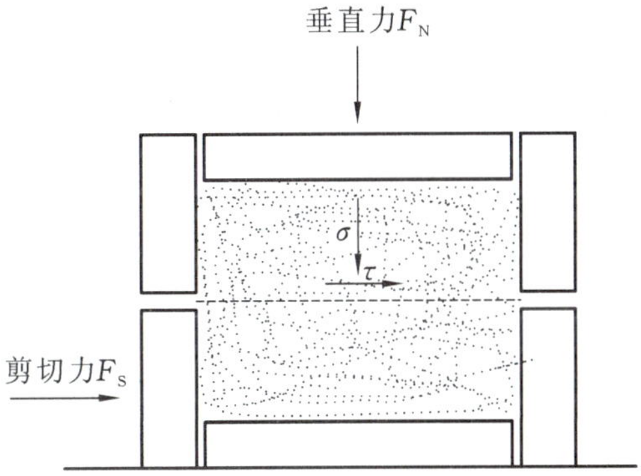

图 5-11　直剪试验受力示意图

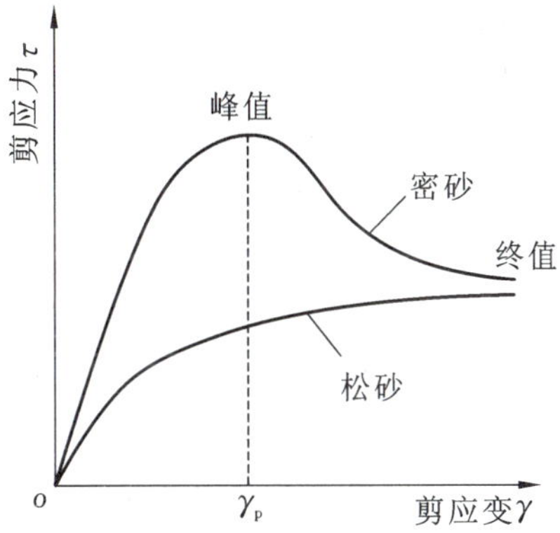

图 5-12　砂土直剪应力-应变曲线

在试验过程中，应根据工程实际荷载和土样软硬程度施加各级垂直压力。施加垂直压力后，每 1 h 测读垂直变形一次，直至试样固结变形稳定，变形稳定标准为变形量每小时不大于 0.005 mm。根据测试指标和试验方法的要求，测记测力计和剪切位移读数。如测力计读数出现峰值，应继续剪切至位移为 4 mm 时停机，记下破坏值。当剪切过程中测力计读数无峰值时，应剪切至位移为 6 mm 时停机。

将一定法向应力下得到的剪应力 τ 和剪切位移 Δl 绘制成曲线，若曲线具有明显的峰值，则峰值对应的剪应力即为该法向应力下的抗剪强度 τ_f；若曲线不出现峰值，按照《土工试验方法标准》(GB/T 50123—2019)规定以剪切位移为 4 mm 时所对应的剪应力作为抗剪强度，如图 5-13 所示。为了确定土的抗剪强度指标，通常要取 4 组(或 4 组以上)相同的试样，分别施加不同的法向应力，测出不同法向应力下相应的抗剪强度 τ_f；在 σ-τ_f 坐标系中可得到抗剪强度与法向应力的相关直线，如图 5-14 所示；直线的倾角为土的内摩擦角 φ，直线在纵轴上的截距为黏聚力 c。

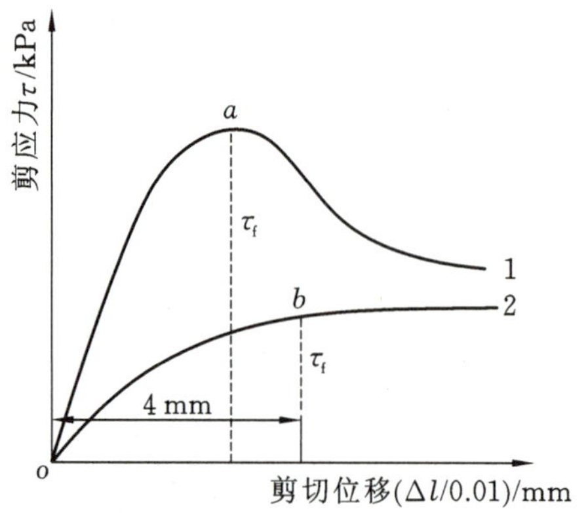

图 5-13　剪应力与剪切位移关系

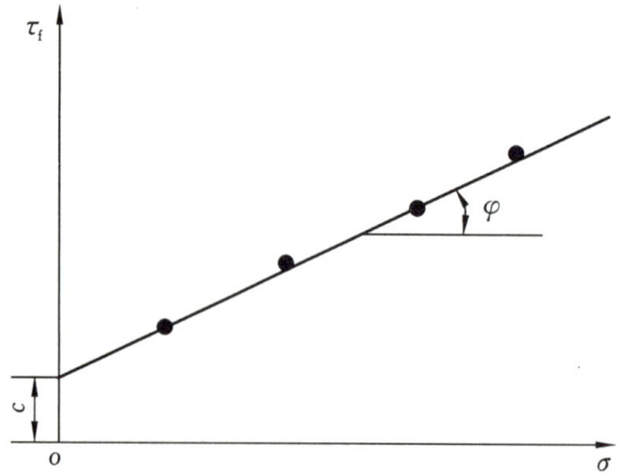

图 5-14　直剪试验结果示意图

对于饱和试样，在直剪试验过程中，无法严格控制试样的排水条件，只能通过控制剪切速率近似地模拟排水条件。根据固结和剪切过程中的排水条件，直剪试验分为固结慢剪、固结快剪和快剪三种类型。

(1) 快剪试验。安装时应以硬塑料膜代替滤纸，不需要安装法向位移量测装置。施加法向应力后，拔去剪切盒上的固定销，立即以 0.8 mm/min 的剪切速率进行剪切试验直至试验结束，使试样在 3～5 min 内发生剪切破坏。由于剪切的速率很快，对于渗透系数比较低的土，可以认为土样在这短暂时间内没有排水固结，故适用于渗透系数小于 10^{-6} cm/s 的黏性土。抗剪强度指标用 c_q、φ_q 表示。

(2) 固结快剪试验。施加法向应力后，允许试样充分排水，每小时测读法向变形一次，直至试样固结变形稳定(变形稳定标准为变形量每小时不大于 0.005 mm)，再按快剪方法进行剪切。适用于渗透系数小于 10^{-6} cm/s 的黏性土。抗剪强度指标用 c_{cq}、φ_{cq}表示。

(3) 慢剪试验。施加法向应力后，允许试样排水固结。待固结后施加水平剪应力，以小于 0.02 mm/min 的剪切速率进行剪切至试验结束。剪切过程中让试样有充分的时间排水和产生体积变形。适用于黏性土。抗剪强度指标用 c_s、φ_s 表示。工程经验表明，c_s、φ_s 一般略高于有效抗剪强度指标 c'和 φ'，所以作为有效抗剪强度指标应用时，常乘以 0.9 的系数。

直剪仪构造简单，操作方便，仪器刚度大，不发生横向变形，仅根据法向变形量就可计算试样体积的变化。并在工程实践中应用十分广泛，积累了大量的经验数据。直剪仪被广泛应用于二、三级建筑的可塑状态黏性土与饱和度不大于 50%粉土的抗剪强度指标的测定。但该仪器也存在如下缺点：

(1) 剪切面限定在上下盒之间的平面，而不是沿土样最薄弱面产生剪切破坏。

(2) 剪切过程中，试样内的应力状态复杂，应变分布不均匀。在试验过程中试样主应力方向不断发生偏转，靠近剪切盒边缘处应变最大，而土样中间部分的应变相对要小得多，剪切面附近的应变又大于土样其他部位的应变。并且剪切过程中土样剪切面积逐步减少且垂直荷载发生偏心，进一步加剧了应力与应变的非均匀性。

(3) 剪切过程中试样面积逐渐减小，法向荷载发生偏心，但抗剪强度仍按受剪面积不变和剪应力均匀分布进行计算。

(4) 试验时不能严格控制排水条件，不能量测孔隙水压力，在进行不排水剪切时，不排水试验结果不够理想。

(5) 根据试样破坏时的法向应力和剪应力，虽可算出最大、小主应力，但中间主应力无法确定。

5.3.2　三轴剪切试验

三轴剪切试验又称为三轴压缩试验，它是一种较完善的测定土体抗剪强度的试验方法，其设备是三轴剪力仪。它适用于测定黏性土和粒径小于 20 mm 粗粒土的抗剪强度指标。该仪器设备既可控制排水条件，又可控制加载速率，还可改变压力室的应力环境，可测定试样的应力、应变、体积应变、孔隙水压力、孔隙水压力系数以及静止侧压力系数等。三轴剪力仪同样分应变控制式和应力控制式两种。常用的应变控制式三轴剪力仪，见图 5-15，由压力室、轴向加压设备、周围压力系统、反压力系统、孔隙水压力量测系统、轴向变形和体积变化量测系统组成，其中压力室是三轴仪的核心部分。附属设备包括击样器、饱和器、切土器、原状土分样器、切土盘、承膜筒和对开圆膜等。

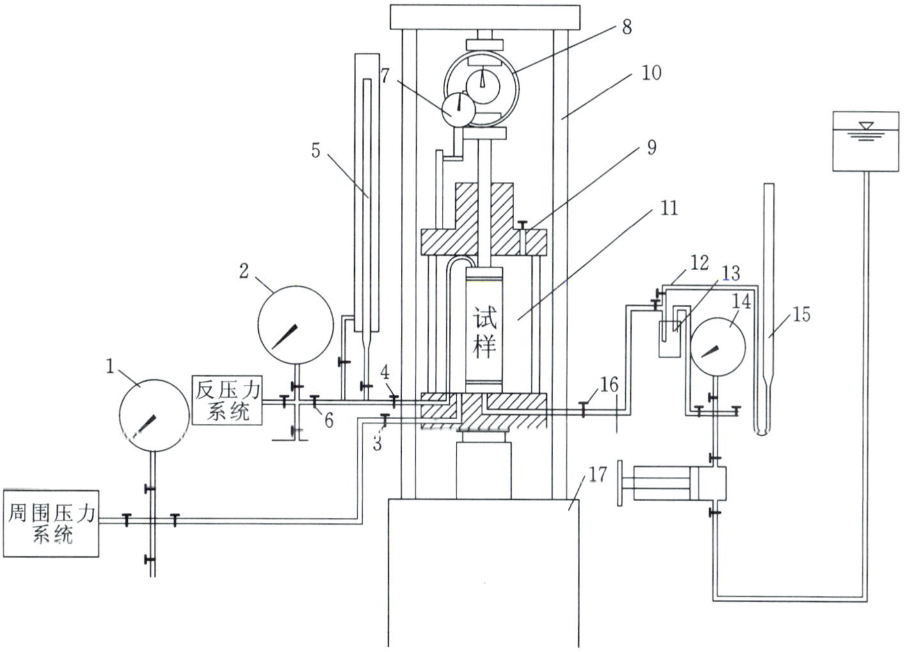

1—周围压力表；2—反压力表；3—周围压力阀；4—排水阀；5—体变管；6—反压力阀；
7—垂直变形百分表；8—量力环；9—排气孔；10—轴向加压设备；11—压力室；12—量管阀；
13—零位指示器；14—孔隙压力表；15—量管；16—孔隙压力阀，17—离合器。

图 5-15　应变控制式三轴剪力仪

压力室是由加压活塞、底座和透明的有机玻璃组成的封闭容器，见图 5-16。试验时，将圆柱形的试样用柔性橡皮膜包裹，且将上下橡皮膜分别扎紧在试样帽和底座上，安装在压力室中，保证压缩过程中压力室内的水不进入试样内。应根据试验条件的要求在试样的上下两端分别放置透水石或不透水板，并通过与顶部连通的排水阀控制试验过程中的排水条件，试验过程的孔隙水压力可由孔隙水压力量测系统测定。试验过程中试样的围压由周围压力系统(通常是水)施加,试样的轴向附加压力由轴向加压系统施加,轴向加压系统可控制轴向应变的速率。在试验过程中,应记录试样的轴向压缩量,以计算试样的轴向应变。

对于圆柱形试样,三轴代表的是一个竖向和两个侧向,两个侧向的应力保持相等且都等于小主应力 σ_3,而竖向压力为大主应力 σ_1。一般也称圆柱形试样中主应力 σ_2 和最小主应力 σ_3 相等的试验条件为常规三轴试验条件。工程中最常用的是 σ_3 为常数的常规三轴剪切试验。图 5-17 给出了常规三轴剪切试验中试样的应力状态。

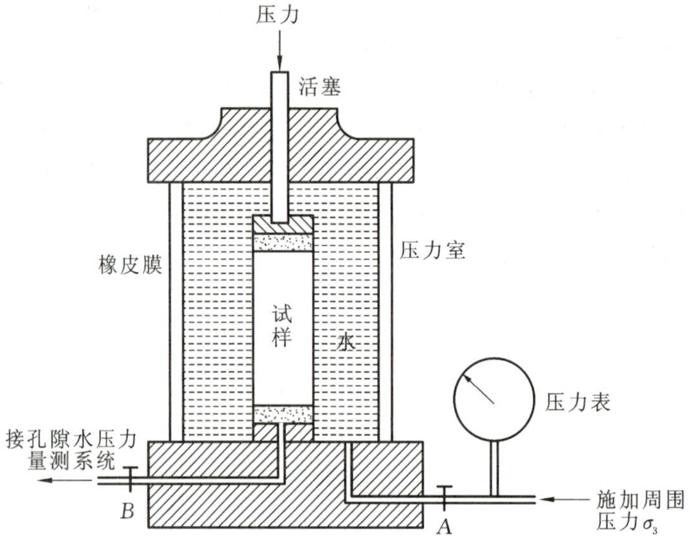

图 5-16　三轴压力室示意图

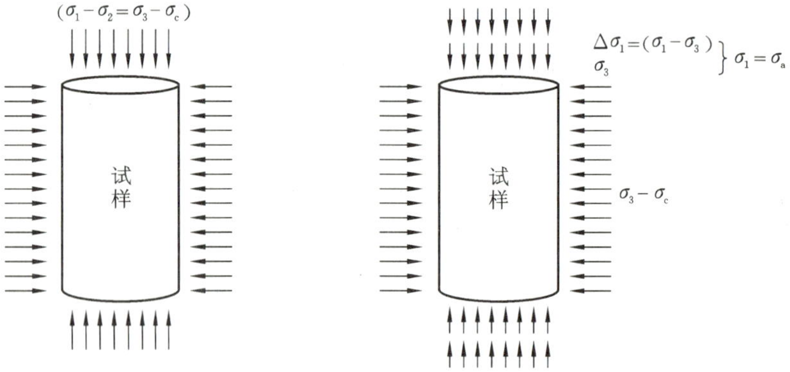

图 5-17　常规三轴剪切试验中试样的应力状态

常规三轴剪切试验时,首先打开围压系统阀门,使试样在各向同性围压 σ_3 作用下达到各向同性应力状态,如图 5-18(a)所示。然后保持 σ_3 不变,打开轴向加压系统通过活塞对试样施加法向附加应力 $\Delta\sigma$($\sigma_1=\sigma_3+\Delta\sigma$,$\Delta\sigma$ 也称为偏应力)。随后保持 σ_3 不变,逐渐增大 σ_1,直至试样发生剪切破坏,可得到偏应力与轴向应变的关系曲线。破坏时试样的应力状态及最大剪切破坏面如图 5-18(b)所示。剪切过程中,在 τ-σ 平面上,小主应力 σ_3 保持不变,大主应力 σ_1 逐渐增大,对应的应力状态莫尔圆逐渐向右增大,直至剪切破坏时与抗剪强度包线相切，如图 5-18(c)所示。得到剪切破坏时的主应力 σ_3 和 σ_{1f} 即可确定极限应力圆。确定破坏点大主应力 σ_{1f} 的方法如下：

(1) 当应力-应变曲线存在峰值时(图 5-19 中的密砂或超固结黏土试验结果，亦称应变软化)，取峰值对应的最大偏差应力作为破坏偏差应力 $(\sigma_1-\sigma_3)_f$，则 $\sigma_{1f}=\sigma_3+(\sigma_1-\sigma_3)_f$。当研究土的残余强度时，则取试验曲线的终值 $(\sigma_1-\sigma_3)_r$ 作为破坏偏差应力。

(2) 当应力-应变曲线为持续硬化型，即不存在峰值时(图 5-19 中的松砂或正常固结黏土试验结果)，取规定的轴向应变值(通常取 15%)所对应的偏差应力作为破坏偏差应力 $(\sigma_1-\sigma_3)_f$。

(3) 以最大有效主应力比 $(\sigma'_1/\sigma'_3)_{max}$ 处的偏差应力值作为破坏偏差应力 $(\sigma_1-\sigma_3)_f$。这时需要根据试样中孔隙水压力的发展，计算有效主应力 σ'_1 和 σ'_3 的变化，再求出 (σ'_1/σ'_3) 最大值所对应的偏差应力。

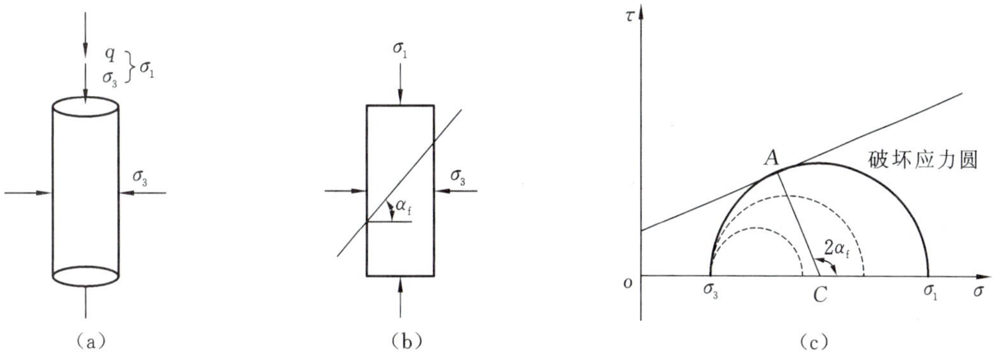

图 5-18　三轴压缩试验原理

(a)试样受围压作用；(b)试样破坏时的应力状态；(c)试样应力莫尔圆的演化

采用同种土的试样重复上述步骤 3 次以上，每次在不同围压 σ_3 条件下进行，即可得到该类土的一系列极限应力圆。绘制这些极限应力圆的公切线，得到的即为该类土的抗剪强度包线。一般得到的抗剪强度包线为直线，与横坐标轴的夹角为土的内摩擦角 φ，在纵坐标轴上的截距为土的黏聚力 c，如图 5-20 所示。

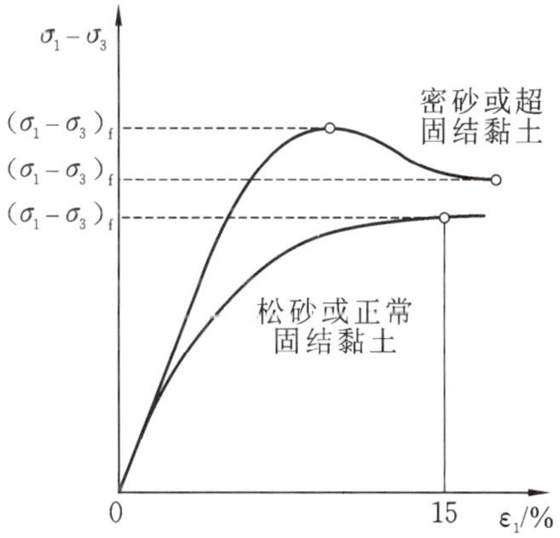

图 5-19　破坏偏差应力取值方法

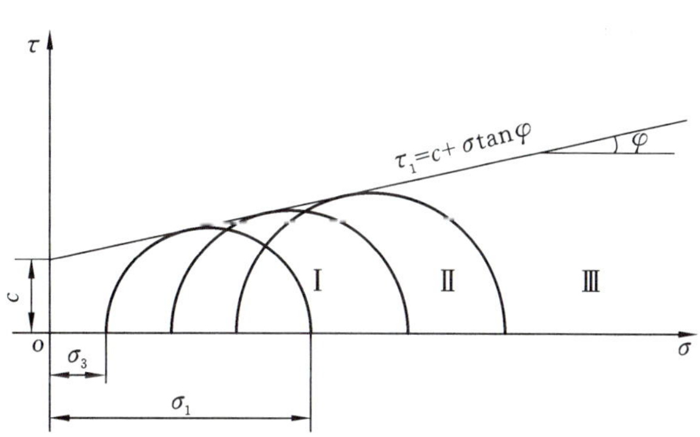

图 5-20　确定抗剪强度包线

根据固结、排水情况的不同，将三轴剪切试验分为：不固结不排水剪切试验(unconsolidated-undrained triaxial test，UU)、固结不排水剪切试验(consolidated-undrained triaxial test，CU)和固结排水剪切试验(consolidated-drained triaxial test，CD)。三种试验方法对应的试验过程分别如下：

(1) 不固结不排水剪切试验(UU)

在向土样施加周围压力 σ_3 以前即关闭排水阀，随后施加轴向应力 $\Delta\sigma$ 直至剪坏。在施加 $\Delta\sigma$ 过程中，始终关闭排水阀门，不允许土中水排出，土样从开始加围压直到剪坏全过程中含水量保持不变。

(2) 固结不排水剪切试验(CU)

试验时先对土样周围施加压力 σ_3，并打开排水阀门，使土样在 σ_3 作用下充分排水固结。然后关上排水阀门，施加轴向应力 $\Delta\sigma$，使土样在不排水条件下受剪直至破坏。

(3) 固结排水剪切试验(CD)

在施加周围压力 σ_3 和轴向压力 $\Delta\sigma$ 直至破坏全过程中，土样始终处于排水状态，土中孔隙水压力始终为零。

三轴剪切试验可进行复杂应力条件下土的抗剪强度特性研究。《建筑地基基础设计规范》(GB 50007—2011)规定，甲级建筑物地基基础设计时应采用三轴剪切试验测定土的抗剪强度指标。与直剪仪相比，三轴仪具有许多明显的优势：

(1) 可以完整地反映试样受力变形直到破坏的全过程。因而，既可做强度试验，也可做应力-应变关系试验；

(2) 为一单元体试验，试样内应力和应变相对均匀，状态明确，量测简单可靠；

(3) 破坏面非人为固定，且可较容易地判断试样的破坏，操作比较简单；

(4) 可很好地控制排水条件，在不排水条件下还可量测试样内的超静孔隙水压力；

(5) 可以模拟不同的工况，进行不同应力路径的试验；

(6) 除抗剪强度外，三轴压缩试验还可用于确定诸多土的物理及力学性质指标，如土的灵敏度、侧压力系数、孔隙水压力系数等。

当然，三轴剪切试验也存在一些缺点，表现为以下几点：

(1) 三轴剪切试验试样制备与试验操作较为复杂。

(2) 试样内的应力分布和应变分布并不是完全均匀的，由于试样上下端的侧向变形分别受到刚性试样帽和底座的限制，而试样中部却未受到约束，导致试样在破坏时往往会被挤压成鼓形。

(3) 常规三轴试验中 $\sigma_2=\sigma_3$，不能反映中主应力 σ_2 的影响。若想获得更加合理的抗剪强度特性和参数，需用真三轴仪或空心圆柱扭剪仪测定试样在 3 个不同主应力作用($\sigma_1\neq\sigma_2\neq\sigma_3$)下的抗剪强度。

5.3.3 无侧限抗压强度试验

无侧限抗压强度试验实际上是三轴剪切试验的一种特殊情况，即周围压力 $\sigma_3=0$ 的三轴试验，其设备如图 5-21 所示。进行试验时，将试样直接放在仪器的底座上，转动手轮，使底座缓慢上升，顶压上部量力环，逐渐施加竖直轴向压力 σ_1 至试样产生剪切破坏，破坏时的轴向压应力以 q_u 表示。无侧限抗压强度相当于三轴压缩试验条件下 $\sigma_3=0$ 时的破坏大主应力 σ_{1f}，如图 5-22 所示。由于试样在试验过程中的侧向应力为 0，其侧向变形不受任何限制，所以称此试验为无侧限抗压强度试验。在无侧限抗压强度试验中，土样不用橡胶膜包裹，并且剪切速度快，水来不及排出，可以认为是一种不固结不排水剪切试验。由于无黏性土试样在无侧限条件下难以成型，故该试验主要用于黏性土，尤其适用于原状饱和软黏土。我国的《土工试验方法标准》(GB/T 50123—2019)规定：主要用于测定能在不排水条件下较短的时间内完成试验，且在自重作用下能自立不变形的饱和黏性土。

无侧限抗压强度试验中，试样采用直径为 35～50 mm，高度与直径之比宜为 2.0～2.5 的圆柱样；轴向应变速率宜为 1%/min～3%/min，在 8～10 min 内完成试验；当测力计读数出现峰值时，继续进行 3%～5% 的应变后停止试验；当读数无峰值时试验应进行到应变达 20% 为止。在试验加载的过程中，相应地测量并记录试样的轴向压缩变形以得到试验过程中的轴向应变，并绘制得到轴向压力 σ_1 与轴向应变 ε_1 的关系曲线。硬质黏土通常发生脆性破坏(图 5-22)，试样有明显的破坏面，轴向应力具有峰值，其 σ_1-ε_1 关系曲线通常存在明显的峰值破坏点，取峰值轴向应力 σ_{1f} 作为无侧限抗压强度值 q_u；松软黏土塑性较大，通常呈现塑性流动变形的塑性破坏模式(图 5-22)，无明显破坏面，向四周鼓出，应力无峰值，其 σ_1-ε_1 关系曲线通常不存在峰值破坏点，此时取轴向应变 15% 所对应的轴向应力 σ_1 作为无侧限抗压强度 q_u。对于重塑试样，无侧限抗压强度 q_u 的取值标准与原状试样相同。

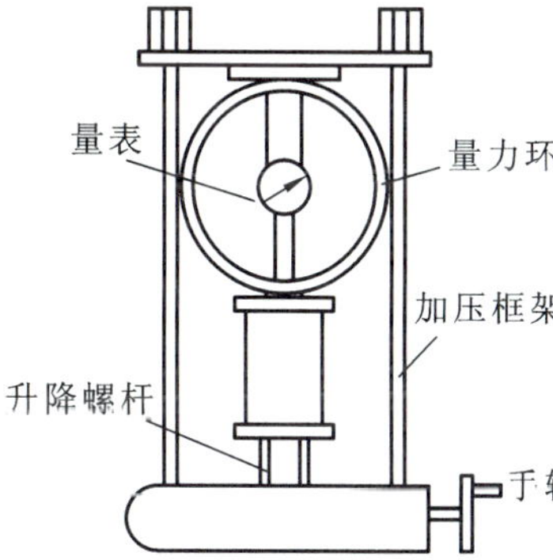

图 5-21　无侧限抗压强度试验仪

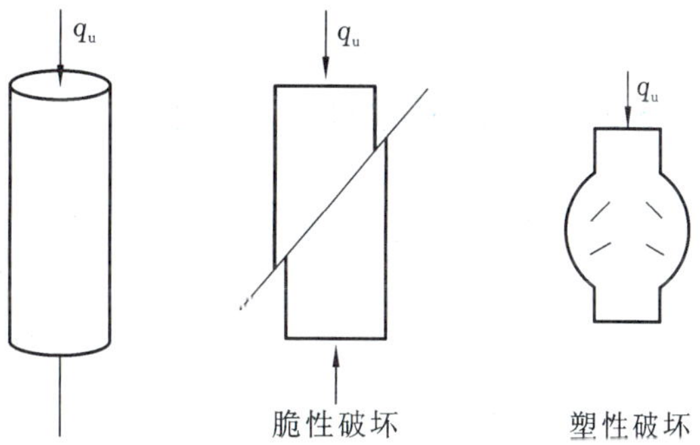

图 5-22　无侧限抗压强度试验原理

确定土样的无侧限抗压强度 q_u 后，可绘制出极限应力圆。由于 $\sigma_3=0$，故无侧限抗压强度试验只能确定一个通过原点的极限应力圆。根据破坏时的应力状态($\sigma_1=q_u$，$\sigma_3=0$)，由式(5-13)得：

$$\sigma_1=q_u=2c\tan\left(45°+\frac{\varphi}{2}\right) \tag{5-19}$$

则有：

$$c=\frac{q_u}{2\tan(45°+\varphi/2)} \tag{5-20}$$

理论上若能得到试样破坏时破裂面与水平方向的夹角 α_f，根据 $\alpha_f=45°+\dfrac{\varphi}{2}$ 的关系确定

土样的内摩擦角 φ。通过破裂面的方向角 α_f 确定了内摩擦角 φ 后，即可根据式(5-20)得到土样的黏聚力，见图 5-23。但一般 α_f 不宜测量，要么因为土的不均匀性导致破裂面形状不规则，要么因为软黏土的流塑变形而不出现明显的破裂面，只是被挤压成鼓形。对于饱和黏性土，尤其是高塑性黏土，由三轴不固结不排水试验得到的抗剪强度包线近似于一条水平线，即 $\varphi_u=0$，因此，由无侧限抗压强度试验得到的极限应力圆所作的水平切线就是抗剪强度包线，见图 5-23。由于饱和软黏土的 $\varphi_u=0$，根据式(5-3)和式(5-20)，得其抗剪强度为：

$$\tau_f=c_u=\frac{q_u}{2} \tag{5-21}$$

如前所述，黏性土的灵敏度可通过无侧限抗压强度试验测定，其值等于同一土类原状土样和重塑土样无侧限抗压强度 q_u 与 q'_u 的比值。

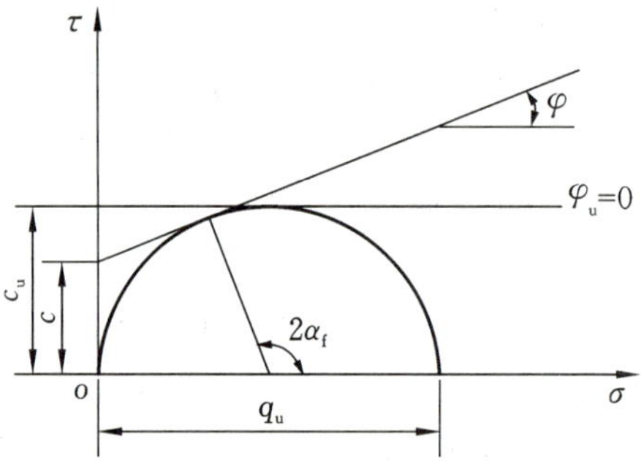

图 5-23　无侧限抗压强度试验的强度包线

5.3.4　十字板剪切试验

上面讲述的三种抗剪强度测试方法都是室内测定土抗剪强度的方法，这些试验方法都要求先取得原状土样，但试样在采取、运送、保存和制备过程中受到扰动，难以保持土天然状态含水量，特别是高灵敏度的黏性土，室内试验结果难免与土的实际强度存在一定的差异。由瑞典 John Olsson 于 1919 年提出的十字板剪切试验，是国内外广泛应用的原位测试土抗剪强度的方法之一。此试验的设备构造简单，操作方便，对土样扰动小，试验时土的排水条件、受力状态等与实际条件十分接近，特别适用于难以取样和高灵敏度的饱和软黏土。当黏土中夹带薄层细砂、粉砂或贝壳时，此方法测定的抗剪强度通常是偏高的。

十字板剪切试验采用的试验设备主要是十字板剪切仪，十字板剪切仪通常由十字板头、扭力装置和量测装置三部分组成，其构造如图 5-24 所示。十字板剪切仪分为机械式和电测式两类。目前国际上常用的十字板头为矩形，尺寸一般为 50 mm×100 mm、75 mm×100 mm，板厚为 2 mm。进行十字板剪切试验时，先将套管打到要求测试深度以上 75 cm，然后将套管内土清除，通过套管将安装在钻管下的十字板压入土中至测试深度。再在地面上对轴杆施加扭转力矩，使十字板头发生旋转。十字板头的 4 片金属板旋转的过程中使土体发生剪切，形成圆柱体表面形状的剪切面。通过测力设备测定最大扭转力矩 M_{max}，再基于力矩的平衡条件，由 M_{max} 推算出圆柱形剪切面上土的原位抗剪强度。在推算强度时，作以下两点假设：

（1）土体剪破面为一圆柱面，圆柱面的直径和高度分别等于十字板头的宽度 D 和高度 H。

（2）圆柱面侧面和上下端面上的抗剪强度 τ_f 均匀分布、大小相等且同时发生。

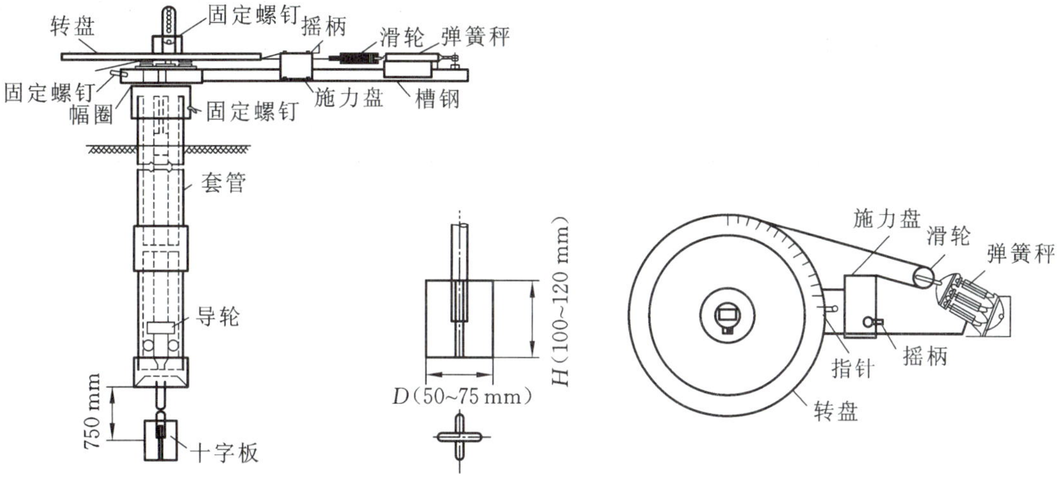

图 5-24　十字板剪力仪构造图

(a)剖面图；(b)十字板；(c)扭力设备

外力施加在十字板剪切仪上的最大扭矩 M_{max} 应等于圆柱侧面上的抗剪力对轴心的抗剪力矩 M_1 与上下两端面的抗剪力对轴心的抗剪力矩 M_2 的和，即

$$M_{max}=M_1+M_2 \tag{5-22}$$

侧面的抵抗力矩为：

$$M_1=\tau_f\pi DH\frac{D}{2} \tag{5-23}$$

上下端面的抵抗力矩为：

$$M_2=2\int_0^{\frac{D}{2}}\tau_f 2\pi r\,\mathrm{d}r\cdot r \tag{5-24}$$

将式(5-23)和式(5-24)代入式(5-22)中，可得：

$$M_{max}=\tau_f\frac{\pi D^2}{2}H+\tau_f\frac{\pi D^2}{2}\cdot\frac{D}{3} \tag{5-25}$$

由式(5-25)可得抗剪强度为：

$$\tau_f=\frac{M_{max}}{\frac{\pi D^2}{2}\left(H+\frac{D}{3}\right)} \tag{5-26}$$

利用十字板剪切试验在现场测定饱和黏性土的抗剪强度，类似于不排水剪切试验条件，因此其试验结果与无侧限抗压强度试验结果接近。对饱和软黏土来说，十字板剪切试验所得结果即为不排水抗剪强度，饱和软黏土 $\varphi_u=0$，所以抗剪强度 τ_f 计算公式同式(5-21)。

由于土体各向异性等因素的影响，土体在水平面和竖直面上的抗剪强度并不一致，假定圆柱体周围各面上土的抗剪强度相等是不够严格的。试验结果表明:对于所试验的正常固结饱和软黏土,剪切破坏时的圆柱体侧面抗剪强度为 τ_V 和上下面土的抗剪强度为 τ_H,$\tau_V/\tau_H=1.5\sim2.0$;对于稍超固结的饱和软黏土,$\tau_V/\tau_H=1.1$。这一试验结果说明天然土层的抗剪强度是非等向的,即水平面上的抗剪强度大于垂直面上的抗剪强度。这主要是由于水平面上的固结压力大于侧向固结压力。此外,对于不均匀土层,特别是夹有薄层粉细砂或粉土的软黏土,剪切过程中不能保证不排水,十字板剪切试验会有较大的误差,使用时需谨慎。除此之外,仪器设备参数、操作程序等也会对十字板剪切试验的结果产生影响,如表 5-1 所示。

表 5-1　十字板剪切试验的影响因素

序号	因素		影响程度
1	十字板厚度		−25%～−10%
2	十字板插入对土的扰动		−10%～25%
3	插入后间歇时间长于标准		10%～20%
4	土的各向异性比各向同性		5%～10%
5	应变软化		10%
6	剪切面剪应力的非均匀分布		6%～9%
7	破裂圆柱直径大于十字板直径		5%
8	扭转速率	对 $I_p<19$ 的土	±(5%～20%)
		对 $I_p=40\sim90$ 的土	±(30%～40%)

(1) 十字板的旋转速率影响

十字板的旋转速率对测试结果影响较大。由于颗粒之间存在黏滞阻力,旋转越快,测得的强度越高;旋转速率对不同性质土体的影响程度也不相同。对于 $I_p=40\sim90$ 的高塑性黏土,剪切速率越大,抗剪强度越高,增长得越快;对于 $I_p<19$ 的黏土,变化幅度不大。目前,国内外大多采用 0.1°/s 的旋转速率,基本对应于不排水的状态。

(2) 十字板头的规格影响

十字板头的规格指十字板的高度 H、径宽 D、板厚及轴杆直径等。这些尺寸对总扭矩测值和对周围土体的扰动程度有直接影响。目前,国内外一般有较统一的规格,$H/D=2.0$、板厚 $t=2\sim3$ mm、十字板的面积比为 12%～13%。此外,十字板和轴杆都采用高强度钢材制作,以保证十字板板头具有足够的刚度。

(3) 插入土层的扰动影响

十字板厚度越大、轴杆越粗,插入土中引起的扰动越大。一般用十字板的面积比(十字板头的横截面面积/受剪土圆柱体的横截面面积)衡量扰动的大小,在保证十字板刚度和强度的前提下,尽可能使面积比减少。

(4) 逐渐破坏的影响

当十字板在土中旋转时,不但板头上下两端的应力和位移不均匀,而且圆柱体侧面的剪应力和剪应变也不均匀,在剪切面上各点的峰值强度不可能在同一转角时发挥出来。首先在板缘土体薄弱位置产生应力集中,出现局部剪切破坏;随着扭矩增大,剪切面逐渐向前方扩展,最终在整个圆柱体侧面形成完整的圆柱形剪切面。试验所得到的扭矩峰值并不能反映土的真正峰值强度,仅仅是一种平均抗剪强度。

5.4　孔隙水压力系数

如前所述，土的抗剪强度主要与土的有效应力有关，用有效应力法对饱和土体进行强度计算和稳定分析时，需要获得土的有效应力，就必须估计外荷载作用下土体中产生的孔隙水压力。英国斯肯普顿(A. W. Skempton，1954 年)首先提出孔隙水压力系数的概念，用以表示孔隙水压力的发展和变化，并认为土中的孔隙水压力不仅由于法向应力产生，剪应力的作用也会产生新的孔隙水压力增量。根据三轴剪切试验结果，引用孔隙水压力系数 A 和 B，提出了复杂应力条件下孔隙水压力增量与围压 σ_3 和偏差应力 $\sigma_1-\sigma_3$ 的关系式。

假定土具有弹性材料性质和各向同性，孔隙流体的体积变化与应力之间呈线性关系。在土中任意点取一个六面体单元，加载受力后的主应力增量分别为 $\Delta\sigma_1$、$\Delta\sigma_2$、$\Delta\sigma_3$，此时的孔隙水压力增量为 Δu，并进行如图 5-25 所示的应力状态分解。

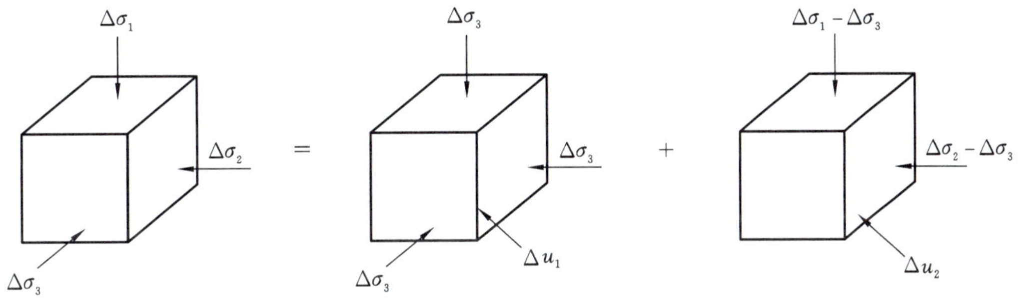

图 5-25　土中一点的应力状态分解

5.4.1　孔隙水压力系数 B

在各向等压应力 $\Delta\sigma_3$ 作用下的有效应力为：

$$\Delta\sigma'_1=\Delta\sigma'_2=\Delta\sigma'_3=\Delta\sigma_3-\Delta u_1 \tag{5-27}$$

根据广义 Hooke 定律，单元体的体积应变为：

$$\varepsilon_v=\varepsilon_1+\varepsilon_2+\varepsilon_3=3\varepsilon_1=\frac{3(1-2\mu)}{E}(\Delta\sigma_3-\Delta u_1) \tag{5-28}$$

单元体的体积变化为：

$$\Delta V=V_{\varepsilon_v}=\frac{3(1-2\mu)}{E}V(\Delta\sigma_3-\Delta u_1)=C_kV(\Delta\sigma_3-\Delta u_1) \tag{5-29}$$

式中　C_k——土骨架的体积压缩系数，$C_k=\dfrac{3(1-2\mu)}{E}$(kPa^{-1})；

E——土样的弹性模量(kPa)；

ΔV——土样体积的变化量(m^3)；

V——土样的体积(m^3)。

由孔隙水压力增量 Δu_1 所引起的孔隙中流体体积变化为：

$$\Delta V_V = C_V \frac{e}{1+e} V \Delta u_1 = C_V n V \Delta u_1 \tag{5-30}$$

式中 ΔV_V——土样孔隙中流体的体积压缩量(m^3);

V——土样的体积(m^3);

n——土的孔隙率;

e——土的孔隙比;

C_V——孔隙中流体的体积压缩系数(kPa^{-1})。

在工程遇到的压力范围内,土的固体颗粒可视为不可压缩,土样体积的变化等于孔隙中流体的体积压缩量,即 $\Delta V_V = \Delta V$,则:

$$C_V n V \Delta u_1 = C_k V (\Delta\sigma_3 - \Delta u_1) \tag{5-31}$$

对上式进行整理,得:

$$\Delta u_1 = \frac{1}{1+n\dfrac{C_V}{C_k}} \Delta\sigma_3$$

令 $B = \dfrac{1}{1+n\dfrac{C_V}{C_k}}$,则:

$$\Delta u_1 = B \Delta\sigma_3 \tag{5-32}$$

B 反映了在各向等压应力 $\Delta\sigma_3$ 作用下孔隙水压力的变化。试验表明:B 值随土的饱和度 S_r 而变化,饱和度 S_r 越小,B 值越小,其值介于 0~1 之间。对于饱和土来说,液体的压缩性与土骨架的压缩性相比极小,$C_V/C_k \approx 0$,故 $B=1$;对于干土,液体(气体)的压缩性与土骨架的压缩性相比极大,$C_V/C_k \approx \infty$,故 $B=0$;对于非饱和土样,$\Delta\sigma_3$ 由土中的气体、液体以及土骨架分担,三相的分担量与比例组成有关,B 值在 0~1 之间。

5.4.2 孔隙水压力系数 A

土样在偏差应力 $\Delta\sigma_1-\Delta\sigma_3$、$\Delta\sigma_2-\Delta\sigma_3$、0 作用下的孔隙水压力增量为 Δu_2,如图 5-25 所示。在这种应力状态下,各主应力方向上的有效应力分别为:

$$\Delta\sigma'_1 = \Delta\sigma_1 - \Delta\sigma_3 - \Delta u_2$$
$$\Delta\sigma'_2 = \Delta\sigma_2 - \Delta\sigma_3 - \Delta u_2$$
$$\Delta\sigma'_3 = -\Delta u_2$$

根据广义 Hooke 定律,单元体的体积应变为:

$$\Delta V = \frac{1}{3} C_k V [(\Delta\sigma_1 - \Delta\sigma_3) + (\Delta\sigma_2 - \Delta\sigma_3) - 3\Delta u_2] \tag{5-33}$$

由孔隙水压力增量 Δu_2 所引起的孔隙中流体体积变化为:

$$\Delta V_V = C_V \frac{e}{1+e} V \Delta u_2 = C_V n V \Delta u_2 \tag{5-34}$$

因此有

$$\Delta u_2 = \frac{1}{3} B [(\Delta\sigma_1 - \Delta\sigma_3) + (\Delta\sigma_2 - \Delta\sigma_3)] \tag{5-35}$$

式(5-35)是在假定土体各向同性且为弹性材料的基础上推导的，而实际上土并非理想弹性材料，式中的系数1/3就不再适用，而应代之以另一孔隙水压力系数A，即：

$$\Delta u_2 = BA\left[(\Delta\sigma_1 - \Delta\sigma_3) + (\Delta\sigma_2 - \Delta\sigma_3)\right] \tag{5-36}$$

因轴对称三向应力状态下$\Delta\sigma_2 = \Delta\sigma_3$，得：

$$\Delta u_2 = BA(\Delta\sigma_1 - \Delta\sigma_3) \tag{5-37}$$

所以有：

$$\Delta u = \Delta u_1 + \Delta u_2 = B\Delta\sigma_3 + BA(\Delta\sigma_1 - \Delta\sigma_3) = B\left[\Delta\sigma_3 + A(\Delta\sigma_1 - \Delta\sigma_3)\right] \tag{5-38}$$

对饱和试样，由于$B=1.0$，式(5-38)可改写为：

$$\Delta u = \Delta\sigma_3 + A(\Delta\sigma_1 - \Delta\sigma_3) \tag{5-39}$$

式(5-38)即为Skempton-Bishop提出的复杂应力条件下孔隙水压力的计算公式。孔隙水压力系数B和A可通过量测土样在室内三轴试验中的孔隙水压力确定。在常规的三轴剪切试验中，首先施加围压$\Delta\sigma_3$，然后再施加偏差应力$\Delta\sigma_1 - \Delta\sigma_3$，使土样受剪直至破坏。根据对土样施加$\Delta\sigma_3$和$\Delta\sigma_1 - \Delta\sigma_3$的过程可得到$\Delta u_1$、$\Delta u_2$，然后根据式(5-32)和式(5-38)可分别得到B和A的值。

需要注意的是，对于非饱和土$B<1$，且随应力水平而变化，$\Delta\sigma_1 - \Delta\sigma_3$施荷阶段的$B$值与$\Delta\sigma_3$施荷阶段的$B$值不同。孔隙水压力系数$A$主要反映剪应力对土体积变化的影响，在剪切过程中会发生变化，其值取决于施加的应力水平、应变速率、加载条件和排水条件，还受土体应力历史的影响。对于高压缩性的土，A值较大。对于超固结土，受剪切作用时会产生负的孔隙水压力，此时$A<0$，即使是同种土体，A也并不是常数，其与土体所受应力的大小、初始应力状态、应力历史及应力路径等诸多因素有关。应指出的是，由于无黏性土(如砂土)的渗透系数较大，在荷载作用下孔隙水容易排出，无黏性土的孔隙压力消散极快，故孔隙水压力系数A和B主要对黏性土的强度研究具有意义。

在不同固结和排水条件的三轴剪切试验中，如UU试验，其孔隙水压力增量即为式(5-39)；而在CU试验中，因试样在$\Delta\sigma_3$作用下固结稳定，$\Delta u_1=0$，故孔隙水压力增量$\Delta u = \Delta u_2 = A(\Delta\sigma_1 - \Delta\sigma_3)$；在CD试验中，因不产生孔隙水压力，故$\Delta u=0$。孔隙水压力系数$A$在变形与稳定分析中常被用来计算孔隙水压力，并对土体进行有效应力法分析。Skempton根据大量的三轴压缩试验，给出了A的经验值，如表5-2所示。

表5-2 孔隙水压力系数A(饱和土样)

土样	用于验算土体破坏时	用于验算地基沉降时
很松的细砂	2～3 易液化	—
密实的砂质黏土	0.25～0.75	—
灵敏黏土	1.5～2.5	—
正常固结黏土	0.7～1.5	—
轻度固结黏土	0.3～0.7	—
强超固结黏土	−0.5～0	—
很灵敏的软黏土	—	>1.0
正常固结黏土	—	0.5～1.0

续表5-2

土样	用于验算土体破坏时	用于验算地基沉降时
超固结黏土	—	0.25～0.5
强超固结黏土	—	0～0.25

5.5 土的抗剪强度特征

5.5.1 砂土的抗剪强度特征

砂土的抗剪强度受许多因素和条件的综合影响，如沉积条件、孔隙比、加载条件（应力历史、应力路径、加载速率等）、微细观组构（颗粒排列、颗粒接触特性）及土的组分（颗粒矿物成分、颗粒形状、颗粒级配）等。上述影响因素可能并不是相互独立的，影响因素的改变会得到不同的强度。砂土在剪切过程中不仅会发生形状变化，也会发生体积变化，这种剪切引起体积变化的现象即为剪胀性，包括体积膨胀和体积收缩两种性质。

如前所述，砂土的抗剪强度主要是摩擦强度，包括固体颗粒间的滑动摩擦强度和凹凸接触面间的咬合摩擦强度。砂土强度本质上来源于砂土的滑动摩擦作用、土剪胀效应、颗粒破碎和重排列效应。砂土的滑动摩擦作用主要是砂土颗粒表面粗糙不平，接触面间形成的微细观作用。剪胀效应主要产生于密实度较高的砂土中，由于颗粒之间相互咬合，受到剪切时，咬合发生破坏，颗粒之间发生相对运动，造成土体体积膨胀。剪胀过程中，颗粒的相对运动受到限制，因而提高了抗剪强度。颗粒破碎是指颗粒在高应力作用下发生破裂的现象，颗粒破碎的过程会吸收一定的能量；在剪切过程中颗粒的运动即意味着重排列，也需要吸收一定的能量，这些能量都是由剪切力做功提供的。在图5-26中①代表纯滑动摩擦强度包线；②表示纯粹由剪胀（＋）与剪缩（－）引起的强度包线的变化；③表示实际的强度包线。

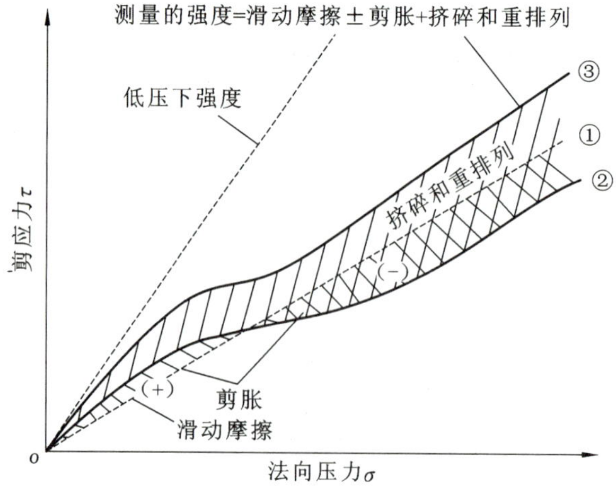

图5-26　砂土的强度包线及影响因素

需要指出的是，砂土中的剪切破坏面并非是一理想的平整滑动面，而是沿着剪力方向连接的颗粒接触点形成的不规则的弯曲面，见图 5-27，在常规压力下，颗粒本身强度大于颗粒之间的摩擦阻力，所以剪切面不可能穿过颗粒本身。在剪力作用下，颗粒只能沿着接触面翻转，这种沿不规则弯曲面的移动，必然要牵动附近所有颗粒，因此很难形成一个单一的剪切平面，而是形成具有一定厚度的剪切扰动带。

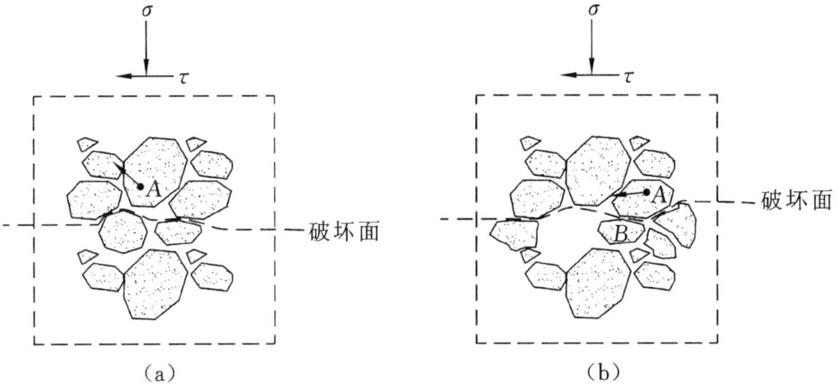

图 5-27　粒状土剪切时颗粒的位移

(a)紧密结构；(b)松散结构

1. 砂土排水条件下的应力-应变特性及强度特征

在三轴排水试验条件下，可以得到松砂和密砂的主应力差$(\sigma'_1-\sigma'_3)$、轴向应变ε_1、体积应变ε_v三者的关系曲线，如图 5-28 和图 5-29 所示。

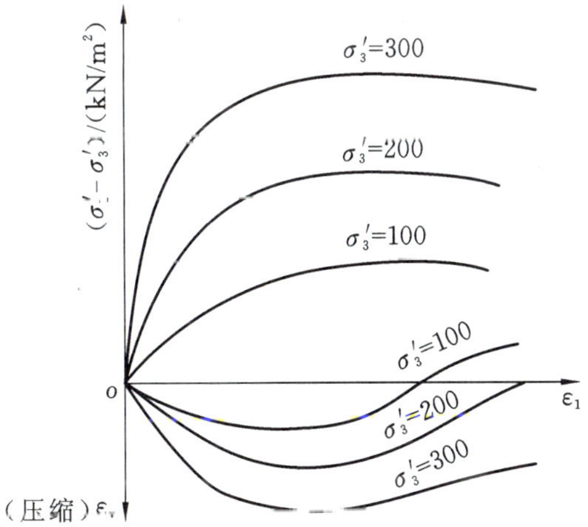

图 5-28　松砂的应力-应变、体变-应变关系

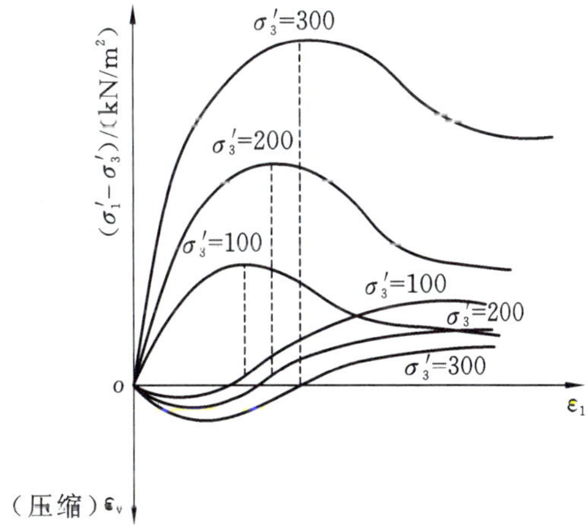

图 5-29　密砂的应力-应变、体变-应变关系

对于松砂来说，整个剪切过程都处于剪缩的状态，体积不断缩小，密实度不断增大，最终达到稳定。砂土的主应力差-主应变的关系曲线类似于双曲线，最终达到稳态，且主应力差(剪应力)随着有效围压的增大而增大。

对于密砂来说，当其轴向应变很小时，体积先发生收缩，砂土变得更加密实，此阶段密砂的主应力差(剪应力)增加很快，但这一阶段很短。随即，密砂进入剪胀状态，体积膨胀，密实度降低，应力增长的速度随之变慢。当在一定轴向应变条件下，土体体积膨胀到一定程度，承受剪应力的能力反而下降，应力-应变曲线上出现峰值。继续剪切，体积继续膨胀，密实度不断减小，剪应力逐渐减小并趋于残余强度。密砂剪切过程中，砂土颗粒在剪应力作用下会发生转动和上下错移，砂土颗粒间的孔隙增加，土体的体积即发生膨胀。随着有效围压的增大，颗粒移动的约束增大，土体体积膨胀的程度减小。

对于松砂来说，应力-应变关系不会出现明显的峰值，属于应变硬化型。松砂试样在剪切过程中会发生剪缩现象，试样的体积在剪切过程中减小。对于密砂来说，其应力-应变关系在达到峰值应力后会出现明显下降，逐渐达到残余状态，属于应变软化型。密砂试样在剪切过程中发生剪胀现象，试样的体积在剪切过程中发生明显的膨胀。

2. 砂土不排水条件下的应力-应变特性及强度特征

在三轴不排水试验条件下，试样中的水和气不能排出，体积保持不变。在剪切过程中砂土孔隙水压力是不断变化的。当土体有剪胀特性且受不排水条件约束不能发生体积变化时，土体内会产生负的孔隙水压力，使作用在土骨架上的有效应力增大，并与土体体积膨胀的趋势平衡；当土体有剪缩特性且受不排水条件约束时，土体内会产生正的孔隙水压力，它使土骨架上的有效应力减小，并与土体体积收缩的趋势平衡。

密砂在不排水条件下，孔隙水压力应先是正值，后变为负值，并随着应变的增大而增大；松砂在不排水条件下，孔隙水压力为正值，随着应变的增大而增大并逐渐达到稳定。在图 5-30 中，由试验得到的孔压变化可知，密砂在剪切过程中，初始时的孔隙水压力为正值，随后很快变为负值，增大了土固结的有效应力，使土体的强度增加；极松砂在剪切过程中孔隙水压力为正，随着轴向应变的增大不断增大至稳定，使土骨架上的有效应力减小，土体的强度不断减小。

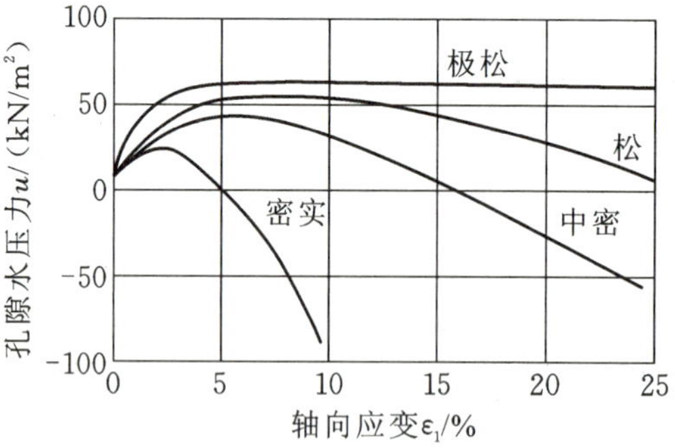

图 5-30　不排水剪切砂土的应力-应变关系

砂土的不排水特性在发生地震和流滑时格外重要，此时孔隙水压力不能快速消散，可能会产生超静孔隙水压力，导致土强度大幅度降低，甚至达到强度完全丧失的"液化"状态。图 5-31所示为 Toyoura 砂土的三轴不排水试验结果，图 5-31(a)是不同密实度条件下砂土的应力-应变关系曲线，图 5-31(b)是对应不同密实度条件下的砂土剪切应力路径。图 5-32 所示为砂土不排水试验的一般结果，图 5-32(a)是不同密实度砂土的应力-应变关系及孔隙水压力变化情况，图 5-32(b)是不同密实度砂土的不排水有效应力路径。

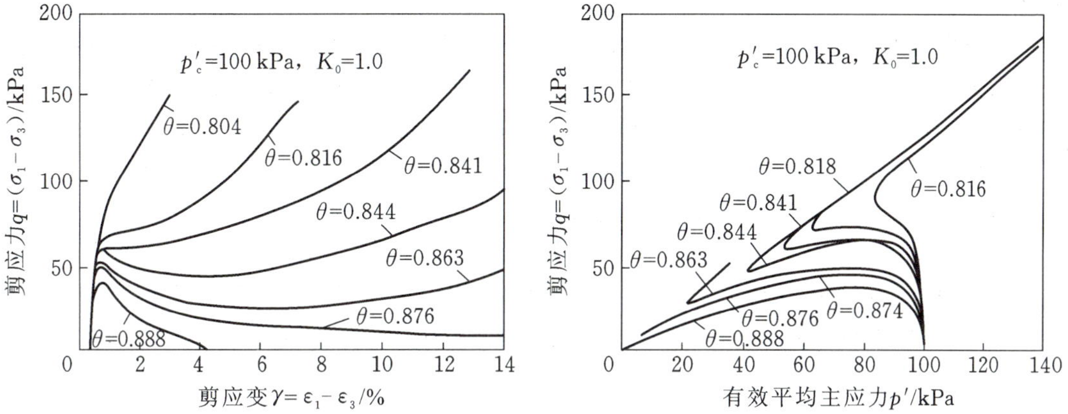

(a)　　(b)

图 5-31　Toyoura 砂土三轴不排水试验结果

(a)应力-应变关系曲线；(b)剪切应力路径

由图 5-32 可知砂土越密实，不排水强度越大。对于松散的砂土，其不排水强度特性是应变软化型的。由于松砂在剪切过程中会产生剪缩势，不排水条件下会产生正孔隙水压力，且随着应变的增大而增加，并逐渐趋于稳定。当砂土非常松散时，受不排水剪切时会产生较大

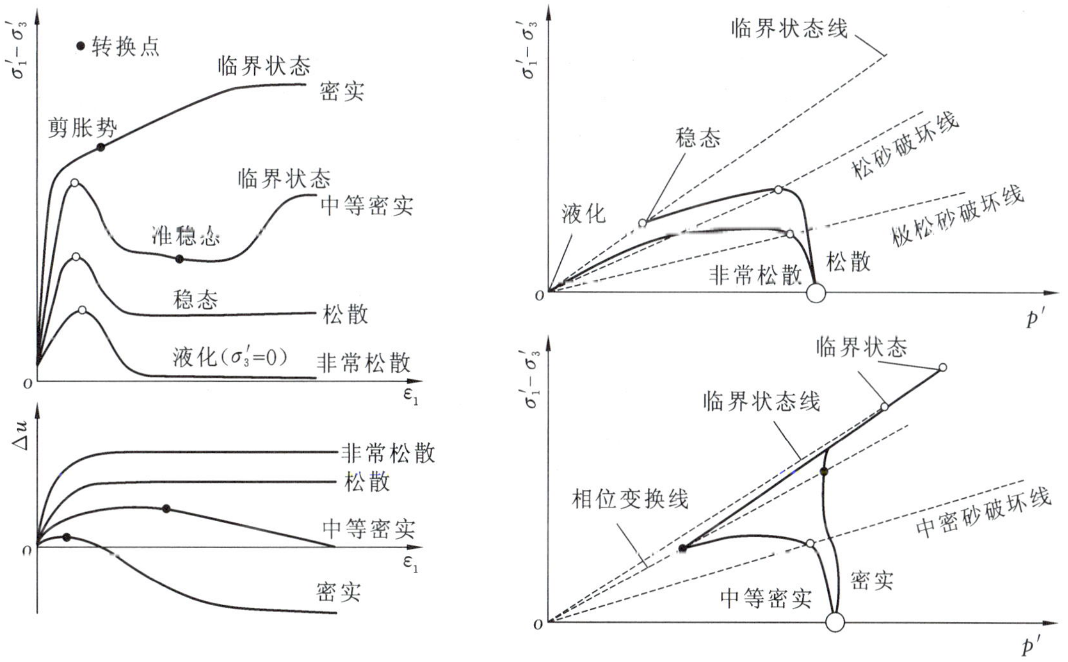

(a)　　(b)

图 5-32　砂土的不排水强度特性

(a)应力-应变关系及孔压变化；(b)有效应力路径

的孔隙水压力，使土体的有效应力大幅度下降，砂土呈现流动状态，趋于达到一种静态的“液化”，也称为“流滑”。从松砂的不排水应力路径也可以发现，其有效应力不断减小逐渐趋于破坏线。

随着砂土密实度的增加，砂土在不排水剪切过程中首先产生正的孔隙水压力，随着体变势由剪缩转变为剪胀（一般在后期出现），正孔隙水压力变为负孔隙水压力，土体的有效应力出现先减小后增大的趋势，即出现迂回式的应力路径，如图 5-31(b)和图 5-32(b)所示。由于有效应力增大，土体的强度也增大，如图 5-31(a)和图 5-32(a)所示，应力-应变关系曲线不仅出现峰值，在曲线后段还出现增大的趋势。

对于密实度很大的砂土，仅在剪切初期很短的阶段产生剪缩势，所以密砂只在剪切初期很短的阶段产生正孔隙水压力，有效应力先减小后不断增大，有效应力路径显示有效应力只轻微减小，然后逐渐增大并接近破坏线。由于有效应力的增大，密砂的剪切强度逐渐增大。

3. 临界孔隙比 e_{cr}

如上所述，密砂和松砂的应力-应变关系有很大区别，砂土发生剪胀和剪缩存在一个密实度的临界点，这个临界点的砂土在剪切过程中不会发生体积变化，大于这个密实度，土体属于密砂的范畴，剪切过程中有剪胀的趋势；小于这个密实度，土体属于松砂的范畴，剪切过程中有剪缩的趋势。临界孔隙比 e_{cr} 可以定义为：用某一孔隙比的砂土试样在某个围压下进行三轴排水试验，最终达到破坏时，土体的体积变化为 0；或用这一孔隙比的砂土试样在这个围压下进行三轴不排水试验，最终达到极限偏应力时，土体内的孔隙水压力为 0，这一孔隙比即为临界孔隙比 e_{cr}。

砂土的临界孔隙比 e_{cr} 在不同围压条件下是不同的。随着围压的增大，临界孔隙比减小；随着围压的减小，临界孔隙比增大，如图 5-33 所示。在很高的围压作用下，即使是特别密实的砂土，剪切过程中也会发生剪缩而不是剪胀。在某个特定围压下，砂土进行三轴试验时不发生体积变化或孔隙水压力为 0，此砂土的孔隙比即为此围压的临界孔隙比，此围压即为此孔隙比的临界围压。

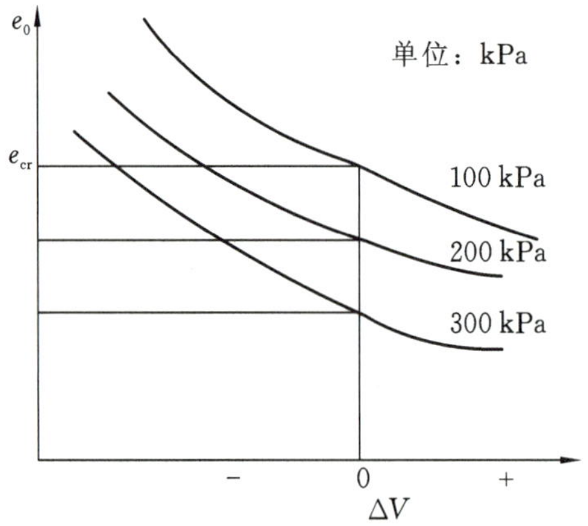

图 5-33　砂土的临界孔隙比

5.5.2　黏性土的抗剪强度特征

黏性土的应力历史对其强度特性有重要的影响。黏性土按照其先期固结压力与当前固结压力的关系可以分为超固结土、正常固结土和欠固结土三类。一般工程中常见的黏土主要是正常固结黏土和超固结黏土,这两种黏土的变形特性和强度特性有很大的差别。在黏性土的三轴试验中,如压力室的固结压力小于土样的前期固结压力,可称为超固结土;若压力室的固结压力大于前期固结压力,可称为正常固结土。为了研究方便,可把黏性土样搅拌成泥糊(即重塑土),这种土的先期固结压力为 0,故对任何固结压力而言,这种土均属于正常固结土;当重塑土的固结压力为 0 时,土的抗剪强度也为 0,则其强度线必然经过原点。本章所谈到的正常固结土指的就是这种重塑土。

黏性土的强度主要来源于三个方面:由颗粒间胶结物的胶结力、黏粒间的静电引力和范德瓦尔斯力等形成的黏聚力,为克服剪胀做功而导致的应力以及颗粒间的摩擦力。这三部分力的变化规律如图 5-34 所示。黏聚力在较小的应变下可达到峰值,随着应变的增大而消失,这是由胶结物脆裂和电引力的消失所致;剪胀所需的应力在黏聚力消失的同时,很快上升到峰值,随后逐渐消减:而摩擦力则随应变增大而逐渐增大到最大值。

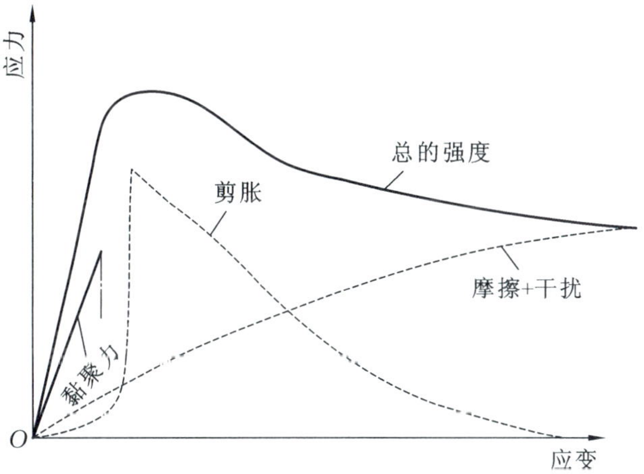

图 5-34　黏性土强度的来源

1. 黏性土不排水条件下的应力-应变特性

在土的三轴剪切试验中,若控制 σ_3 不变而不断增加 σ_1 直至破坏,则在固结不排水剪切条件下,饱和土的孔隙水压力系数始终保持 $B=1$,但系数 A 则随着 σ_1 的增加而呈非线性的变化。

在式(5-38)中,设 $\Delta\sigma_3=0$,$B=1$,可得:

$$A=\frac{\Delta u}{\Delta\sigma_1} \tag{5-40}$$

而试样剪破时:

$$A_f=\frac{\Delta u_f}{\Delta\sigma_{1f}}=\frac{\Delta u_f}{(\sigma_1-\sigma_3)_f} \tag{5-41}$$

图 5-35 给出了偏应力$(\sigma_1-\sigma_3)$、孔隙水压力增量 Δu 和孔隙水压力系数 A 等随轴向应变 ε_1 的发展趋势。由图 5-35 可知，无论土处于何种固结状态，孔隙压力系数 A 是偏应力$(\sigma_1-\sigma_3)$的函数。正常固结土的 A 值始终大于零，表示在不排水剪切过程中始终存在正的孔隙水压力，且在剪破时 A_f 为最大；而超固结土的 A 值剪切刚开始时为正值，在一定的偏应力作用下就变为负值，且在剪破时 A_f 的负值最大。

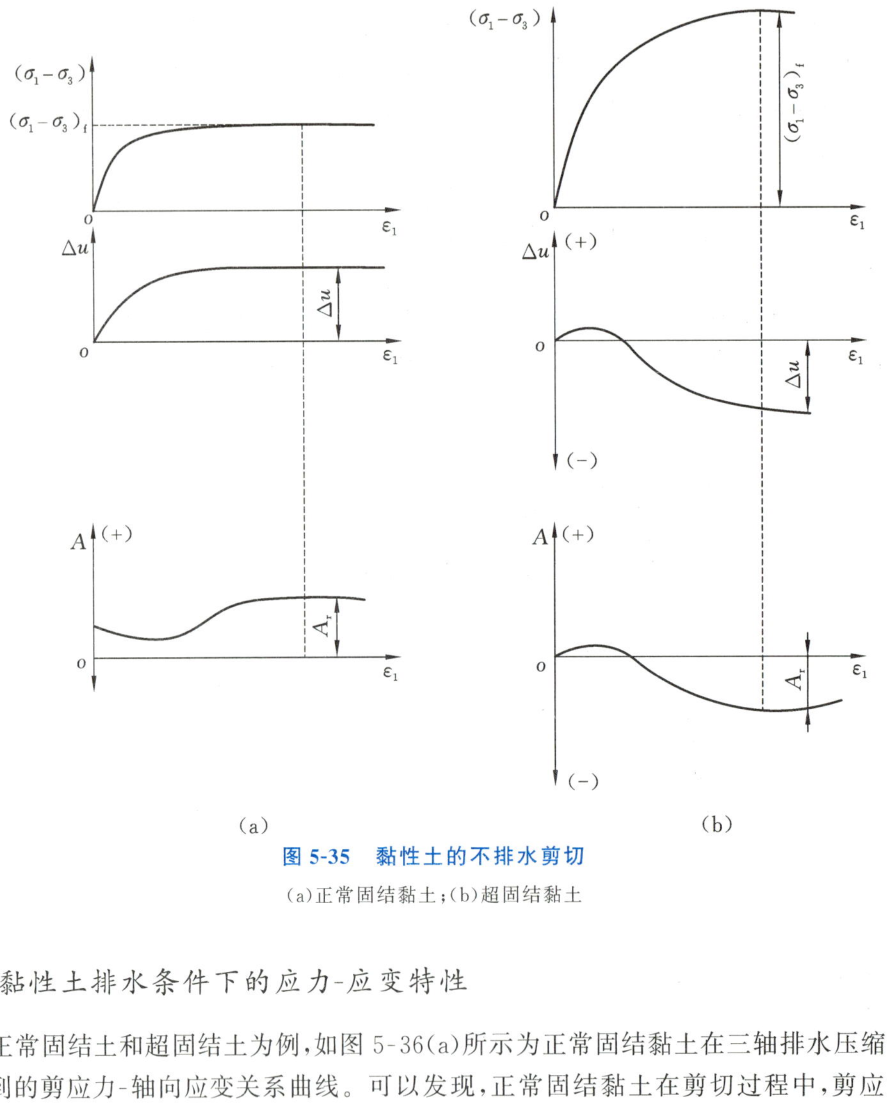

图 5-35　黏性土的不排水剪切

(a)正常固结黏土；(b)超固结黏土

2. 黏性土排水条件下的应力-应变特性

以正常固结土和超固结土为例，如图 5-36(a)所示为正常固结黏土在三轴排水压缩试验条件下得到的剪应力-轴向应变关系曲线。可以发现，正常固结黏土在剪切过程中，剪应力随着轴向应变 ε_1 的增加而增加，并最终趋于稳定值，体积随着轴向应变 ε_1 的增加而逐渐收缩，最终趋于稳定。图 5-36(b)所示为超固结黏土在三轴排水压缩试验条件下得到的剪应力-轴向应变曲线，可以发现超固结黏土表现出与密砂类似的性质。在剪切初期，超固结黏土体积收缩，随后转变到剪胀状态，体积逐渐膨胀。当达到一定的轴向应变，随着轴向应变 ε_1 的增大，超固结黏土的剪应力会逐渐降低并趋于残余强度，整个应力-应变曲线上出现应力的峰值。

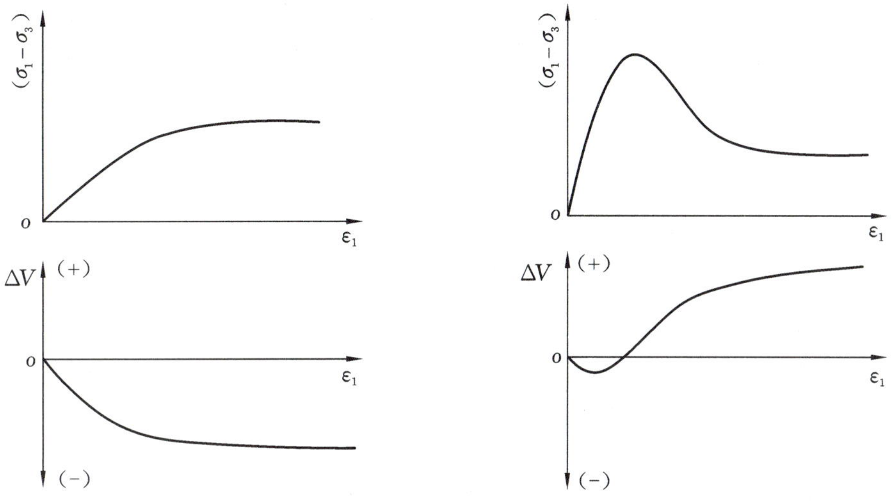

图 5-36　黏性土的排水剪切

(a)正常固结黏土；(b)超固结黏土

3. 黏性土的强度特性

饱和黏性土的抗剪强度很复杂，影响因素较多，由于土体沉积不均匀，加上试样间存在差异，获得准确原状土的强度非常困难，目前关于强度的结论大多根据重塑黏土的资料得到。根据三轴试验条件的不同，可将黏性土的强度特性分为不固结不排水特性、固结不排水特性和固结排水特性 3 种。由于试验过程中排水情况不同，试样的含水量 w 和孔隙水压力 u 也会变化，如表 5-3 所示。

表 5-3　常规三轴试验过程中试样的 w、u 变化

试验方法 加载情况		不固结不排水剪切 （UU 试验）	固结不排水剪切 （CU 试验）	固结排水剪切 （CD 试验）
固结阶段	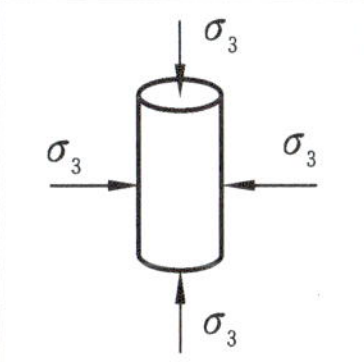	排水阀：关 $w_1=w_0$（含水量不变） $\Delta u_1=\sigma_3$（不固结）	排水阀：开 $w_1<w_0$（含水量减小） $\Delta u_1=0$（固结）	排水阀：开 $w_1<w_0$（含水量减小） $\Delta u_1=0$（固结）
剪切阶段	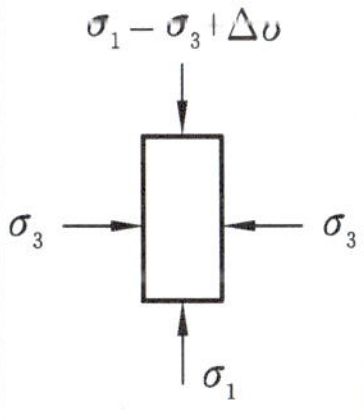	排水阀：关 $w_2=w_0$（含水量不变） $\Delta u_2=A(\sigma_1-\sigma_3)$（不排水）	排水阀：关 $w_2=w_1$（含水量不变） $\Delta u_2=A(\sigma_1-\sigma_3)$（不排水）	排水阀：开 $w_2<w_0$（正常固结土排水） $w_2>w_0$（超固结土吸水） $\Delta u_2=0$

续表

加载情况 \ 试验方法	不固结不排水剪切（UU 试验）	固结不排水剪切（CU 试验）	固结排水剪切（CD 试验）
孔隙水压力的总增量	$\Delta u=\Delta u_1+\Delta u_2$ $\Delta u=\sigma_3+A(\sigma_1-\sigma_3)$	$\Delta u=\Delta u_2=A(\sigma_1-\sigma_3)$	$\Delta u=0$
强度指标	c_u,φ_u	c_{cu},φ_{cu}	c_d,φ_d

注：w_0 为试样的初始含水量；A 为孔隙水压力系数，对于饱和土，另一孔隙水压力系数 $B=1$。

(1) 不固结不排水抗剪强度

为模拟天然地基中的土体，试验前试样已在围压 σ_c 下完成固结，不固结不排水(UU)试验是指试样在围压增量 $\Delta\sigma_3$ 下不固结，在轴向压力 $\Delta\sigma_1-\Delta\sigma_3$ 下不排水(此时试样上的总围压 $\sigma_3=\sigma_c+\Delta\sigma_3$，总竖向压力 $\sigma_1=\sigma_c+\Delta\sigma_1$)。由于整个试验过程中不允许排水，围压增量 $\Delta\sigma_3$ 的施加仅引起超静孔隙水压力 Δu_1 等量增加(饱和土的孔隙水压力系数 $B=1$)。因此，不同围压下各试样剪切前的有效应力均相等。又因为剪切过程中不排水，试样的含水率不变，所以试样的抗剪强度不变，这意味着破坏时的极限莫尔圆直径不变。于是总应力圆的强度包线是一条水平线，如图 5-37 所示的三个实线圆 A、B、C 分别表示一组试样在不同的围压 σ_3 作用下的总应力圆，其强度包线是一条水平线，即

$$\varphi_u=0 \tag{5-42}$$

$$\tau_f=c_u=\frac{\sigma_1-\sigma_3}{2} \tag{5-43}$$

式中 φ_u——某固结压力 a 下的不排水内摩擦角(°)；

c_u——某固结压力 a 下的不排水抗剪强度(kPa)。

由于不固结不排水试验前各试样的有效应力相等，试验过程不引起有效应力的变化，因此，三个试样只能得到同一个有效应力圆，如图 5-37 中的虚线所示，用这种试验方法得不到有效应力强度包线和 c'、φ' 值。

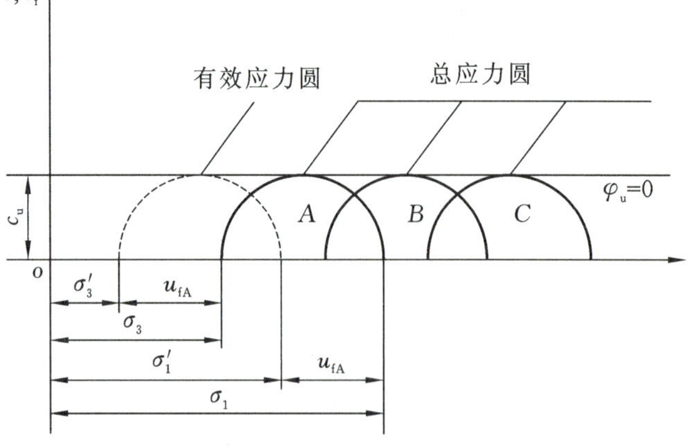

图 5-37 饱和黏性土不固结不排水剪切试验结果

应该指出，不固结不排水试验的“不固结”是指试样在施加围压增量 $\Delta\sigma_3$ 后不再固结，而保持原来的有效应力不变。如果饱和黏性土从未在一定压力下固结过，则将呈泥浆状，有效

应力为零，抗剪强度也为零。一定深度处的天然土体在取出前，已在上覆土层的自重应力下发生了固结，具有一定的强度，不固结不排水试验抗剪强度 c_u 正反映了土的这种天然强度。由于天然土层的有效固结压力是随深度变化的，不固结不排水试验抗剪强度 c_u 也随深度变化，大致随深度呈线性增加。

在相同的剪前固结压力 σ_c 作用下，由于超固结土比正常固结土的孔隙比小，破坏时产生的孔隙水压力比正常固结土小，甚至可能出现负值，因此有效应力较大，超固结土的不排水强度 c_u 比正常固结土的大。工程实践中，土的 c_u 值通常应用于饱和黏性土的短期承载力计算或短期稳定性分析中。

(2) 固结不排水抗剪强度

固结不排水试验(CU 试验)中，试样不仅在围压 σ_c 下固结稳定，也在围压增量 $\Delta\sigma_3$ 下完全固结，即试样在 $\sigma_3(\sigma_3=\sigma_c+\Delta\sigma_3)$ 下充分排水固结，因此 $\Delta u_1=0$，然后在不排水条件下施加轴向压力 $\Delta\sigma_1-\Delta\sigma_3$ 对试样进行剪切，试验中的超静孔隙水压力随轴向压力的增加不断变化。

如图 5-38 所示，正常固结土试样剪切时体积有减小的趋势(剪缩)，但因为不允许排水，所以产生正的超静孔隙水压力，试验得到的孔隙水压力系数 A 大于零；超固结试样剪切时体积有增大的趋势(剪胀)，强超固结试样在剪切过程中开始产生正的超静孔隙水压力，后来变为负值。试验中正常固结土和超固结土产生的超静孔隙水压力正负不同，导致相应的有效应力圆与总应力圆的位置不同，强度包线特征也不同。

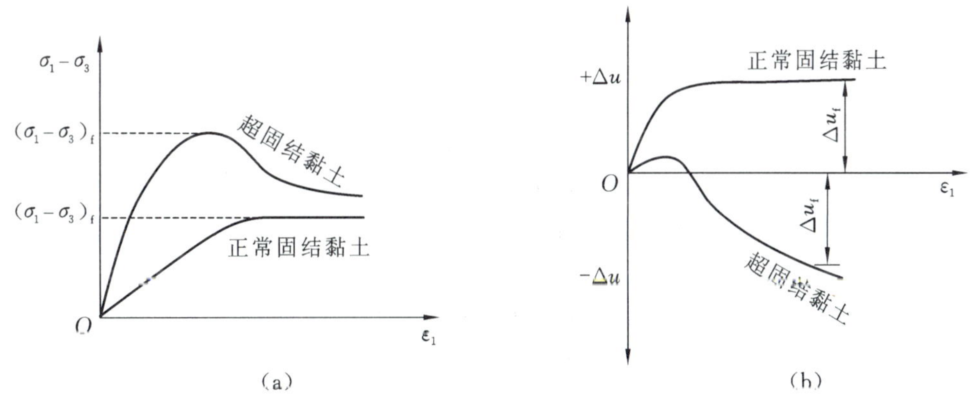

图 5-38 固结不排水剪切试验的应力变化

(a)主应力差与轴向应变关系；(b)孔隙水压力与轴向应变关系变化

图 5-39 所示为正常固结饱和黏性土的固结不排水剪切试验结果，图中实线表示总应力圆和总应力强度包线、虚线表示有效应力圆和有效应力强度包线。由于在剪切阶段产生的孔隙水压力 u_f 沿各个方向相等，因此，$\sigma'_1-\sigma'_3=(\sigma_1-u_f)-(\sigma_3-u_f)=\sigma_1-\sigma_3$，即有效应力莫尔圆与总应力莫尔圆直径相等。由于正常固结试样在剪切破坏时产生正孔隙水压力，故有效应力圆在总应力圆的左方，两者之间的距离为 u_f。未受过任何固结压力的饱和黏性土是泥糊状土，其抗剪强度为 0，因此正常固结饱和黏性土固结不排水的总应力破坏包线和有效应力破坏包线都通过原点，即 $c_{cu}=c'=0$。总应力强度包线与水平线夹角 φ_{cu} 总小于有效应力强度包线与水平线的夹角 φ'。φ_{cu} 通常在 10°～20°之间，φ' 比 φ_{cu} 大一倍左右。

超固结黏土的固结不排水总应力破坏包线，如图 5-40(a)所示。由于从天然土层中取出

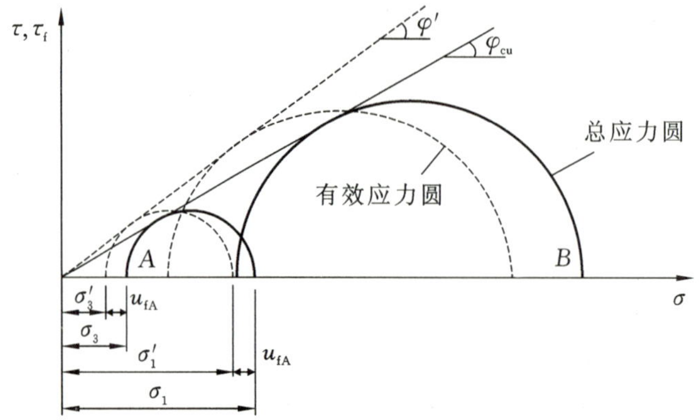

图 5-39　正常固结饱和黏性土的固结不排水剪切试验结果

的土样总具有一定的前期固结压力 p_c，该值对应于图 5-40(a)中 b 点的横坐标；当剪切前的固结压力 $\sigma_3 < p_c$ 时，则属于超固结黏土的不排水剪切，其强度线为较平缓的曲线 ab(通常取直线 ab 来表示)，强度值大于正常固结黏土。当应力状态超过 p_c 后，即转变为正常固结黏土的不排水剪切，强度包线转化为 bc，正常固结段的强度包线 bc 的延长线仍通过原点。因此，实际黏土的固结不排水强度包线是一条折线(abc)，折线的起始端较为平缓，为超固结状态，进入正常固结状态时折线变得较陡。通常将 abc 折线用多个极限莫尔圆的公切直线来代替，即可获得总应力强度包线和强度指标 c_{cu}、φ_{cu}，如图 5-40(b)所示。固结不排水剪切的总应力破坏包线为：

$$\tau_f = c_{cu} + \sigma \tan\varphi_{cu} \tag{5-44}$$

由于超固结黏土在剪切过程中产生剪胀势，产生负孔压，有效应力增加，所以超固结黏土的有效应力莫尔圆在总应力莫尔圆的右边；相反，正常固结黏土在剪切过程中产生剪缩势，产生正孔压，有效应力降低，其有效应力莫尔圆在总应力莫尔圆的左边。如图 5-40(b)所示，作两个有效应力莫尔圆的公切线即可得到有效应力强度包线，从而求得固结不排水剪切的有效应力强度指标 c'和 φ'，其有效应力强度包线的表达式为：

$$\tau_f = c' + \sigma' \tan\varphi' \tag{5-45}$$

由图 5-40(b)可知：固结不排水剪切的有效应力和总应力强度指标相比，通常 $c' < c_{cu}$，$\varphi' > \varphi_{cu}$。

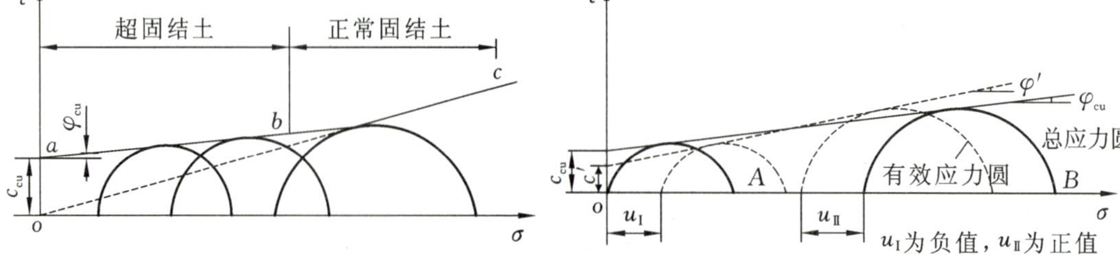

图 5-40　超固结黏土的固结不排水剪试验结果

(a)超固结黏土的强度包线；(b)超固结黏土实际的强度包线

(3) 固结排水抗剪强度指标

固结排水试验在整个试验过程中，均允许充分排水固结，因此，试样中的孔隙水压力始终为零，总应力最后全部转化为有效应力，所以总应力圆就是有效应力圆，总应力破坏包线就是有效应力破坏包线。

饱和黏性土在固结排水剪切试验中的强度规律与固结不排水剪切试验相似，图 5-41 为饱和黏性土固结排水剪切的试验结果。正常固结土的破坏包线通过原点，如图 5-41(a)所示，黏聚力 $c_d=0$，内摩擦角 φ_d 在 20°～40°之间，塑性指数越大，φ_d 越小。超固结土体的破坏包线近似呈折线形，当剪切前的固结压力 $\sigma_3<p_c$ 时，其强度包线近似为平缓的不通过坐标原点的直线 ab，直线的倾角较小；当应力状态超过 p_c 后，包线呈通过原点的直线，直线的倾角较大。实用上用一条直线近似代替该折线，如图 5-41(b)所示，黏聚力 c_d 为 5～25 kPa，前期固结压力 p_c 越大，c_d 亦越大，但 φ_d 比正常固结土的 φ_d 要小。

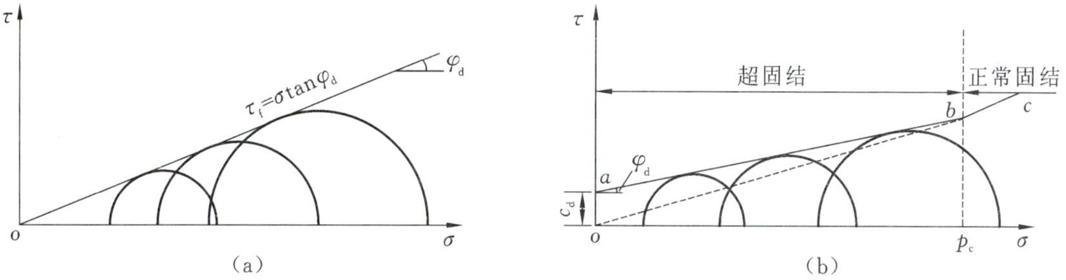

图 5-41　固结排水剪切的试验结果

(a)正常固结土；(b)超固结土

在固结排水剪切试验中，为了使试样的孔隙水压力始终保持为零，剪切速率应极其缓慢，试验历时长达数天至数周。大量试验表明：固结排水剪切试验的强度指标 c_d、φ_d 与固结不排水剪切试验的有效应力强度指标 c'、φ'很接近，一般情况下不做固结排水剪切试验而做量测孔隙水压力的固结不排水剪切试验，用 c'、φ'代替 c_d、φ_d。由于固结不排水剪切试验中试样体积保持不变，而固结排水剪切试验中试样体积会发生变化，通常 c_d、φ_d 略大于 c'、φ'，实用上可忽略不计。用直接剪切仪也可进行固结排水剪切试验，但所求得的 c_d、φ_d 较三轴仪求得的结果略大，根据经验可乘以 0.9 的修正系数予以校正。

图 5-42 表示三轴试验中同一种黏性土分别在三种不同排水条件下的试验结果。当剪切前的固结压力 $\sigma_3>p_c$ 时，在不同的固结和排水条件下进行剪切，由图可知右方的 CD、CU 和 UU 三个应力圆，它们分别切于有效应力强度包线、固结不排水总应力强度包线和不固结不排水总应力强度包线。显然，正常固结土的 $\varphi_d>\varphi_{cu}>\varphi_{uu}$，且 $\varphi_{uu}\approx 0$。当剪切前的固结压力 $\sigma_3<p_c$ 时，土样具有超固结性，排水剪切强度就要比固结不排水强度低，因为前者试样在剪切中可能有吸水软化，而后者则无此可能性。此外超固结土体在其回弹过程中，即从周围压力 σ_3 减至 p_c，若不允许吸入水分，含水量在原固结压力 σ_3 下保持不变，则其不固结不排水剪切试验强度可比排水剪切或固结排水剪切的强度都高。

上述超固结土体的这些性状，可以挖方路堑为例加以说明。开挖初期，土体内巨大的剪应力区内会出现负的孔隙水压力值，赋予土体很高的不排水强度，短期内可以不用支撑路堑

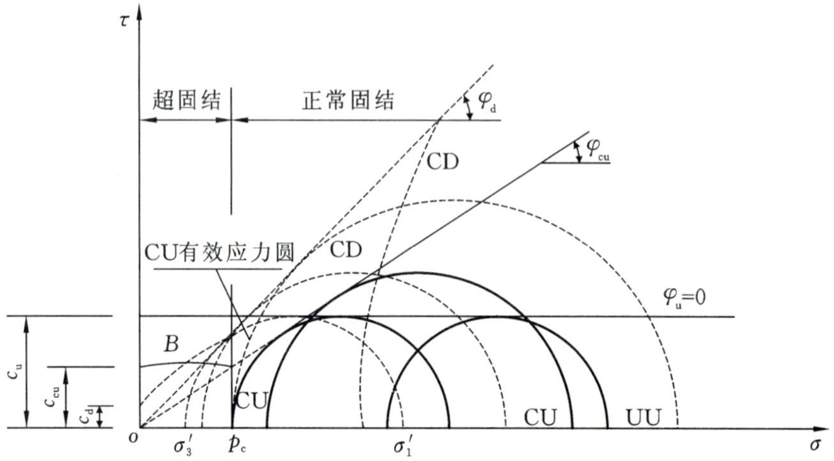

图 5-42　同一种黏土分别在三种不同排水条件下的试验结果

就能维持陡壁不塌。但若允许路堑土体吸水剪胀软化，则负孔隙水压力逐步消散，土体强度一直降到它的排水剪切强度。如果超固结土体的排水剪切强度远低于其不排水剪切强度，那么，随着时间延长，路堑土体的强度逐渐减小甚至失去其稳定性。

【例题 5-3】 某一饱和黏性土试样在三轴仪中进行固结不排水试验，施加围压 $\sigma_3=200$ kPa，试件破坏时的主应力差 $\sigma_1-\sigma_3=300$ kPa，测得孔隙水压力 $u=175$ kPa，整理试验结果的有效内摩擦角 $\varphi'=30°$，有效黏聚力 $c'=72.3$ kPa。试求：(1)破坏面上的法向应力和剪切应力；(2)试件中的最大剪切应力，并说明为什么破坏面不发生在最大剪切应力的作用面上。

【解】 (1)由 $\sigma_3=200$ kPa 和 $\sigma_1-\sigma_3=300$ kPa，$u=175$ kPa

可知 $\sigma'_3=25$ kPa，$\sigma'_1=325$ kPa

破坏面与大主应力面的夹角为 $\alpha_f=45°+\dfrac{\varphi'}{2}=45°+\dfrac{30°}{2}=60°$

破坏面上的法向应力和剪切应力为：

$$\sigma'=\frac{1}{2}(\sigma'_1+\sigma'_3)+\frac{1}{2}(\sigma'_1-\sigma'_3)\cos2\alpha=\frac{1}{2}\times(325+25)+\frac{1}{2}\times(325-25)\times\cos120°=100\text{ kPa}$$

$$\tau'=\frac{1}{2}(\sigma'_1-\sigma'_3)\sin2\alpha=\frac{1}{2}\times(325-25)\times\sin120°=129.9\text{ kPa}\approx130\text{ kPa}$$

(2) 试样中最大剪切应力 τ_{max} 发生在 $\alpha'=45°$ 的平面上，由 $\tau'=\dfrac{1}{2}(\sigma'_1-\sigma'_3)\sin2\alpha$；$\sigma'=\dfrac{1}{2}(\sigma'_1+\sigma'_3)+\dfrac{1}{2}(\sigma'_1-\sigma'_3)\cos2\alpha$，可得

$$\sigma'_s=\frac{1}{2}(\sigma'_1+\sigma'_3)=\frac{1}{2}\times(325+25)=175\text{ kPa}$$

$$\tau_{max}=\frac{1}{2}(\sigma'_1-\sigma'_3)=\frac{1}{2}\times(325-25)=150\text{ kPa}$$

最大剪切应力面上的有效抗剪强度为：

$$\tau_f=\tau'=c'+\sigma'\tan\varphi'=72.3+175\times\tan30°=171.3\ \text{kPa}$$

由于 $\tau_f=171.3\ \text{kPa}>\tau_{max}=150\ \text{kPa}$,在最大剪切应力的作用面上不会发生破坏。

【例题 5-4】 若已知某黏性土饱和试样在三轴固结不排水试验条件下,得到在围压 $\sigma_3=120\ \text{kPa}$ 作用下的极限偏应力 $(\sigma_1-\sigma_3)_f=210\ \text{kPa}$,测定对应的孔隙水压力 $u_f=100\ \text{kPa}$,CU 试验确定的强度指标为 $\varphi_{cu}=23°$,$c_{cu}=14.6\ \text{kPa}$,试求试样剪破面上的法向应力和剪切应力,以及破裂面与水平面的夹角 α_f。如果试样在相同的围压条件下进行三轴固结排水试验,且根据试验结果得到 $\varphi'=34°$,$c'=6.4\ \text{kPa}$,试求试样破坏时的大主应力。

【解】 已知 CU 试验破坏时 $\sigma_{3f}=120\ \text{kPa}$,$\sigma_{1f}=\sigma_{3f}+(\sigma_1-\sigma_3)_f=120+210=330\ \text{kPa}$,

$$\varphi_{cu}=23°,c_{cu}=14.6\ \text{kPa}。$$

剪破面与水平面(最大主应力作用面即为水平面)的夹角为:

$$\alpha_f=45°+\frac{\varphi_{cu}}{2}=45+\frac{23}{2}=56.5°$$

剪破面上的法向应力和剪切应力为:

$$\sigma=\frac{1}{2}(\sigma_{1f}+\sigma_{3f})+\frac{1}{2}(\sigma_{1f}-\sigma_{3f})\cos2\alpha_f$$

$$=\frac{1}{2}\times(330+120)+\frac{1}{2}\times(330-120)\times\cos113°=184\ \text{kPa}$$

$$\tau=\frac{1}{2}(\sigma_{1f}-\sigma_{3f})\sin2\alpha_f=\frac{1}{2}\times(330-120)\times\sin113°=96.7\ \text{kPa}$$

排水条件下试样的孔隙水压力始终为 0,因此试样破坏时有 $\sigma'_{3f}=\sigma_{3f}=120\ \text{kPa}$

已知 $\varphi'=34°$,$c'=6.4\ \text{kPa}$,CD 试验得到抗剪强度指标 $\varphi_d=\varphi'=34°$,$c_d=c'=6.4\ \text{kPa}$ 则由极限平衡条件可得:

$$\sigma_{1f}=\sigma_{3f}\tan^2\left(45°+\frac{\varphi_d}{2}\right)+2c_d\tan\left(45°+\frac{\varphi_d}{2}\right)$$

$$=120\tan^2\left(45°+\frac{34°}{2}\right)+2\times6.4\tan\left(45°+\frac{34°}{2}\right)=448.5\ \text{kPa}$$

【例题 5-5】 对某无黏性土饱和试样进行排水剪切试验,测得抗剪强度指标为 $\varphi_d=31°$,$c_d=0\ \text{kPa}$,如果对同一试样进行固结不排水剪切试验,施加的周围压力 $\sigma_3=200\ \text{kPa}$,试样破坏时的轴向偏应力 $(\sigma_1-\sigma_3)_f=180\ \text{kPa}$。试求试样的固结不排水剪切强度指标 φ_{cu} 和破坏时的孔隙水压力 u_f 和孔隙水压力系数 A_f。

【解】 据题意 CU 试验破坏时 $\sigma_{3f}=200\ \text{kPa}$,$\sigma_{1f}=\sigma_{3f}+(\sigma_1-\sigma_3)_f=200+180=380\ \text{kPa}$

由于试样为无黏性土,则 $c_{cu}=0$

总主应力满足极限平衡条件,可得:$\sigma_{1f}=\sigma_{3f}\tan^2\left(45°+\frac{\varphi_{cu}}{2}\right)$,代入数据

则有 $\tan^2\left(45°+\frac{\varphi_{cu}}{2}\right)=\frac{380}{200}=1.9$,求得:$\varphi_{cu}=18°$

已知 $\varphi_d=31°$,$c_d=0\ \text{kPa}$,CD 试验得到抗剪强度指标 $\varphi'=\varphi_d=31°$,$c'=c_d=0$

其有效应力满足的土体极限平衡条件为 $\sigma'_{1f}=\sigma'_{3f}\tan^2\left(45°+\frac{\varphi'}{2}\right)$,代入数据可得:

$$\frac{\sigma'_{1f}}{\sigma'_{3f}}=\tan^2\left(45°+\frac{31°}{2}\right)=3.124$$

另外，破坏时的有效轴向偏应力 $\sigma'_{1f}-\sigma'_{3f}=(\sigma_1-\sigma_3)_f=180$ kPa

联解两方程，得到：$\sigma'_{1f}=264.8$ kPa，$\sigma'_{3f}=84.8$ kPa

故破坏时的孔隙水压力为：$u_f=\sigma_{3f}-\sigma'_{3f}=200-84.8=115.2$ kPa

对固结不排水剪切，试样破坏时的孔隙水压力系数为：$A_f=\frac{\Delta u_f}{\Delta\sigma_{1f}}=\frac{\Delta u_f}{(\sigma_1-\sigma_3)_f}=\frac{115.2}{180}=0.64$

5.5.3 剪切试验强度指标与应用

1. 剪切试验强度指标

(1) 有效应力指标与总应力指标

土的抗剪强度指标可分为总应力指标和有效应力指标两种。σ'是真正作用在土骨架上的应力，而 φ'是真实反映土体内摩擦特性的指标。因此，理论上来说有效应力法才能反映土抗剪强度的实质，使用有效应力强度指标是最合理的。但是采用有效应力法分析时，不仅要知道总应力，还需要知道孔隙水压力。但是在实际工程中孔隙水压力有时是很难得到的，有效应力法并不能完全取代总应力法。

由于孔隙水压力 u 不能产生抗剪强度，所以从原理上看，总应力法并不完全符合土的抗剪强度机理。因此只有在无法确定现场的孔隙水压力时才会使用总应力法。实际工程经验表明，尽管总应力法不符合土的抗剪强度机理，但是在正确使用的前提下，也能取得合理的分析结果。这里关键的问题是需要根据相应工程现场的孔隙水条件，合理选择确定强度参数试验的方法和条件。但由于实际的工程问题中，原位土体中的孔隙水压力往往无法确切得知，因此，在进行试验时也很难精确模拟原位土体中的孔隙水压力，而只能通过控制试样的排水条件，尽量使其和原位土体中的孔隙水压力特性相似。

(2) 直剪试验条件下的强度指标

在测定土的抗剪强度指标时，直剪试验有慢剪、固结快剪和快剪 3 种试验条件。在 3 种试验条件下测量得到的抗剪强度指标分别为 c_s 和 φ_s、c_{cq}和 φ_{cq}、c_q 和 φ_q，对应的试验方法及指标见表 5-4。一般来说，3 种试验条件下测定的强度指标满足 $c_q>c_{cq}>c_s$，$\varphi_q<\varphi_{cq}<\varphi_s$。

表 5-4　直剪试验的方法和强度指标

试验类型	试验方法	强度指标
慢剪	施加正应力充分固结，慢速剪切，保证无超静孔隙水压力	c_s，φ_s
固结快剪	施加正应力充分固结，快速剪切，3～5 min 内破坏	c_{cq}，φ_{cq}
快剪	施加正应力后不固结，立即快速剪切，3～5 min 内破坏	c_q，φ_q

(3) 三轴试验条件下的强度指标

在用三轴试验测定土的强度指标时，按是否排水和固结分为固结排水试验、固结不排水试验和不固结不排水试验 3 种。在 3 种三轴试验条件下测量得到的抗剪强度指标分别为 c_d 和 φ_d、c_{cu} 和 φ_{cu}、c_u 和 φ_u，主要的试验指标列于表 5-5 中。一般来说，$\varphi_u<\varphi_{cu}<\varphi_d$，$c$ 值也各不相同。

表 5-5　三轴试验的试验条件、孔隙水压力变化和强度指标

试验方法	孔隙水压力 u 的变化		剪破时的应力条件		强度指标
	剪前	剪切过程中	总应力	有效应力	
CU 试验	$u_1=0$	$u=u_2\neq0$（不断变化）	$\sigma_{1f}=\sigma_3+\Delta\sigma$ $\sigma_{3f}=\sigma_3$	$\sigma'_{1f}=\sigma_3+\Delta\sigma-u_f$ $\sigma'_{3f}=\sigma_3-u_f$	c_{cu}，φ_{cu}
UU 试验	$u_1>0$	$u=u_1+u_2\neq0$（不断变化）	$\sigma_{1f}=\sigma_3+\Delta\sigma$ $\sigma_{3f}=\sigma_3$	$\sigma'_{1f}=\sigma_3+\Delta\sigma-u_f$ $\sigma'_{3f}=\sigma_3-u_f$	c_u，φ_u
CD 试验	$u_1=0$	$u=u_2=0$（任意时刻）	$\sigma_{1f}=\sigma_3+\Delta\sigma$ $\sigma_{3f}=\sigma_3$	$\sigma_{1f}=\sigma_3+\Delta\sigma$ $\sigma_{3f}=\sigma_3$	c_d，φ_d

（4）残余抗剪强度指标

如前所述，密砂或超固结黏土受剪切时，应力应变关系曲线存在峰值。峰值后，若变形继续发展，剪应力或偏差应力将不断降低，当变形很大时，趋于稳定值，称为残余强度，如图 5-43 所示。对松砂和正常黏土，偏差应力一直升高，不出现峰值，所以虽然最后也达到同样的稳定值，但是不能称之为残余强度。

密砂或超固结黏土在剪切变形较大时对应残余抗剪强度。对于砂土，表示这时砂粒间的咬合作用已被完全破坏，其结构已被彻底松动而成为一种强度不变的摩擦流体，在相当于残余强度的剪应力作用下，发生体积恒定的连续剪切变形。黏性土的残余强度机理与砂土的有所不同，它的强度的降低主要是由于在剪切中土的结构发生变化所致。在剪切面附近，剪应力使片状颗粒沿剪切面形成定向排列，成为分散结构，强度降低。

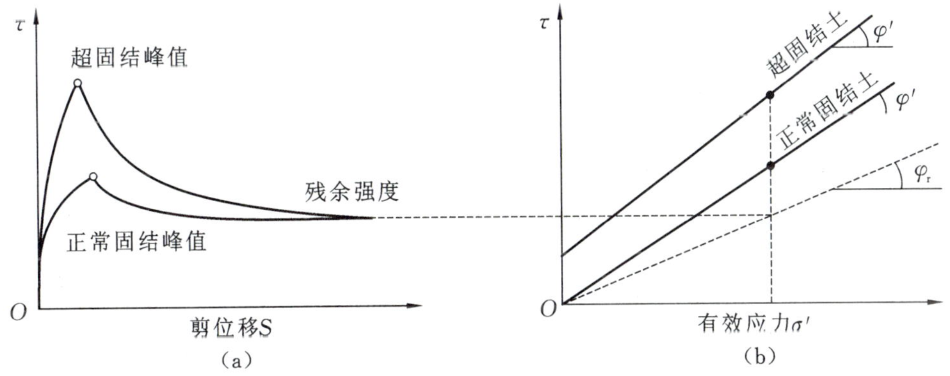

图 5-43　黏土的剪切试验曲线

(a)剪应力-剪位移关系曲线；(b)抗剪关系曲线

土体达到残余状态时的残余强度是最小值。残余状态下的变形集中于局部，且残余状态会在剪切带内发育。给定试验条件和应变速率，土体的残余强度只取决于有效应力和内摩擦角。与残余强度对应的内摩擦角被称为残余内摩擦角 φ_r，取决于矿物成分、级配、有效应力、大颗粒的特性及剪切速率，与其所受的应力历史等因素无关（图 5-44）。在一般情况下，由石英、长石、方解石等组成的土残余内摩擦角略高于 30°，主要含云母类矿物（如伊利石）的土残余内摩擦角为 15°～26°，主要含蒙脱石矿物的土内摩擦角则可小于 10°。

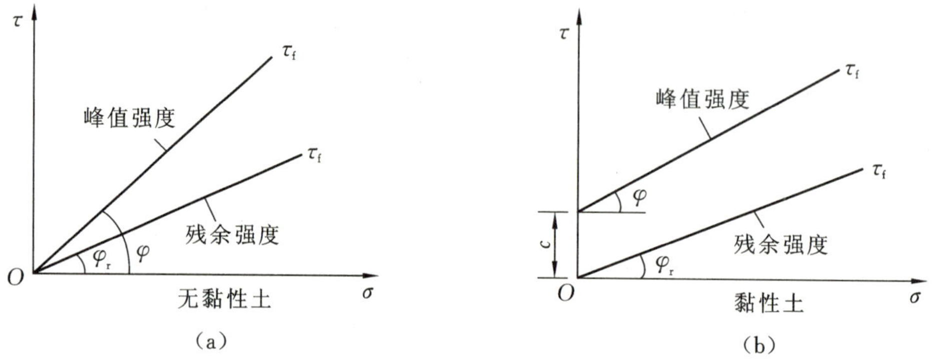

图 5-44　峰值强度和残余强度包线

(a)无黏性土；(b)黏性土

2. 不同强度指标的应用

在实际工程应用中，可以确定孔隙水压力时，应使用有效应力指标。当采用有效应力指标和总应力指标时，都应根据现场土体可能的固结排水情况，选用不同的试验强度指标。在选用仪器上，由于三轴仪有诸多优点，应优先采用，特别是在重要的工程中。直剪试验设备简单，操作方便，在应用其进行抗剪强度试验时，应根据土类及固结排水条件合理选择强度指标。

对于砂土和碎石土等无黏性土，在一般的加载速率和排水条件下，可使用有效应力强度指标进行设计计算。对于黏性土地基和土工结构物，如果在计算时，超静孔隙水压力已经完全消散，或者土中的孔隙水压力可以准确地测定时，则可采用有效应力强度指标进行分析计算。土的有效应力强度指标可通过 CD 试验或慢剪试验确定，试验过程中的孔隙水压力可以消散稳定，得到的强度指标即为有效应力强度指标。土的有效应力强度指标也可通过 CU 试验测定，试验过程中需测定孔隙水压力。由于 CD 试验的耗时一般多于 CU 试验，所以实际应用中更倾向于通过 CU 试验确定土的有效应力强度指标。

处在液化和流滑状态下的饱和粉细砂土类似于固结不排水情况，此外，在很多与饱和黏土相关的工程问题中，存在无法确定的超静孔隙水压力，只可知总应力。对于上述土强度和稳定性的分析，一般只能应用总应力强度指标，通常采用 CU 试验、UU 试验、固结快剪试验或快剪试验得到。应当注意的是，在实际工程中，原位土体的工作条件往往介于排水和不排水之间，所以总应力法所提供的指标只能是近似的。近似的程度取决于所选择的试验方法在多大程度上能够反映原位土体的工作状况，这常常取决于经验和判断。

综上所述，对于总应力强度指标和有效应力强度指标，选择的基本原则是，对于能够可靠确定孔隙水压力的问题，都应该优先采用有效应力分析方法；而对于孔隙水压力不能确定的问题，采用总应力方法进行分析时，应该选择与原位土体孔隙水条件相同或相近的试验方法来测定土的总应力抗剪强度指标。

如果土体在现有的应力状态下平衡并固结完成，上部填方或结构的施工速度较慢，或处于正常运行期，可以满足排水条件，此时可采用固结排水强度指标，常用三轴固结排水试验测定土体的有效应力强度指标。如黏土地基上分层慢速的填方工程、黏土地基上慢速施工的建筑物，土层不仅有充足的时间固结稳定，孔隙水压力也能有效消散，此种工况适宜采用CD(慢剪)试验强度指标进行分析计算。

如果土体在现有的应力状态下平衡并固结完成，然后很快施加荷载或进行施工，此时就可采用固结不排水强度指标。对于饱和粉细砂发生液化和流滑的情况，也应采用固结不排水强度指标进行工程分析与计算。如填方或地基固结稳定后迅速在填方或地基上施工新填方、天然土坡上快速施工的填方等工程，此种工况适宜采用 CU(固结快剪)试验强度指标进行分析计算。

若在黏土工程问题中，当施工速度很快，施加荷载的速度很快，引起的超静孔隙水压力不能消散，土体也不能固结，此时即可采用不固结不排水强度指标。如在软土地基上快速进行填方工程施工或是在黏土地基上快速进行建筑物施工，此种工况适宜采用 UU(快剪)试验强度指标进行分析计算。实际上，快速施工情况下大多数土体都是处于部分固结状态的，采用不固结不排水强度指标进行分析计算是偏于安全的。

关于土的抗剪强度指标的实际应用，A. Singh 对一些工程问题需要采用的抗剪强度指标及其测定方法列了一个表(表 5-6)，可供参考。该表主要推荐用有效应力法分析工程的稳定性；在某些情况下，如应用于饱和黏性土的稳定性验算，可用总应力分析。具体应用时，仍需结合工程的实际条件，不能照搬该表。

表 5-6　工程问题和强度指标的选用

工程类别	需要解决问题	强度指标	试验方法	备注
位于饱和黏土上结构或填方的基础	1.短期稳定性； 2.长期稳定性	$c_{cu}, \varphi_{cu}=0$ c'、φ'	不排水三轴或无侧限抗压试验，现场十字板试验； 排水或固结不排水试验	长期安全系数高于短期的
位于部分饱和砂和粉质砂土上的基础	短期和长期稳定性	c'、φ'	用饱和试样进行排水或固结不排水试验	可假定 $c'=0$，试样将在最不利的条件(室内且无荷载)下饱和
无支撑开挖地下水位以下的紧密黏土	1.快速开挖时的稳定性； 2.长期稳定性	$c_{cu}, \varphi_{cu}=0$ c'、φ'	不排水试验； 排水或固结不排水试验	除非有专用的排水设备降低地下水位，否则长期安全系数是最小的
开挖坚硬的裂缝土和风化黏土	1.短期稳定性； 2.长期稳定性	$c_{cu}, \varphi_{cu}=0$ c'、φ'	不排水试验； 排水或固结不排水试验	试样应在无荷载下膨胀；现场的 c' 比室内测定的要低，假定 $c'=0$ 较安全

续表5-6

工程类别	需要解决问题	强度指标	试验方法	备注
有支撑开挖黏土	抗挖方底面的隆起	c'、φ'	不排水试验	
天然边坡	长期稳定性	c'、φ'	排水或固结不排水试验	对坚硬的裂缝黏土，假定 $c'=0$；对特别灵敏的黏土和流动性黏土，室内测定的 φ 偏大，不能采用 $\varphi_u=0$ 分析
挡土结构物的土压力	1.估计挖方时的总压力； 2.估计长期土压力	c_{cu}，$\varphi_{cu}=0$ c'、φ'	不排水试验； 排水或固结不排水试验	采用 $\varphi_u=0$ 分析，不能正确反映坚硬裂缝黏土的性状，在应力减小情况下，甚至开挖后短期也不行
不透水的土坝	1.施工期或完工后的短期稳定性； 2.稳定渗流期的长期稳定性； 3.水位骤降时的稳定性	c'、φ'	排水或固结不排水试验	试样用填筑含水率(或施工期具有的含水量范围)增加试样含水量，将大大降低 c'，但 φ 几乎无变化；在稳定渗流和水位骤降两种情况下，对试样施加主应力差之前，应使试样在适当范围内软化，假定 $c'=0$ 针对稳定渗流做排水试验时，可使水在小水头下流过试样模拟坝体透水作用
透水土坝	1.施工期或完工后的短期稳定性； 2.稳定渗流期的长期稳定性； 3.水位骤降时的稳定性	c'、φ'	排水试验	对自由排水材料采用 $c'=0$
黏土地基上的填方(其施工速率允许土体部分固结)	短期稳定性	c_{cu}，$\varphi_{cu}=0$ 或 c'、φ'	不排水试验； 排水或固结不排水试验	不能肯定孔隙水压力消散速率，对所有重要工程都应进行孔隙水压力观测

5.6　土的抗剪强度影响因素

土的剪切变形实质上是土中一部分相对另一部分的移动，土的抗剪性说明土抵抗剪应力破坏的能力。土的抗剪力由黏聚力和内摩擦力两部分组成。黏聚力是阻止土粒移动的主要阻力，是土黏结力的反映。土粒移动后，内摩擦力起抵抗作用。由于成分和结构的不同，黏性土和无黏性土表现出不同特点。土的抗剪性既然说明土抵抗外力破坏能力的大小，其影响也必然由土本身的抵抗阻力和受力条件两方面决定，包括土的粒度成分和矿物成分、土的含水量和密度、土的结构和构造特征以及受力条件。各因素的具体影响如下所述。

1. 粒度成分和矿物成分的影响

土固体颗粒的成分、大小、级配、形状、粗糙度等对土的抗剪强度均有影响。对于无黏性土而言，颗粒多棱角且级配良好，会增加颗粒之间的咬合作用；粗颗粒越多，形状越不规则，表面越粗糙，则其内摩擦角越大；级配的不均匀系数越大，内摩擦角越高。如片状云母 φ 值小于棱角状石英的 φ 值。级配良好的砂土比颗粒均匀的砂土的内摩擦角要大些，如级配良好的角粒状砂土比颗粒均匀的圆粒砂土的内摩擦角要大一些，前者的为 34°，而颗粒均匀的圆粒砂土内摩擦角为 28.5°。

黏性土中亲水性强的矿物形成较厚的结合水膜，内摩擦角较小。正常固结黏土中黏土矿物及塑性指数与正常固结黏土抗剪强度关系见图 5-45。某些资料表明，石英粉的内摩擦角

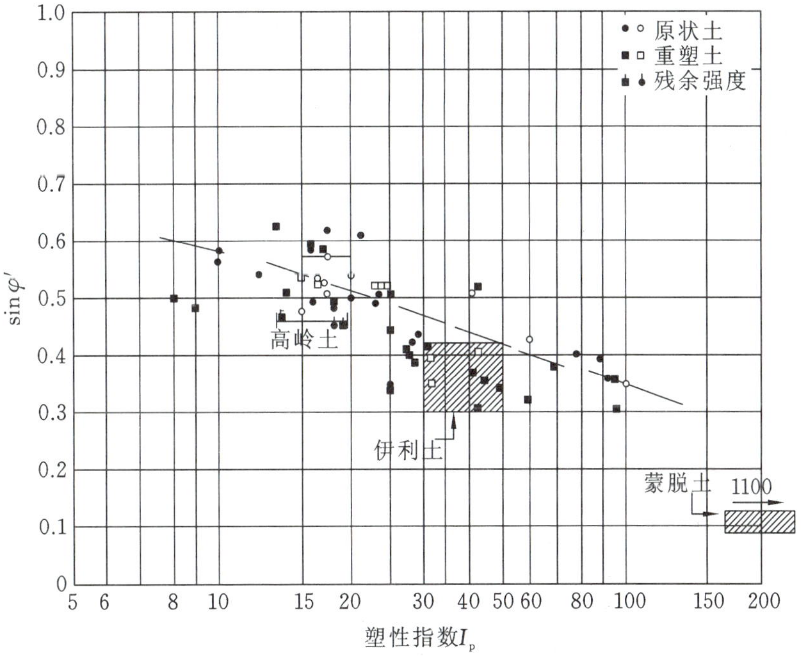

图 5-45　正常固结黏土抗剪强度与塑性指数及黏土矿物的关系

为 39°，只要加上 10%的钠斑脱土或 50%的钙斑脱土，则内摩擦角降为 32°，与高岭土的内摩擦角接近。有机质含量越高，土的内摩擦角越小，强度也较低。土的塑性指数综合说明粒度和矿物成分的影响：I_p 值愈大，c 值愈大，而 φ 值愈小。

2. 天然含水量的影响

随着天然含水量的增高土抗剪强度降低。这种影响主要表现在两方面：一方面是水分在较粗颗粒之间起着润滑作用，使摩擦阻力降低；另一方面是黏土颗粒表面结合水膜的增厚使原始黏聚力减小。试验研究表明，含水量对砂土抗剪强度的影响很小，对黏性土抗剪强度影响较大。砂土在干燥状态时的内摩擦角值与饱和状态时的内摩擦角值差别很小(仅 1°～2°)，图 5-46 表示黏土在相同的法向应力作用下的不排水抗剪强度随含水量的增高急剧下降的情况。土的饱和度增加时，黏性土强度的降低主要表现在 c 值的降低上，φ 值的降低相对较小。

3. 密度的影响

密度是影响土强度的重要因素，尤其对无黏性土更为明显。土的抗剪强度一般随初始密度的增大而提高，如图 5-47 所示。对于无黏性土而言：密度越大，土粒间相互嵌入的连锁作用越强，受剪时须克服的咬合摩阻力就越大，因而摩擦力就越大；对于黏性土而言，密度越大，则意味着颗粒之间的距离越小，结合水膜越薄，因而原始黏聚力就越大。

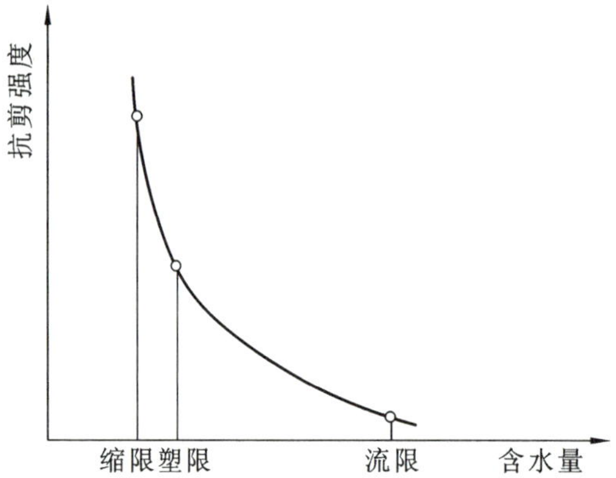

图 5-46 含水量对黏土抗剪强度的影响图

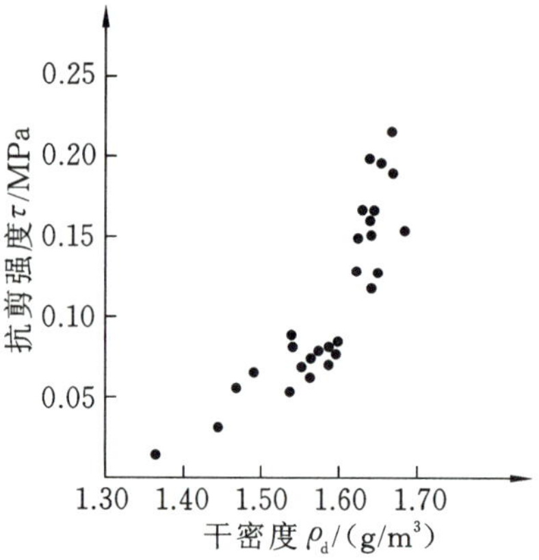

图 5-47 粉质黏土抗剪强度与干密度关系图

4. 土的结构和构造的影响

不同类别的天然沉积土，由于在不同沉积环境、沉积条件与沉积历史的影响下，形成不同类型的骨架结构，具有不同的结构性强度。无黏性土多为粒状结构，受土颗粒粒径级配因素的影响，形成排列疏密不同的结构，具有不同的抗剪强度；黏性土有蜂窝结构与絮状结构，尤以软黏土、胶泥质土的天然结构性强度表现较为显著，当受到震动或施工扰动，其骨架结构受到破坏，相应结构性强度就快速降低或损失。但是经过一段时间静止搁置，在细微土粒表面活性作用下土粒重新搭结成新结构，结构强度得到不同程度的恢复。如果扰动作用破坏了颗粒间的胶结物质，土中一些盐类化合物析出，那么结构强度则难以恢复。黏性土的天然结构强度受扰动影响的程度常用灵敏度来表示。在工程施工中，需要注意保护天然沉积土的结构强度，减少扰动破坏天然沉积土结构强度现象，对于高灵敏度地基，应尽量避免使用或应进行适当的地基加固处理。

均质土的各向异性对低塑性土的不排水剪切强度影响很大，故在取土样进行室内抗剪强度试验时，应尽量使施加给试样的固结压力与实际地基的受力情况相符。对高塑性黏土，各向异性的影响很小，可不考虑。对非均质黏性土，如水平层状的黏性土，沿水平向的强度小于沿竖直向的强度。图 5-48 表示不同黏土不排水强度与主应力方向的关系。其中 α 表示剪切破坏面与水平方向的夹角；β 表示试样轴向与水平方向夹角。图 5-48 中纵轴表示在不同角度时的不排水强度与 $\beta=90°$时的不排水强度之比，即 $\frac{1}{2}(\sigma_1-\sigma_3)_\beta \Big/ \left[\frac{1}{2}(\sigma_1-\sigma_3)_{\beta=90^\circ}\right]$。可见黏土的不排水抗剪强度具有强烈的各向异性，研究表明，它们的有效应力强度指标受主应力方向的影响较小，以上的各向异性主要是不同加载方向产生不同孔隙水压力所引起的。具有裂隙的硬黏土或含有软弱夹层的黏土都有明显的各向异性。特别是裂隙硬黏土的强度，与裂隙方向和剪切面的交角，裂隙面的粗糙程度和连续性等因素均有很大关系。例如在天然地基的稳定性分析中，地基滑动楔体通过非均匀各向异性的土层，如图 5-49 所示，剪切滑裂面上 A、B、C、D、E、F 各点所处土层，土质不同，滑裂的方位不同，其剪切应力-变形性状有直剪、压缩、伸长等不同状态，因而各点的抗剪强度及其指标 c、φ 也就不同。同样，砂土因沉积条件和颗粒定向排列而具有一定的各向异性，对抗剪强度也有影响。

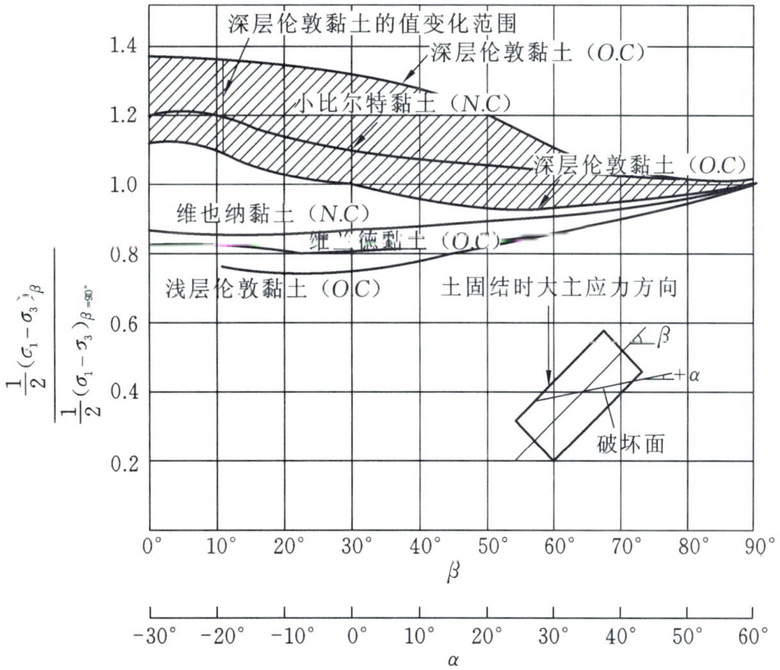

图 5-48　各种黏土不排水强度与主应力方向关系

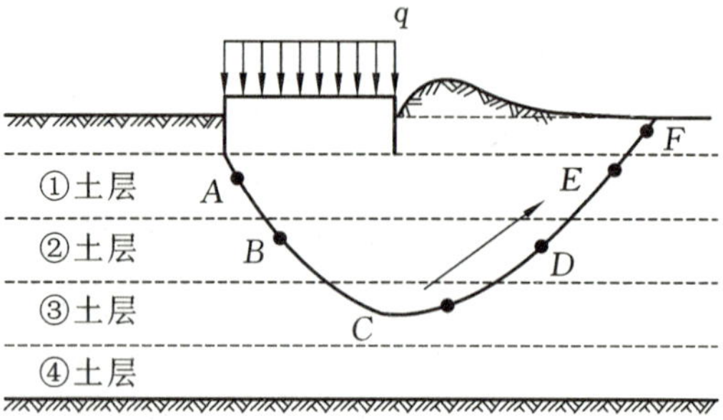

图 5-49　土层构造对土抗剪强度及其指标的影响

5. 应力条件的影响

(1) 中主应力 σ_2 的影响

土的抗剪强度随 σ 增大而提高，且中主应力 σ_2 的存在会使土粒在克服咬合作用时需要更大的能量，从而使土的强度有一定提高。很多研究者做了对比试验，研究中主应力 σ_2 对粒状土强度的影响。图 5-50 给出了砂排水伸长和压缩的三轴试验结果及平面应变情况下的试验结果。从图 5-50 中可以看出，砂的排水三轴压缩($\sigma_2=\sigma_3$)和三轴伸长($\sigma_1=\sigma_2$)的试验结果表明，它们的内摩擦角 φ' 基本一致。但平面应变的内摩擦角大于三轴排水试验的内摩擦角，并且密砂的内摩擦角大得更多一些。这是因为在平面应变条件下，土颗粒在克服咬合作用时，需要更大的能量。

(2) 应力历史的影响

应力历史的不同不仅使土在强度值上有较大变化，而且其变化规律也有明显不同。土不同的受压过程(应力历史)所引起的孔隙比、抗剪强度的变化，如图 5-51 所示；图中 1 点相

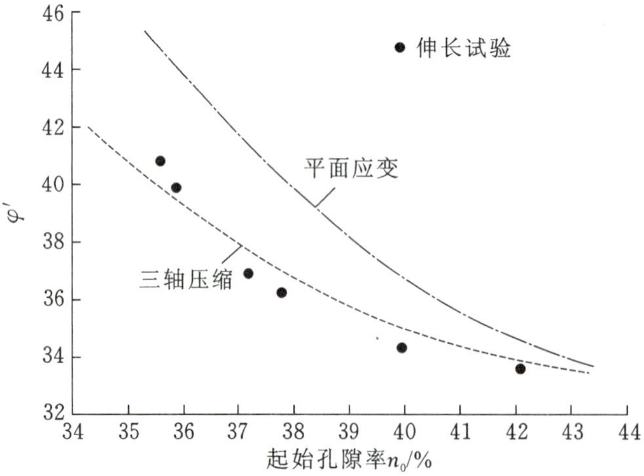

图 5-50　砂的排水伸长、压缩和平面应变试验成果的比较

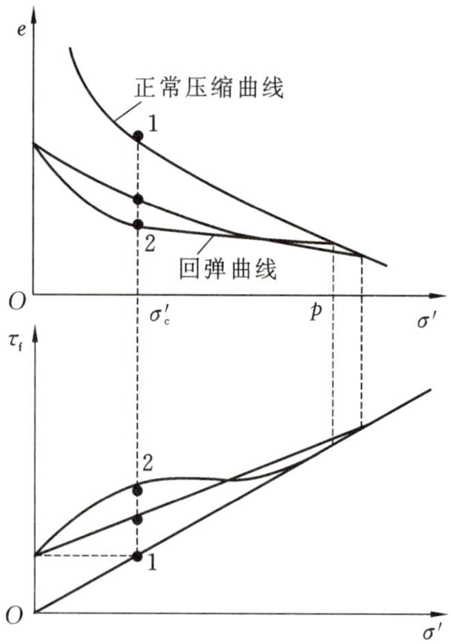

图 5-51　应力历史对土体强度的影响

当于正常固结土、2 点相当于超固结土。超固结土的强度大于正常固结土的强度。

超固结黏土相当于受过预固结的作用，土体密度比相同压力下正常固结土的大，其强度有所提高（c'值随 OCR 的增大而提高，但内摩擦角 φ'变化不大），而且在剪切过程中，会有剪胀和峰值出现；正常固结土不仅强度较低，而且强度包线通过原点（$c=0$），剪切过程无剪胀，不出现峰值，内摩擦角 φ'随塑性指数的增大而减小。

(3) 加载速率和受力时间的影响

一般室内的常规试验是在几十分钟或几小时或更长一些的时间内完成的，但实际工程的加载速率和受力时间与此不同。加荷速率对干砂强度的影响不大，但对于饱和砂，由于剪切时造成孔隙变化，产生孔隙水压力，促使孔隙水流动，这需要剪应力提供一定能量。加荷速率越大，对能量的要求越多，测出的强度也越高。用干砂做冲击试验得到的结果整理出最大主应力比 $(\sigma_1/\sigma_3)_{max}$ 与加载时间 t 的关系如图 5-52 所示。图 5-52 表明加载时间对干砂强度的影响较小。26 种黏土在静荷载及冲击荷载下三轴试验的强度见图 5-53，图中不同图标代表不同地区的不同黏土。由曲线表明，冲击荷载下黏土的动强度有很大提高。加载时间为 0.02 s 的动强度约为加载时间为 465 s 的静强度的 2 倍。Bjerrum 对 16 处黏土滑坡的十字板强度资料分析表明：塑性指数小于 20 的黏土的长期强度不低于其常规试验的强度，但当黏土的塑性指数大至 100 时，则其长期强度仅为常规试验值的 60%。

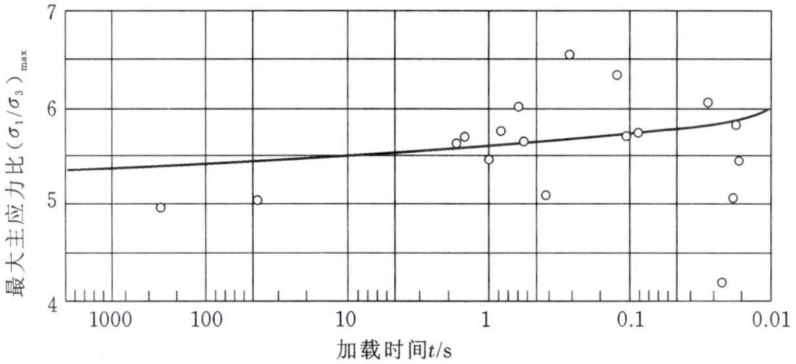

图 5-52　干砂强度与加荷时间的关系

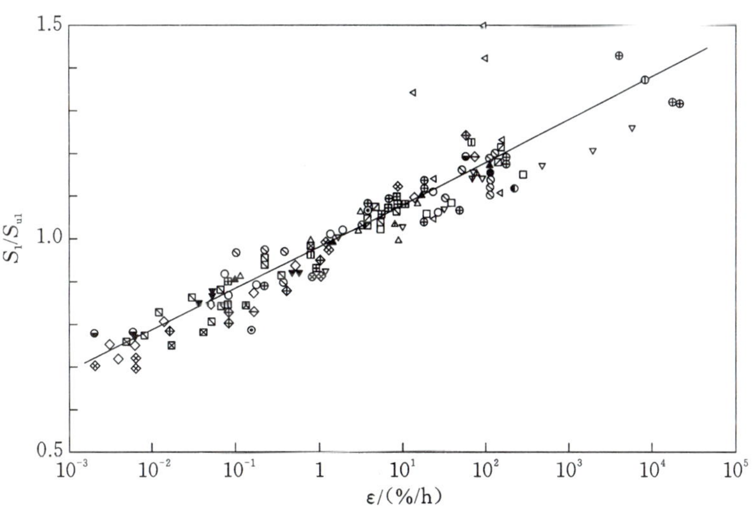

图 5-53　静荷载及冲击荷载下三轴试验的强度

复习思考题

5-1 什么是土的抗剪强度指标？测定抗剪强度指标有何工程意义？

5-2 用库仑公式说明土的抗剪强度与哪些因素有关？

5-3 土体中发生剪切破坏的平面是否为最大剪应力作用面？在什么情况下，破坏面与最大剪应力面一致？

5-4 砂类土与黏性土的抗剪强度规律有何不同？同一种土的抗剪强度是不是一个定值，为什么？

5-5 比较直剪试验与三轴试验的优缺点？

5-6 什么是土的无侧限抗压强度？它与土的不排水强度有何关系？如何用无侧限抗压强度试验来测定黏性土的灵敏度？

5-7 十字板剪切试验测得的抗剪强度相当于实验室用什么方法测得的抗剪强度？有何优点？

5-8 什么是土体的剪胀性和剪缩性？

5-9 试述密砂和松砂在剪切时的应力-应变和强度的特性并解释其原因。

5-10 试述正常固结土和超固结黏土在剪切时的应力-应变和强度的特性并解释其原因。

5-11 试述正常固结黏土在 UU、CU、CD 3 种试验中的应力-应变、孔隙水压力-应变（或体积变化-应变）和强度特性。

5-12 试述超固结黏土在 UU、CU、CD 3 种试验中的应力-应变、孔隙水压力-应变（或体积变化-应变）和强度特性。

5-13 为什么饱和黏性土不排水试验得到的强度包线为一水平线？

5-14 在正常固结饱和黏性土固结不排水抗剪强度试验中，抗剪强度包线均通过原点，是否说明黏聚力为零？

5-15 试述正常固结土和超固结土的总应力强度包线与有效应力强度包线的关系。

5-16 根据土的排水情况，三轴试验分为哪几种方法？各适用何种实际情况？

5-17 通常用哪一种试验方法测定土的有效强度指标 c'、φ'？用固结排水剪切试验测得的 c_d、φ_d 与 c'、φ' 是否一致？

5-18 什么是土的残余强度？黏性土残余强度有何特点？产生原因是什么？

习　题

5-1 砂土地基中某一点，其最大剪应力及相应的法向应力分别为 180 kPa 和 350 kPa，若该点发生剪切破坏。求：(1)该点的最大、最小主应力；(2)砂土的内摩擦角；(3)破坏面上的法向应力和剪应力。

5-2　建筑物地基上某点的应力为 $\sigma_z = 300$ kPa，$\sigma_x = 100$，$\tau_{zx} = 50$，土的强度指标 $\varphi = 30°$，$c = 0$。求该点是否剪坏？

5-3　已知土中某点的应力处于极限平衡状态，最小主应力为 200 kPa，作用面的法线为水平方向，土的抗剪强度指标 $c = 50$ kPa，$\varphi = 24°$。试求：(1)该点最大主应力的大小和方向；(2)该点最大剪应力值与作用面方向；(3)该点剪切破坏面上的正应力与剪应力，作用面的方向；(4)说明最大剪应力面不是剪切破坏面。

5-4　已知土中某平面的正应力 $\sigma = 190$ kPa、剪应力 $\tau = 83$ kPa、孔隙水压力 $u = 60$ kPa，土的有效应力强度指标 $c' = 10$ kPa、$\varphi' = 30°$。问该平面是否会发生剪切破坏？

5-5　某黏性土地基中有一点主应力状态为 $\sigma_1 = 420$ kPa，$\sigma_3 = 80$ kPa。现对该地基取样进行常规三轴固结排水试验，土样破坏时，$\sigma_{1a} = 500$ kPa，$\sigma_{3a} = 100$ kPa，且剪切破坏面与最大主应力面的交角为 60°，请确定土的强度参数 φ 和 c，计算此时剪切破坏面上的法向应力和剪应力；并判断该地基中一点应力状态是否发生剪切破坏。

5-6　一饱和黏性土试样在三轴仪中进行固结不排水试验，施加周围压力 $\sigma_3 = 200$ kPa，试件破坏时的主应力差 $\sigma_1 - \sigma_3 = 280$ kPa，测得孔隙水压力 $u_f = 180$ kPa，如果破坏面与水平面的夹角为 57°，试求破坏面上的法向应力和剪应力以及试件中的最大剪应力。

5-7　对某饱和黏性土进行三轴固结不排水试验，$\sigma_3 = 300$ kPa，孔隙水压力 $u_f = 100$ kPa。已知强度指标 $\varphi' = 30°$，$c' = 10$ kPa。求破坏时轴向有效应力 σ_1' 及孔隙水压力系数 A。

5-8　某饱和黏性土的有效抗剪强度指标 $\varphi' = 30°$，$c' = 15$ kPa；取该土样在三轴仪中做固结不排水剪切试验，破坏时作用于试样的围压 $\sigma_3 = 250$ kPa、主应力差 $\sigma_1 - \sigma_3 = 145$ kPa。求该土样破坏时的孔隙水压力 u。

5-9　一饱和黏性土试样在三轴仪中进行固结不排水试验，围压 $\sigma_3 = 200$ kPa、试样破坏时主应力差 $\sigma_1 - \sigma_3 = 300$ kPa、孔隙水压力 $u_f = 180$ kPa，有效应力强度指标 $\varphi' = 30°$，$c' = 75.1$ kPa。求破坏面上的法向应力和剪应力以及试样中的最大剪应力为多少？

5-10　一饱和黏性土试样在三轴仪中进行固结不排水试验，围压 $\sigma_3 = 100$ kPa、试样破坏时主应力差 $(\sigma_1 - \sigma_3)_f = 180$ kPa、孔隙水压力 $u_f = 90$ kPa，强度指标为 $c_{cu} = 13.9$ kPa、$\varphi_{cu} = 24°$。试求试样破裂面上的法向应力和剪应力以及破裂面与水平面的夹角 α_f；如果试样在同样的围压下进行固结排水剪切试验，若 $\varphi' = 36°$，$c' = 6$ kPa，试推算破坏时的大主应力 σ_{1f}'。

5-11　某无黏性土饱和试样进行三轴排水试验，测得总应力抗剪强度指标为 $c_d = 0$、$\varphi_d = 28°31'$。如果对同一种试样进行三轴固结不排水试验，围压 $\sigma_3 = 200$ kPa、破坏时的主应力差 $\sigma_1 - \sigma_3 = 160$ kPa。试求试样的固结不排水抗剪强度指标 φ_{cu}、破坏时的孔隙水压力 u_f。

5-12　某饱和黏土，已知其有效应力强度指标 $\varphi' = 28°$，$c' = 0$，孔隙水压力系数 $A = 0.8$，如该土试样在各向等压力 $\sigma_3 = 50$ kPa 下固结稳定，然后在不排水条件下施加偏应力 $\sigma_1 - \sigma_3 = 46$ kPa，问该土样是否被剪坏？

5-13　对一饱和原状土样进行固结不排水试验，破坏时测得 $\sigma_3 = 200$ kPa，$\sigma_1 - \sigma_3 = 400$ kPa，孔隙水压力 $u = 100$ kPa，试样的破裂面与水平面的夹角为 58°，求：孔隙水压力系数 A；有效应力强度指标 c'、φ'。

5-14　一正常固结饱和黏土试样，在三轴压力室保持 300 kPa 围压条件下做排水剪切试验，测得排水抗剪强度指标 $c_d=0$，$\varphi_d=30°$，试问：(1)排水剪裂面的正应力、剪应力及方向；(2)若保持 300 kPa 围压条件进行固结不排水剪切试验，破坏时轴向压力差 $\sigma_1-\sigma_3=300$ kPa，求固结不排水剪切总应力与有效应力抗剪强度指标；剪切破坏时试样中的孔隙水压力及相应的孔隙水压力系数；剪切破坏面的正应力、剪应力及方位。(3)若使试样先在 200 kPa 围压下固结，然后再施加 300 kPa 围压进行不排水剪切试验，求抗剪强度指标及剪裂面的应力与方位。(4)试比较排水剪切、固结不排水剪切的抗剪强度指标。

5-15　某饱和黏性土由无侧限抗压强度试验测得其不排水抗剪强度 $c_u=80$ kPa，如对同一土样进行三轴不固结不排水试验，问：(1)若施加围压 100 kPa，轴向压力 250 kPa，该试样是否破坏？(2)施加围压 150 kPa，若测得破坏时孔隙水压力系数 $A=0.8$，此时轴向压力和孔压多大？(3)破坏面与水平面的夹角。

5-16　从饱和黏性土层中取出土样加工成三轴试样，由固结不排水试验得：$\varphi'=25°$，$c'=0$。若对同样的土样进行不固结不排水试验，当试样放入压力室时测得初始孔隙水压力 $u_0=-68$ kPa，然后关闭排水阀，施加周围压力 $\sigma_3=100$ kPa，随后施加竖向压力至试样破坏，测得破坏时的孔隙水压力系数 $A=0.6$，求此试样的不排水抗剪强度 c_u。

第6章 土压力

6.1 概述

为了保证土体的稳定性，在土体不能自稳的情况下，必须利用土工构筑物进行支护。因此在土木、交通、水利等工程中，经常会修建各种挡土建(构)筑物，如在边坡、基坑、码头、桥台、隧道等施工中修建的挡土结构(俗称挡土墙)，如图 6-1 所示。这些建(构)筑物被用来支挡土体的侧向移动，保证土结构物或土体的稳定性，且与土体的接触面处均存在侧向土压力作用。土压力的计算是挡土结构物断面设计和稳定验算的主要依据，而形成土压力的主要荷载一般包括土体自身重量引起的侧向压力、水压力、影响区范围内的构筑物荷载、施工荷载、交通荷载等。

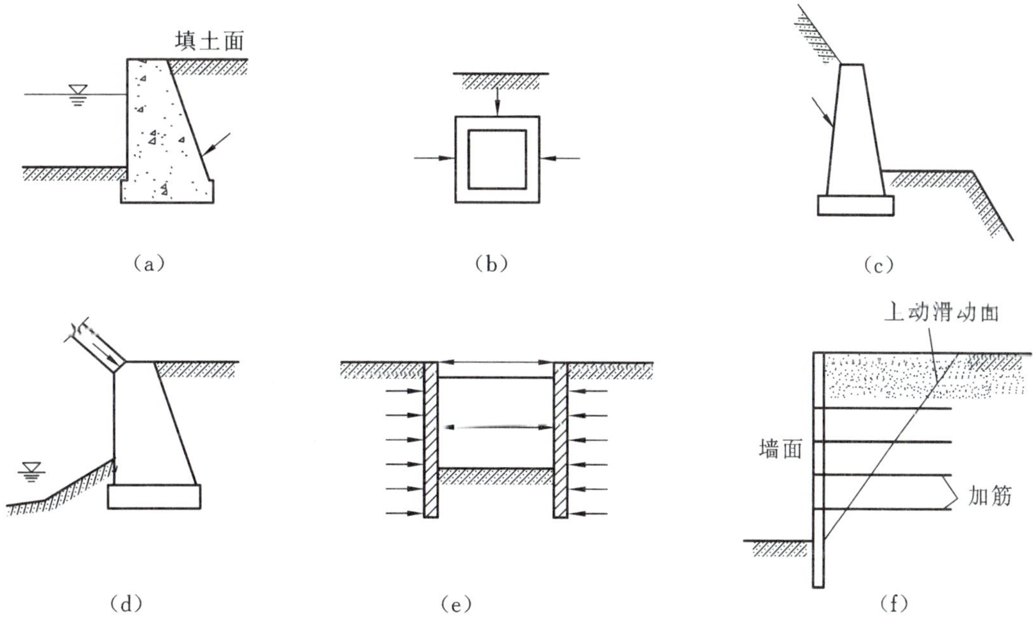

图6-1　各种形式的挡土结构

(a)码头；(b)地下结构物；(c)路堑挡土墙；(d)桥台；(e)基坑支护；(f)加筋挡土墙

土压力的大小不仅与墙身几何尺寸、墙背粗糙度以及填料的物理力学性质、填土顶面的形状和顶部的外荷载有关，而且还与墙和地基的刚度、墙体的位移方向和大小以及填土的施工方法等有关。土压力计算是土力学的经典课题，也是一直在进行研究的问题。目前，对于土压力的计算仍采用古典土力学理论，是针对上述复杂问题进行诸多假定和简化而得出的。挡土结构物一般为条形结构，长度远大于高度和厚度，且其断面在相当长的范围内不变。因此，在土压力计算时，一般按平面问题来处理。

在影响土压力的诸多因素中，墙体位移方向和位移量的大小是最主要的因素，决定所产生的土压力的性质和大小。按挡土墙的位移情况，可产生三种不同性质的土压力，分为静止土压力 E_0、主动土压力 E_a 和被动土压力 E_p，如图 6-2 所示。

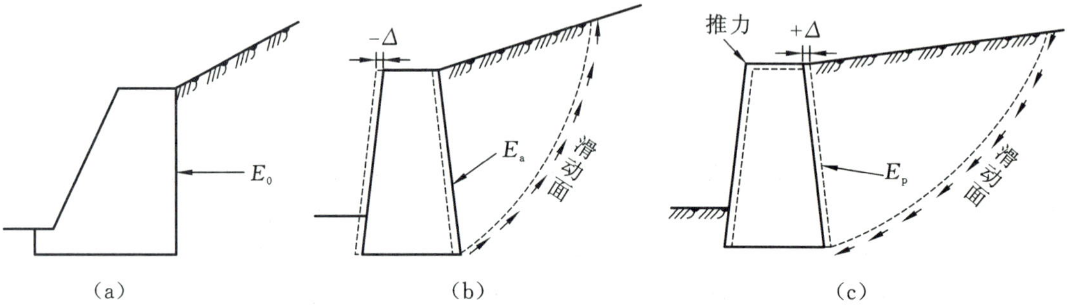

图 6-2　土压力的三种类型

(a)静止土压力；(b)主动土压力；(c)被动土压力

1. 静止土压力 E_0

当挡土结构建造在坚实的地基上，在土压力作用下静止不动，其本身不发生变形和任何位移(滑动或转动)，墙后土体处于弹性平衡状态，此时作用在墙背上的土压力称为静止土压力。例如，地下室外墙、地下水池侧壁、涵洞的侧壁以及其他不产生位移的挡土构筑物均可按静止土压力计算。

2. 主动土压力 E_a

如果挡土结构在土压力作用下向着背离填土方向移动或沿墙根发生转动，墙后土体因侧面所受限制的放松而有下滑趋势，如图 6-2(b)所示。为阻止其下滑，土体内潜在滑动面上的抗剪强度得以发挥，从而使作用在墙背上的土压力减少。当墙的移动或转动达到某一数值时，滑动面上的抗剪强度得以全部发挥，墙后土体达到主动极限平衡状态，形成剪切滑动面。此时作用在墙背上的土推力达到最小值，称为主动土压力。实际工程中的挡土墙，绝大多数情况下属于主动土压力问题，是研究的重点。

3. 被动土压力 E_p

当挡土结构在土压力作用下向墙背方向移动或转动，墙后土体受到挤压，有上滑趋势，如图 6-2(c)所示。为阻止其上滑，土内剪应力反向增加，使得作用在墙背上的土压力加大。直到墙的移动量足够大时，滑动面上的剪应力等于土的抗剪强度，墙后土体达到被动极限平衡状态，形成滑动剪切面。此时作用在墙背上的土抗力达到最大值，称为被动土压力。例如，当桥台受到桥上荷载作用使土体达到极限状态时，土对桥台产生被动土压力。

实际工程中，大部分的土压力介于主动极限平衡状态和被动极限平衡状态之间。试验研究表明，影响土压力大小的主要因素有以下三个方面：

(1) 挡土结构位移的方向和位移量的大小是影响土压力的主要因素。如前所述，挡土结构位移方向不同，土压力的种类就不同。由试验和计算可知，产生被动土压力所需要的位移量大大超过了产生主动土压力所需要的位移量。因此，在进行挡土结构设计时，首先应考虑墙体可能产生的位移方向和位移量的大小，参考表 6-1。

表 6-1 产生主动土压力和被动土压力所需的墙顶水平位移量

填土类型	应力状态	运动形式	所需位移
砂土	主动	平行于墙体	$0.001H$
		绕墙趾转动	$0.001H$
		绕墙顶转动	$0.02H$
	被动	平行于墙体	$0.05H$
		绕墙趾转动	$>0.1H$
		绕墙顶转动	$0.05H$
黏土	主动	平行于墙体	$0.004H$
		绕墙趾转动	$0.004H$

注：表中 H 为挡土结构的高度。

根据对中密以上的砂所进行的试验和数值计算的结果，墙的移动量与土压力的关系示意图如图 6-3 所示。图中横坐标$\frac{\Delta}{H}$代表墙的移动量（或转动量）与墙高之比，$+\frac{\Delta}{H}$代表墙向离开填土方向移动，$-\frac{\Delta}{H}$则代表墙朝向填土方向移动；纵坐标 E 代表作用在墙上的土压力。从图 6-3 中可以看出：为使墙后土体达到主动极限平衡状态，从而产生主动土压力 E_a，所需的墙体位移量很小，对密砂或中密砂来说其值只需 1‰～5‰，这种量级的位移在一般挡土墙中是容易发生的。因此，计算这种位移形式的挡土墙所受的土压力时，可以用主动土压力 E_a。从图 6-3 中也可看出，产生被动土压力 E_p 要比产生主动土压力 E_a 困难得多，其所需的位移量很大，大致要达 1%～5%，即约为达到主动土压力状态的位移量的 10 倍。显然，这样大的位移量在一般工程建筑中是不容许发生的，因为在墙后土体发生破坏之前，挡土结构可能已先破坏。因此，在估计挡土墙能抵抗多大外力作用而不发生滑动时[图 6-2(c)]，只能利用被动土压力的一部分，或以静止土压力 E_0 代替。

(2) 挡土结构的墙背形状为直立式、仰斜式或俯斜式，墙背为光滑的或粗糙的，这些都关系到采用何种计算理论公式，影响土压力计算结果。

(3) 挡土结构墙后土体的强度指标、松密程度、干湿程度等均会对土压力产生一定的影响。

从上述阐述可知土压力是挡土墙与土体相互作用的结果，它主要随挡土墙位移量的变化而变化；土压力与挡土墙位移之间的关系，如图 6-3 所示。在相同条件下，主动土压力小于静止土压力，而静止土压力小于被动土压力，即：$E_a<E_0<E_p$。大多数情况下，实际土压

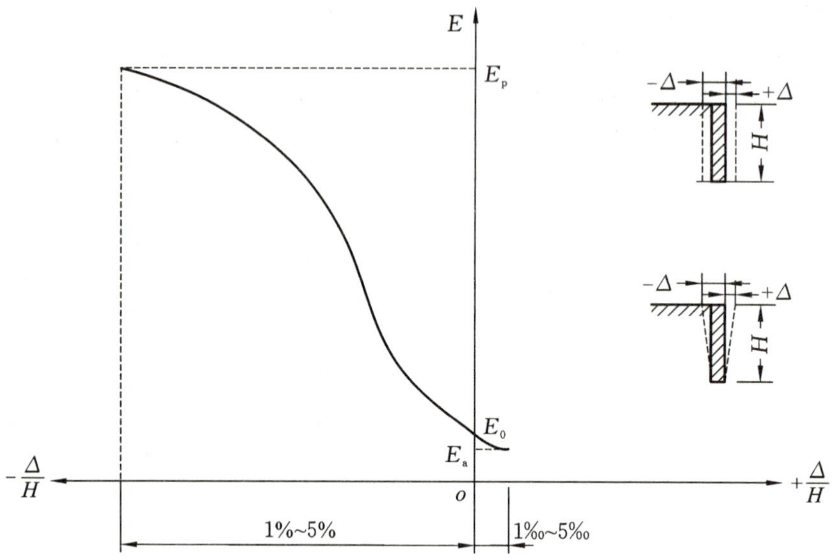

图 6-3　墙体位移与土压力关系曲线

力的大小介于上述三种土压力之间。实际工程中不少挡土结构的位移量不一定会达到土体处于主动或被动极限平衡状态所需的位移量,因而作用于挡土墙上的土压力可能是介于主动土压力与被动土压力之间的某一数值,除静止土压力这一特殊情况外,这种任意位移下的土压力计算比较复杂,涉及墙、土和地基三者的变形、强度特性和共同作用,可用有限元等数值方法计算。

6.2　静止土压力计算

如前所述,静止土压力只发生在挡土结构为刚性且静止不动的情况下。建在岩石地基上的重力式挡土墙,或墙上下端有顶板、底板固定的重力式挡土墙,地下室外墙,地下水池侧壁和涵洞的侧壁等墙后土压力可按静止土压力计算。

6.2.1　墙背直立的静止土压力

图 6-4(a)表示半无限土体中 z 深度处某一点的应力状态。根据半无限弹性体的应力状态计算公式,水平面和竖直面都是主应力面,作用于该土单元上的竖直向主应力为自重应力 $\sigma_z=\gamma z$、水平向主应力为 $\sigma_x=K_0\sigma_z=K_0\gamma z$。设想用一墙背垂直光滑、刚度无限大、不能移动的墙体代替墙背左侧的土体,该墙的右侧土体中的应力状态并没有改变,墙后土体仍处于侧限应力状态,如图 6-4(b)所示。则竖直向主应力仍为自重应力 $\sigma_z=\gamma z$,而水平向主应力由原来土体内部的应力变为土对墙体的压力。根据静止土压力的定义,挡土墙 z 深度处的静止土压力强度为:

$$p_0=K_0\gamma z \tag{6-1}$$

式中　p_0——静止土压力强度(kPa)；

K_0——静止土压力系数；

γ——土体的重度(kN/m^3)；

z——计算点的深度(m)。

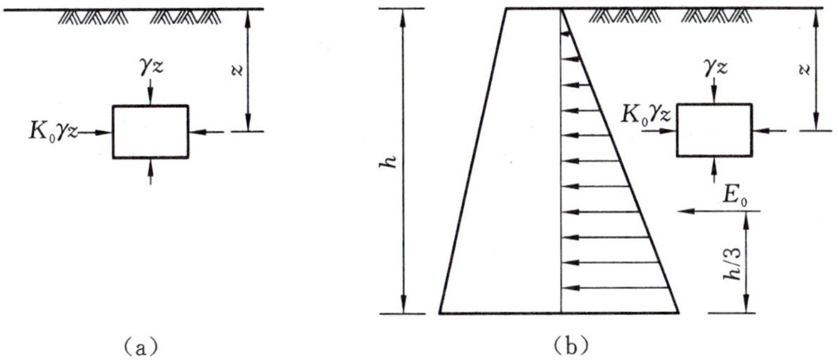

图 6-4　墙背竖直时的静止土压力计算

(a)半无限体内某点的应力状态；(b)土压力分布

由式(6-1)可知，静止土压力沿挡土结构高度呈三角形分布，如图 6-4(b)所示。作用于单位墙长上的静止土压力合力 E_0 为：

$$E_0 = \int_0^h p_0 \mathrm{d}z = \frac{1}{2} K_0 \gamma h^2 \tag{6-2}$$

式中　h——挡土结构的高度(m)。

静止土压力 E_0 为应力分布图的面积，合力作用点位于 $H/3$ 墙高处，方向水平指向墙背。

静止土压力的计算比较简单，主要问题是如何确定静止土压力系数 K_0。静止土压力系数 K_0 与土的种类有关，同一种土的 K_0 与孔隙比、含水量和应力历史等因素有关，可在室内由三轴仪或在现场由原位自钻式旁压仪等测试手段和方法得到。表 6-2 列出了不同土的静止土压力系数的参考值，图 6-5 给出了 K_0 与土的塑性指数 I_p 及超固结比 OCR 的关系曲线。

表 6-2　静止土压力系数 K_0 值

土类及物性		K_0	土类及物性		K_0
砾石土		0.17	黏土	硬黏土	0.11～0.25
砂土	$e=0.5$	0.23		紧密黏土	0.33～0.45
	$e=0.6$	0.34		塑性黏土	0.61～0.82
	$e=0.7$	0.52	泥炭土	有机质含量高	0.24～0.37
	$e=0.8$	0.60		有机质含量低	0.40～0.65
粉土与粉质黏土	$w=15\%\sim20\%$	0.43～0.54	砂质粉土		0.33
	$w=25\%\sim30\%$	0.60～0.75			

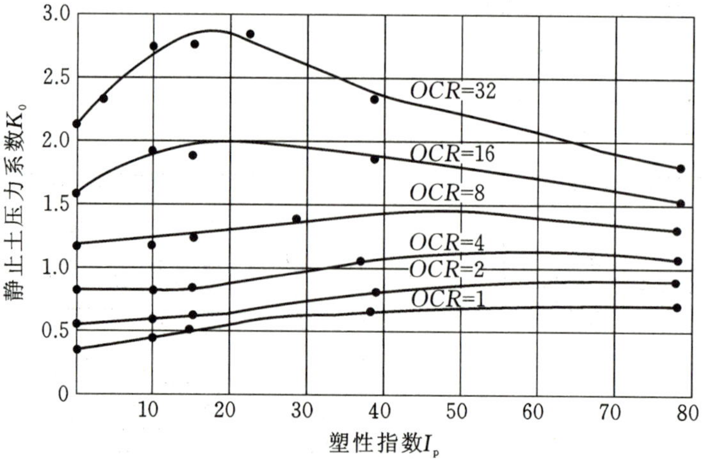

图 6-5 K_0 与土的塑性指数 I_p 及超固结比 OCR 的关系

由于测定 K_0 的设备和方法还不够完善，故在缺乏试验资料的情况下，可根据经验公式确定 K_0，即

对砂性土，有：

$$K_0 = 1 - \sin\varphi' \tag{6-3a}$$

对黏性土，有：

$$K_0 = 0.95 - \sin\varphi' \tag{6-3b}$$

对超固结土，有：

$$K_0 = (1 - \sin\varphi')(OCR)^m \tag{6-3c}$$

式中 φ'——土的有效内摩擦角(°)；

OCR——土的超固结比；

m——经验系数，一般可取 0.4～0.5。

对于成层和有超载情况，静止土压力强度计算公式为：

$$p_0 = K_0 \sum_{i=1}^{n} (\gamma_i h_i + q) \tag{6-4}$$

式中 q——填土面上的均布荷载(kPa)；

γ_i——第 i 层土体的重度，水位以下取有效重度(kN/m³)；

h_i——第 i 层土体的厚度(m)；

n——土体的分层数。

当存在地下水时，挡土墙受到的压力包括土压力和静水压力，其分布形式如图 6-6 所示。根据静力等效原则，可确定挡土墙的总压力大小及作用点位置。

水位以下 z 处($z>h_1$)，挡土墙受到的总压力强度为：

$$p_0 = K_0[\gamma h_1 + \gamma'(z - h_1)] + \gamma_w(z - h_1) \tag{6-5}$$

总静止土压力 E_0 为：

$$E_0 = \frac{1}{2}K_0\gamma h_1^2 + K_0\gamma h_1 h_2 + \frac{1}{2}K_0\gamma' h_2^2 + \frac{1}{2}\gamma_w h_2^2 \tag{6-6}$$

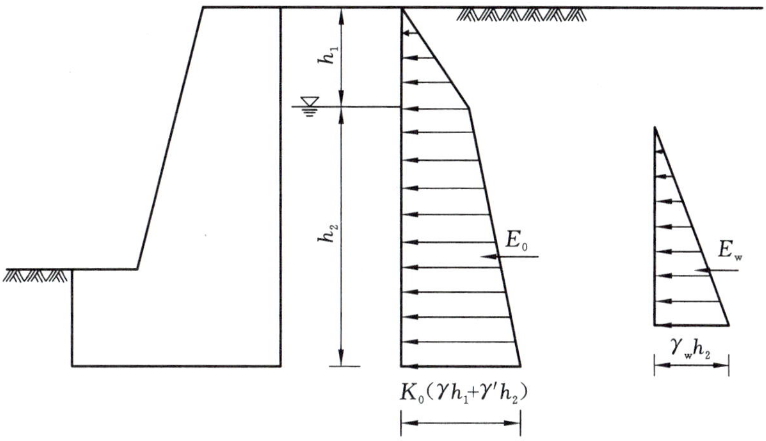

图 6-6　有地下水时静止土压力的分布

【例题 6-1】　如图 6-7(a)所示，挡土墙后作用有无限均布荷载 $q=40$ kPa，填土的物理力学指标为 $\gamma=18\ \mathrm{kN/m^3}$，$\gamma_{sat}=19\ \mathrm{kN/m^3}$，$c=0$，$\varphi'=30°$。试计算作用在挡土墙上的静止土压力分布值及其合力 E_0。

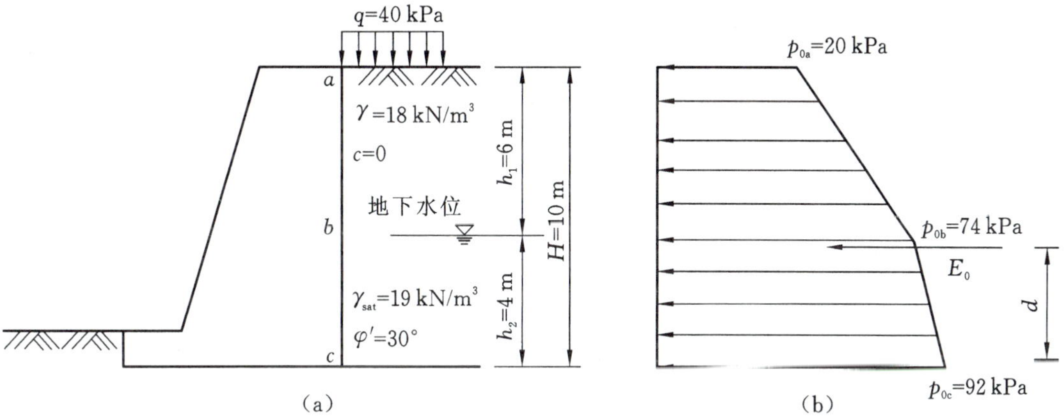

图 6-7　例题 6-1 示意图

(a)填土的物理力学指标；(b)静止土压力的分布

【解】　静止土压力系数为

$$K_0=1-\sin\varphi'=1-\sin 30°=0.5$$

土中各点静止土压力系数分别为：

a 点：$p_{0a}=K_0q=0.5\times 40=20$ kPa

b 点：$p_{0b}=K_0(q+\gamma h_1)=0.5\times(40+18\times 6)=74$ kPa

c 点：$p_{0c}=K_0(q+\gamma h_1+\gamma' h_2)=0.5\times(40+18\times 6+9\times 4)=92$ kPa

可得静止土压力合力 E_0 为：

$$E_0=\frac{1}{2}(p_{0a}+p_{0b})h_1+\frac{1}{2}(p_{0b}+p_{0c})h_2=0.5\times(20+74)\times 6+0.5\times(74+92)\times 4=614\ \text{kPa}$$

静止土压力的作用点距墙底的距离 d 为：

$$d=\frac{1}{E_o}\left[p_{0a}h_1\left(\frac{h_1}{2}+h_2\right)+\frac{1}{2}(p_{0b}-p_{0a})h_1\left(h_2+\frac{h_1}{3}\right)+\frac{h_2^2}{2}p_{0b}+\frac{1}{2}(p_{0c}-p_{0b})\frac{h_2^2}{3}\right]$$

$$=\frac{1}{614}\times[6\times20\times7+0.5\times(74-20)\times6\times6+0.5\times74\times4^2+0.5\times(92-74)\times4^2]=3.99\ \text{m}$$

此外，作用在墙上的静水压力合力 P_w 为：

$$P_w=\frac{1}{2}\gamma_w h_2^2=0.5\times10\times4^2=80\ \text{kN/m}$$

静止土压力的分布如图 6-7(b)所示。

6.2.2 墙背倾斜时的静止土压力

对于墙背倾斜的情况，见图 6-8，α 为墙背倾角，作用在单位长度墙体上的静止土压力可根据土楔体 ABB'的静力平衡条件求得。作用在土楔体 ABB'上的力有 3 个：

(1) 作用在 AB 面上的静止土压力 E'_0，可按式(6-2)求得，作用方向水平向左；

(2) 土体自重 $W_0=\frac{1}{2}\gamma h^2\tan\alpha$，作用方向竖直向下；

(3) 作用在墙背 AB 上的土反力 E_0，该力与土压力方向相反，数值相等。

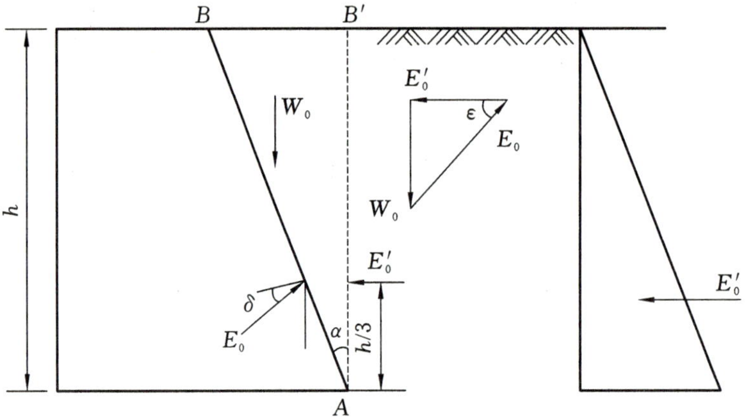

图 6-8 墙背倾斜时的静止土压力

根据土楔体 ABB'的静力平衡条件可得：

$$E_0=\sqrt{(E'_0)^2+(W_0)^2}=\frac{1}{2}\gamma h^2\sqrt{K_0^2+\tan^2\alpha} \tag{6-7}$$

E_0 与水平方向的夹角 ε 与 K_0 之间的关系式为：$\tan\varepsilon=\frac{W_0}{E'_0}=\frac{\tan\alpha}{K_0}$

从图 6-8 可知，E_0 与 AB 面法线的夹角 δ 可表示为：$\delta=\frac{\pi}{2}-\alpha-\left(\frac{\pi}{2}-\varepsilon\right)=\varepsilon-\alpha$

由三角函数关系 $\tan\delta=\tan(\varepsilon-\alpha)=\frac{\tan\varepsilon-\tan\alpha}{1+\tan\varepsilon\tan\alpha}=\frac{\tan\alpha/K_0-\tan\alpha}{1+\tan^2\alpha/K_0}$，得：

$$\delta=\arctan\left[\frac{(1-K_0)\tan\alpha}{K_0+\tan^2\alpha}\right] \tag{6-8}$$

6.3 朗肯土压力理论

6.3.1 朗肯土压力理论的基本假定和基本原理

朗肯土压力理论是土压力计算中两个著名的古典土压力理论之一。由英国学者朗肯(Rankine)提出，是根据半空间应力状态和土的极限平衡条件得出的一种土压力计算方法，认为当墙后填土达到极限平衡状态时，墙后任意一点处土体单元都处于极限平衡状态，从而可根据土体单元处于极限平衡状态时应力所满足的条件来建立土压力的计算公式。朗肯土压力理论的基本假设如下：

a. 墙本身是刚性的，不考虑墙身的变形；

b. 墙后填土延伸到无限远处，填土表面水平；

c. 墙背垂直光滑，墙后土体达到极限平衡状态时所产生的两组破裂面不受墙身的影响。

图 6-9(a)所示为一表面水平的均质弹性半无限土体，半无限土体中取任一竖直平面 AB，在 AB 平面上深度 z 处的 M 点取一单元体，其上作用有法向应力 σ_x、σ_z。因为 AB 面为半无限体的对称面，所以该面无剪力作用，σ_x、σ_z 均为主应力。该点处应力状态为 $\sigma_z=\gamma z$，$\sigma_x=K_0\gamma z$。若 AB 面无位移发生，土体静止不动，此时 M 点土单元体所处的应力状态可用图 6-9(b)所示的莫尔应力圆 Ⅰ 表示，$\sigma_1=\sigma_z=\gamma z$，$\sigma_3=\sigma_x=K_0\gamma z$。该应力圆与抗剪强度线没有相切，$M$ 点处于弹性平衡状态。

如果用墙背垂直且光滑的刚性挡土墙代替图 6-9(a)中 AB 平面的左半部分土体，且使挡土墙离开土体向左方移动，则右半部分土体有伸张的趋势。此时，竖向应力 σ_z 不变，墙面的法向应力即水平应力 σ_x 随墙体位移量的增加逐渐减小。因为墙背光滑且无剪应力作用，则 σ_z 和 σ_x 仍为大、小主应力。当挡土墙的位移使得 σ_x 减小到土体达到极限平衡状态时，应力圆与抗剪强度线相切，如图 6-9(b)所示的莫尔应力圆 Ⅱ，则 σ_x 减小到最小值 σ_{xmin} 后，即使墙再继续移动，土压力也不会进一步减小，而是形成一系列滑裂面，滑裂面位于应力圆 Ⅱ 的 A 点处，方向与大主应力作用面(水平面)B 点夹角为 $\alpha_f=45°+\varphi/2$，见图 6-9(c)。滑动土体此时的应力状态称为朗肯主动极限平衡状态，并把 σ_{xmin} 称为朗肯主动土压力强度 p_a。

如果代替 AB 面的挡土墙向右移动挤压土体，则竖向应力 σ_z 仍不变，墙面的法向应力即水平应力 σ_x 逐渐增大直至超过 σ_z 值。此时水平应力 σ_x 变成大主应力 σ_1，σ_z 变为小主应力 σ_3。当挡土墙上的法向应力 σ_x 增大到土体达到极限平衡状态时，应力圆与抗剪强度线相切，如图 6-9(b)所示的莫尔应力圆 Ⅲ，则 σ_x 增加到最大值 σ_{xmax} 后，即使墙再继续移动，土压力也不会进一步增大，而是形成一系列滑裂面，滑裂面位于应力圆 Ⅲ 的 C 点处，方向与水平面 B 点夹角为 $\alpha_f=45°-\varphi/2$，见图 6-9(c)。滑动土体此时的应力状态称为朗肯被动极限平衡状态，并把 σ_{xmax} 称为朗肯被动土压力强度 p_p。

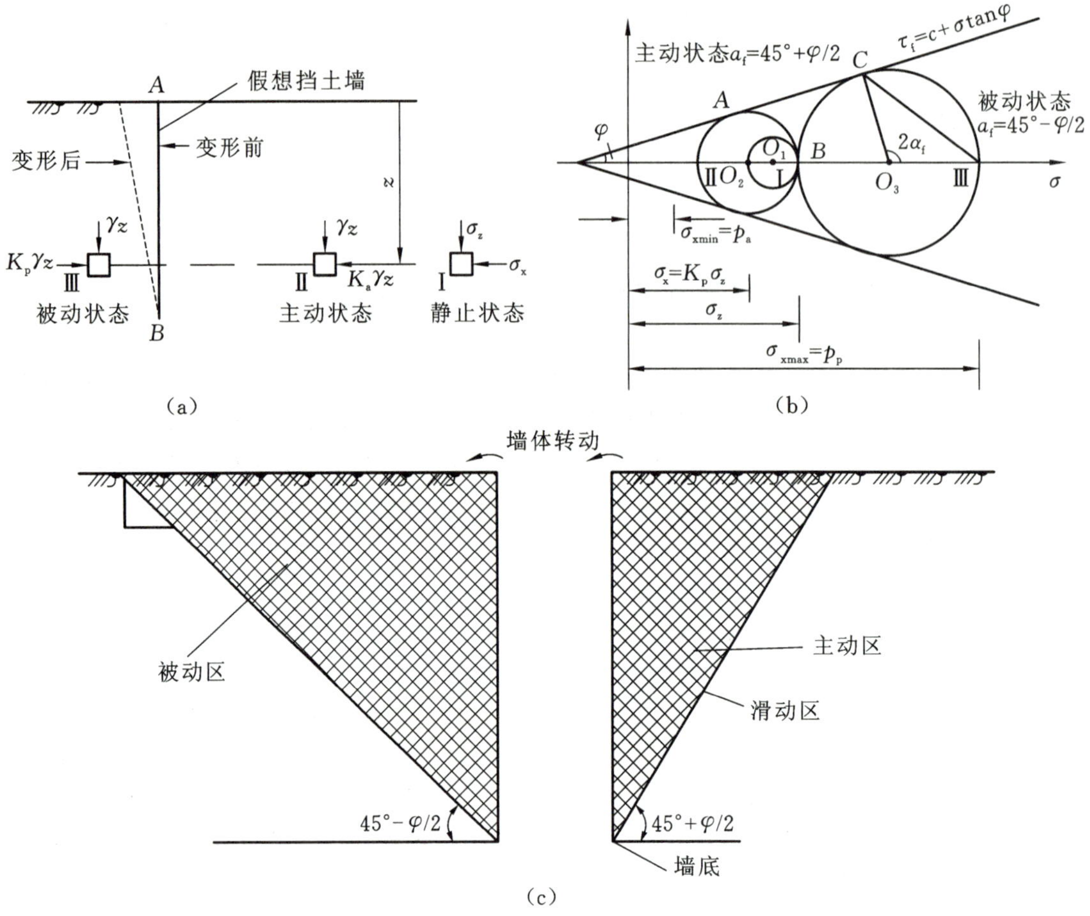

图 6-9　朗肯主动及被动状态

(a)土单元体应力状态；(b)不同平衡状态下的应力圆；(c)破坏面方向

6.3.2　朗肯主动土压力计算

如图 6-10(a)所示，刚性挡土墙墙背光滑、直立，填土面为水平面，如果挡土墙向着离开墙后土体的方向发生平移，墙背由原来的位置 AB 移动到 $A'B'$，当墙后填土达到主动极限平衡状态时，对于墙后土体 z 处的单元体，受到的竖向应力 $σ_z=γz$ 为最大主应力 $σ_1$，水平方向应力 $σ_{xmin}$ 为最小主应力 $σ_3$，也即为所求的主动土压力强度 p_a。

当土体某点处于极限平衡状态时，大主应力 $σ_1$ 和小主应力 $σ_3$ 之间应满足：

对无黏性土，有：

$$σ_3=σ_1\tan^2\left(45°-\frac{φ}{2}\right)$$

对黏性土，有：

$$σ_3=σ_1\tan^2\left(45°-\frac{φ}{2}\right)\quad 2c\tan\left(45°-\frac{φ}{2}\right)$$

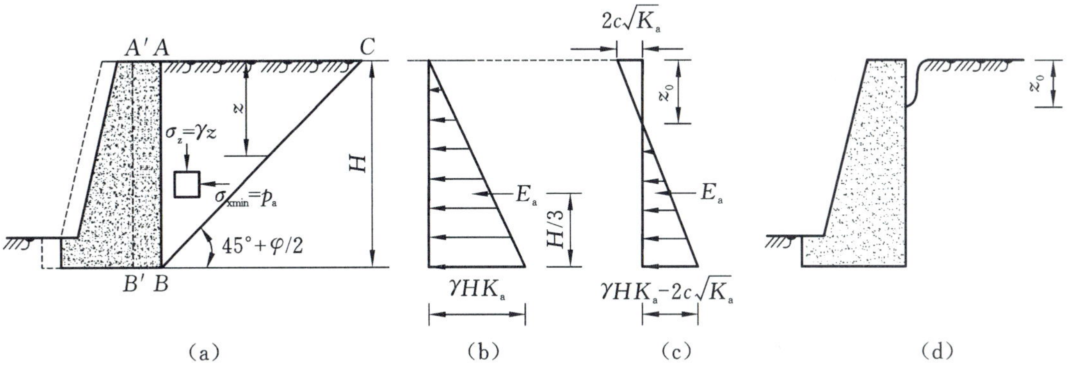

图 6-10　朗肯主动土压力计算

(a)挡土墙向外移动;(b)砂性土;(c)黏性土;(d)黏性土拉裂区

将 $\sigma_1=\gamma z$ 和 $\sigma_3=p_a$ 代入上面两式就可得到朗肯主动土压力强度,即

对无黏性土,有:

$$p_a=\gamma z\tan^2\left(45°-\frac{\varphi}{2}\right)=\gamma zK_a \tag{6-9a}$$

对黏性土,有:

$$p_a=\gamma z\tan^2\left(45°-\frac{\varphi}{2}\right)-2c\tan\left(45°-\frac{\varphi}{2}\right)=\gamma zK_a-2c\sqrt{K_a} \tag{6-9b}$$

式中　c——土的黏聚力(kPa);

φ——土的内摩擦角(°);

K_a——主动土压力系数,$K_a=\tan^2\left(45°-\dfrac{\varphi}{2}\right)$。

由主动土压力计算公式可以看出,无黏性土主动土压力 p_a 沿墙高呈线性分布,如图 6-10(b)所示,作用在单位长度挡土墙上的主动土压力 E_a 为 p_a 分布图形的面积,其作用点位置位于分布图形的形心处,即

对无黏性土,有:

$$E_a=\frac{1}{2}\gamma H^2K_a \tag{6-10}$$

合力 E_a 作用在距挡土墙底面 $\dfrac{H}{3}$ 处,方向水平。

式(6-9)中黏性土的土压力强度由两部分组成:一部分是由土体自重引起的土压力 γzK_a;另一部分是由黏聚力 c 产生的抗力 $2c\sqrt{K_a}$,表现为负的土压力,此值为常量,不随深度而变。两部分叠加结果如图 6-10(c)所示。从图 6-10(c)中可以看出,两项叠加后使得墙土压力 p_a 在 z_0 深度以上出现负值。也就是说,墙背和墙后土体之间产生拉应力,在该范围内将产生拉裂缝,但实际上土体不能够承受拉应力,故计算中这部分应忽略不计,仅计算图 6-10(c)所示 z_0 深度以下部分。在 z_0 深度以下 p_a 为正值;在 z_0 深度处及以上位置 $p_a=0$,该深度称为临界深度或直壁高度。

z_0 位置可由式(6-9)及条件 $p_a=0$ 得：

$$p_a=\gamma z K_a-2c\sqrt{K_a}=0$$

$$z_0=\frac{2c}{\gamma\sqrt{K_a}} \tag{6-11}$$

总主动土压力 E_a 应为：

$$\begin{aligned}E_a&=\frac{1}{2}\gamma(H-z_0)^2K_a=\frac{1}{2}(H-z_0)(\gamma HK_a-2c\sqrt{K_a})\\&=\frac{1}{2}\gamma H^2K_a-2cH\sqrt{K_a}+\frac{2c^2}{\gamma}\end{aligned} \tag{6-12}$$

其作用点位置在距墙底面以上$\dfrac{H-z_0}{3}$处，方向水平。

【例题 6-2】 有一挡土墙，高 5 m，墙背直立、光滑，填土面水平。填土的物理力学性质指标如下：$c=10$ kPa，$\varphi=20°$，$\gamma=18$ kN/m^3。试求主动土压力及其作用点，并绘出主动土压力分布图。

【解】 在墙底处的主动土压力强度按朗肯土压力理论为：

$$p_a=\gamma HK_a-2c\sqrt{K_a}=18\times5\times\tan^2\left(45°-\frac{20°}{2}\right)-2\times10\times\tan\left(45°-\frac{20°}{2}\right)=30.1\text{ kPa}$$

主动土压力为：

$$\begin{aligned}E_a&=\frac{1}{2}\gamma H^2K_a-2cH\sqrt{K_a}+\frac{2c^2}{\gamma}\\&=0.5\times18\times5^2\times\tan^2\left(45°-\frac{20°}{2}\right)-2\times10\times5\times\tan\left(45°-\frac{20°}{2}\right)+\frac{2\times10^2}{18}=51.4\text{ kN/m}\end{aligned}$$

临界深度 $z_0=\dfrac{2c}{\gamma\sqrt{K_a}}=\dfrac{2\times10}{18\times\tan\left(45°-\dfrac{20°}{2}\right)}=1.59$ m

主动土压力 E_a 作用点离墙底的距离为 $d=\dfrac{H-z_0}{3}=\dfrac{5-1.59}{3}=1.14$ m

主动土压力分布图如图 6-11 所示。

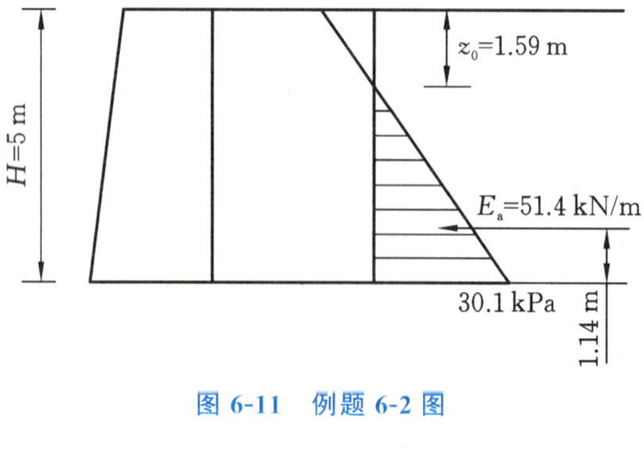

图 6-11　例题 6-2 图

6.3.3　朗肯被动土压力计算

如图 6-12(a)所示，当挡土墙向着墙后土体的方向发生平移时，墙背由原来的位置 AB 移动到 $A'B'$，若墙后土体达到被动极限平衡状态，墙背深度 z 处竖向应力 $\sigma_z=\gamma z$ 为最小主应力 σ_3，水平方向应力 $\sigma_{x\max}$ 为最大主应力 σ_1，也即为所求的被动土压力强度 p_p。

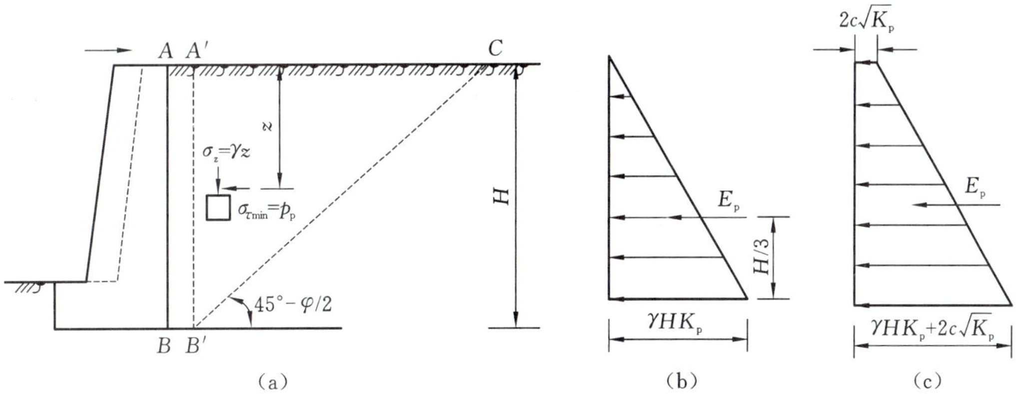

图 6-12　朗肯被动土压力计算

(a)挡土墙向填土移动；(b)砂性土；(c)黏性土

当土体某点处于极限平衡状态时，大主应力 σ_1 和小主应力 σ_3 之间应满足：

对无黏性土，有：

$$\sigma_1=\sigma_3\ \tan^2\left(45°+\frac{\varphi}{2}\right)$$

对黏性土，有：

$$\sigma_1=\sigma_3\ \tan^2\left(45°+\frac{\varphi}{2}\right)+2c\tan\left(45°+\frac{\varphi}{2}\right)$$

将 $\sigma_1=p_p$ 和 $\sigma_3=\gamma z$ 代入上面两式就可得到朗肯被动土压力强度，即

对无黏性土，有：

$$p_p-\gamma z\ \tan^2\left(45°+\frac{\varphi}{2}\right)=\gamma z K_p \tag{6-13}$$

对黏性土，有：

$$p_p=\gamma z\tan^2\left(45°+\frac{\varphi}{2}\right)+2c\tan\left(45°+\frac{\varphi}{2}\right)=\gamma z K_p+2c\sqrt{K_p} \tag{6-14}$$

式中　c——土的黏聚力(kPa)；

φ——土的内摩擦角(°)；

K_p——被动土压力系数，$K_p=\tan^2\left(45°+\frac{\varphi}{2}\right)$。

根据 K_a 和 K_p 的表达式可知：$K_p=\frac{1}{K_a}$。

由被动土压力计算公式可知，对于无黏性土，当 $z_0=0$ 时，被动土压力强度 $p_p=0$，被动土压力强度沿深度呈三角形分布，如图 6-10(b)所示；对于黏性土，当 $z_0=0$ 时，被动土压力

强度 $p_p \neq 0$，被动土压力强度呈梯形分布，如图 6-12(c)所示。

作用在单位长度挡土墙上的被动土压力 E_p 可按以下各式计算，即

对无黏性土，有：

$$E_p = \frac{1}{2}\gamma H^2 K_p \tag{6-15}$$

合力 E_p 作用在距挡土墙底面 $\frac{H}{3}$ 处，方向水平。

对黏性土，有：

$$E_p = \frac{1}{2}\gamma H^2 K_p + 2cH\sqrt{K_p} \tag{6-16}$$

合力 E_p 作用点位置通过梯形形心，即

$$d = \frac{\left(\frac{1}{6}\gamma H K_p + c\sqrt{K_p}\right)H^2}{E_p} \tag{6-17}$$

【例题 6-3】 有一挡土墙，高 6 m，墙背直立、光滑，填土面水平。填土的物理力学性质指标如下：$c=20$ kPa，$\varphi=20°$，$\gamma=18$ kN/m³。试求被动土压力及其作用点，并绘出被动土压力分布图。

【解】 在墙顶处($z=0$)的被动土压力强度为：

$$p_p = \gamma z K_p + 2c\sqrt{K_p} = 0 + 2\times 20\times \tan\left(45° + \frac{20°}{2}\right) = 57.1 \text{ kPa}$$

在墙底处($z=6$ m)的被动土压力强度为：

$$p_p = \gamma z K_p + 2c\sqrt{K_p} = 18\times 6\times \tan^2\left(45° + \frac{20°}{2}\right) + 2\times 20\times \tan\left(45° + \frac{20°}{2}\right) = 277.4 \text{ kPa}$$

被动土压力 E_p 为：

$$E_p = \frac{1}{2}\gamma H^2 K_p + 2cH\sqrt{K_p} = \frac{1}{2}\times(57.1+277.4)\times 6 = 1003.5 \text{ kN/m}$$

被动土压力 E_p 合力作用点距墙底的距离为：

$$d = \frac{E_{p1}\frac{H}{2} + E_{p2}\frac{H}{3}}{E_p} = \frac{6\times 57.1\times\frac{6}{2} + \frac{1}{2}\times 6\times(277.4-57.1)\times\frac{6}{3}}{1003.5} = 2.34 \text{ m}$$

被动土压力分布图如图 6-13 所示。

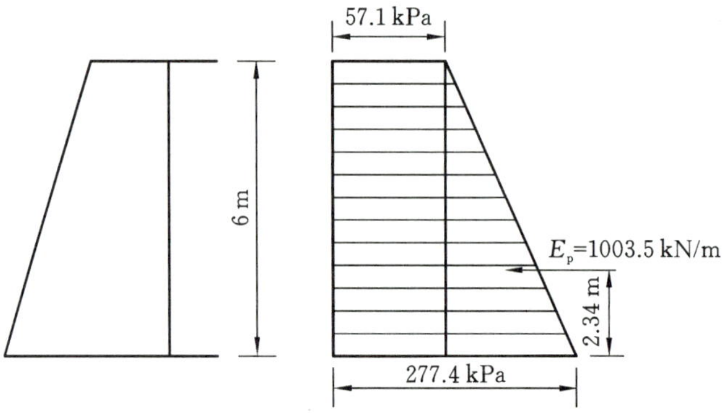

图 6-13 例题 6-3 图

6.3.4 几种典型情况下的朗肯土压力

1. 墙后填土表面有均布荷载作用

当挡土墙后填土面上有连续均布荷载 q 时(图 6-14),均布荷载 q 在土中产生的上覆压力沿墙体方向呈矩形分布,分布强度为 q。这时的主动土压力由两部分组成:一是由均布荷载引起的,与深度无关;二是由土自重引起的,与深度成正比,沿墙高呈三角形分布。土压力的计算方法如下。

对无黏性土,有:

$$p_a = K_a(\gamma z + q) \tag{6-18}$$

对黏性土,有:

$$p_a = K_a(\gamma z + q) - 2c\sqrt{K_a} \tag{6-19}$$

作用在墙背上的主动土压力的合力大小按梯形分布图的面积计算,即

对无黏性土,有:

$$E_a = \frac{1}{2}\gamma H^2 K_a + qHK_a \tag{6-20}$$

对黏性土,当 $q \geqslant \frac{2c}{\sqrt{K_a}}$ 时,墙后黏性土中临界深度 $z_0 = 0$,土压力呈梯形分布,总主动土压力 E_a 应为:

$$E_a = \frac{1}{2}\gamma H^2 K_a + qHK_a - 2cH\sqrt{K_a} \tag{6-21}$$

当 $q < \frac{2c}{\sqrt{K_a}}$ 时,土压力呈三角形分布,临界深度 z_0 位置可由式(6-19)及条件 $p_a = 0$ 得:

$$p_a = K_a(\gamma z + q) - 2c\sqrt{K_a} = 0$$

$$z_0 = \frac{2c}{\gamma\sqrt{K_a}} - \frac{q}{\gamma} \tag{6-22}$$

此时总主动土压力 E_a 应为:

$$E_a = \frac{1}{2}\gamma\,(H - z_0)^2 K_a = \frac{1}{2}(H - z_0)\left[(q + \gamma H)K_a - 2c\sqrt{K_a}\right] \tag{6-23}$$

2. 填土为成层土的情况

当墙后土体是由多种不同类型水平分布的土层组成时,仍可用朗肯理论计算土压力,但计算中应注意,需采用计算点所在地层的指标参数,任意 z 处土单元体所受的竖向应力为其上覆土自重应力之和,即 $\sum_{i=1}^{n}\gamma_i h_i$,$\gamma_i$、$h_i$ 为第 i 层土的重度和厚度。由于各层填土的重度、黏聚力和内摩擦角不同,土压力强度分布在不同土层分界面处可能出现转折或突变。如图 6-15 所示,各点的土压力强度分别为:

a 点:$p_{a1} = -2c_1\sqrt{K_{a1}}$,取 $p_{a1} = 0$;

b 点上(在第一层中):$p'_{a2}=\gamma_1 h_1 K_{a1}-2c_1\sqrt{K_{a1}}$;

b 点下(在第二层中):$p''_{a2}=\gamma_1 h_1 K_{a2}-2c_1\sqrt{K_{a2}}$;

c 点:$p_{a3}=(\gamma_1 h_1+\gamma_2 h_2)K_{a2}-2c_2\sqrt{K_{a2}}$;

式中　$K_{a1}=\tan^2\left(45°-\dfrac{\varphi_1}{2}\right)$,$K_{a2}=\tan^2\left(45°-\dfrac{\varphi_2}{2}\right)$。

如果是无黏性土,其土压力无须扣除相应的负土压力 $2c\sqrt{K_a}$。

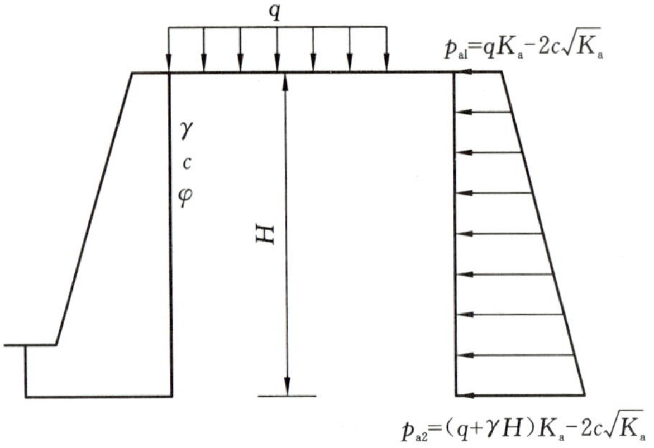

图 6-14　墙后土体表面均布荷载 q 作用下的土压力计算

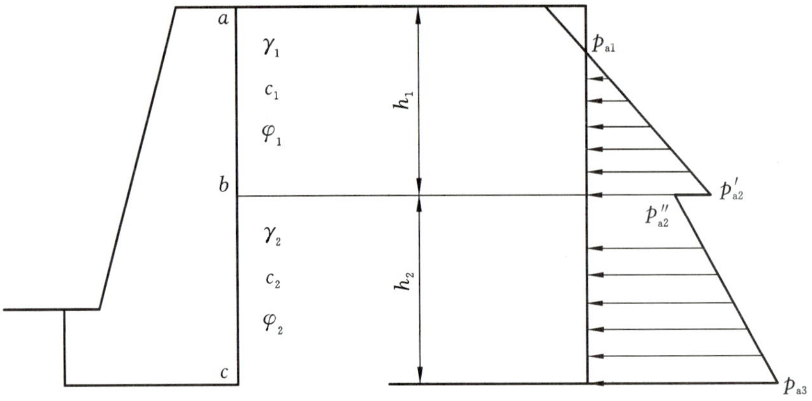

图 6-15　成层填土中的土压力

3. 墙后土体有地下水存在

当墙后土体有地下水存在时,墙体除受到土压力的作用外,还将受到水压力的作用。具体表现在:①地下水位以下填土重量将因受到浮力而减小,计算土压力时用浮重度 γ';②地下水的存在将使土的含水量增加,抗剪强度降低,从而使土压力增大;③地下水对墙背产生静水压力。在实际工程中计算墙体上的侧压力时,考虑到土质的影响,可采用"水土分算"或"水土合算"的计算方法。

(1) 水土分算法

水土分算法适用于砂土及碎石土,计算时地下水位以下部分采用有效重度 γ' 计算土压力，按静水压力计算水压力，然后将两者相加即为总的侧压力。其实质是将水的侧压力系数取为1，如图6-16(a)所示。其计算公式为

$$p_{ai}=K_{ai}\sum\gamma_i h_i-2c_i\sqrt{K_{ai}}+\gamma_w h_w \tag{6-24a}$$

$$p_{pi}=K_{pi}\sum\gamma_i h_i+2c_i\sqrt{K_{pi}}+\gamma_w h_w \tag{6-24b}$$

式中 γ_i——第 i 层土的重度，地下水位以下取有效重度 γ' (kN/m^3)；

h_w——计算点到地下水位面的距离(m)。

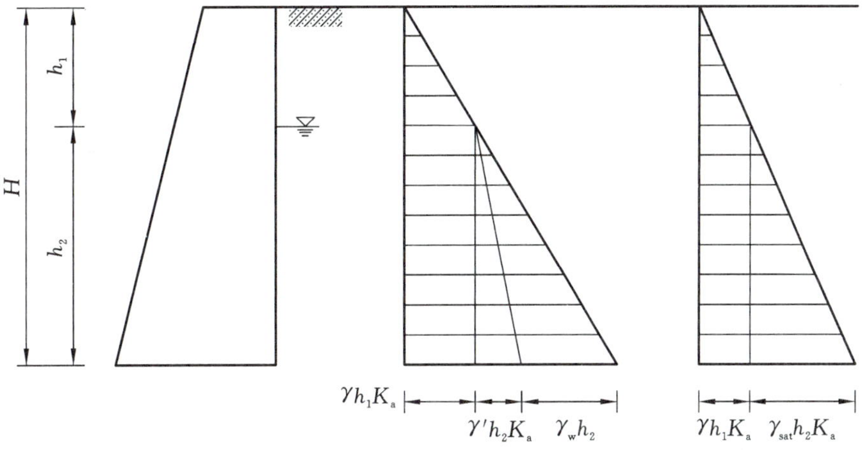

图6-16 墙后填土有地下水时土压力计算

(a)水土分算法；(b)水土合算法

(2) 水土合算法(认为水、土压力系数相同)

水土合算法适用于黏性土及粉土，计算时地下水位以下部分采用饱和重度 γ_{sat} 计算水、土压力。其实质是将水的侧压力系数取为土的侧压力系数，如图6-16(b)所示。其计算公式为：

$$p_{ai}=K_{ai}\sum\gamma_i h_i-2c_i\sqrt{K_{ai}} \tag{6-25a}$$

$$p_{pi}=K_{pi}\sum\gamma_i h_i+2c_i\sqrt{K_{pi}} \tag{6-25b}$$

分析研究和工程实践表明水土压力合算法存在以下四个问题：①计算得出的主动区水压力偏小，被动区水压力偏大；②不能反映出水位高低的区别，水位高与水位低两者的土压力计算结果基本一样，这显然是不合理的；③无法考虑土压力的渗流效应；④在浅层土的黏聚力较大的情况下，按水土压力合算法，计算得出的土压力为零的临界深度很大，往往大于水位深度，这是不合理的。

【例题6-4】 已知某挡土墙高10 m，墙背垂直光滑，墙后填土面水平。填土面上有均布荷载 $q=30$ kPa，墙后填土的物理力学性能指标见图6-17(a)。试利用朗肯土压力理论计算挡土墙上主动土压力 E_a 的大小及作用点位置，并绘出主动土压力强度沿墙高的分布图。

【解】 第一层土主动土压力系数：$K_{a1}=\tan^2(45°-\varphi_1/2)=\tan^2(45°-30°/2)=0.33$

第二层土主动土压力系数：$K_{a2}=\tan^2(45°-\varphi_2/2)=\tan^2(45°-25°/2)=0.41$

a 点主动土压力强度：

$$p_{aa}=K_{a1}q-2c_1\sqrt{K_{a1}}=0.33\times30-2\times10\times\sqrt{0.33}=-1.5\text{ kPa}<0，取\ p_{aa}=0$$

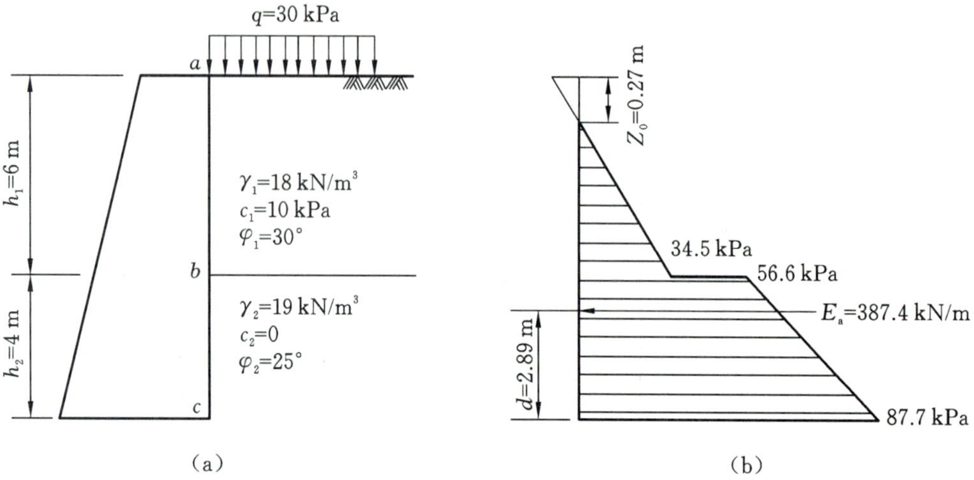

图 6-17　例题 6-4 图

(a)墙后填土的物理力学性能指标;(b)主动土压力强度分布图

临界深度：$z_0=\dfrac{2c_1}{\gamma_1\sqrt{K_{a1}}}-\dfrac{q}{\gamma_1}=\dfrac{2\times 10}{18\times\sqrt{0.33}}-\dfrac{30}{18}=0.27\ \text{m}$

b 点主动土压力强度：

$p_{ab上}=(q+\gamma_1 h_1)K_{a1}-2c_1\sqrt{K_{a1}}=0.33\times(30+18\times 6)-2\times 10\times\sqrt{0.33}=34.5\ \text{kPa}$

$p_{ab下}=(q+\gamma_1 h_1)K_{a2}=0.41\times(30+18\times 6)=56.6\ \text{kPa}$

c 点主动土压力强度：$p_{ac}=K_{a2}(q+\gamma_1 h_1+\gamma_2 h_2)=0.41\times(30+18\times 6+19\times 4)=87.7\ \text{kPa}$

则主动土压力 E_a 为：$E_a=\dfrac{1}{2}\times(6-0.27)\times 34.5+\dfrac{1}{2}\times(56.6+87.7)\times 4=387.4\ \text{kN/m}$

主动土压力 E_a 作用点距墙底的距离为：

$$d=\frac{1}{387.4}\times\left[\frac{1}{2}\times(6-0.27)\times 34.5\times\left(4+\frac{6-0.27}{3}\right)+56.6\times 4\times\frac{4}{2}+\frac{1}{2}\times 4\times(87.7-56.6)\times\frac{4}{3}\right]$$

$$=2.89\ \text{m}$$

主动土压力强度 p_a 分布图形如图 6-17(b)所示。

【例题 6-5】　挡土墙高 7 m，墙背直立、光滑，墙后填土面水平，填土面上有均布荷载 $q=20$ kPa，填土情况如图 6-18(a)所示。试采用水土分算法计算主动土压力合力的大小并作出墙背主动土压力分布图。

【解】　第一层土主动土压力系数 $K_{a1}=\tan^2(45°-\varphi_1/2)=\tan^2(45°-20°/2)=0.49$

第二层土主动土压力系数 $K_{a2}=\tan^2(45°-\varphi_2/2)=\tan^2(45°-26°/2)=0.39$

黏性土主动土压力为：$p_a=(\gamma z+q)K_a-2c\sqrt{K_a}$

各点主动土压力分别为：

$p_{a1}=qK_{a1}-2c_1\sqrt{K_{a1}}=20\times 0.49-2\times 12\times\sqrt{0.49}=-7\ \text{kPa}<0$，取 $p_{a1}=0$

$p_{a2上}=(q+\gamma_1 h_1)K_{a1}-2c_1\sqrt{K_{a1}}=19.46\ \text{kPa}$

$p_{a2下}=(q+\gamma_1 h_1)K_{a2}-2c_2\sqrt{K_{a2}}=21.37\ \text{kPa}$

$p_{a3}=(q+\gamma_1 h_1+\gamma'_2 h_2)K_{a2}-2c_2\sqrt{K_{a2}}=35.72\ \text{kPa}$

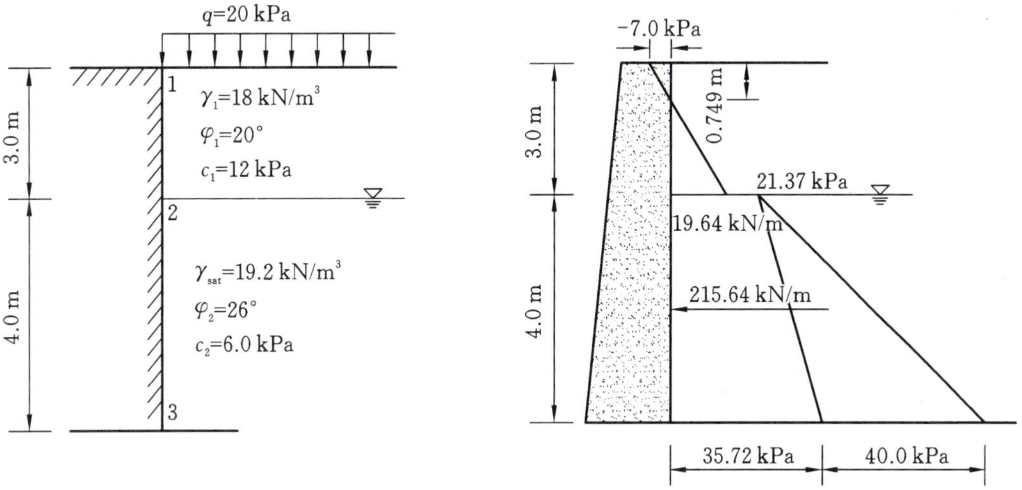

(a)　　　　　　　　　　(b)

图 6-18　例题 6-5 图

(a)填土情况；(b)主动土压力分布图

其中 $\gamma'_2=\gamma_{sat}-\gamma_w=19.2-10=9.2\ \text{kN/m}^3$

临界深度 $z_0=\dfrac{2c_1}{\gamma_1\sqrt{K_{a1}}}-\dfrac{q}{\gamma_1}=\dfrac{2\times 12}{18\times\sqrt{0.49}}-\dfrac{20}{18}=0.794\ \text{m}$

第一层土主动土压力分布高度 $h=h_1-z_0=3-0.794=2.206\ \text{m}$

$$E_a=(h_1-z_0)p_{a2上}/2+h_2(p_{a2下}+p_{a3})/2$$
$$=2.206\times 19.46/2+2\times(21.37+35.72)=135.64\ \text{kN/m}$$
$$E_{a总}=E_a+\gamma_w h_2^2/2=135.64+10\times 4^2/2=215.64\ \text{kN/m}$$

墙背主动土压力分布图如图 6-18(b)所示。

【例题 6-6】　有一个墙背竖直光滑的挡土墙，墙后填土分两层（图 6-19）。墙后地下水位很深，填土表面无荷载。两层填土的部分性能指标如图 6-19 所示。已知主动土压力的分布是一条连续的直线。计算上层填土的黏聚力 c_1 和下层土的 c_2 及内摩擦角 φ_2。

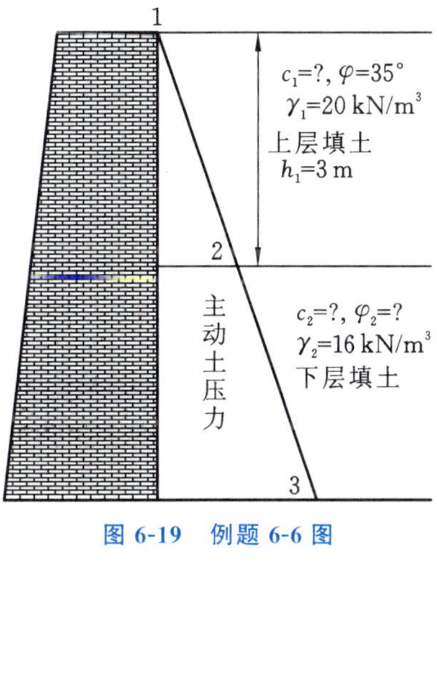

图 6-19　例题 6-6 图

【解】 由1点主动土压力强度 $p_{a1}=\gamma_1 h_1 K_{a1}-2c_1\sqrt{K_{a1}}=0$，又因为 $h_1=0$，即 $2c_1\sqrt{K_{a1}}=0$ 得 $c_1=0$

在2点处，土层分层处的土压力强度相等，则 $p_{a2上}=p_{a2下}$

$$p_{a2上}=\gamma_1 h_1 K_{a1}-2c_1\sqrt{K_{a1}}=\gamma_1 h_1\sqrt{K_{a1}}$$

$$p_{a2下}=\gamma_1 h_1 K_{a2}-2c_2\sqrt{K_{a2}}，得\ \gamma_1 h_1(K_{a2}-K_{a1})=2c_2\sqrt{K_{a2}} \quad ①$$

已知主动土压力的分布是一条连续的直线，故上下两层土中土压力分布线的斜率相同，则有

$$\gamma_1 K_{a1}=\gamma_2 K_{a2} \quad ②$$

等式②的由来，具体推导如下：

设在上层填土之下，即在 h_1 之下 Δh 处，对于两层填土在 Δh 处的土压力强度为：

$$p_{\Delta ha}=(\gamma_1 h_1+\gamma_2\Delta h)K_{a2}-2c_2\sqrt{K_{a2}}$$

当土压力分布为一直线，则可以把整个墙后填土看成是上层填土，则在 Δh 处的土压力强度为：

$$p_{\Delta ha}=(\gamma_1 h_1+\gamma_1\Delta h)K_{a1}$$

即 $(\gamma_1 h_1+\gamma_2\Delta h)K_{a2}-2c_2\sqrt{K_{a2}}=(\gamma_1 h_1+\gamma_1\Delta h)K_{a1}$，简化得到

$\Delta h(\gamma_2 K_{a2}-\gamma_1 K_{a1})=0$，由于 $\Delta h\neq 0$，则 $\gamma_1 K_{a1}=\gamma_2 K_{a2}$

由①、②方程连接解，得到 $\sqrt{K_{a2}}=\dfrac{2c_2}{(\gamma_1-\gamma_2)h_1}$，再由②得到 $\sqrt{K_{a1}}=\dfrac{2c_2}{(\gamma_1-\gamma_2)h_1}\sqrt{\dfrac{\gamma_2}{\gamma_1}}$，即有

$$c_2=\frac{1}{2}\sqrt{\frac{\gamma_1}{\gamma_2}K_{a1}}\cdot(\gamma_1-\gamma_2)h_1，代入数据得到$$

$$c_2=\frac{1}{2}\times\tan\left(45^\circ+\frac{35^\circ}{2}\right)\times\sqrt{\frac{20}{16}}\times(20-16)\times 3=12.9\ \text{kPa}$$

由 $\sqrt{K_{a2}}=\dfrac{2c_2}{(\gamma_1-\gamma_2)h_1}$，可得 $\tan\left(45^\circ+\dfrac{\varphi_2}{2}\right)=\dfrac{2\times 12.9}{(20-16)\times 3}$，即 $\varphi_2=40^\circ$

6.4 库仑土压力理论

1776年法国的库仑(C. A. Coulomb)根据极限平衡的概念，并假定滑动面为平面，分析了滑动楔体的力系平衡，从而算出挡土墙上的土压力，这一方法称为库仑土压力理论。该理论适用于各种填土面和不同的墙背条件，且方法简便，有足够的精度，至今仍是一种被广泛采用的土压力理论。

6.4.1 库仑土压力理论的基本原理及假定

库仑土压力理论的计算原理是应用刚体极限平衡理论，以整个滑动土体上力的平衡条件确定土压力。库仑土压力理论最早假定挡土墙墙后的填土是均匀的砂性土，且无地下水，

当挡土墙背离土体移动时，墙后土体达到极限平衡状态后，在墙背面 AB 后的砂土中将产生一个接近平面的主动滑动面，该滑动面是通过墙脚 B 的平面 BC，如图 6-20(a)所示。假定滑动土楔 ABC 是刚体，则根据土楔 ABC 的静力平衡条件，可求解出挡土墙对滑动土楔的支撑反力，从而可求解出作用于墙背的总主动土压力。同理，当挡土墙背推向土体时，墙后土体达到极限平衡状态后，在墙背面 AB 后的砂土中将产生一个被动滑动面，如图 6-20(b)所示。根据土楔 ABC 的静力平衡条件，可求解出作用于墙背的总被动土压力。因此只要确定出主动或被动破坏面的位置，假定滑动体为刚性体，就可以根据滑动土体的静力平衡条件确定主动或被动土压力。

库仑理论的基本假定为：

① 墙后填土为无黏性土，填土表面倾斜；

② 挡土墙为刚性的，墙面粗糙，墙背与土体之间存在摩擦力；

③ 平面滑裂面假定：墙后滑动土楔体是沿着墙背和一个通过墙踵的平面发生滑动；

④ 刚体滑动假设：滑动土楔体视为刚体，不考虑滑动楔体内部的应力和变形条件；

⑤ 滑动土楔体整体处于极限平衡状态：滑动面上的剪应力 τ 均已达到抗剪强度 τ_f。

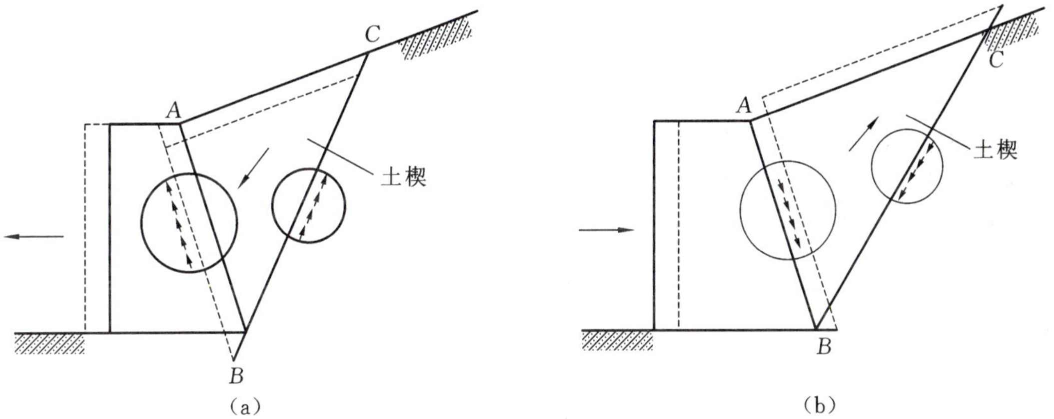

图 6-20　库仑土压力理论

(a)主动状态；(b)被动状态

6.4.2　库仑主动土压力计算

如图 6-21(a)所示，墙背与垂直线的夹角为 ε，填土表面倾角为 β，墙高为 H，填土与墙背之间的摩擦角为 δ，土的内摩擦角为 φ，土的黏聚力 $c=0$，假定滑动面 BC 通过墙踵。滑裂面与水平面的夹角为 α，取滑动土楔 ABC 作为隔离体进行受力分析，见图 6-21(a)。

当滑动土楔 ABC 向下滑动，处于极限平衡状态时，土楔上作用有以下三个力：

(1) 土楔 ABC 自重 W，当滑裂面的倾角 α 确定后，由几何关系可计算土楔自重。

(2) 破裂滑动面 BC 上的反力 R，该力是楔体滑动时 BC 面上摩擦力 T_1 与法向反力 N_1 的合力，作用方向与 BC 面的法线的夹角等于土的内摩擦角 φ，R 的作用方向已知，大小未知。楔体下滑时，R 的位置在法线的下侧。

(3) 墙背 AB 对土楔体的反力 Q，与该力大小相等、方向相反的楔体作用在墙背上的压力，就是主动土压力。力 Q 的作用方向与墙面 AB 的法线的夹角 δ 就是土与墙之间的摩擦角，称为外摩擦角。楔体下滑时，相对于墙背是向下滑动的，故墙背在 AB 面上产生的摩擦力 T_2 的方向向上，力 Q 的位置在法线的下侧。

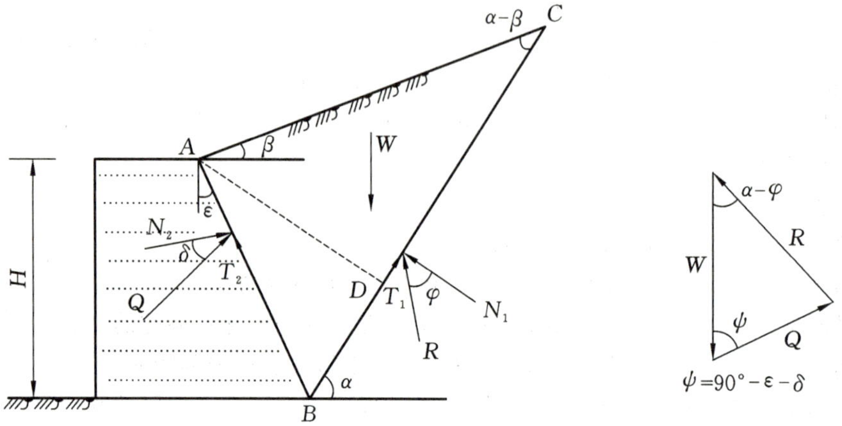

(a)　　　　(b)

图 6-21　库仑主动土压力计算简图

(a)计算模型;(b)力平衡三角形图

土楔体 ABC 在以上三个力的作用下处于极限平衡状态，则由该三个力构成的力的矢量三角形必然闭合。已知 W 的大小和方向，以及 R、P 的方向，可给出如图 6-21(b)所示的力三角形。按正弦定理：

$$\frac{Q}{\sin(\alpha-\varphi)}=\frac{W}{\sin[180°-(\psi+\alpha-\varphi)]}$$

则

$$Q=\frac{W\sin(\alpha-\varphi)}{\sin(\psi+\alpha-\varphi)} \tag{6-26}$$

式中　$\psi=90°-(\delta+\varepsilon)$。

土楔体 ABC 自重为：

$$W=\frac{1}{2}\overline{AD}\cdot\overline{BC}\cdot\gamma$$

$$\overline{AD}=\overline{AB}\cdot\sin(90°+\varepsilon-\alpha)=H\cdot\frac{\cos(\varepsilon-\alpha)}{\cos\varepsilon}$$

$$\overline{BC}=\overline{AB}\cdot\frac{\sin(90°+\beta-\varepsilon)}{\sin(\alpha-\beta)}=H\cdot\frac{\cos(\beta-\varepsilon)}{\cos\varepsilon\cdot\sin(\alpha-\beta)}$$

$$W=\frac{1}{2}\gamma H^2\left[\frac{\cos(\varepsilon-\alpha)\cdot\cos(\beta-\varepsilon)}{\cos^2\varepsilon\cdot\sin(\alpha-\beta)}\right] \tag{6-27}$$

将式(6-27)代入式(6-26)，得

$$Q=\frac{1}{2}\gamma H^2\left[\frac{\cos(\varepsilon-\alpha)\cdot\cos(\beta-\varepsilon)\cdot\sin(\alpha-\varphi)}{\cos^2\varepsilon\cdot\sin(\alpha-\beta)\cdot\cos(\alpha-\varphi-\varepsilon-\delta)}\right] \tag{6-28}$$

由式(6-28)可知：Q 是 α 的函数，不同的 α 对应着不同的 Q 值。滑动面 BC 是假设的，因此 α 角是任意的。α 角改变时，Q 值也随之变化。当 $\alpha=90°+\varepsilon$ 时，$W=0$，则 $Q=0$；而当

$\alpha=\varphi$ 时，W 和 R 重合，亦是 $Q=0$。所以当 α 在 φ 和 $90^\circ+\varepsilon$ 之间变化为某一 α_0 值时，Q 必有一最大值 Q_{max}。对应于 Q_{max} 值的滑动面才是所求的主动土压力的滑动面，相应的与 Q_{max} 值大小相等、方向相反的作用于墙背上的土压力即是所求的总主动土压力 E_a。

根据上述概念，为求得 Q_{max} 值，可将式(6-28)对 α 求导，并令

$$\frac{dQ}{d\alpha}=0 \tag{6-29}$$

由式(6-29)解得一个 $\alpha=\alpha_0$ 值，使 Q 达到 Q_{max} 值。把 α_0 表达式代入式(6-28)，从而导出总主动土压力的计算公式为：

$$E_a=Q_{max}=\frac{1}{2}\gamma H^2 K_a \tag{6-30}$$

其中

$$K_a=\frac{\cos^2(\varphi-\varepsilon)}{\cos^2\varepsilon\cos(\varepsilon+\delta)\left[1+\sqrt{\dfrac{\sin(\delta+\varphi)\sin(\varphi-\beta)}{\cos(\delta+\varepsilon)\cos(\varepsilon-\beta)}}\right]^2} \tag{6-31}$$

式中 γ——墙后填土的重度(kN/m^3)；

H——墙的高度(m)；

K_a——库仑主动土压力系数，是 φ、ε、β、δ 的函数；

ε——墙背倾角(墙背与铅直线的夹角)，以铅直线为准，顺时针为负，称仰斜，逆时针为正，称俯斜；

δ——墙背与填土之间的摩擦角，由试验确定，无试验资料时，一般取 $\delta=\left(\frac{1}{3}\sim\frac{2}{3}\right)\varphi$，也可参考表6-3中的数值；

φ——墙后填土的内摩擦角(°)；

β——填土表面的倾角，水平面以上为正，水平面以下为负。

表6-3 土对挡土墙墙背的摩擦角

挡土墙情况	摩擦角 δ
墙背平滑、排水不良	$(0\sim0.33)\varphi$
墙背粗糙、排水良好	$(0.33\sim0.5)\varphi$
墙背很粗糙、排水良好	$(0.5\sim0.67)\varphi$
墙背与填土间不可能滑动	$(0.67\sim1.0)\varphi$

注：φ 为墙后填土的内摩擦角。

当墙背直立($\varepsilon=0$)，墙面光滑($\delta=0$)，填土表面水平($\beta=0$)时，主动土压力系数为 $K_a=\tan^2\left(45^\circ-\frac{\varphi}{2}\right)$，与朗肯主动土压力系数相同。式(6-30)成为：

$$E_a=\frac{1}{2}\gamma H^2 K_a=\frac{1}{2}\gamma H^2\tan^2\left(45^\circ-\frac{\varphi}{2}\right)$$

该式为朗肯主动土压力公式。由此可知，朗肯主动土压力公式是库仑公式的特殊情况。

关于土压力强度沿墙高度分布形式，可通过对式(6-30)进行求导得：

$$p_a = \frac{dE_a}{dz} = \gamma z K_a \tag{6-32}$$

由此可知，主动土压力强度沿墙高呈三角形分布，主动土压力沿墙高和墙背的分布图形如图 6-22 所示。主动土压力合力作用点在离墙底 $H/3$ 高度处，作用方向与墙面的法线成 δ 角，与水平面成 $\delta+\varepsilon$ 角。

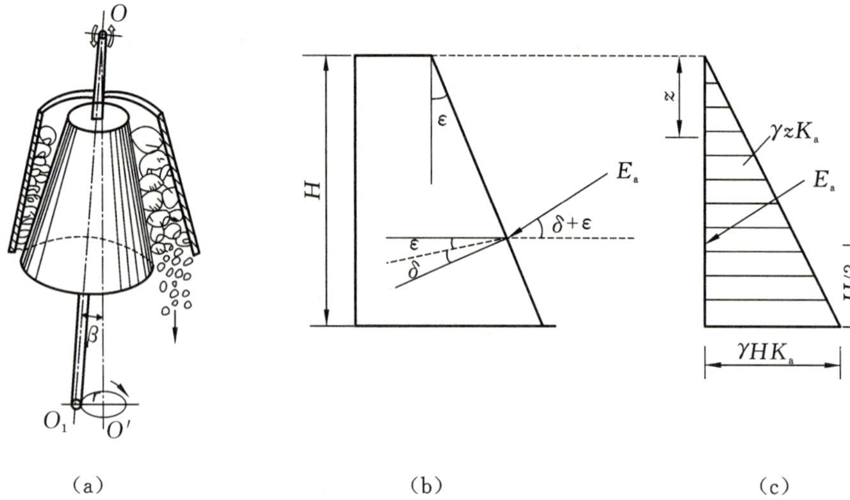

图 6-22　库仑主动土压力强度分布

6.4.3　库仑被动土压力计算

如图 6-23 所示，当挡土墙在外力作用下推向填土，直至墙后土体达到被动极限平衡状态时，墙后土体将出现通过墙脚的两个滑动面 AB 和 BC。由于滑动土体 ABC 向上挤出隆起，故在滑动面 AB 和 BC 上的摩擦阻力 T_1 及 T_2 作用方向向下，与主动平衡状态时的情形正好相反。根据滑动土体 ABC 的静力平衡条件，可给出其受力平衡三角形，如图 6-23(b)所示。由正弦定律可得

$$Q = W\frac{\sin(\alpha+\varphi)}{\sin(90^\circ+\varepsilon-\delta-\alpha-\varphi)} \tag{6-33}$$

由式(6-33)可知，在其他参数不变的条件下，抵抗力 Q 值随滑动面 BC 的倾角 α 而变化。当挡土墙推向填土时，最危险滑动面上的抵抗力应该是其中的最小值 Q_{min}，此即作用在墙背上的被动土压力。为了求得 Q_{min}，同样可对式(6-33)求导，并令

$$\frac{dQ}{d\alpha} = 0 \tag{6-34}$$

由式(6-34)解得 α 值，并代入式(6-33)，即可得库仑被动土压力 E_p 的计算公式为：

$$E_p = Q_{min} = \frac{1}{2}\gamma H^2 K_p \tag{6-35}$$

其中

$$K_p=\frac{\cos^2(\varphi+\varepsilon)}{\cos^2\varepsilon\cos^2(\varepsilon-\delta)\left[1-\sqrt{\frac{\sin(\varphi+\delta)\sin(\varphi+\beta)}{\cos(\varepsilon-\delta)\cos(\varepsilon-\beta)}}\right]^2} \tag{6-36}$$

式中 K_p——库仑被动土压力系数，是 φ、ε、β、δ 的函数；

其余符号的意义与式(6-31)相同。

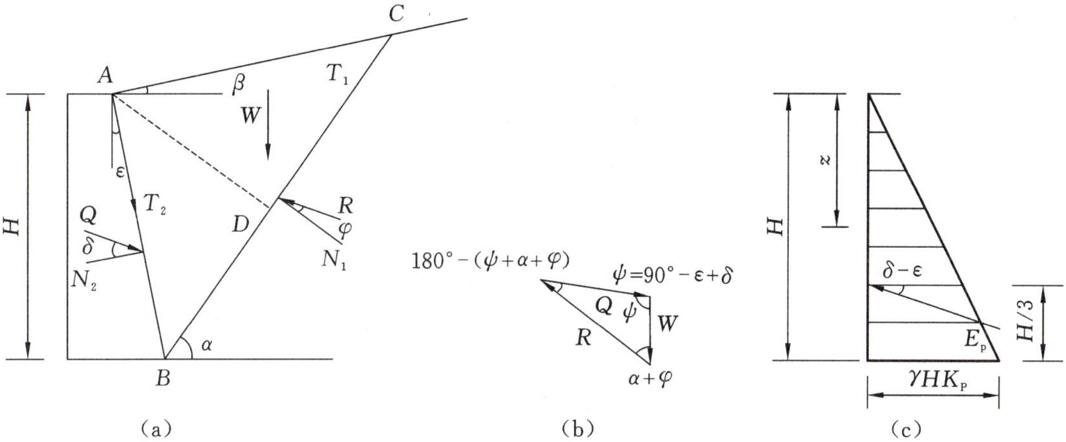

图 6-23 库仑被动土压力的计算

(a)土楔 ABC 上的作用力；(b)力矢三角形；(c)被动土压力分布图

库仑被动土压力合力 E_p 的作用方向与墙背法线成 δ 角。由式(6-35)可以看出，被动土压力 E_p 也是墙高 H 的二次函数。将式(6-35)中的 E_p 对 z 求导数，可得

$$p_p=\frac{dE_p}{dz}=\gamma zK_p \tag{6-37}$$

式(6-37)表明，被动土压力强度沿墙高也为三角形分布。总被动土压力的作用点在底面以上 $H/3$ 处，其方向与墙面法线成 δ 角，与水平面成 δ-ε 角，见图 6-23(c)。

【例题 6-7】 某一挡土墙墙高 $h=6$ m，墙背与竖直线之间的夹角 $\varepsilon=15°$，墙后填土为无黏性土，填土表面为一向上倾斜的斜坡面，与水平面的夹角 $\beta=+10°$，填土的重度 $\gamma=18.5$ kN/m^3，内摩擦角 $\varphi=30°$，填土与墙背的摩擦角 $\delta=15°$。计算填土对挡土墙的库仑主动土压力和被动土压力。

【解】 (1) 主动土压力的计算

根据 $\varepsilon=15°$、$\beta=+10°$、$\varphi=30°$、$\delta=15°$，按式(6-31)计算库仑主动土压力系数 K_a 为：

$$K_a=\frac{\cos^2(\varphi-\varepsilon)}{\cos^2\varepsilon\cos(\varepsilon+\delta)\left[1+\sqrt{\frac{\sin(\delta+\varphi)\sin(\varphi-\beta)}{\cos(\delta+\varepsilon)\cos(\varepsilon-\beta)}}\right]^2}$$

$$=\frac{\cos^2(30°-15°)}{\cos^2 15°\times\cos(15°+15°)\left[1+\sqrt{\frac{\sin(15°+30°)\times\sin(30°-10°)}{\cos(15°+15°)\times\cos(15°-10°)}}\right]^2}=0.484$$

根据式(6-30)计算填土对挡土墙产生的主动土压力 E_a 为：

$$E_a=\frac{1}{2}\gamma H^2K_a=0.5\times18.5\times6^2\times0.484=161.2\ \text{kN/m}$$

主动土压力作用点距墙踵的高度为 $d=\frac{H}{3}=\frac{6}{3}=2\ \text{m}$

主动土压力作用线与墙背法线成 $\delta=15^\circ$ 角，在法线的上方，也即与水平面成 $\delta+\varepsilon=30^\circ$ 角。

(2) 被动土压力计算

根据 $\varepsilon=15^\circ$、$\beta=+10^\circ$、$\varphi=30^\circ$、$\delta=15^\circ$，按式(6-36)计算库仑被动土压力系数 K_p

$$K_p=\frac{\cos^2(\varphi+\varepsilon)}{\cos^2\varepsilon\cos^2(\varepsilon-\delta)\left[1-\sqrt{\frac{\sin(\varphi+\delta)\sin(\varphi+\beta)}{\cos(\varepsilon-\delta)\cos(\varepsilon-\beta)}}\right]^2}$$

$$=\frac{\cos^2(30^\circ+15^\circ)}{\cos^2 15^\circ\times\cos^2(15^\circ-15^\circ)\left[1-\sqrt{\frac{\sin(30^\circ+15^\circ)\times\sin(30^\circ+10^\circ)}{\cos(15^\circ-15^\circ)\times\cos(15^\circ-10^\circ)}}\right]^2}=5.087$$

根据式(6-35)计算填土对挡土墙产生的被动土压力 E_p：

$$E_p=\frac{1}{2}\gamma H^2K_p=0.5\times18.5\times6^2\times5.087=1694.0\ \text{kN/m}$$

被动土压力作用点距墙踵的高度为 $d=\frac{H}{3}=\frac{6}{3}=2\ \text{m}$

被动土压力作用线与墙背法线成 $\delta=15^\circ$ 角，在法线的上方，也即与水平面成 $\delta-\varepsilon=0^\circ$ 角。

6.4.4 图解法确定主动土压力

1. 库尔曼图解法确定主动土压力

自库仑在 1776 年发表土压力理论以来，许多学者对库仑土压力理论作了改进和发展，而利用图解法计算土压力及确定最危险滑动面也是其中很重要的方面。库尔曼(C. Culmann)在 1875 年提出的图解法是目前较常采用的一种图解方法。图 6-24(a)表示用库尔曼图解法求主动土压力的方法，其作图步骤如下：

(1) 过 A 点作水平线 AH。

(2) 过 A 点作 AL 线，与水平线 AH 成 φ 角。

(3) 过 A 点作 AM 线，与 AL 线成 ψ 角，$\psi=90^\circ-\varepsilon-\delta$。

(4) 任意假定一个试算的滑动面 AC_1，它与水平线成 α 角；计算滑动土楔 ABC_1 的重力 W，按适当的比例尺在 AL 线上量 An_1 代表 W 的大小，由 n_1 点作 n_1m_1 线与 AM 线平行且与 AC_1 线交于 m_1 点。由可以看出$\triangle An_1m_1$ 就是滑动土楔 ABC_1 的静力平衡三角形，n_1m_1 就表示相应于试算滑动面 AC_1 时，墙背对土楔的作用力 Q 值。

(5) 重复上述步骤，假定多个试算滑动面 AC_2、AC_3、AC_4、…，得到相应的 n_2m_2、n_3m_3、n_4m_4、…，即得到一系列的 Q 值。

(6) 将 m_1、m_2、m_3、…点连成曲线，称为 E 线，也称为 Culmann 线。作 E 线的切线 $t—t$，它与 AL 线平行，得切点 m。作 nm 使它平行于 AM 线，则 nm 表示 Q 值中的最大值 Q_{max}，且知 $Q_{max}=E_a$，连 Am 延长到 C_a，AC_a 就是最危险滑动面。

(7) 采用与 G 同样的比例量 nm 线，即得主动土压力 E_a 值。

库尔曼图解法的证明，见图 6-24(a)中的三角形 Anm，已知 An 是滑动土楔的重力 W，$\angle mAn=\alpha-\varphi$，$\angle mnA=\psi=90°-\delta-\varepsilon$(因为 $nm /\!/ AM$ 线)，故三角形 Anm 与图 6-24(b)中的滑动土楔静力平衡的力三角形相等，这也证明了$\triangle Anm$ 就是力平衡三角形，nm 就代表了 Q 值。

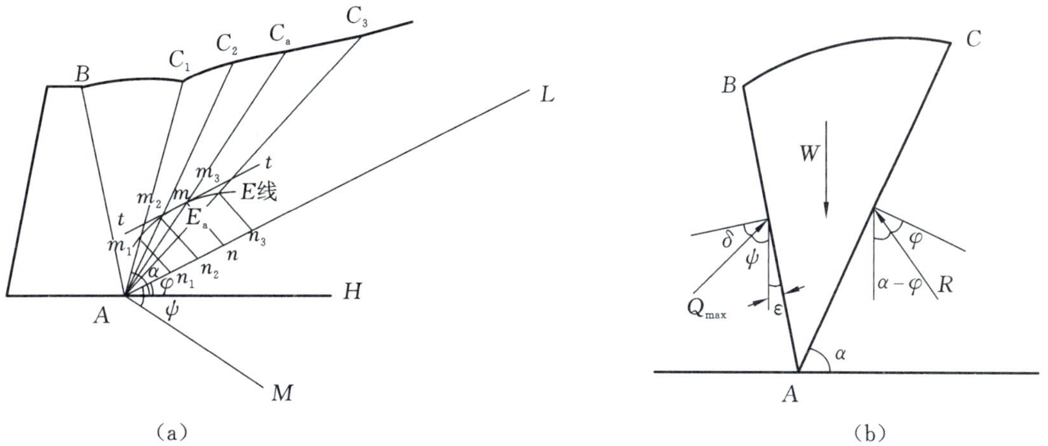

图 6-24　库尔曼图解法求主动土压力

(a)库尔曼图解；(b)静力平衡的力三角形

2. 图解法确定黏性填土的主动土压力

当墙后填土为黏性土时，可考虑用图解法求解主动土压力，见图 6-25。此种情况下，滑动楔体的滑动面上以及墙背与填土的接触面上，除了有摩擦力外还有黏聚力 $\bar{c}$ 的作用。根据前述朗肯理论可知，在无荷载作用的黏性土半无限体表层 z_0 深度内，由于存在拉应力，将导致裂缝出现，如图 6-25(a)所示，故在 z_0 深度内的墙背面上和滑动面上无黏聚力的作用。式(6-11)不会因地表倾角不同而变化。其中 K_a 可按式(6-31)计算。

假定滑动面为 ADC 时，作用在滑动楔体上的力有：

(1) 滑动土楔 $BEADC$ 的重量 W；

(2) 墙背对填土的反力 Q；

(3) 沿墙背 AE 的总黏聚力 $\bar{C}=\bar{c}\cdot\overline{AE}$，其中 $\bar{c}$ 为墙与填土接触面上单位面积黏聚力，方向沿接触面，如图 6-25 所示；

(4) 滑动面 AD 上的反力 R；

(5) 滑动面 AD 上的总黏聚力 $C=c\cdot\overline{AD}$，c 为填土内单位面积上的黏聚力，方向沿滑动面 AD。

这样，上述 5 个力的作用方向均为已知，且 W、$\bar{C}$ 和 C 的大小也已知，根据力系平衡时力多边形闭合的条件，即可确定出 Q 的大小，如图 6-25(b)所示。

用与 6.3 节中无黏性土同样的方法，试算多个滑动面，根据矢量 $\boldsymbol{Q}$ 与 $\boldsymbol{R}$ 的交点的轨迹，画出一条光滑曲线，找到 Q 的最大值 Q_{max}，即为主动土压力 E_a，并可得到最危险的滑动土楔

体破裂面倾角 α_{cr}。

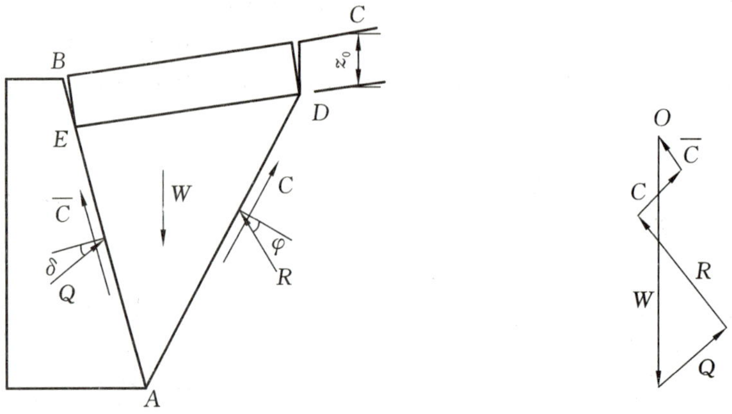

(a) (b)

图 6-25 用图解法求黏性土主动土压力

(a)填土受力情况;(b)力系平衡时的力多边形

在忽略 AE 面上的总黏聚力 $\overline{C}$ 以及 z_0 深度内土体的超载作用时,根据静力平衡条件可解得:

$$Q=\frac{\frac{1}{2}\gamma\cdot\overline{AE}\cdot\overline{ED}\sin(\varepsilon'+\beta)-c\cdot\overline{AD}\cdot[\sin\alpha+\cos\alpha\cdot c\tan(\alpha-\varphi)]}{\cos(\varepsilon'-\delta)+\sin(\varepsilon'-\delta)\cdot\cot(\alpha-\varphi)} \tag{6-38}$$

式中:$\varepsilon'=90^\circ-\varepsilon$。

由式(6-38)可知,在其他参数不变的条件下,抵抗力 Q 值随滑动面 AC 的倾角 α 而变化,其最危险的滑裂面将是使 Q 达到极大值 Q_{max} 的滑裂面,此即作用在墙背上的主动土压力。为此将式(6-38)对 α 求导,求出最危险滑裂面的倾角 α_{cr} 和主动土压力 E_a,具体表达式如下:

$$\alpha_{cr}=\arctan\left[\frac{S_q\sin\beta+\sin(\varepsilon'-\varphi-\delta)}{S_q\cos\beta-\cos(\varepsilon'-\varphi-\delta)}\right] \tag{6-39}$$

式中:$S_q=\sqrt{\dfrac{\sin(\varepsilon'-\delta)\sin(\varphi+\delta)+\eta\sin\varepsilon'\cos\varphi}{\sin(\varepsilon'+\beta)\sin(\varphi-\beta)+\eta\sin\varepsilon'\cos\varphi}}$。

其中,$\varepsilon'=90^\circ-\varepsilon$,$\eta=\dfrac{2c}{\gamma h}$。

$$E_a=\frac{1}{2}\gamma h^2K_a \tag{6-40}$$

$$K_a=\frac{\sin(\varepsilon'+\beta)}{\sin^2\varepsilon'\sin^2(\varepsilon'+\beta-\varphi-\delta)}\times\left\{\begin{array}{l}\sin(\varepsilon'+\beta)\sin(\varepsilon'-\delta)+\sin(\varphi+\delta)\sin(\varphi-\beta)+2\eta\sin\varepsilon'\cos\varphi\cos(\varepsilon'+\beta-\varphi-\delta)-\\2\left[(\sin(\varepsilon'+\beta)\sin(\varphi-\beta)+\eta\sin\varepsilon'\cos\varphi)(\sin(\varepsilon'-\delta)\sin(\varphi+\delta)+\eta\sin\varepsilon'\cos\varphi)\right]^{\frac{1}{2}}\end{array}\right\} \tag{6-41}$$

《建筑地基基础设计规范》(GB 50007—2011)提出一种基于库仑土压力理论,考虑了墙后土体黏聚力、土与墙背之间黏聚力、土表面超载、土表面附近裂纹深度等因素的计算公式:

$$E_a=\frac{1}{2}\psi_a\gamma h^2K_a \tag{6-42}$$

$$K_a=\frac{\sin(\varepsilon'+\beta)}{\sin^2\varepsilon'\sin^2(\varepsilon'+\beta-\varphi-\delta)}\times$$
$$\left\{\begin{matrix}k_q[\sin(\varepsilon'+\beta)\sin(\varepsilon'-\delta)+\sin(\varphi+\delta)\sin(\varphi-\beta)]+2\eta\sin\varepsilon'\cos\varphi\cos(\varepsilon'+\beta-\varphi-\delta)- \\ 2\ [(k_q\sin(\varepsilon'+\beta)\sin(\varphi-\beta)+\eta\sin\varepsilon'\cos\varphi)(\sin(\varepsilon'-\delta)\sin(\varphi+\delta)+\eta\sin\varepsilon'\cos\varphi)]^{\frac{1}{2}}\end{matrix}\right\} \tag{6-43}$$

式中 ψ_a——主动土压力增大系数,当挡土墙高度小于 5 m 时宜取 1.0,高度为 5~8 m 时宜取 1.1,高度大于 8 m 时宜取 1.2。

其中,$\varepsilon'=90°-\varepsilon$,$\eta=\dfrac{2c}{\gamma h}$,$k_q=1+\dfrac{2q\sin\varepsilon'\cos\beta}{\gamma h\sin(\varepsilon'+\beta)}$。

6.4.5 几种特殊情况下库仑土压力的计算

1. 地面连续均布荷载作用下的库仑土压力

对于墙背倾斜、墙后填土表面作用有均布荷载的情况,如图 6-26 所示,其中 q 为沿坡面单位长度上的荷载。在计入作用于滑动楔体上的荷载 $G=ql$ 后,可直接由库仑理论推导出计算总土压力 E_a 的公式。在图 6-26(c)中,设 E'_a为填土表面没有荷载作用时的总土压力,E_a 为计入填土表面均布荷载后的总土压力,根据三角形相似原理,应有:

$$\frac{E_a}{E'_a}=\frac{W+G}{W}$$

故

$$E_a=E'_a\left(1+\frac{G}{w}\right) \tag{6-44}$$

如果令

$$\Delta E_a=E'_a\frac{G}{w} \tag{6-45}$$

则

$$E_a=E'_a+\Delta E_a \tag{6-46}$$

由式(6-46)可以看出,等号右边第一项 E'_a为土重引起的总主动土压力,根据式(6-30)可知 $E'_a=\frac{1}{2}\gamma H^2K_a$;第二项即为填土表面上均布荷载 q 引起的主动土压力增量 ΔE_a。下面推求 ΔE_a:

从图 6-26(a)所示的几何关系可知:

$$W=\frac{l\cdot\overline{BD}}{2}\gamma \tag{6-47}$$

$$\overline{BD}=\overline{AB}\cdot\cos(\varepsilon-\beta)=\frac{H}{\cos\varepsilon}\cdot\cos(\varepsilon-\beta) \tag{6-48}$$

将式(6-15)、式(6-47)和式(6-48)代入式(6-45)，可得：

$$\Delta E_a = qHK_a \frac{\cos\varepsilon}{\cos(\varepsilon-\beta)} \tag{6-49}$$

于是，作用在挡土墙上的总土压力 E_a 的计算公式应为：

$$E_a = E'_a + \Delta E_a = \frac{1}{2}\gamma H^2 K_a + qHK_a \frac{\cos\varepsilon}{\cos(\varepsilon-\beta)} \tag{6-50}$$

土压力沿墙高的分布如图 6-26(b)所示。

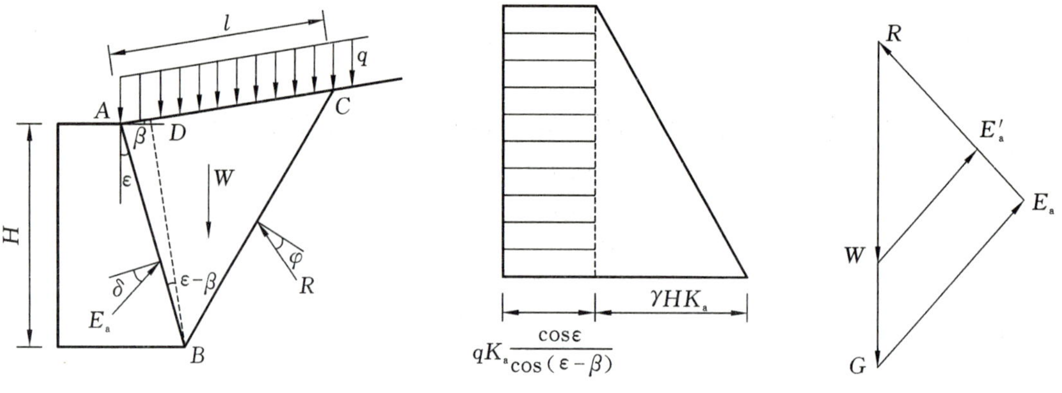

图 6-26　倾斜填土面上有连续均布荷载作用

(a)填土受力情况；(b)土压力沿墙高的分布；(c)力三角形

2. 成层土中的库仑土压力计算

当墙后填土成层分布且具有不同物理力学性质时，常用近似方法分层计算土压力。如图 6-27 所示，假设各层土的分界面与土体表面平行，自上而下按层计算土压力。在求下层土的土压力时可将上面各层土的重量当作均布荷载对待。

现对图 6-27 分析如下：

在第一层层面处，有：

$$p_{a0} = 0$$

在第一层层底，有：

$$p_{a1} = \gamma_1 h_1 K_{a1}$$

在第二层顶面，将 $\gamma_1 h_1$ 的土重换算为第二层土的当量土厚度，即

$$h'_1 = \frac{\gamma_1 h_1}{\gamma_2} \cdot \frac{\cos\varepsilon\cos\beta}{\cos(\varepsilon-\beta)} \tag{6-51}$$

则在第二层土顶面处

$$p_{a2上} = \gamma_2 h'_1 K_{a2} \tag{6-52}$$

第二层层底的土压力强度为：

$$p_{a2下} = \gamma_2 (h'_1 + h_2) K_{a2} \tag{6-53}$$

式中　K_{a1}，K_{a2}——第一、第二层土的库仑主动土压力系数；

γ_1，γ_2——第一、第二层土的重度(kN/m^3)。

每层土的总压力 E_{a1}、E_{a2} 的大小等于土压力分布图的面积，作用方向与 AB 法线方向成 δ_1、δ_2 角（δ_1、δ_2 分别为第一、第二层土与墙背之间的摩擦角），作用点位于各层土压力分布图的形心高度处。

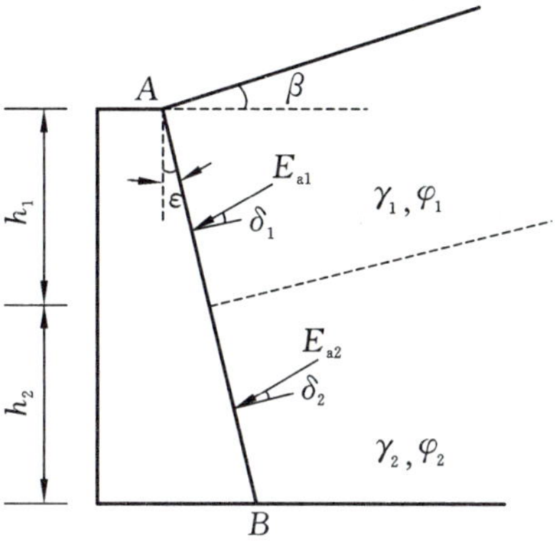

图 6-27　成层土中的库仑主动土压力

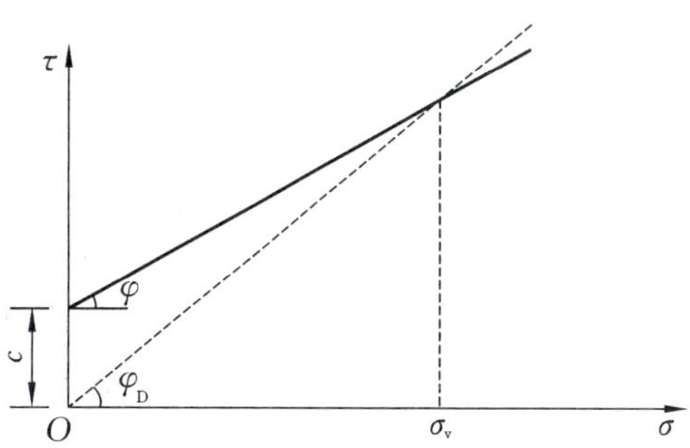

图 6-28　等效内摩擦角的计算

3. 黏性土中的库仑主动土压力计算

库仑土压力理论假设墙后填土为理想的散体，即填土的黏聚力 $c=0$，因此，从理论上来说库仑土压力理论仅适用于无黏性土。但在实际工程中墙后填土为黏性土时，使得库仑土压力理论在使用上具有局限性。所以将库仑土压力理论推广到黏性土中是十分必要的。为此，工程设计中提出"等效内摩擦角"的概念，在此基础上建立相应的计算公式。所谓等效内摩擦角，就是将黏性土的黏聚力作用折算成内摩擦角。等效内摩擦角可用 φ_D 表示。下面是工程中常采用的两种等效内摩擦角 φ_D 的确定方法。

（1）根据土压力相等的概念计算

假定挡土墙墙背竖直、光滑，墙后填土面水平。由朗肯主动土压力计算公式知，墙后填土有黏聚力存在时的主动土压力为：

$$E_{a1}=\frac{1}{2}\gamma H^2\tan^2\left(45^\circ-\frac{\varphi}{2}\right)-2cH\tan\left(45^\circ-\frac{\varphi}{2}\right)+\frac{2c^2}{\gamma}\tag{6-54}$$

如果按等效内摩擦角的概念（无黏聚力）计算，则有：

$$E_{a2}=\frac{1}{2}\gamma H^2\tan^2\left(45^\circ-\frac{\varphi_D}{2}\right)$$

令 $E_{a1}=E_{a2}$，可得到：

$$\tan\left(45^\circ-\frac{\varphi_D}{2}\right)=\tan\left(45^\circ-\frac{\varphi}{2}\right)-\frac{2c}{\gamma H}$$

于是，可得等效内摩擦角 φ_D 为：

$$\varphi_D=2\left\{45^\circ-\arctan\left[\tan\left(45^\circ-\frac{\varphi}{2}\right)-\frac{2c}{\gamma H}\right]\right\}\tag{6-55}$$

（2）根据抗剪强度相等的概念计算

根据抗剪强度相等的原理，等效内摩擦角 φ_D 可根据土的抗剪强度曲线，通过作用在墙底标高上的垂直应力 σ_v 求出，见图 6-28。故有：

$$\varphi_D = \arctan\left(\tan\varphi + \frac{c}{\sigma_v}\right) \tag{6-56}$$

等效内摩擦角的概念只是一种简化的工程处理方法，其物理意义并不明确，计算土压力时有时会产生较大的误差，可采用前面所述的图解法进行计算得到比较精确的结果。

6.5 地震作用下的土压力计算

地震时墙背上土体由于受地震的动力作用，其对墙的动土压力不论大小或分布形式，都不同于静土压力。动土压力，不仅与地震强度有关，还受地基土、挡土墙及墙后填土等的振动特性影响，是一个比较复杂的问题。目前工程实践中多用拟静力法进行地震土压力计算，其中物部-冈部(Mononobe-Okabe)提出的分析方法使用较为广泛，称为物部-冈部法，其基本原理是将因地震产生的地震惯性力施加到滑动土体上，再与滑动土体的土重组合成一个等代重量，最后按静力问题的库仑土压力理论来计算。

地震时墙后填土同时受到水平向和竖向地震惯性力的作用，假设竖向地震惯性力的方向向上，水平向地震惯性力的方向向左或向右，按照对结构物的整体稳定性最不利受力取其方向，如图 6-29(a)所示。水平地震惯性力 $k_h \cdot W$ 取朝向挡土墙，竖向地震惯性力 $k_v \cdot W$ 取竖直向上，见图 6-29(b)，其中

$k_h = \dfrac{\text{地震加速度的水平分量}}{\text{重力加速度 } g}$，称为水平向地震系数；

$k_v = \dfrac{\text{地震加速度的竖向分量}}{\text{重力加速度 } g}$，称为竖向地震系数。

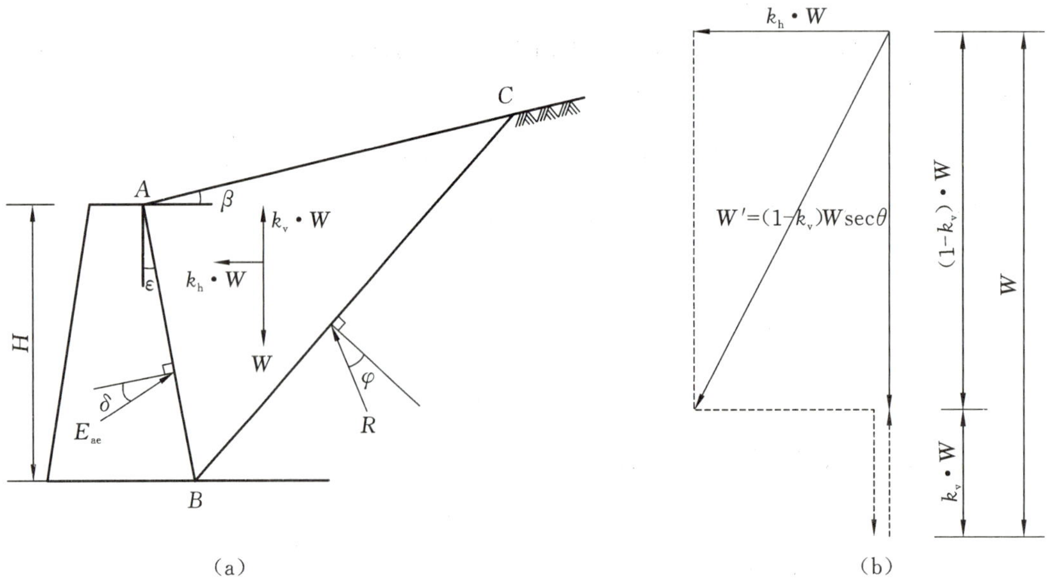

图 6-29 地震时滑动楔体受力分析

将这两个惯性力当成静载与土楔体重量 W 组成合力 W'，则 W' 与铅直线的夹角为 θ，称为地震偏角。显然有：

$$\theta=\arctan\left(\frac{k_h}{1-k_v}\right) \tag{6-57}$$

$$W'=(1-k_v)W\sec\theta \tag{6-58}$$

假定在地震条件下，土的内摩擦角 φ 与墙背摩擦角 δ 均不改变，则作用在墙后滑动楔体上的平衡力系如图 6-30(a)所示。可以看出，该平衡力系图与原库仑理论力系图的差别仅在于 W 方向与垂直方向倾斜了 θ 角。为了直接利用库仑公式计算 W' 作用下的土压力 E_{ae}，物部-冈部提出了将墙背及填土均逆时针旋转 θ 角的方法，如图 6-30(b)所示，使 W' 仍处于竖直方向。由于这种转动并未改变平衡力系中三力间的相互关系，即没有改变图 6-30(c)中的力三角形 Δedf，故这种改变不会影响对 E_{ae} 的求算，但需将原挡土墙及填土的边界参数加以调整，成为

$$\left.\begin{aligned}&\beta'=\beta+\theta\\&\varepsilon'=\varepsilon+\theta\\&H'=AB\cdot\cos(\varepsilon+\theta)=H\cdot\cos(\varepsilon+\theta)/\cos\varepsilon\end{aligned}\right\} \tag{6-59}$$

由式(6-58)将土楔体的重度变为 $\gamma'=(1-k_v)\gamma\sec\theta$。用这些变换后的新参数 β'、ε'、H'、γ' 代替库仑主动土压力公式(6-30)和公式(6-31)中的 β、ε、H 和 γ，整理后得出地震条件下的主动土压力 E_{ae} 为：

$$E_{ae}=(1-k_v)\frac{\gamma H^2}{2}K_{ae} \tag{6-60}$$

式中

$$K_{ae}=\frac{\cos^2(\varphi-\varepsilon-\theta)}{\cos\theta\cos^2\varepsilon\cos(\varepsilon+\delta+\theta)\left[1+\sqrt{\dfrac{\sin(\delta+\varphi)\sin(\varphi-\beta-\theta)}{\cos(\delta+\theta+\varepsilon)\cos(\varepsilon-\beta)}}\right]^2} \tag{6-61}$$

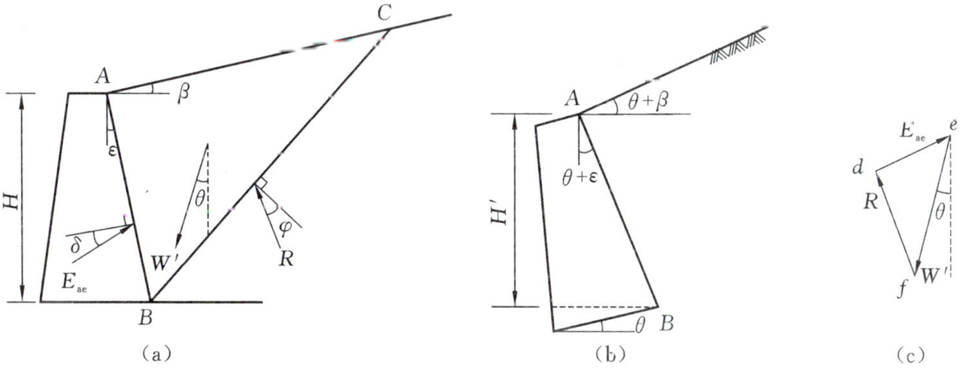

图 6-30　物部-冈部法求地震土压力

K_{ae} 即为考虑了地震影响的主动土压力系数。从式(6-61)可看出，若 $(\varphi-\beta-\theta)<0$，则 K_{ae} 没有实数解，意味着填土坡面不满足平衡条件。因此，根据平衡要求，回填土的极限坡角应满足 $\beta\leqslant\varphi-\theta$。按式(6-60)，墙后动土压力分布仍为三角形，作用点在距墙底 $\frac{1}{3}H$ 处，但

有些理论分析和实测资料表明，其作用点的位置高于$\frac{1}{3}H$，为$\left(\frac{1}{3}\sim\frac{1}{2}\right)H$，随水平地震作用的加强而提高。

若填土表面由均布荷载 q 作用，此时可转换为 $q'=q(1-k_v)\sec\theta$，变换后的新参数 β'、ε'、H'、γ'和 q'代替库仑主动土压力公式(6-50)中的 β、ε、H、γ 和 q，整理后得出地震条件下的主动土压力 E_{ae}为：

$$E_{ae}=(1-k_v)\left[\frac{\gamma H^2}{2}+qH\frac{\cos\varepsilon}{\cos(\varepsilon-\beta)}\right]K_{ae} \tag{6-62}$$

式中考虑地震影响的主动土压力系数 K_{ae}表达式同式(6-61)。

类似地，可以进行地震时被动土压力的计算，如图 6-31 所示。由于地震水平向加速度的方向向右，则滑动土体所受的由地震惯性力和自重合成的总合力方向应指向右下方，即由竖直方向逆时针旋转角度 θ。若将挡土墙连同墙后填土顺时针转动 θ 角，则地震惯性力和自重的合力的方向将指向竖直方向，用库仑理论按推导静力土压力公式的方法同样可建立地震时的被动土压力公式，但需将原挡土墙及填土的边界参数加以改变为

$$\left.\begin{aligned}&\beta'=\beta-\theta\\&\varepsilon'=\varepsilon-\theta\\&H'=AB\cdot\cos(\varepsilon+-\theta)=H\cdot\cos(\varepsilon-\theta)/\cos\varepsilon\end{aligned}\right\} \tag{6-63}$$

填土重度变为 $\gamma'=(1-k_v)\gamma\sec\theta$，填土表面由均布荷载 q 转换为 $q'=q(1-k_v)\sec\theta$，把变换后的新参数 β'、ε'、H'、γ'和 q'代替库仑被动土压力公式(6-35)和公式(6-36)中的 β、ε、H、γ 和 q，整理后得出地震条件下的被动土压力 E_{pe}为：

$$E_{pe}=(1-k_v)\left[\frac{\gamma H^2}{2}+qH\frac{\cos\varepsilon}{\cos(\varepsilon-\beta)}\right]K_{pe} \tag{6-64}$$

式中

$$K_{pe}=\frac{\cos^2(\varphi+\varepsilon-\theta)}{\cos\theta\cos^2\varepsilon\cos(\delta+\theta-\varepsilon)\left[1+\sqrt{\frac{\sin(\delta+\varphi)\sin(\varphi+\beta-\theta)}{\cos(\delta+\theta-\varepsilon)\cos(\varepsilon-\beta)}}\right]^2} \tag{6-65}$$

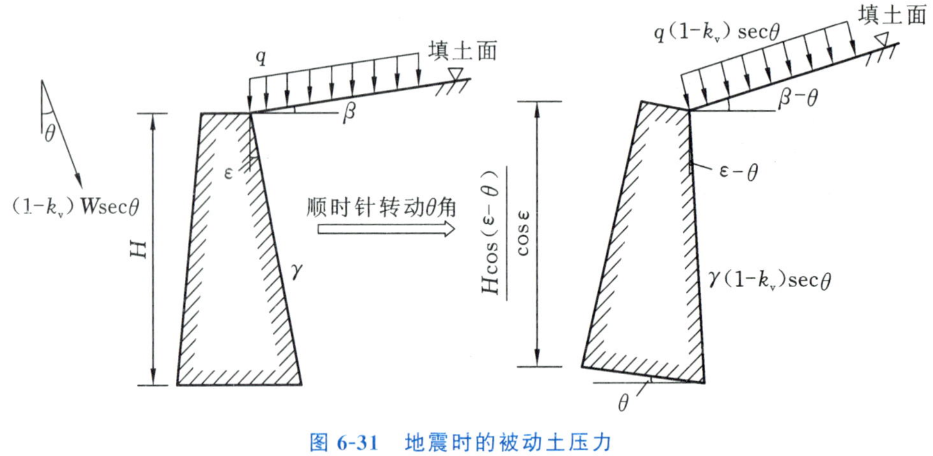

图 6-31 地震时的被动土压力

6.6 土压力问题的讨论

6.6.1 墙体位移对土压力分布的影响

朗肯土压力理论和库仑土压力理论都假定墙背土压力随深度呈线性分布，但工程实际情况较为复杂，土压力的大小及沿墙高的分布规律与挡土墙的形式和刚度、挡土墙表面的粗糙程度、墙背面边坡的开挖坡度、填土的性质、挡土墙的位移方式等因素密切相关。

对于形状较为简单的刚性挡土墙，土压力沿墙高的分布也与挡土墙的位移方式有较大的关系。当挡土墙以墙踵为中心，偏离填土的方向相对转动时，才满足前述朗肯土压力理论的极限平衡假定，此时墙背面的土压力沿墙高的分布为三角形分布[图 6-32(a)]，其值为 $K_a\gamma z$，总压力作用点位于墙底以上 $\frac{1}{3}H$ 处；当挡土墙以墙顶为中心，偏离填土方向相对转动，而土体上端不动，则此处附近土压力与静止土压力 $K_0\gamma z$ 接近，下端向外变形很大，土压力应该比主动土压力 $K_a\gamma z$ 还小很多，墙背面土压力沿墙高的分布为非线性分布[图 6-32(b)]，总压力作用点位于墙底以上 $\left(\frac{1}{3}\sim\frac{1}{2}\right)H$ 处；当挡土墙偏离填土方向发生水平位移时，上端附近土压力处于静止土压力 $K_0\gamma z$ 和主动土压力 $K_a\gamma z$ 之间，而下端附近土压力比主动土压力 $K_a\gamma z$ 还要小，挡土墙背面的土压力分布为非线性分布[图 6-32(c)]，总压力作用点位于墙底以上 $\left(\frac{1}{3}\sim\frac{1}{2}\right)H$ 处；当挡土墙以墙中为中心，向填土方向相对转动时，上端墙体挤压土体，土压力分布与被动土压力 $K_p\gamma z$ 接近，而下端附近墙壁外移，土压力比主动土压力 $K_a\gamma z$ 还要小，墙背面土压力沿墙高的分布为曲线分布[图 6-32(d)]，总压力作用点位于墙底以上处。

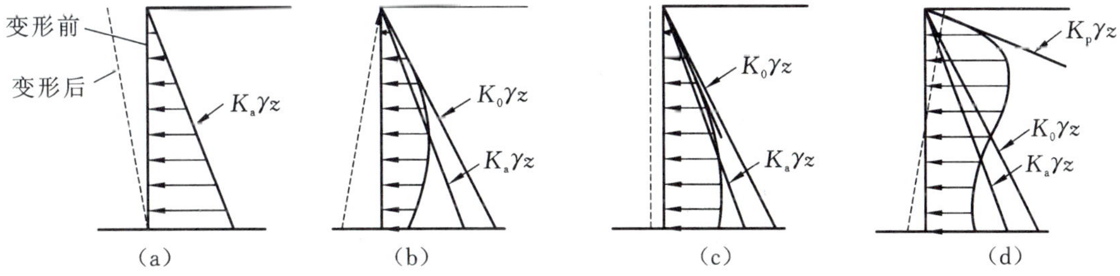

图 6-32　挡土墙位移方式对土压力分布的影响

此外，通过对一般刚性挡土墙的研究得出两个基本结论：(1)曲线分布的实测土压力总值与按库仑理论计算的线性分布的土压力总值近似相等；(2)当墙后填土为平面时，曲线分布土压力的合力作用点距墙底高度为(0.40～0.43)H(H 为挡土墙高)。

6.6.2 朗肯理论与库仑理论的比较与实用性

朗肯土压力理论和库仑土压力理论都是研究土压力问题的简化方法，都是将挡土墙作为平面问题来研究，分别以不同的假定和分析方法计算土压力，只有在墙背直立($\varepsilon=0$)，墙面光滑($\delta=0$)，填土表面水平($\beta=0$)时，这两种理论得出的计算结果才相同。

(1)在假定条件上的差别。朗肯土压力理论基于半空间中的应力状态和极限平衡理论，其概念明确、公式简单、便于记忆，黏性土和无黏性土都可用该公式直接计算，故在工程中得到广泛应用。但为使墙后的应力状态符合半空间的应力状态，必须假定墙背直立光滑、墙后土体水平，因而在应用范围上受到限制。库仑土压力理论根据墙后滑动土楔体的静力平衡条件，考虑了墙背与土之间的摩擦力，可用于墙背倾斜、填土表面倾斜等复杂情况，但该理论假定土体为无黏性土，因此不能直接计算黏性土的土压力。

(2) 在分析理论上的差别。朗肯土压力理论是基于极限平衡理论，建立土中一点的极限平衡方程，求出作用在竖直面上的土压力强度及其分布形式，再计算出作用在墙背上的总土压力，属于极限应力法。库仑土压力理论是基于墙背与滑裂面间的土楔体整体处于极限平衡状态，运用墙后土楔体处于静力平衡状态，求出作用在墙背上的总土压力，需要时再计算土压力强度及其分布形式，属于刚体平衡法。

(3) 计算结果的对比。由于朗肯土压力理论忽略了墙背与土体间的摩擦影响，计算结果显示主动土压力偏大、被动土压力偏小。库仑土压力理论假定墙后土体的破裂面是一平面，而实际上却是一曲面。试验结果表明：只有当墙背斜度不大($\varepsilon<15°$)、墙背与土体间的摩擦角较小($\delta<15°$)时，破裂面才近于平面，如图 6-33 所示，计算得出的主动土压力误差为 2%～10%，可认为满足实际工程所要求的精度；但在计算被动土压力时，由于破裂面接近于对数螺线，计算结果的误差较大，有时达 2～3 倍，甚至更大。故工程中被动土压力的计算一般不采用库仑公式。

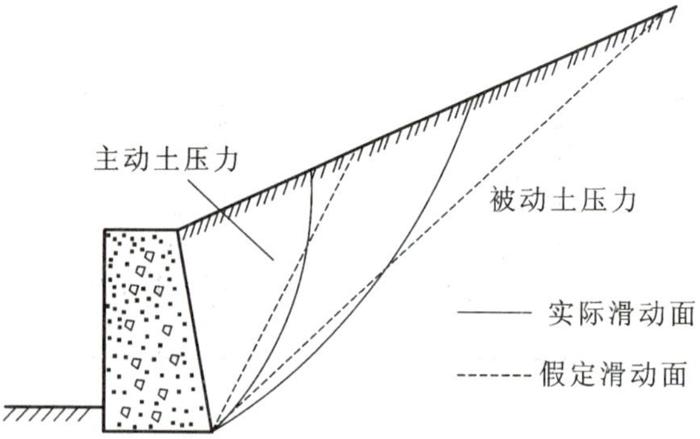

图 6-33 实际滑动面与假定滑动面的比较

进行挡土墙设计时，应根据实际墙体可能发生的位移情况来选择静止土压力、主动土压力或被动土压力进行计算。

如果挡土墙直接浇筑在岩基上，且墙的刚度很大，墙体产生的位移很小，不足以使填土产生主动破坏，此时可近似按静止土压力计算。此外，对于地下结构的侧墙，若刚度大，墙顶又无法位移，也可认为墙上作用的是静止土压力。由于静止侧压力系数 K_0 的确定比较困难，而主动土压力较容易计算，工程中通常将主动土压力增大25%作为静止土压力的估计值。

如果挡土墙在墙后填土自重等作用下产生离开填土方向的位移，通常情况下挡土墙的土压力可按主动土压力计算。试验研究表明，墙后填土为密砂或中密砂，土墙的位移达到墙高的1‰～5‰，填土就可能发生主动破坏，这种量级的位移在一般挡土墙中是容易发生的。

如果挡土墙在外力作用下产生向着填土方向挤压的位移，试验表明，墙后填土为密砂或中密砂，土墙的位移量很大，要达到墙高的1%～5%，即约达到主动土压力状态的位移量的10倍时，填土会发生被动破坏。显然，这样大的位移量在一般工程建筑中是不容许发生的，因为在墙后土体发生破坏之前，挡土结构可能已先破坏。所以在验算挡土墙的稳定性时，并不采用被动土压力的全部，通常取其30%。应该指出，对于永久性挡土墙（挡土结构），当墙体位移趋于稳定后，在长期工作状态下，原先设计计算的土压力是否会变化，墙背土体是否仍处于主动极限平衡或被动极限平衡状态，如果不是又将怎样变化？这些是工程建设中应该考虑并有待研究的问题。

复习思考题

6-1　土压力有哪几种？其定义分别是什么？并比较大小。

6-2　影响土压力大小的因素是什么？其中最主要的因素是什么？

6-3　朗肯土压力理论和库仑土压力理论的基本假设条件分别是什么？

6-4　当挡土墙墙背与竖直线夹角分别为 $+\varepsilon$ 仰角、$\varepsilon=0$ 角、$-\varepsilon$ 俯角时，比较这三种情况下主动土压力的大小。

6-5　试比较朗肯土压力理论和库仑土压力理论的优缺点和各自的适用范围。

习　题

6-1　已知某混凝土挡土墙墙高为 $h=6.0$ m，墙背竖直，墙后填土面水平，填土重度 $\gamma=19$ kN/m^3，内摩擦角 $\varphi=30°$，黏聚力 $c=10$ kPa。计算作用在此挡土墙上的静止土压力、主动土压力、被动土压力，并画出土压力分布图。

6-2　已知一挡土墙高4 m，墙背竖直光滑，墙后填土面水平，填土 $c=10$ kPa，$\varphi=20°$，$K_0=0.66$，$\gamma=17$ kN/m^3，试计算作用在此挡土墙上的静止土压力、主动土压力、被动土压力的合力及作用点的位置。

6-3　已知一挡土墙，墙背竖直光滑，墙后填土面水平，填土由两土层构成，4 m以上为黏土，$\gamma_1=17$ kN/m^3，$c_1=10$ kPa，$\varphi_1=20°$，$K_0=1-\sin\varphi_1$；4 m以下为砂层，$\gamma_2=18$ kN/m^3，$c_2=0$，$\varphi_2=26°$，$K_0=1-\sin\varphi_2$。(1)试问若墙不动，砂层顶面处和黏土层底面处的土压力各为多少？(2)求若墙被推动，则在4 m深处砂层顶面标高上和黏土层底面标高处的土压力各为多少？(3)若墙推土发生位移，则在 4 m 深处砂层顶面标高处和黏土层底面标高处的土压力各为多少？

6-4 已知一挡土墙高 4 m，墙背竖直光滑，墙后填土面水平，填土重度 $\gamma_1=17\ kN/m^3$，对填土进行了两次三轴试验，土样破坏时大小主应力分别为：$\sigma_1=150\ kPa$，$\sigma_3=60\ kPa$ 和 $\sigma_1=200\ kPa$，$\sigma_3=82\ kPa$，试求：(1)作用在墙底标高上的主动土压力和墙上的主动土压力的合力；(2)作用在墙底标高上的被动土压力和墙上的被动土压力的合力。

6-5 挡土墙高 6 m，墙背竖直光滑，墙后填土面水平，并有 15 kPa 均布荷载，地下水位在地表处，取土样进行固结快剪试验，土样在 $p=100\ kPa$ 作用下，破坏时剪应力 $\tau=44.5\ kPa$，若黏聚力 $c=0$，水上土的重度 $\gamma=17\ kN/m^3$，水下 $\gamma_{sat}=18\ kN/m^3$，试求：(1)墙底处的主动土压力；(2)墙背上主动土压力合力及其作用点位置；(3)墙背上水土总压力合力及其作用点位置。

6-6 已知某混凝土挡土墙高度 $h=6.0$ m，墙背竖直，墙后填土面水平，填土平均分两层：第一层重度 $\gamma_1=19\ kN/m^3$，黏聚力 $c_1=10\ kPa$，内摩擦角 $\varphi_1=16°$，第二层 $\gamma_2=17\ kN/m^3$，$c_2=0$，$\varphi_2=30°$，计算作用在此挡土墙上的主动土压力大小，并绘出主动土压力分布图。

6-7 某挡土墙高度为 10 m，墙背垂直、光滑，墙后填土面水平，填土上作用均布荷载 $q=20\ kPa$，墙后填土分两层：上层为中砂，重度 $\gamma_1=18.5\ kN/m^3$，内摩擦角 $\varphi_1=30°$，层厚 $h_1=3.0$ m；下层为粗砂，$\gamma_2=19\ kN/m^3$，$\varphi_2=35°$，地下水位在离墙顶 6.0 m 处，水下粗砂的饱和重度 $\gamma_{sat}=20\ kN/m^3$。计算作用在此挡土墙上的总主动土压力和水压力。

6-8 已知某挡土墙高 5 m，墙背垂直光滑，墙后填土面水平。填土面上有均布荷载 $q=15\ kPa$，墙后填土的物理力学性能指标如图 6-34 所示。试利用朗肯土压力理论计算挡土墙上主动土压力的大小及作用点位置，并绘出主动土压力强度沿墙高的分布图。

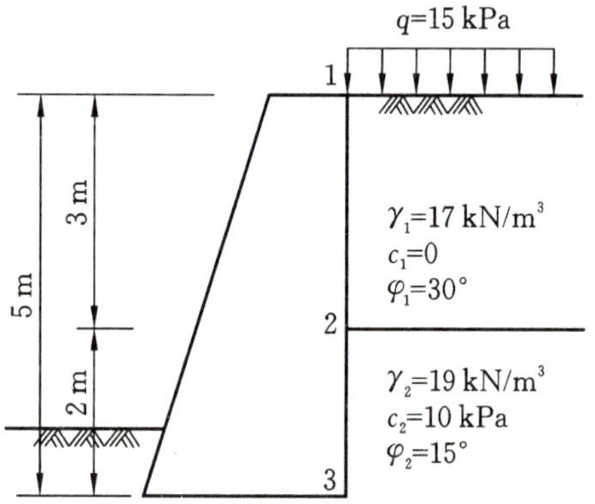

图 6-34 题 6-8 图

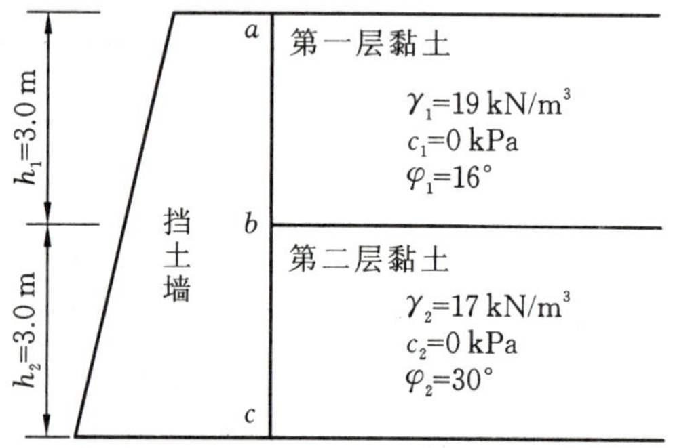

图 6-35 题 6-9 图

6-9 已知某挡土墙高 6 m，墙背垂直光滑，墙后填土面水平。墙后填土的物理力学性能指标如图 6-35 所示。试利用朗肯土压力理论计算挡土墙上主动土压力 E_a 的大小及作用点位置，并绘出主动土压力强度沿墙高的分布图。

6-10 某挡土墙如图 6-36 所示。已知墙高 $H=5$ m，墙背倾角 $\varepsilon=10°$，填土为细砂，填土面水平($\beta=0$)，$\gamma=19\ kN/m^3$，$\varphi=30°$，$\delta=\frac{\varphi}{2}=15°$。按库仑理论求作用在墙上的主动土

压力 E_a。

6-11　用库仑土压力理论计算图 6-37 所示挡土墙上的主动土压力值及滑动面方向。已知墙高 $H=6$ m，墙背倾角 $\varepsilon=10°$，墙背摩擦角 $\delta=\frac{\varphi}{2}$；填土面水平 $\beta=0$，$\gamma=19.7$ kN/m³，$\varphi=35°$，$c=10$ kPa。

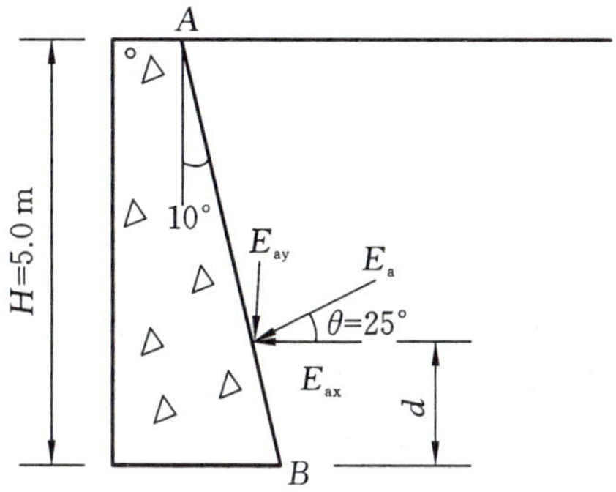

图 6-36　题 6-10 图

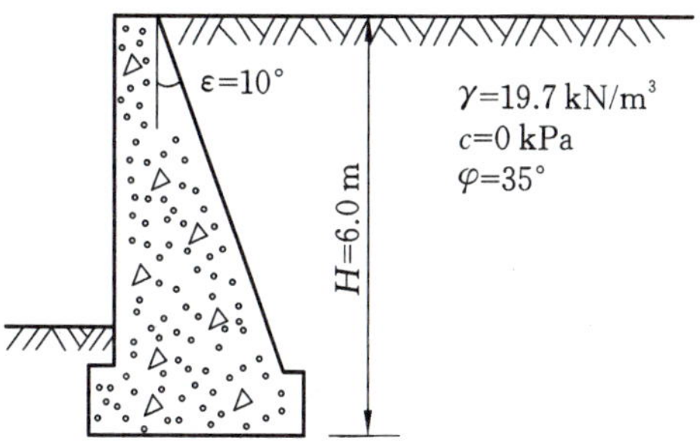

图 6-37　题 6-11 图

第 7 章　土坡稳定性分析

7.1　概　　述

土坡即具有倾斜坡面的土体，其外形和各部位名称如图 7-1 所示。土坡又分为天然土坡和人工土坡。天然土坡是由自然地质作用形成的土坡，如山坡、江河的岸坡。人工土坡则是由人工开挖或回填而形成的土坡，如土坝、路堤（embankment）和基坑等的边坡。

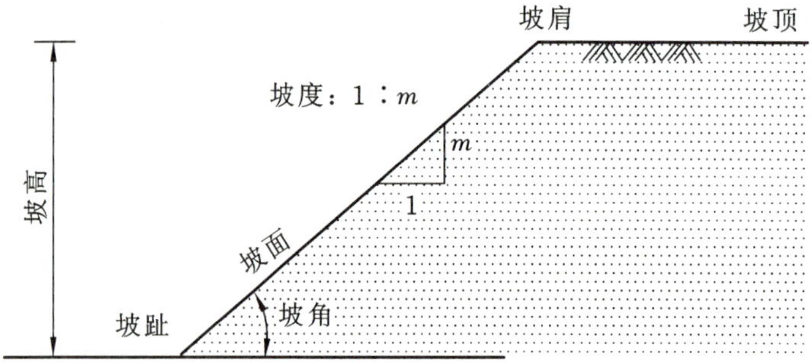

图 7-1　土坡外形及各部位名称

由于土坡表面倾斜，在土体自重及外荷载作用下，坡体内会产生剪应力，若在某方向的剪应力大于土的抗剪强度（shear strength），就会产生剪切破坏，土体有从高处向低处滑动的趋势。这种土坡上部分岩体或土体在自然或人为因素的影响下沿某明显界面发生剪切破坏向坡下运动的现象称为滑坡（landslide）。

土坡的失稳受内部和外部因素的影响，当超过土体的极限平衡条件时，土坡就会发生失稳现象。

1. 土坡失稳的内部因素

（1）外形：在重力的作用下，突肚形的斜坡（slope）比起上陡下缓的凹形坡更易于发生滑坡。

（2）土质：不同种类土的抗剪强度和耐水性有所不同，如湿陷性黄土受水浸湿后，其土体结构会迅速破坏并发生显著的附加沉降，且强度迅速降低。

（3）岩土结构：岩土体中的各种结构面，包括节理、裂隙、层理面、岩性界面、平行和垂直的陡倾构造面及顺坡缓倾的构造面都是产生滑坡的内在条件。这些结构面的种类、软弱性、展布范围、密集程度，特别是软弱结构面与斜坡临空面的关系，对斜坡稳定有重要影响。

2. 土坡失稳的外部因素

(1) 地表水和地下水的影响：持续的降雨或地下水渗入土中，使土中含水量增加，土中易溶盐溶解，土质变软，强度降低；地表水和地下水还会使土的重度增加，其流动对土体产生静水压力和动水压力，导致土体失稳；故设计斜坡时应针对上述原因，采用相应的排水措施。

(2) 地震的影响：在地震的作用下，砂土中孔隙水压力上升，抗剪强度或剪切刚度降低并趋于消失，引起土坡失稳。

(3) 人为影响：人为活动如采矿、修筑房屋、建设公路铁路、开挖地堑、掏挖坡脚等都可能引起斜坡体失稳而形成滑坡。由于建筑、填方、筑堤等在斜坡上增加荷载使斜坡无法支撑而失稳。

7.2　无黏性土土坡稳定性分析

无黏性土指黏聚力(cohesion) $c=0$ 的土，一般为粗粒土。无黏性土土坡指由粗粒土所堆筑的土坡。由于无黏性土不存在黏聚力，无黏性土土坡仅沿着坡面表面或沿着平面滑动。当土坡稳定安全系数(safety factor)为 1 时，土坡处于极限平衡状态。土坡稳定安全系数是指沿假定滑裂面(slip surface)的抗滑力与滑动力的比值。无黏性土土坡稳定性分析一般分以下几种情况讨论。

7.2.1　均质干坡和水下坡

均质干坡指由一种无黏性土组成，完全在水位以上的无黏性土土坡。水下坡指完全在静水位以下，没有渗透水流作用的无黏性土土坡。在以上两种情况下，只要坡面上的土颗粒在重力的作用下能保持稳定，整个土坡就能处于稳定状态。

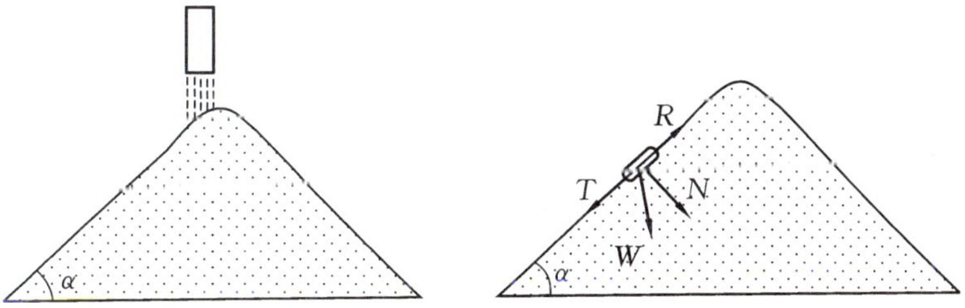

图 7-2　无黏性土坡

从图 7-2 的无黏性土土坡的坡面上取一微小单元土体进行分析。假设该土体的重量为 W，其垂直于坡面的法向分力 $N=W\cos\alpha$，沿坡面的切向分力 $T=W\sin\alpha$。法向分力产生摩擦阻力，由于无黏性土的黏聚力为 0，摩擦阻力阻止土体下滑，称为抗滑力，其值为 $R=N\tan\varphi=W\cos\alpha\tan\varphi$。切向分力 T 是促使小土体下滑的滑动力，则

土体的稳定安全系数 F_s 为：

$$F_s = \frac{抗滑力}{滑动力} = \frac{R}{T} = \frac{W\cos\alpha}{W\sin\alpha}\tan\varphi = \frac{\tan\varphi}{\tan\alpha} \tag{7-1}$$

式中 φ——土的内摩擦角(°)；

α——土坡的坡脚(°)。

由式(7-1)可见，无论分析的土体是何种重度土体或所取单元在坡面上的哪一高度，计算得到的安全系数都不会改变，即安全系数与土的重度以及所取微单元土体在坡面上的位置无关。因此，式(7-1)计算所得的安全系数 F_s 代表整个边坡的安全度。

需要注意的是，当 $\alpha=\varphi$ 时，$F_s=1$，其抗滑力等于滑动力，土坡处于极限平衡状态，此时称 α 为天然休止角。当 $\alpha<\varphi$ 时，$F_s>1$，土坡处于稳定状态。为了使土坡具有足够的安全储备，无黏性土安全系数一般取 $F_s=1.1\sim1.5$。

7.2.2 含渗透水流的均质土坡

当土坡内、外出现水位差时，例如基坑排水或坡外水位下降时，在挡水土堤内会形成渗流场。如果浸润线在下游坡面逸出(图 7-3)，此时，在浸润线以下，下游坡内的土体除了受到重力作用外，还受到由于水的渗流而产生的渗透力作用，因而会降低下游土坡的稳定性。

假设水流方向与水平面夹角为 θ，则沿水流方向的渗透力 $j=\gamma_w i$。在坡面上取微小单元土体 V 中的土骨架为隔离体，其有效的重量为 $\gamma' V$，作用在土骨架上的渗透力为 $J=jV=\gamma_w iV$。因此，沿坡面的全部滑动力，包括重力和渗透力，为：

$$T=\gamma' V\sin\alpha+\gamma_w iV\cos(\alpha-\theta) \tag{7-2}$$

坡面正压力：

$$N=\gamma' V\cos\alpha+\gamma_w iV\sin(\alpha-\theta) \tag{7-3}$$

稳定安全系数：

$$F=\frac{N\tan\varphi}{T}=\frac{[\gamma' V\cos\alpha+\gamma_w iV\sin(\alpha-\theta)]\tan\varphi}{\gamma' V\sin\alpha+\gamma_w iV\cos(\alpha-\theta)} \tag{7-4}$$

式中 i——渗透坡降；

γ'——土体的浮重度；

γ_w——水的重度；

φ——土的内摩擦角。

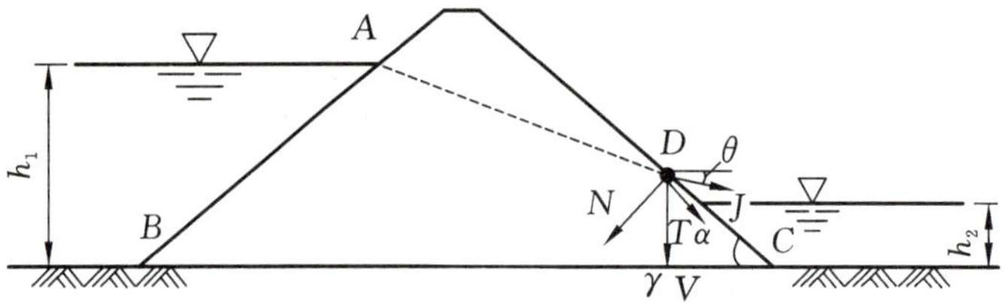

图 7-3　渗流水流逸出的土坡

若水流在逸出段顺着坡面流动，即 $\theta=\alpha$。此时，流经路途 dl 的水头损失为 dh，有：

$$i=\frac{dh}{dl}=\sin\alpha \tag{7-5}$$

代入式(7-4)得：

$$F_s=\frac{\gamma'\cos\alpha\tan\varphi}{\gamma'\sin\alpha+\gamma_w\sin\alpha}=\frac{\gamma'\cos\alpha\tan\varphi}{\gamma_{sat}\sin\alpha}=\frac{\gamma'}{\gamma_{sat}}\frac{\tan\varphi}{\tan\alpha} \tag{7-6}$$

由上述可见，当逸出段为顺坡渗流时，保持土坡稳定的安全系数会降低，一般情况下$\frac{\gamma'}{\gamma_{sat}}$大约为 0.5，即安全系数要降低一半。因此，要保持相同的安全度，有渗流逸出时的坡角比没有渗流逸出时的要平缓得多。为了使土坡的设计在满足安全性的同时又经济合理，一般要在下游坝趾处设置排水棱体，使渗透水流不直接从下游坡面逸出，如图 7-4 所示。这时的下游坡面虽然没有浸润线逸出，但在下游坡内，浸润线以下的土体仍然受到渗透力的作用。这种渗透力主要是一种滑动力，它将降低从浸润线以下通过的滑动面的稳定性。这时深层滑动面(如图 7-4 中虚线所示)的稳定性可能比下游坡面的稳定性差，即危险的滑动面向深层发展。这种情况下，除了要按前述方法验算坡面的稳定性外，还应该用圆弧滑动法验算深层滑动的可能性。

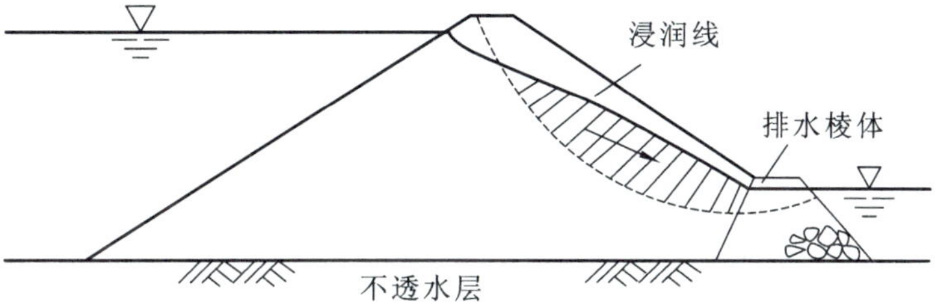

图 7-4　渗流水流未逸出的土坡

【例题 7-1】　一无限长土坡与水平面成 α 角，土的重度 $\gamma=19\ \mathrm{kN/m^3}$，土与基岩面的抗剪强度指标 $\varphi=30°$，$c=0$，求安全系数 $F_s=1.4$ 时的 α 角容许值。

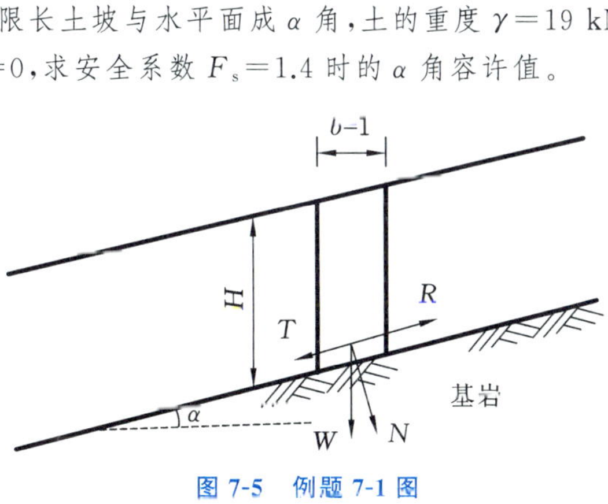

图 7-5　例题 7-1 图

【解】　从无限长土坡中截取单条土柱进行稳定性分析，如图 7-5 所示。由于是无限长的土坡，单条土柱的安全系数与全坡相同。

土柱重量 $W=\gamma H$，沿基岩面滑动力 $T=W\sin\alpha$，沿基岩面抗滑力 $R=W\cos\alpha\tan\varphi$，由于为无限长土坡，土柱两侧的作用力大小相等，方向沿坡面，对稳定无影响。

故：

$$F_s=\frac{W\cos\alpha\tan\varphi}{W\sin\alpha}=\frac{\tan\varphi}{\tan\alpha}$$

$$\tan\alpha=\frac{\tan\varphi}{F_s}=\frac{0.577}{1.4}=0.41$$

$$\alpha=22.3°$$

7.3 黏性土土坡稳定性分析

一般而言，黏性土的抗剪强度由摩擦强度和黏聚强度组成。由于黏性土黏聚力的存在，黏性土土坡不像无黏性土土坡一样仅沿着坡面表面或沿着平面滑动。如果在坡面上取一薄片土体进行稳定性分析，由于其厚度是一个微量，则重量和由此产生的滑动力也是一个微量。在抗滑力中，摩擦力是微量，但黏聚力因为具有一定的面积而不是微量。因此，稳定安全系数会很大，不会沿土坡表面滑动，危险滑动面必定深入土体内部。根据土体极限平衡理论，可推导出均质黏性土土坡的滑动面为对数螺旋线曲面，形状近似于圆柱面，断面上近似于圆弧形。现场滑坡体断面形态也与圆弧相似。

7.3.1 整体圆弧滑动法

1915 年瑞典彼得森(K. E. Petterson)使用圆弧滑动法分析了边坡的稳定性，此后，圆弧滑动法在世界各国被广泛应用。

如图 7-6、图 7-7 所示为一个均质的黏性土土坡。$\overset{\frown}{AC}$是滑动圆弧，O 为其圆心，R 为半径。土体可能沿$\overset{\frown}{AC}$滑动，当滑动土体绕圆心 O 发生转动即认为土坡失去稳定。这里假设滑动土体为一个刚体，滑动土体的重量 W 为滑动力，滑动力将使土体绕圆心 O 旋转，滑动力矩 $M_s=Wd$(d 为圆心 O 到通过滑动土体重心的竖直线的水平距离)。

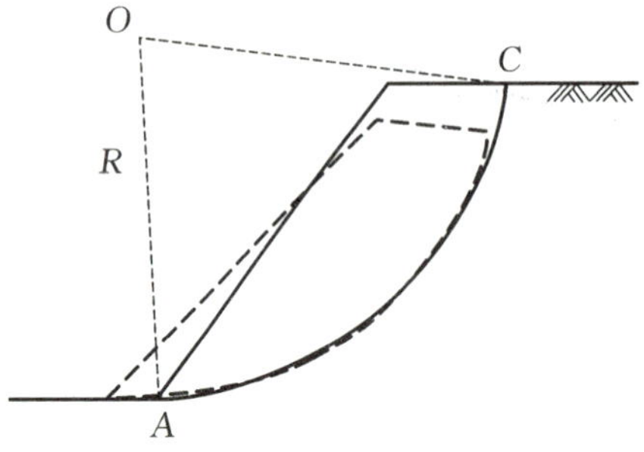

图 7-6　黏性土土坡的滑动面

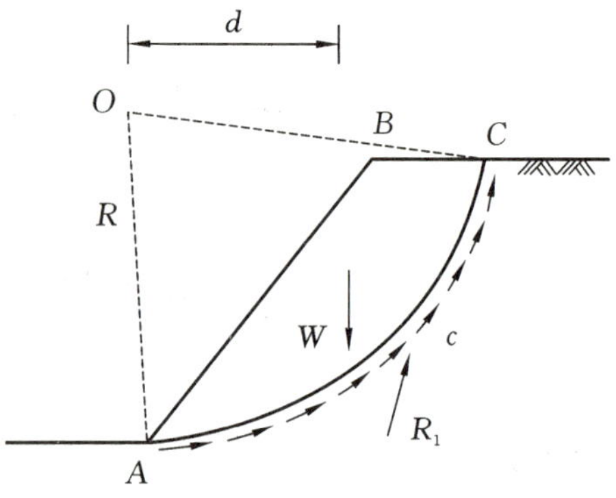

图 7-7　整体圆弧滑动受力示意图

取圆弧滑动面以上滑动体为脱离体，土体绕圆心 O 的滑动力矩为 M_s，抗滑力矩 M_R 由两部分组成：

(1) 滑动面$\overset{\frown}{AC}$上由黏聚力产生的抗滑力矩M_{R1}，其值为$M_{R1}=c\cdot\overset{\frown}{AC}\cdot R$；

(2) 由滑动土体重量在滑动面$\overset{\frown}{AC}$上的反力所产生的抗滑力矩M_{R2}，其值可由积分求得$M_{R2}=\int_A^C\sigma_n\tan\varphi R\,\mathrm{d}l$ 。

但滑动面上各点的σ_n无法直接得出，该部分抗滑力矩也无法积分得出。因此当$\varphi>0$时，抗滑力矩必须由条分法才能近似求出。而当$\varphi=0$，即滑动面是一个光滑平面时，各点反力的方向必定垂直于滑动面，即通过圆心O，将不产生力矩，此时抗滑力矩M_R只由滑动面$\overset{\frown}{AC}$上的黏聚力产生的抗滑力矩M_{R1}组成，黏性土土坡的稳定安全系数可由下式得出：

$$F_s=\frac{\text{抗滑力矩}}{\text{滑动力矩}}=\frac{M_R}{M_s}=\frac{c\cdot\overset{\frown}{AC}\cdot R}{Wd}\tag{7-7}$$

式(7-7)为整体圆弧滑动法计算边坡稳定(slope stability)的公式，该公式只适用于$\varphi=0$的情况。同时适用于饱和软黏土不排水条件下的土坡。

【例题 7-2】 在验算淤泥土地基中基坑坑底隆起时，可采用如图 7-8 所示圆弧滑动面的整体圆弧法计算，已知$c_u=30$ kPa，极限荷载q_u是多少？

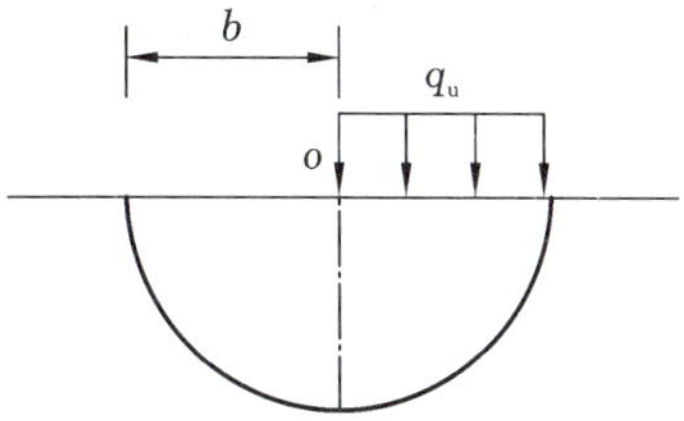

图 7-8　例题 7-2 图

【解】 滑动力矩$M=q_u\times b\times\frac{b}{2}$，抗滑力矩$M_R=c_u\times\pi b\times b$

由$M_R=M$，得$q_u=\frac{c_u\times\pi b\times b}{b\times\frac{b}{2}}=2\times30\times3.14=188.4$ kPa

7.3.2　条分法

1. 条分法基本原理

为了将圆弧滑动法应用于$\varphi>0$的黏性土，通常采用条分法。将滑动土体视为一个整体，进行力矩平衡条件计算分析时，由于滑面上各点的斜率都不相同，外荷载对弧面上的法向和切向作用分力不便按整体计算，因而无法清楚得知整个滑动弧面上的反力分布；另外，对于$\varphi>0$的黏性土土坡，尤其是由多层土层构成的土坡，求重力大小和重心位置就比较麻烦，故在土坡稳定性分析中，为便于计算土体的重量，并使计算的抗剪强度更加精确，常将滑动土体分成若干竖直土条，将各土条视为刚体，分别求出各土条对滑动圆心的抗滑力矩和滑动力矩，各取其总和，计算安全系数，这就是条分法的基本原理。

把滑动土体分成若干个土条后，土条的两个侧面都存在条块间的作用力。作用在条块i上的力，除了重力W_i以外，条块侧面ac和bd上作用有法向力P_i，P_{i+1}，切向力H_i，H_{i+1}；法向力的作用点至滑动弧面$\overset{\frown}{cd}$的距离为h_i，h_{i+1}。滑弧段$\overset{\frown}{cd}$的长度为l_i，其上作用着法向力N_i和切向力T_i，T_i中还包括黏聚阻力c_il_i和摩擦阻力$N_i\tan\varphi_i$，如图 7-9 所示。由于土条的宽度不大，可假设重力W_i和法向力N_i作用于弧面$\overset{\frown}{cd}$中点。在所有作用力中，P_i、H_i和

h_i 在分析前一土条中已经出现，可以视为已知量。此时，还有 N_i、T_i、P_{i+1}、H_{i+1} 和 h_{i+1} 5 个待定的未知量。每个土体可以建立三个力的平衡方程，即 $\sum F_{xi}=0$，$\sum F_{zi}=0$ 和 $\sum FM_i=0$ 和极限平衡方程 $T_i=\dfrac{N_i\tan\varphi_i+c_il_i}{F_s}$。

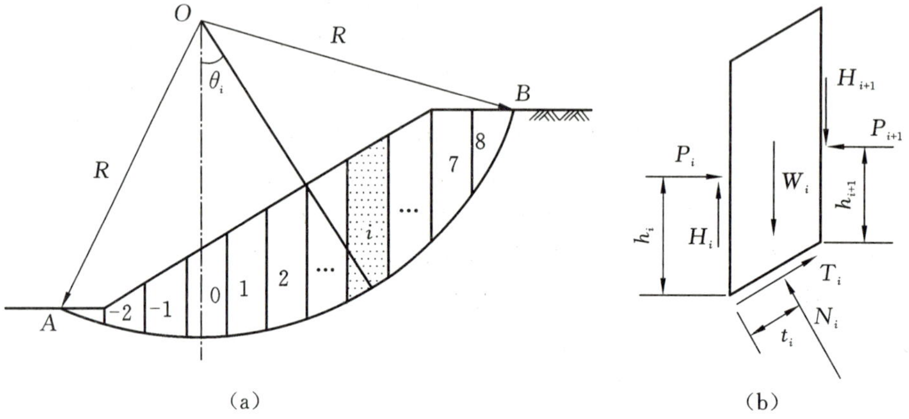

图 7-9　条分法及土条受力示意图

(a)条分法示意图；(b)土条受力图

在条分法中，未知数数量和方程数量是不同的。如果将滑动土体分成 n 个条块，则条块间的分界面有 $(n-1)$ 个，界面上力的未知量有 $3(n-1)$ 个，滑动面上力的未知量有 $2n$ 个，加上待求的安全系数 F_s，总计未知量个数为 $(5n-2)$。可以建立的静力平衡方程和极限平衡方程共计为 $4n$ 个。待求未知量个数与方程数之差为 $(n-2)$。在条分法计算中，一般 n 在 10 以上，因此这是一个高次的超静定问题。为了能够使问题得到解答，必须建立新的条件方程。建立新的条件方程，一般有两种途径：①放弃将土视为刚体，通过有限元法将土当作变形体，对土坡进行应力变形分析。计算出滑动面上的应力分布，从而分析土坡的稳定性。②以条分法为基础，对条间作用力进行一些简化假定，以此来减少未知量个数或者增加方程数。

经过长时间的研究，目前有许多种不同的条分法，其差别在于采用了不同的简化假定。各简化假定大体上分为三种类型：①不考虑条块间作用力或仅考虑其中的一个，例如瑞典条分法(Swedish slice method)和简化毕肖普法；②假定条间力的作用方向或规定 P_i 和 H_i 的比值，例如折线滑动面分析方法；③假定条块间力的作用位置，即规定 h_i 的大小，如等于侧面高度的 1/2 或 1/3，例如普遍条分法。

【例题 7-3】 某土坡如图 7-10 所示。已知土坡高度 $H=6$ m，坡脚 $\beta=55°$，土的重度 $\gamma=18.6$ kN/m^3，内摩擦角 $\varphi=12°$，黏聚力 $c=16.7$ kPa。试用条分法演算土坡的稳定安全系数。

【解】 (1)按比例绘出土坡，选择圆心，作出相应的滑动圆弧取圆心 O，取半径 $R=8$；

(2) 将滑动土体分成若干土条，对土条编号；

(3) 列表计算该圆心和半径下的安全系数，见表 7-1。

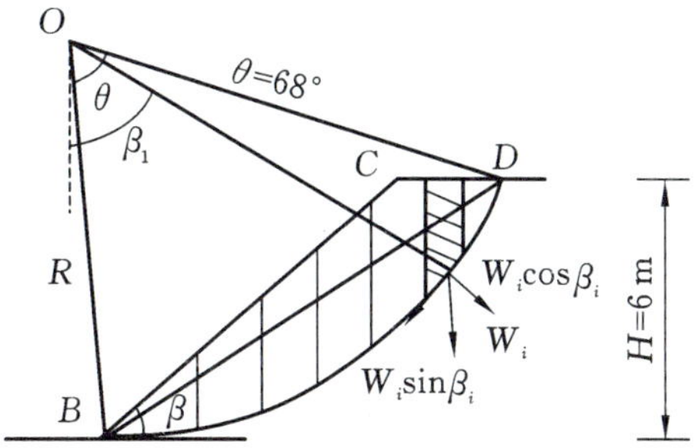

图 7-10　例题 7-3 图

表 7-1　[例题 7-3]计算结果

编号	中心高度/m	条宽/m	条重 W_i/(kN/m)	β_1/(°)	$W_i\sin\beta_i$	$W_i\cos\beta_i$
1	0.60	1	11.16	9.5	1.84	11.00
2	1.80	1	33.48	16.5	9.51	32.10
3	2.85	1	53.01	23.8	21.39	48.50
4	3.75	1	69.75	31.6	36.55	59.41
5	4.10	1	76.26	40.1	49.12	58.33
6	3.05	1	56.73	49.8	43.33	36.62
7	1.50	1.15	27.90	63.0	24.86	12.67
合计					186.60	258.63

注:空白单元格表示数据不适用。

2. 瑞典条分法

瑞典条分法是条分法中最古老、最简单的一种。它假定了滑动面是一个圆弧面,并认为条块间的作用力对边坡的整体稳定性不会产生很大影响,可以忽略不计。取土条块 i 进行分析,条块 i 的重力 W_i 沿着滑动面的中点可分解成法向力 $N_{wi}=W_i\cos\theta_i$ 和切向力 $T_{wi}=W_i\sin\theta_i$。滑动面以下土体对条块的反力的两个分量可表示为 N_i 和 T_i,如图 7-11 所示。

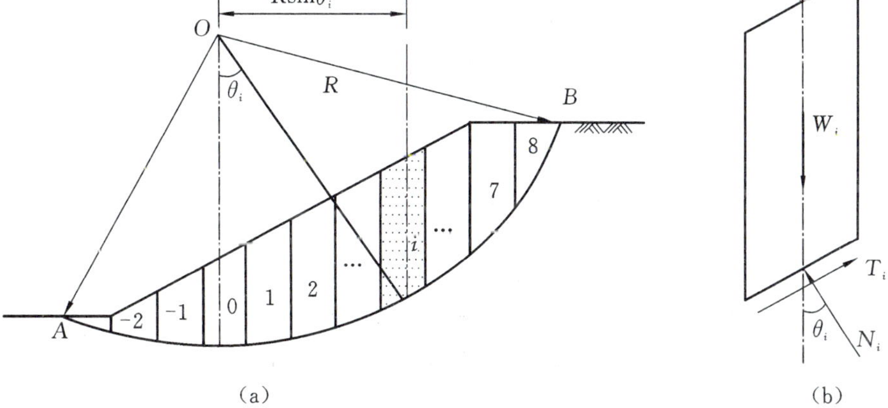

图 7-11　瑞典条分法

(a)瑞典条分法示意图;(b)土条受力示意图

首先根据径向平衡条件，得：

$$N_i = N_{wi} = W_i \cos\theta_i \tag{7-8}$$

设安全系数 F_s 为：

$$F_s = \frac{\tan\varphi}{\tan\varphi_e} = \frac{c}{c_e} \tag{7-9}$$

根据滑动面极限平衡条件，得：

$$T_i = \frac{N_i \tan\varphi_i + c_i l_i}{F_s} \tag{7-10}$$

由式(7-9)可知，由于没有考虑土条的切向静力平衡，因此土条 i 所受的 3 个力形成的力三角形一般不会闭合，即不满足静力平衡条件。

最后，按滑动土体的整体力矩平衡，可得滑动力矩为：

$$\sum W_i d_i = \sum W_i R \sin\theta_i \tag{7-11}$$

滑动面上的抗滑力矩为：

$$\sum T_i R = \sum \frac{c_i l_i + W_i \cos\theta_i \tan\varphi_i}{F_s} R \tag{7-12}$$

土体处于极限平衡状态，滑动力矩＝抗滑力矩，式(7-11)与式(7-12)相等

$$\sum W_i R \sin\theta_i = \sum \frac{c_i l_i + W_i \cos\theta_i \tan\varphi_i}{F_s} R$$

$$F_s = \frac{\sum (c_i l_i + W_i \cos\theta_i \tan\varphi_i)}{\sum W_i \sin\theta_i} \tag{7-13}$$

由此可看出，瑞典条分法是忽略条间力影响的一种简化方法，它只满足滑动土体整体力矩平衡条件，不满足土条的静力平衡条件。瑞典条分法的应用时间很长，积累了丰富的工程经验，一般得到的安全系数偏低，误差偏向于安全，目前依旧是工程上常使用的方法。

3. 毕肖普条分法

1955 年毕肖普(A. W. Bishop)假定各土条底部滑动面上的抗滑安全系数均相同，即等于整个滑动面的平均安全系数，取单位长度土体按平面问题计算，如图 7-12 所示。

若土条处于静力平衡状态，根据竖向应力平衡条件，可得：

$$W_i + \Delta H_i = N_i \cos\theta_i + T_i \sin\theta_i$$

$$N_i \cos\theta_i = W_i + \Delta H_i - T_i \sin\theta_i \tag{7-14}$$

根据满足安全系数时的极限平衡条件，可得：

$$T_i = \frac{(c_i + \sigma_i \tan\varphi_i) l_i}{F_s} = \frac{c_i l_i + N_i \tan\varphi_i}{F_s} \tag{7-15}$$

考虑整个滑动土体的整体力矩平衡条件，各土条的作用力对圆心力矩之和为零。这时条间力 P_i 和 H_i 成对出现，大小相等，方向相反，相互抵消，对圆心不产生力矩。滑动面上的正压力 N_i 通过圆心，也不产生力矩。因此，只有重力 W_i 和滑动面上的切向力 T_i 对圆心产生力矩。

安全系数计算由整体力矩平衡，简化后得：

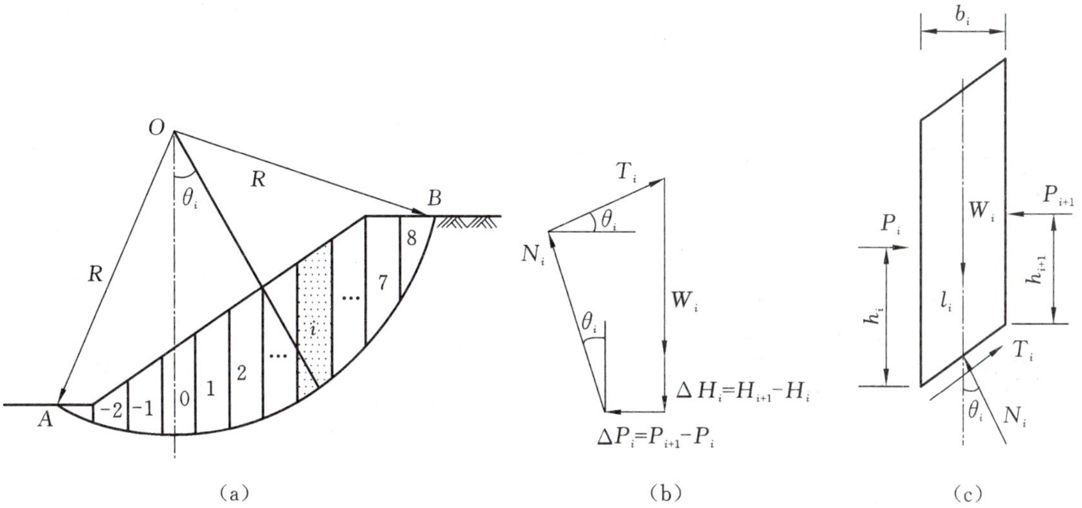

图 7-12　简化毕肖普条分法土条受力分析

(a)简化毕肖普条分法示意图;(b)土条受力示意图;(c)土条受力作用点分布示意图

$$\sum W_i d_i = \sum T_i R$$

$$\sum W_i R \sin\theta_i = \sum \frac{1}{F_s}(c_i l_i + N_i \tan\varphi_i) R \tag{7-16}$$

以上是毕肖普条分法的计算公式。但式中 $\Delta H_i = H_{i+1} - H_i$ 仍然未知,若是不引入其他简化假定,由式(7-16)仍然无法求得安全系数。于是,毕肖普又假定了 $\Delta H_i = 0$,即认定条块间只有水平作用力 P_i,不存在切向力 H_i 或者假设两侧切向力相等。于是,式(7-16)可以进一步化简为:

$$F_s = \frac{\sum \frac{1}{m_{\theta_i}} [c_i b_i + (W_i + \Delta H_i) \tan\varphi_i]}{\sum W_i \sin\theta_i} \tag{7-17}$$

该式就是简化的毕肖普公式,式中参数 $m_{\theta i}$ 中包含安全系数 F_s。因此不能直接求得安全系数,而是需要采用试算的方法,迭代求出安全系数,一般迭代 3 到 4 次即可满足精度要求。

与瑞典条分法相比,简化毕肖普条分法满足了各条块力之间的静力平衡,不满足条块的力矩平衡。由于该方法考虑了条块间的水平作用力,得到的安全系数比瑞典条分法的要略微高。毕肖普条分法因为计算简单,且精度较高,目前在工程中依旧被广泛采用。

7.3.3　简布法

在 7.3.2 节中所介绍的两种条分法均是假定滑动面是一个圆弧面,而在实际工程中常常会遇到非圆弧滑动面的土坡稳定性分析问题,如土坡下面有软弱夹层或土坡位于倾斜岩层面上,滑动面形状受到夹层或硬层影响而呈非圆弧形状。此时,该使用适用于任意滑动面的普遍条分法来分析,普遍条分法由简布(N. Janbu)提出,又称简布法。

如图 7-13(a)所示土坡,从滑动土体 ABC 中取出土条 i 进行静力分析。作用在土条 i 上的力及其作用点分布如图 7-13(b)、(c)所示。

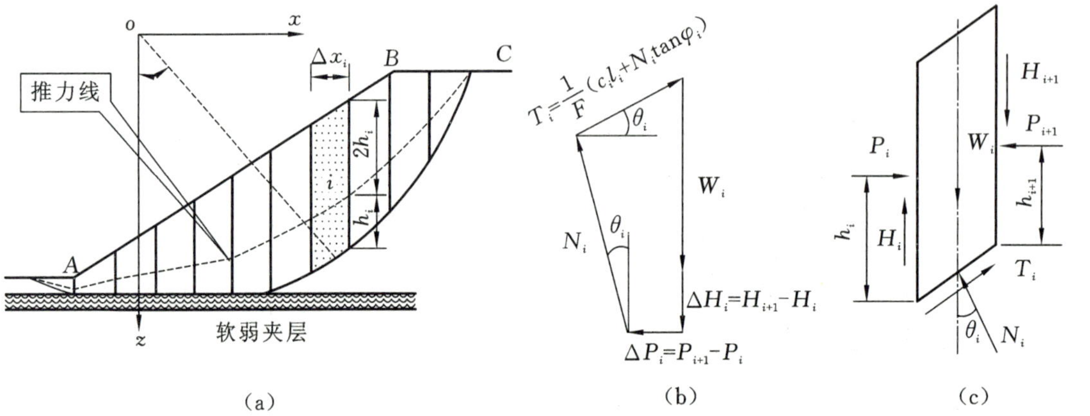

图 7-13　简布法条块作用力分析

(a)简布法示意图;(b)土条受力示意图;(c)土条受力作用点分布示意图

按照静力平衡分析如下:

由 $\sum F_z=0$,得:

$$W_i+\Delta H_i=T_i\sin\theta_i+N_i\cos\theta_i$$

$$N_i\cos\theta_i=W_i+\Delta H_i-T_i\sin\theta_i \tag{7-18}$$

由 $\sum F_x=0$,得:

$$\Delta P_i=T_i\cos\theta_i-N_i\sin\theta_i \tag{7-19}$$

将式(7-18)代入式(7-19),得:

$$\Delta P_i=T_i\left(\cos\theta_i+\frac{\sin^2\theta_i}{\cos\theta_i}\right)-(W_i+\Delta H_i)\tan\theta_i \tag{7-20}$$

根据极限平衡条件,考虑土坡稳定安全系数 F_s,有:

$$T_i=\frac{1}{F_s}(c_il_i+N_i\tan\varphi_i) \tag{7-21}$$

由(7-18)得:

$$N_i=\frac{1}{\cos\theta_i}(W_i+\Delta H_i-T_i\sin\theta_i) \tag{7-22}$$

将式(7-22)代入式(7-21),整理后得:

$$T_i=\frac{\frac{1}{F_s}\left[c_il_i+\frac{1}{\cos\theta_i}(W_i+\Delta H_i)\tan\varphi_i\right]}{1+\frac{\tan\theta_i\tan\varphi_i}{F_s}} \tag{7-23}$$

将上式代入式(7-19) 得:

$$\Delta P_i=\frac{1}{F_s}\frac{\sec^2\theta_i}{1+\frac{\tan\theta_i\tan\varphi_i}{F_s}}[c_il_i\cos\theta_i+(W_i+\Delta H_i)\tan\theta_i]-(W_i+\Delta H_i)\tan\theta_i \tag{7-24}$$

图 7-14 表示作用在土条条块侧面的法向力 P_i，显然有 $P_1=\Delta P_1$，$P_2=P_1+\Delta P_2=\Delta P_1+\Delta P_2$，以此类推，有：

$$P_i=\sum_{j=1}^{i}\Delta P_j \tag{7-25}$$

若全部土条条块的总数为 n，则有：

$$P_n=\sum_{j=1}^{n}\Delta P_j=0 \tag{7-26}$$

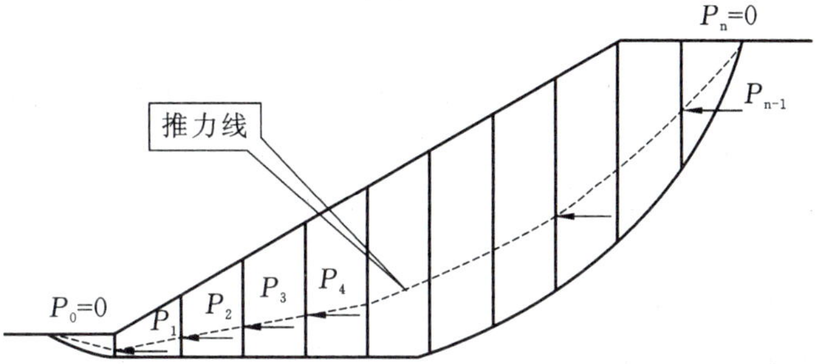

图 7-14　土条间的法向力 P_i

将式(7-24)代入式(7-26)得：

$$\sum\frac{1}{F_s}\frac{\sec^2\theta_i}{1+\dfrac{\tan\theta_i\tan\varphi_i}{F_s}}[c_il_i\cos\theta_i+(W_i+\Delta H_i)\tan\theta_i]-\sum(W_i+\Delta H_i)\tan\theta_i=0$$

整理后可得：

$$F_s=\frac{\sum[c_il_i\cos\theta_i+(W_i+\Delta H_i)\tan\varphi_i]\dfrac{\sec^2\theta_i}{1+\dfrac{\tan\theta_i\tan\varphi_i}{F_s}}}{\sum(W_i+\Delta H_i)\tan\theta_i} \tag{7-27}$$

$$\frac{\sum[c_ib_i+(W_i+\Delta H_i)\tan\varphi_i]\dfrac{1}{m_{\theta_i}}}{\sum(W_i+\Delta H_i)\sin\theta_i}$$

通过分析土条受力关系可知：

$$H_i=P_i\frac{\Delta h_i}{\Delta X_i}+\Delta P_i\frac{h_i}{\Delta X_i} \tag{7-28}$$

$$\Delta H_i=H_{i+1}-H_i \tag{7-29}$$

由式(7-24)、式(7-25)、式(7-26)、式(7-27)、式(7-28)和式(7-29)利用迭代法可以求得普遍条分法的土坡稳定安全系数 F_s。其步骤如下：

(1) 假定 $\Delta H_i=0$，利用式(7-27)，迭代求第一次近似的土坡稳定安全系数 F_{s1}；

(2) 将 F_{s1} 和 $\Delta H_i=0$ 代入式(7-24)，求相应的 ΔP_i(对每一条块，从 1 到 n)；

(3) 用式(7-25)求条块间的法向力 P_i(对每一条块，从 1 到 n)；

(4) 将 P_i 和 ΔP_i 代入式(7-28)和式(7-29)，求条块间的切向作用力 H_i(对每一条块，从 1 到 n)和 ΔH_i；

(5) 将 ΔH_i 重新代入式(7-27)，迭代求新的安全系数 F_{s2}。

若 $F_{s1}-F_{s2}>\Delta$（Δ 为规定的安全系数计算精度），则重新按上述步骤(2)至(5)进行第二轮计算。如此反复进行，直至 $F_{sk}-F_{sk-1}\leqslant\Delta$ 为止。F_{sk} 就是该假定滑动面的稳定安全系数。土坡真正的稳定安全系数确定还要计算很多滑动面，将计算所得安全系数进行比较，找出最危险的滑动面，其土坡稳定安全系数才是真正的安全系数。这种计算工作量相当巨大，一般要在计算机上进行。

7.3.4 有限元法

从瑞典条分法到简布法的基本思路都是把滑动土体切成有限宽度的土体，把土体当成刚体，根据静力平衡条件和极限平衡条件求得滑动面上力的分布，从而计算出稳定安全系数。但事实上土体并不是刚体，而是变形体，用分析刚体的办法，不满足变形协调条件，因此计算出滑动面上的应力状态(stress state)不可能是真实的。

有限元法就是把土坡当成变形体，按照土的变形特性，计算出土坡内的应力分布，然后再引入圆弧滑动面的概念，验算滑动土体的整体抗滑稳定性。如图 7-15 所示，将土坡划分成许多单元体，用有限元法可以计算出每个土单元体的应力、应变和每个节点的节点力和位移。这种计算目前已经成为土石坝应力变形分析的常用方法，有各种现成的程序可供应用。

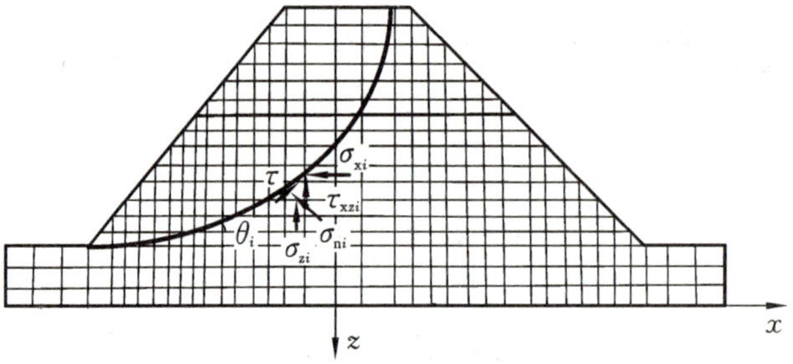

图 7-15 土坝(earth dam)的有限元网格和滑动示意图

将土坡的应力计算出来后，再引入圆弧滑动面的概念。图 7-15 中的曲线表示一个可能的圆弧滑动面。把可能的圆弧滑动面划分成若干个小弧段 Δl_i，用弧段中点的应力代表该小弧段 Δl_i 上的应力，其值可以按照有限元法应力分析的结果，根据弧段中点所在单元的应力确定，表示为 σ_{xi}、σ_{zi}、τ_{xzi}。如果小弧段 Δl_i 与水平线的倾角为 θ，则作用在弧段上的法向应力和剪应力分别为：

$$\sigma_{ni}=\frac{1}{2}(\sigma_{xi}+\sigma_{zi})-\frac{1}{2}(\sigma_{xi}-\sigma_{zi})\cos2\theta_i+\tau_{xij}\sin2\theta_i \tag{7-30}$$

$$\tau_i=-\tau_{xi}\cos2\theta_i-\frac{1}{2}(\sigma_{xi}-\sigma_{zi})\sin2\theta_i \tag{7-31}$$

根据莫尔-库仑强度准则，该点土的抗剪强度为：

$$\tau_{fi}=c_i+\sigma_{ni}\tan\varphi_i \tag{7-32}$$

将滑动面上所有小弧段的剪应力和抗剪强度分别求出来以后，再累加求得沿着滑动面总的剪切力 $\sum\tau_i\Delta l_i$ 和抗剪力 $\sum\tau_{fi}$。因此，土坡稳定安全系数为：

$$F_s = \frac{\sum_{i=1}^{n}(c_i + \sigma_{ni}\tan\varphi_i)\Delta l_i}{\sum_{i=1}^{n}\tau_i \Delta l_i} \tag{7-33}$$

有限元分析方法的优点是把土坡稳定分析与坝体的应力和变形分析结合起来。这时，滑动土体自然满足静力平衡条件而不必如条分法那样引入人为的假定。但是，当土坡接近失稳时，滑裂面通过的大部分土单元体处于临近破坏状态，这时，用有限元法分析土坡内的应力和变形所需要的土的基本特性，如变形特性、强度特性等均变得十分复杂，因此，要提出一种能反映土体实际受力状况的计算模型是很不容易的。

采用有限元方法分析土坡稳定问题，是土坡稳定分析发展的趋势。虽然说在土坡稳定性分析中极限平衡分析法是当前工程上主要应用的方法，但是有限元方法是一种潜在的具有很大发展前景的方法。

7.4 土坡稳定分析的问题

7.4.1 总应力法和有效应力法的选用

对于任一给定的土体而言，不同试验方法测定的土体抗剪强度差别远超过不同静力计算方法之间的差别。特别是在进行黏性土坡的稳定性分析时，不仅要求分析方法合理，还要结合边坡实际加荷情况、填料性质和排水条件等，选用合理的抗剪强度指标。

由于许多情况下土体内存在孔隙水压力，因此，在讨论边坡稳定计算方法时，用总应力还是用有效应力表示作用在滑动土体上的力是一个十分重要的问题。

有效应力法指当土坡中因某种原因存在孔隙水压力，计算摩擦阻力时扣除孔隙水压力，完全由有效应力计算，抗剪强度指标应用有效强度指标；总应力法是指不扣除孔隙水压力，摩擦阻力直接用公式 $T_{fi}=W_i\cos\theta_i\tan\varphi_i$ 计算。

对几个不同情况下的土坡用总应力法和有效应力法作较详细的探讨，其基本规律如下：

1. 稳定渗流期土坡稳定分析

稳定渗流期指坝体内施工期间由于填筑土体所产生的超静孔隙水压力已经全部消散，水库长时间蓄水，上下游水位差在坝体内已经形成了稳定的渗流，可确定坝体内唯一的流体网格，因此原则上用有效应力法分析，而不用总应力法。

2. 施工期的土坡稳定分析

土石坝和河堤等在施工期间填土逐渐加高，下部黏性填土受到上部填土的自重应力作用，出现超静孔隙水压力不易消散。这种情况下，可以分别用总应力法和有效应力法，前者不直接考虑孔隙水压力的影响，后者必须先计算施工期填土内孔隙水压力的发生和发展情况，然后才能进行稳定分析。

3. 地震对土坡稳定的影响

地震对土坡一般有两种作用:①在边坡土体上附加一个随时间变化的加速度,因而产生随时间变化的惯性力,促使边坡滑动;②振动使土体趋于密实,引起孔隙水压力上升,即产生振动孔隙水压力,从而减小土的抗剪强度。

7.4.2 最危险滑动面的确定

在前几节中介绍的是某个位置已经确定的滑动面稳定安全系数的几种计算方法。这一稳定安全系数并不代表边坡的真正稳定性,因为是任意选取的边坡的滑动面。假设边坡的一个滑动面,就可计算其相应的安全系数。真正代表边坡稳定程度的稳定安全系数应该是稳定安全系数中的最小值。称边坡稳定安全系数最小的滑动面为最危险滑动面,它才是土坡真正的滑动面。

如何确定土坡最危险滑动面圆心的位置和半径大小是土坡稳定分析中最烦琐、工作量最大的工作,需要通过多次的计算才能完成。费列纽斯(W.Fellenius)提出的经验方法,对于较快地确定土坡最危险的滑动面很有使用价值。费列纽斯认为,对于均匀黏性土坡,其最危险的滑动面一般通过坡脚。在 $\varphi=0$ 的边坡稳定分析中,最危险滑弧圆心的位置可以由图 7-16(a)中 β_1 和 β_2 夹角的交点确定。β_1 和 β_2 的值与坡角 α 的大小的关系,可由表 7-2 查得。在 $\varphi>0$ 的边坡稳定分析中,最危险滑动面的圆心位置如图 7-16(b)所示。首先按图 7-16(b)中所示的方法确定 DE 线。自 E 点向 DE 延线上取圆心 O_1、O_2、…,通过坡脚 A 分别作圆弧 $\widehat{AC_1}$、$\widehat{AC_2}$、…,并求出相应的边坡稳定安全系数 F_{s1}、F_{s2}、…。接着,再用适当的比例尺标在相应的圆心点上,并且连接成安全系数 F_s 随圆心位置变化的曲线。曲线的最低点即为圆心在 DE 线上时安全系数的最小值。但是真正的最危险滑弧圆心并不一定在 DE 线上。通过这个最低点,引 DE 的垂直线 FG。在 FG 线上,在 DE 延长线的最小值前后再定几个圆心 O_1'、O_2'、…,用类似步骤确定 FG 线上对应于最小安全系数的圆心,这个圆心就是从坡趾滑出时的最危险滑动圆弧中心。

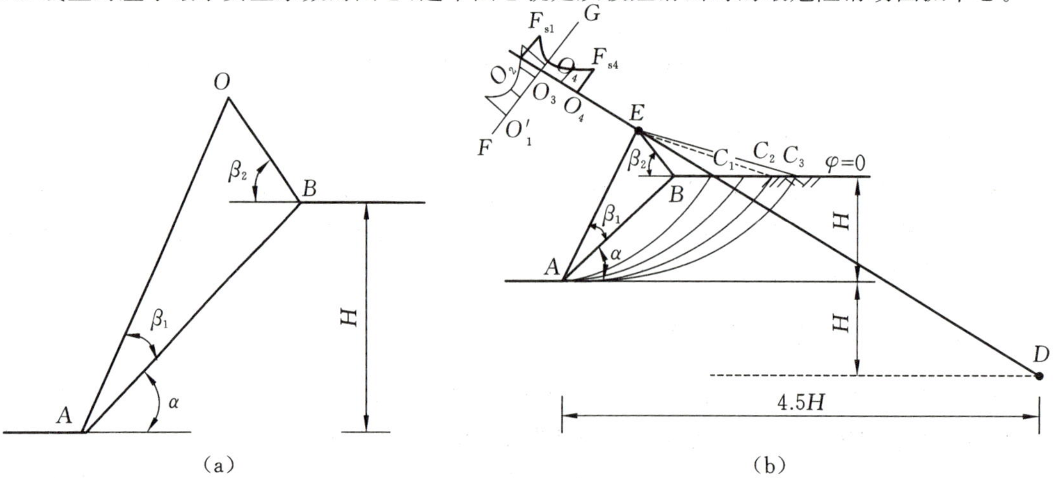

图 7-16 确定最危险滑动面的经验方法

(a)$\varphi=0$ 的边坡稳定分析;(b)$\varphi>0$ 的边坡稳定分析

当地基土层性质比填土软弱，或者坝坡不是单一的土坡，或者坝体填土种类不同、强度互异时，最危险的滑动面就不一定从坡脚滑出。这时寻找最危险滑动面位置就更为烦琐。

表 7-2　各种坡角的 β_1、β_2 值

坡度 1∶m	坡角	β_1	β_2
1∶0.58	60°	29°	40°
1∶1	45°	28°	37°
1∶1.5	33°41′	26°	25°
1∶2	26°34′	25°	25°
1∶3	18°26′	25°	35°
1∶4	14°02′	25°	37°
1∶5	11°19′	25°	37°

7.4.3　安全系数

土木工程师经常需要计算、检查天然边坡、开挖边坡和压实路堤的安全性。这种验算包括确定和比较沿最可能破裂面的剪应力与土体的抗剪强度，称为边坡稳定性分析（slope stability analysis）。

在理想情况下，我们尽可能还原每一个土坡，目的是将土坡失稳的风险降到最低。在实践中，工程计算依赖于安全系数 F_s。边坡稳定性安全系数是指沿假定滑裂面的抗滑力与滑动力的比值，当该比值大于 1 时，坡体稳定；等于 1 时，坡体处于极限平衡状态；小于 1 时，边坡发生破坏。

从理论上讲，当安全系数$F_s=1$ 时，土坡即处于极限平衡状态。因此，只要设计土坡时的$F_s>1$，就应当满足稳定要求。但在实际工程中，有些土坡安全系数虽然大于 1，还是会发生滑动；而有些土坡安全系数小于 1，却是稳定的。在土坡稳定的分析中，从土体的强度指标到计算方法，很多因素都无法准确确定。因此，即便计算得到的土坡稳定安全系数等于 1 或稍大于 1，也不表示边坡的稳定性能得到可靠的保证。安全系数必须满足一个最起码的要求，称之为容许安全系数。

影响安全系数的因素很多，如抗剪强度指标的选用、计算方法的选择、计算条件的选择等。容许安全系数值是以过去的工程经验为依据并以各种规范的形式确定。因此采用不同的抗剪强度试验方法和不同的稳定分析方法所得到的安全系数差别甚大，所以在应用规范所给定的土坡稳定容许安全系数时，一定要注意它所规定的试验方法和计算方法。如表 7-3 和表 7-4 是水利水电部门颁布的《碾压式土石坝设计规范》（SL 274—2020）和国家标准《建筑边坡工程技术规范》（GB 50330—2013）中规定的边坡稳定最小安全系数。

目前对土坡稳定容许安全系数的数值，各部门尚无统一标准，选用时要注意计算方法、强度指标和容许安全系数必须相互配合，并要根据工程不同情况，结合当地经验确定。

表 7-3　碾压土石坝坝坡抗滑稳定最小安全系数

运用条件	不同级别坝的稳定最小安全系数			
	1 级	2 级	3 级	4 级、5 级
正常运用条件	1.50	1.35	1.30	1.25
非常运用条件Ⅰ	1.30	1.25	1.20	1.15
非常运用条件Ⅱ	1.20	1.15	1.15	1.10

注：1. 正常运用条件

(1) 水库水位处于正常蓄水位和设计洪水位与死水位之间的各种水位的稳定渗流期；

(2) 水库水位在上述范围内经常性的正常降落；

(3) 抽水蓄能电站的水库水位的经常性变化和降落。

2. 非常运用条件Ⅰ

(1) 施工期；

(2) 校核洪水位如何能形成稳定渗流的情况；

(3) 水库水位的非常降落，如自校核洪水位降落、降落至死水位以下，以及大流量快速泄空等。

3. 非常运用条件Ⅱ

正常运用条件遇地震。

表 7-4　边坡稳定分析方法及允许安全系数

计算方法	不同安全等级边坡的允许安全系数		
	一级边坡	二级边坡	三级边坡
平面滑动法 折线滑动法(推力传递法)	1.35	1.30	1.25
圆弧滑动法	1.30	1.25	1.20

注：1.土质边坡工程安全等级根据边坡高度和破坏后果决定；

2.对地质条件很复杂或破坏后果极严重的边坡工程，其稳定安全系数宜适当提高。

7.4.4　坡顶开裂时的土坡稳定性

如图 7-17 所示，由于土的收缩及张力作用，在黏性土坡的坡顶附近可能出现裂缝，雨水或相应的地表水渗入裂缝后，将产生静水压力 $p_w=\frac{1}{2}\gamma_w h_0^2$，它也是促使土坡滑动的作用力，故在土坡稳定分析中应该将此静水压力考虑进去。

坡顶裂缝的开展深度 h_0 可近似按挡土墙后为黏性填土时，在墙顶产生的拉力区高度公式计算：

$$h_0=\frac{2c}{\gamma\sqrt{K_a}} \tag{7-34}$$

式中　K_a——朗肯土压力系数；

其余符号意义同前。

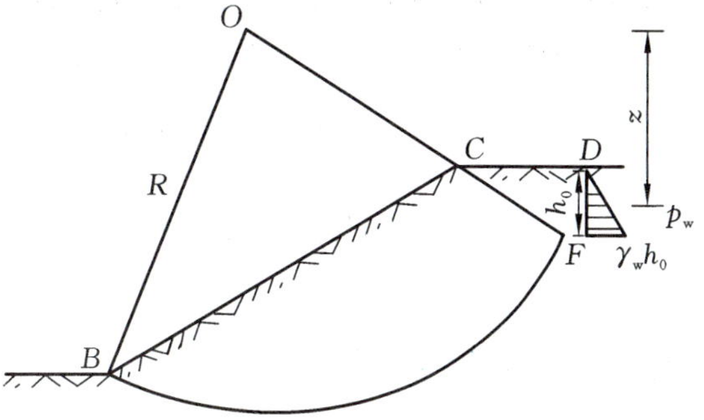

图 7-17　坡顶开裂时的土坡计算

裂缝内因积水产生的静水压力对最危险滑动面圆心 O 的力臂为 z。在按前述各种方法分析土坡稳定时，应考虑 p_w 引起的滑动力矩，同时土坡滑动面的弧长也将由 BD 缩短为 BF。

7.4.5　土中水渗流时的土坡稳定性

河滩路堤两侧水位不同时，水将由水位高侧向低侧渗流。有时当河滩与沿河路堤水位缓慢上涨而急剧下降时，路堤内的水将向外渗流。

如图 7-18 所示，边坡内水渗流产生渗流力 T_{Ji}，其方向指向边坡，它对边坡稳定是不利的。

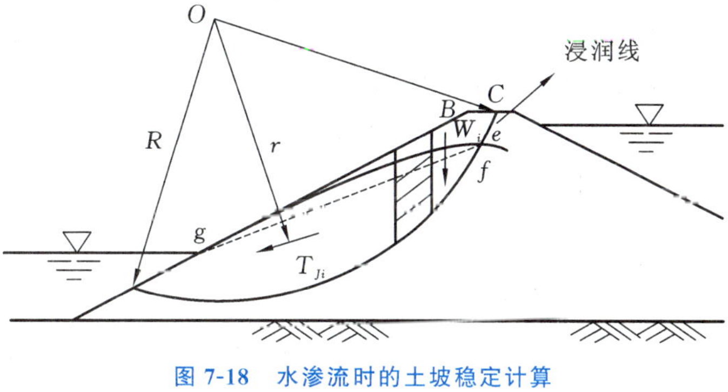

图 7-18　水渗流时的土坡稳定计算

由于水位骤降，土坡内水向外渗流。已知渗流水位线为 efg，滑动土体在浸润线以下部分(fgB)的面积为 A。用条分法分析土体稳定时，土条 i 的重力 W_i，在浸润线以下部分应考虑水的浮力作用，采用浮重度，渗流力 T_{Ji} 按下式计算：

$$T_{Ji} = \gamma_w i A \tag{7-35}$$

式中　γ_w——水的重度 (kN/m^3)；

A——滑动土体在浸润线以下部分($fgBf$)的面积(m^2)；

i——在面积 ($fgBf$)范围内的水头梯度平均值，可近似地假设 i 等于浸润线两端 fg 连线的坡度。

渗流力 T_{Ji} 的作用点在面积($fgBf$)的形心,其作用方向假定与 fg 线平行。这样考虑渗流力后,简化毕肖普条分法分析土坡稳定安全系数的有效应力计算式可以写为:

$$F_s = \frac{\sum_{i=1}^{n} \frac{1}{m_{\theta i}}[c'b_i + (W_i - \gamma_w h_{ti} b_i)\tan\varphi'_i]}{\sum_{i=1}^{n} W_i \sin\theta_i} \tag{7-36}$$

7.4.6 裂隙硬黏土的边坡稳定

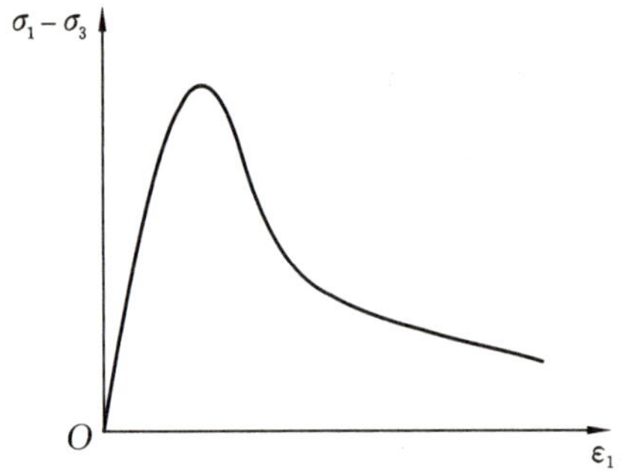

图 7-19 硬黏土的应力-应变曲线

硬黏土通常为超固结土,其应力-应变关系曲线属应变软化型曲线,如图 7-19 所示。这类土如果也按一般的天然土坡稳定分析方法,认为剪切过程中密度不变,宜采用不固结不排水强度指标。用 $\varphi_u=0$ 法计算,得到的稳定安全系数一般过大,计算结果偏于危险。

表 7-5 所示为 5 个已发生滑坡的此类土的天然土坡或挖方(excavation)的稳定性分析实例。表 7-5 中数据表明,用 $\varphi_u=0$ 法分析时,稳定安全系数均很大,但实际上都发生了不稳定破坏。其原因是土坡内滑动面上的剪应力分布不均匀,各点不能同时达到破坏。破坏过程是某些部位土的剪应力首先达到峰值,而其他部位的土尚未破坏,于是随着应变的不断加大,已经破坏部位的强度不断减小,直至变成残余强度。其他点也会相继发生这种情况,形成所谓渐进性的破坏现象。在这种情况下,边坡破坏的时间持续很长,滑裂面的强度降至很低。有些天然滑坡体以及断层带,在其历史年代上发生过多次的滑移,经受很大的应变,土的强度下降很多。在这种情况下验算其稳定性时需注意选取其残余强度。

表 7-5 几个超固结土滑坡的实例

边坡类型	黏土特性指标					(按 $\varphi_u=0$ 分析)安全系数 F_s	备注
	含水量 ω/%	液限 ω_L/%	塑限 ω_P/%	塑性指数 I_P	液性指数 I_L		
挖方	24	57	27	30	−0.10	3.2	
天然土坡	20	45	20	25	—	4.0	超固结
挖方	30	86	30	56	—	4.0	裂隙硬岩土
挖方	30	81	28	33	—	3.8	
天然土坡	28	110	20	90	0.09	6.3	

习　题

7-1　土坡稳定有何实际意义？影响土坡稳定的因素有哪些？

7-2　何为无黏性土土坡的自然休止角？无黏性土土坡的稳定性与哪些因素有关？

7-3　条分法的基本概念是什么？

7-4　如图 7-20 所示，无黏性土土坡的坡角 $\alpha=20°$，土的内摩擦角 $\varphi=32°$，浮重度 $\gamma'=10\ \mathrm{kN/m^3}$，地基为不透水层，若渗流逸出段的水流方向平行于地面，求该段土坡的稳定安全系数。

7-5　无限土坡如图 7-21 所示，地下水沿坡面方向渗流，坡高 $H=4$ m，坡脚 $\alpha=20°$，土的颗粒比重 $G_s=2.65$，孔隙比 $e=0.70$，与基岩接触面的摩擦角 $\delta=20°$，黏聚力 $c=15$ kPa，求土坡沿界面滑动的稳定安全系数 F_s？

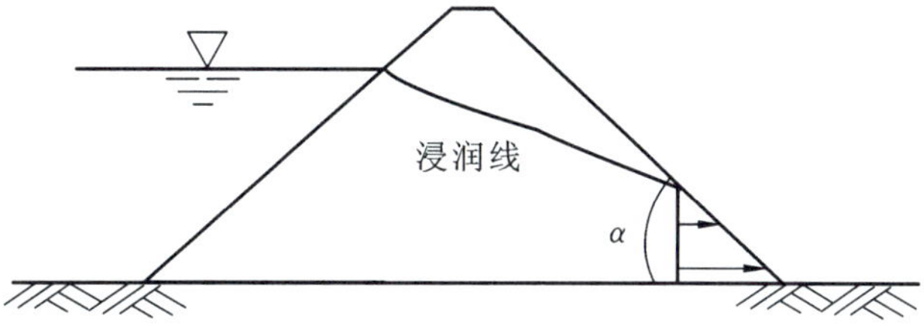

图 7-20　习题 7-4 图

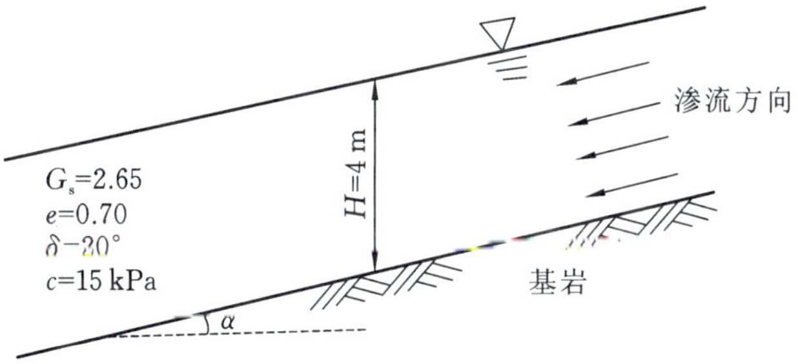

图 7-21　习题 7-5 图

第 8 章　地基承载力

8.1 概　　述

结构是建筑物上承担重力或外力部分的构造，结构的底部与地基接触的部分被称为基础(foundation)，其功能是将结构的荷载转移到所处的土体上。根据结构和土质不同，应选用不同类型的基础。

筏板基础由底板、梁等整体组成。建筑物荷载较大，地基承载力较弱，常采用混凝土底板筏板承受建筑物荷载，形成筏基，其整体性好，能很好地抵抗地基不均匀沉降，如图 8-1(a)所示。

扩展基础是指上部结构通过墙、柱等承重构件传递的荷载，在其底部横截面上引起的压强通常远大于地基承载力，故需在墙、柱下设置水平截面向下扩大的基础，以便将墙或柱荷载扩散分布于基础底面，如图 8-1(b)所示。

如图 8-1(c)和 8-1(d)所示，桩基础和沉箱基础用于较重的结构，其中所需的深度支撑荷载较大。桩是由木材、混凝土或钢材制成的结构构件，它将上层建筑的荷载传递到土壤的

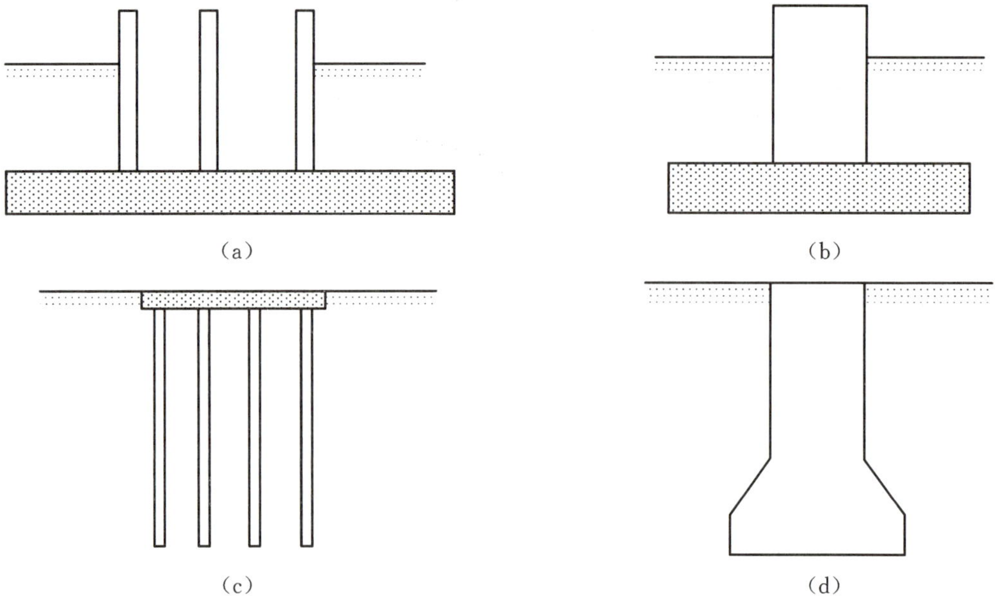

图 8-1　常见基础类型

(a)筏板基础；(b)扩展基础；(c)桩基础；(d)沉箱基础

下层。根据桩向地基传递荷载的方式,可将桩分为两类:摩擦桩和端承桩。在摩擦桩中,其轴向荷载由桩侧摩擦阻力和桩底土反力来支承,桩侧摩擦阻力起主要支承作用。在端承桩中,上部结构荷载主要由桩端阻力承受。

在沉箱基础上,在底土中钻出竖井,然后填入混凝土。在钻井过程中,可以使用金属套管;它可以留在原地,也可以在混凝土浇筑过程中收回。桩和沉箱的基本功能实际上是相同的,但沉箱竖井的直径要比桩的大得多。

基础承受结构的荷载作用后,一方面附加应力引起地基内土体变形,造成建筑物沉降;另一方面,引起地基内土体的剪应力增加。当某一点的剪应力达到土的抗剪强度时,该点土就处于极限平衡状态。若土体中某一区域内各点都达到极限平衡状态,就形成极限平衡区。如果继续增大荷载,地基内极限平衡区的发展范围就会不断增大,局部的塑性区发展成为连续贯穿到地表的整体滑动面。这时,基础下的一部分土体将沿滑动面产生整体滑动,地基失去稳定,建筑物将发生严重的塌陷、倾倒等灾害性的破坏。因此,对从事基础设计的岩土工程和结构工程人员来说,评估地基承载力能否满足工程安全稳定要求十分重要。

地基承载力(bearing)是地基承受荷载的能力,是指地基土单位面积所能承受的荷载。在设计基础时,必须满足上部结构荷载通过基础传到地基土的压力不得大于地基承载力的要求,以确保地基土不丧失稳定性。地基承载力取决于地基土的抗剪强度,是地基土抗剪强度的一种宏观表现,使地基土抗剪强度变化的因素对地基承载力也产生类似影响。

本章主要讨论浅基础的承载力问题。如前所述,为保证安全性能,基础所承受的荷载必须满足以下条件:(1)荷载引起的土体沉降在容许范围内;(2)支撑基础的土体不发生剪切破坏(shear failure)。

8.2　浅基础破坏过程及形式

8.2.1　地基的破坏过程

地基从开始发生变形到失去稳定(破坏)的发展过程,可用现场载荷试验进行研究。由地基土的现场载荷试验可得其荷载 p 与沉降 s 的关系曲线,从 p-s 曲线形态来看,地基破坏的过程一般将经历如下 3 个阶段,如图 8-2 所示。

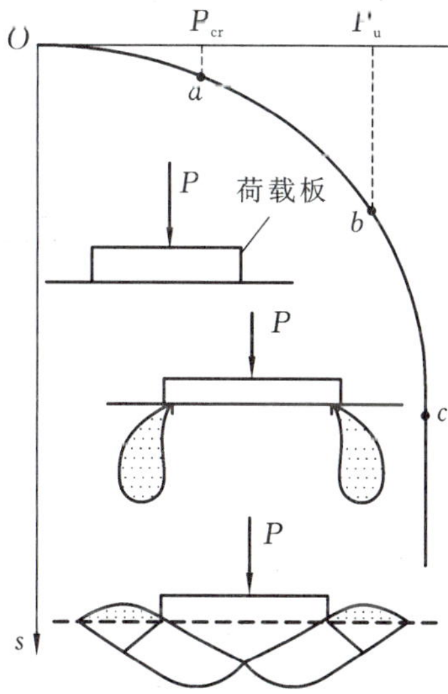

图 8-2　地基变形的几个典型阶段

(1) 压密阶段(compaction)

压密阶段又被称为弹性变形阶段,即图 8-2 所示 p-s 曲线上的 Oa 段,p-s 曲线接近于直线,土中各点的剪应力小于土的抗剪强度。载荷板的沉降主要是由于土体的压密引起的,a 点对应的荷载 P_{cr} 被称为临塑荷载(critical plastic load),也被称为拐点压力,表示载荷板底面以下的地基土体即将出现而尚未出现塑性变形区时的基底压力。

(2) 剪切阶段(shearing)

剪切破坏也被称为弹塑性变形阶段,即图 8-2 所示 p-s 曲线上的 ab 段,在此阶段 p-s 曲线不再保持直线,沉降的增长率 $\Delta s/\Delta p$ 随荷载的增大而增大。其变形特征表示局部土体已发生剪切变形,产生塑性区。通常塑性区首先在基础边缘处出现,随着荷载的继续增加,地基中的塑性区范围逐步扩大,直至土中形成连续的滑动面,土从载荷板两侧挤出而破坏。由此可见,剪切阶段也就是地基中塑性区的发生与发展的阶段。剪切阶段终点对应的荷载 P_u 被称为极限荷载(ultimate load)。在实际工程中,地基中一定深度范围内出现塑性区并不会影响地基的整体稳定性,地基中塑性区的深度达到基础宽度 B 的 1/4～1/3 时,地基仍是安全的。这种在保证地基整体稳定的情况下,容许地基中一定深度范围内产生塑性区时所对应的荷载叫临界荷载(critical load)。

(3) 破坏阶段(failure)

破坏阶段也被称为完全塑性变形阶段,即图 8-2 所示 p-s 曲线上的 bc 段。当载荷板上的荷载超过极限荷载 P_u 后,载荷板快速下沉,即便不再增加荷载,沉降也不能维持稳定,p-s 曲线直线下降,由于地基中的塑性区域不断发展,最后在土体中形成连续的滑动面,土从载荷板周围挤出,地基失稳而破坏。

8.2.2 地基的破坏形式

地基的破坏形式(failure mode)是各种各样的,受土的特性、基础的埋深、加荷速率等因素影响,大体上可分为三种主要形式,如图 8-3 所示。

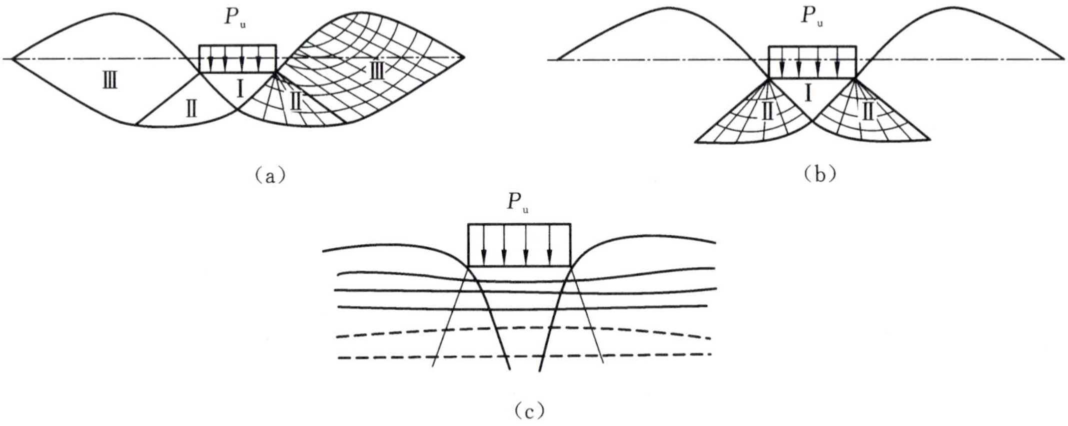

图 8-3　地基破坏形式

(a)整体剪切破坏;(b)局部剪切破坏;(c)冲剪破坏

(1) 整体剪切破坏(overall shear failure)

如图 8-3(a)所示,当基础上荷载较小时,基础下形成一个三角形压密区Ⅰ,随着荷载不断增大,压密区向两侧挤压,土中产生塑性区,塑性区从基础边缘逐步扩大至图中的Ⅱ、Ⅲ区域,直到形成连续的滑动面延伸到地面,土从基础两侧挤出并隆起,基础的沉降急速增大,整个地基失稳破坏。其 p-s 曲线如图 8-4 中曲线 a 所示，存在一个明显的拐弯点。整体剪切破坏常发生在浅埋基础下的密砂或硬黏土等坚实地基中。

(2) 局部剪切破坏(local shear failure)

如图 8-3(b)所示，随着荷载的增加地基中也产生压密区Ⅰ及塑性区Ⅱ，但塑性区的发展限制在地基中的某一范围内，地基内的滑动面并不延伸到地面，仅在地基两侧地面微微隆起。其 p-s 曲线如图 8-4 中曲线 b 所示，有一个转折点但不像整体剪切破坏那么明显，压力超过转折点以后的沉降也没有像整体剪切破坏那样急速增加。局部剪切破坏通常发生在中等密实砂土中。

(3) 冲剪破坏(punching shear failure)

如图 8-3(c)所示，随着荷载不断地增加，基础下土层产生压缩变形，基础下沉并在基础两侧产生竖向的剪切变形，使基础“切入”土中，但侧向变形比较小，基础附近的地面没有明显隆起的现象。其 p-s 曲线如图 8-4 中曲线 c 所示，曲线上并不存在转折点，也不存在极限荷载，冲剪破坏的主要特征是基础发生了明显的沉降。这种破坏模式通常发生在松砂或软土地基中。

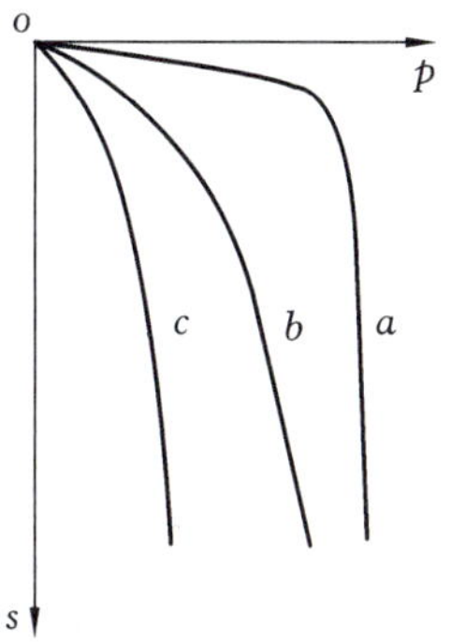

图 8-4　浅基础的 p-s 曲线

8.3　地基极限承载力计算理论

地基的极限承载力(ultimate bearing capacity)p_u，是指地基土体中的塑性变形区充分发展并形成连续贯通的滑动面时，地基所能承受的最大荷载。

地基极限承载力的理论主要有两种：①根据土体的极限平衡理论，建立微分方程，根据边界条件求出地基达到极限平衡时各点的精确解。采用这种方法求解时，过程十分烦琐，目前尚无严格的一般解析解，仅能对某些边界条件比较简单的情况求解。②假定滑动面的形状，然后根据滑动土体的静力平衡条件求解。这种方法概念明确、计算简单，在工程实践中被广泛应用。本节将介绍几个常用的计算理论。

8.3.1　普朗特尔极限承载力计算理论

1920 年，普朗特尔(L. Prandtl)根据塑性理论，推导出了当介质达到破坏时的滑动面的形状及其相应的极限承载力公式。在推导公式时，做出了三个假定：①将地基土当作无重介质，即假定基础底面以下，土的重度 $\gamma=0$；②基础底面是完全光滑面；③条形基础置于地基表面，埋置深度 $d=0$。

经简化后，地基表面的荷载如图 8-5 所示。地基的极限平衡区可分为 3 个区，在基底下的Ⅰ区，因为假定基底无摩擦力，故基底平面是最大主应力面，基底竖向压力是大主应力，对称面上的水平压力是小主应力(朗肯主动土压力)，两组滑动面与基础底面间成 $\left(45°+\frac{\varphi}{2}\right)$ 的夹角，Ⅰ区即朗肯主动状态区；随着基础下沉，Ⅰ区土楔向两侧挤压，Ⅲ区因水平向应力成为大主应力(朗肯被动土压力),滑动面也是由两组平面组成,由于地基表面为最小主应力面,滑动面与基础底面间呈$\left(45°-\frac{\varphi}{2}\right)$的夹角,Ⅲ区即朗肯被动状态区;Ⅰ区与Ⅲ区中间的Ⅱ区为过渡区(transition region),Ⅱ区的滑动面一组是辐射线,另一组为对数螺旋曲线,其方程为:

$$r=r_0 e^{\theta\tan\varphi} \tag{8-1}$$

式中 r——从起点 o 到任意点 m 的距离;

r_0——对数螺线曲线上沿任意一点 n 到 o 的距离;

θ——on 与 om 之间的夹角,任一点 m 的半径与该点的法线成 φ 角。

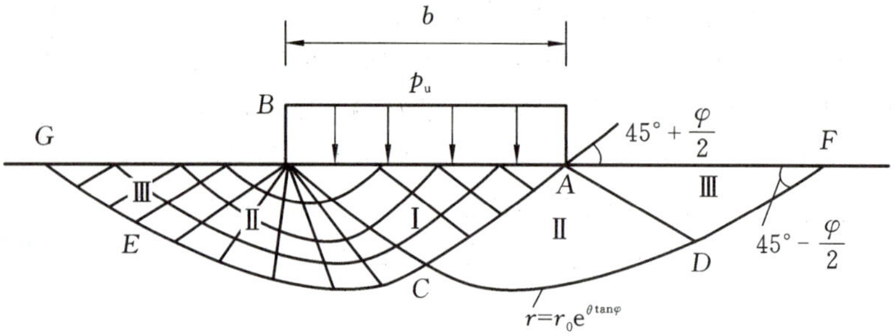

图 8-5 普朗特尔公式地基滑动面形状

对以上情况,普朗特尔得出的极限荷载公式如下:

$$p_u=c\left[e^{\pi\tan\varphi}\cdot\tan^2\left(45°+\frac{\varphi}{2}\right)-1\right]\cdot\cot\varphi=c\cdot N_c \tag{8-2}$$

式中,承载力系数 $N_c=\left[e^{\pi\tan\varphi}\cdot\tan^2\left(45°+\frac{\varphi}{2}\right)-1\right]\cdot\cot\varphi$,是土内摩擦角 φ 的函数,由表 8-1 查得。

表 8-1 承载力系数 N_c、N_q、N_γ 取值表

φ/(°)	0	5	10	15	20	25	30	35	40	45
N_c	5.14	6.49	8.35	11.0	14.8	20.7	30.1	46.1	75.3	133.9
N_q	1.00	1.57	2.47	3.94	6.40	10.7	18.4	33.3	64.2	134.9
N_γ	0	0.62	1.75	3.82	7.71	15.2	30.1	62.0	135.5	322.7

一般基础均有一定的埋置深度,若埋置深度较浅时,为简化起见,可忽略基础底面以上两侧土的抗剪强度,而将这部分土作为分布在基础两侧的均布荷载 $q=\gamma d$ 作用在 AF 面上,如图 8-6 所示。这部分超载限制了塑性区的滑动隆起,使地基极限承载力得到了提高。因此,瑞斯诺(H. Reissner)在普朗特尔公式假定的基础上作了补充,推导出如下公式:

$$p_u=qe^{\pi\tan\varphi}\cdot\tan^2\left(45°+\frac{\varphi}{2}\right)=qN_q \tag{8-3}$$

当不考虑土重力时,将公式(8-2)和公式(8-3)合并,可得极限承载力公式为:

$$p_u=qN_q+cN_c \tag{8-4}$$

由上式可以看出，当基础放置在砂土地基($c=0$)表面上($d=0$)时，地基的承载力将为0，这并不符合实际情况，主要由于假定地基土为无重介质。

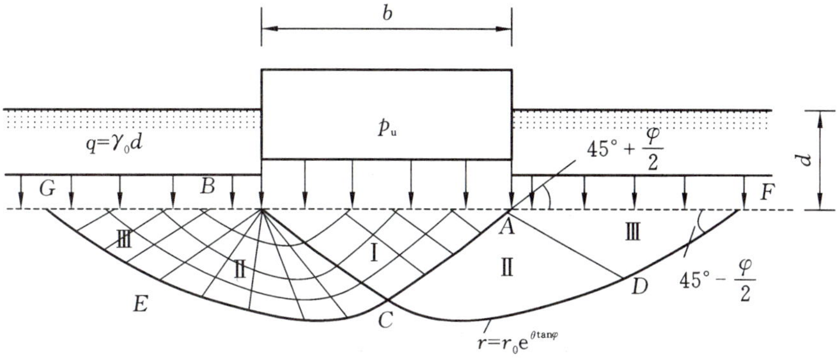

图 8-6　基础有埋深时的瑞斯诺解

若要考虑土的重力，普朗特尔所推导出的Ⅱ区滑动面将不再是对数螺旋曲线，其滑动面形状十分复杂，无法按极限平衡理论求出它的解。为弥补该缺陷，学者们对普朗特尔-瑞斯诺公式进行了一些修正。

1948 年，泰勒(D. W. Taylor)提出，若考虑土体的重力时，假定其滑动面与普朗特尔公式相同，那么图 8-6 中的滑动土体 $ABGECDF$ 的重力，将使滑动面 $GECDF$ 上的土的抗剪强度增加。泰勒假定其增加值可用一个换算黏聚力 $c'=\gamma h\tan\varphi$ 来表示，其中 γ、φ 为土的重度及内摩擦角，h 为滑动土体的高度，假定 $h=\frac{b}{2}\tan\left(45°+\frac{\varphi}{2}\right)$。用 $c+c'$代替式(8-4)中的 c，可得下式：

$$\begin{aligned}p_u&=qN_q+(c+c')N_c=qN_q+c'N_c+cN_c\\&=qN_q+cN_c+\gamma\cdot\frac{b}{2}\tan\left(45°+\frac{\varphi}{2}\right)\left[e^{\pi\tan\varphi}\tan^2\left(45°+\frac{\varphi}{2}\right)-1\right]\\&=\frac{1}{2}\gamma\cdot bN_\gamma+qN_q+cN_c\end{aligned}\tag{8-5}$$

式中，承载力系数 $N_\gamma=\tan\left(45°+\frac{\varphi}{2}\right)\left[e^{\pi\tan\varphi}\tan^2\left(45°+\frac{\varphi}{2}\right)-1\right]$，由表 8-1 查得。

【例题 8-1】 黏性土地基上条形基础的宽度 $b=4$ m，埋置深度 $d=2$ m，地基土的天然重度 $\gamma=17.6$ kN/m³，$c=10$ kPa，$\varphi=20°$。按普朗特尔-瑞斯诺公式，求地基的极限承载力，并给出地基滑移线网的轮廓。

【解】 (1) 求极限承载力 p_u：

$$p_u=qN_q+cN_c$$

$$q=\gamma d=17.6\times2=35.2\ \text{kN/m}^2$$

$$N_q=\tan^2\left(45°+\frac{\varphi}{2}\right)\cdot e^{\pi\tan\varphi}=\tan^2\left(45°+\frac{20°}{2}\right)\cdot e^{\pi\tan20°}=6.4$$

$$N_c=(N_q-1)\cot\varphi=(6.4-1)\times\cot20°=14.8$$

故

$$p_u = 35.2 \times 6.4 + 10 \times 14.8 = 373.28\ \text{kN/m}^2$$

(2) 绘制滑移线轮廓

$$\theta_1 = 45° + \frac{\varphi}{2} = 55°$$

$$\theta_2 = 45° - \frac{\varphi}{2} = 35°$$

因为 $r_0\cos\theta_1 = \frac{b}{2} = 2$，所以 $r_0 = \frac{2}{\cos\theta_1} = 3.48\ \text{m}$

按式(8-1)，$r_1 = r_0 e^{\theta\tan\varphi} = r_0 e^{\frac{\pi}{2}\tan 20°} = 6.16\ \text{m}$

绘出地基滑移线如图 8-7 所示。

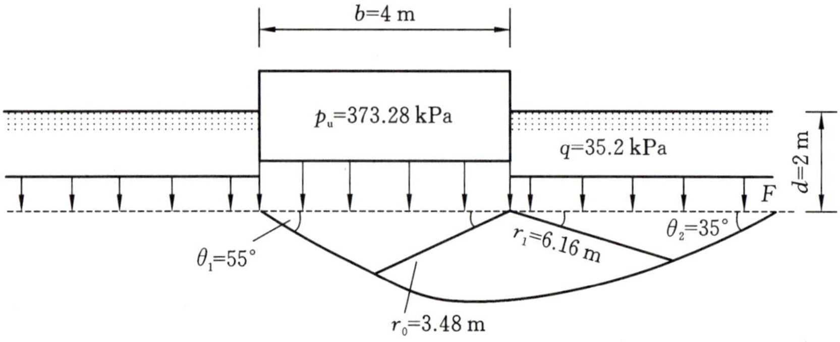

图 8-7 例题 8-1 图

8.3.2 太沙基极限承载力计算理论

事实上，地基土是有质量的介质，$\gamma \neq 0$；基础底面并不完全光滑，而是粗糙的，基础与地基表面存在着摩擦力。摩擦力阻碍位于基底土体的变形，使它无法处于极限平衡状态。

1943 年，太沙基(K. Terzaghi)在求解地基极限承载力公式时作了如下三条假设：①条形基础底面是粗糙的；②除弹性核外，滑动区域范围内的土体均处于塑性平衡状态；③基础底面以上两侧的土体用均布荷载 $q = \gamma d$ 替代，其滑动面如图 8-8 所示。

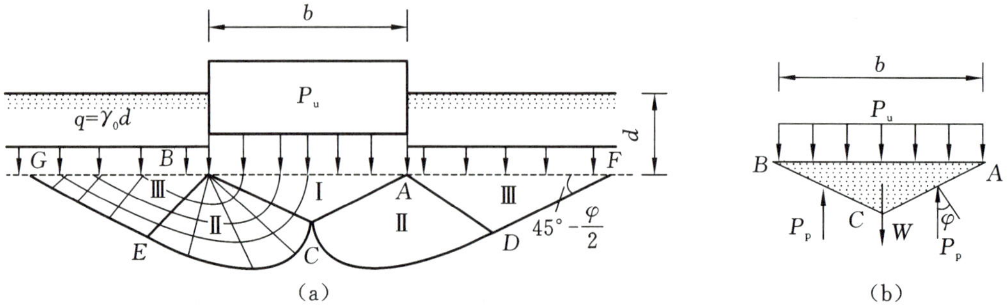

图 8-8 太沙基地基极限承载力

(a)地基滑动面形状；(b)隔离体受力情况

滑动土体共分为三个区：Ⅰ区为基础下的弹性核，来替代普朗特尔解的朗肯主动区(active region)，与水平面成 φ 角。Ⅱ区为过渡区，与普朗特尔公式一样的假定，滑动面一组是通过 A、B 点的辐射线，另一组是对数螺旋曲线 $CDCE$。前已指出，如果考虑土的重度，滑动面就不会是对数螺旋曲线，因为太沙基土的重度对滑动面有影响。由于滑动面 AC 与 CD 间的夹角等于$(90°+\varphi)$，所以对数螺旋曲线在 C 点切线是竖直的。Ⅲ区为朗肯被动状态区，即处于被动极限平衡状态。滑动面 AD 和滑动面 DF 与水平面均成$\left(45°-\dfrac{\varphi}{2}\right)$角。

取弹性楔体 ABC 为隔离体，弹性楔体上受到如下力的作用：

1. 弹性土楔的自重，其值为：

$$W=\frac{1}{2}\gamma Hb=\frac{1}{4}\gamma b^2\tan\varphi \tag{8-6}$$

2. AB 面上的极限荷载，其值等于地基极限承载力 p_u 与基础宽度 b 的积：

$$P_u=p_u b \tag{8-7}$$

3. 弹性核斜面 AC、BC 上的总黏聚力 C，其值等于土的黏聚力 c 与$\overline{AC}$或$\overline{BC}$的积：

$$C=c\,\overline{AC}=c\,\overline{BC}=\frac{cb}{2\cos\varphi} \tag{8-8}$$

作用在弹性核斜面上的反力 P_p 与 AC、BC 面的法线成 φ 角。将上述力在竖直方向建立平衡方程：

$$P_u=2C\sin\varphi+2P_p-W \tag{8-9}$$

$$p_u=c\tan\varphi+2\frac{P_p}{b}-\frac{1}{4}\gamma b\tan\varphi \tag{8-10}$$

被动力 P_p 是由土的重度 γ、黏聚力 c 及超载 q 三种因素引起的总值，要精确地求得较为困难。因此太沙基按实际工程要求的精度作了适当简化，认为浅基础的地基极限承载力可近似地假设为三种情况近似结果的总和：①土是无重介质，有黏聚力和内摩擦角，无超载，即 $\gamma=0,c\neq0,\varphi\neq0,q=0$；②土是无重介质，无黏聚力，有内摩擦角，有超载，即 $\gamma=0,c=0,\varphi\neq0,q\neq0$；③土有质量，无黏聚力，有内摩擦角，无超载，即 $\gamma\neq0,c=0,\varphi\neq0,q=0$；被动力即：$P_p=P_{p\gamma}+P_{pq}+P_{pc}$，将其代入式(8-5)中，经整理可得太沙基极限承载力计算公式：

$$p_u=\frac{1}{2}\gamma bN_\gamma+qN_q+cN_c \tag{8-11}$$

$$N_q=\frac{e^{\frac{3}{2}(\pi-q)\tan\varphi}}{2\cos^2\left(45°+\dfrac{\varphi}{2}\right)} \tag{8-12}$$

$$N_c=(N_q-1)\cot\varphi \tag{8-13}$$

式中　N_γ，N_q，N_c——承载力系数，都是土的内摩擦角 φ 的函数。

但是，对 N_γ 太沙基未给出显式，需要用试算法求得。各承载力系数可通过表 8-2 查得。

表 8-2 太沙基承载力系数 N_c、N_q、N_γ 取值表

$\varphi/(^\circ)$	N_γ	N_q	N_c	$\varphi/(^\circ)$	N_γ	N_q	N_c
0	0	1.00	5.7	24	8.6	11.4	23.4
2	0.23	1.22	6.5	26	11.5	14.2	27.0
4	0.39	1.48	7.0	28	15	17.8	31.6
6	0.63	1.81	7.7	30	20	22.4	37.0
8	0.86	2.2	8.5	32	28	28.7	44.4
10	1.20	2.68	9.5	34	36	36.6	52.8
12	1.66	3.32	10.9	36	50	47.2	63.6
14	2.20	4.00	12.0	38	90	61.2	77.0
16	3.0	4.91	13.6	40	130	80.5	94.8
18	3.9	6.04	15.5	42	—	109.4	119.5
20	5.0	7.42	17.6	44	—	147.0	151.0
22	6.5	9.17	20.2	45	326	173	172

当把基础底面假定为完全光滑时，则基底以下的弹性楔体就不存在，而成为朗肯主动区。整个滑动区域将完全与普朗特尔的情况相同。因此，由 c、q 所引起的承载力系数公式即可直接取用普朗特尔的结果，而由土重度 γ 所引起的承载力系数则采用下列经验公式来表示，即：

$$N_\gamma=1.8N_c\tan^2\varphi \tag{8-14}$$

上述太沙基承载力公式都是在整体剪切破坏的条件下得到的。对于局部剪切破坏时的承载力，太沙基建议先把土的强度指标进行修正，即：

$$c'=\frac{2}{3}c \tag{8-15}$$

$$\tan\varphi'=\frac{2}{3}\tan\varphi \text{ 或 } \varphi'=\arctan'\left(\frac{2}{3}\tan\varphi\right) \tag{8-16}$$

再用修正后的 c'、φ'，就可计算局部剪切破坏时松软土的地基承载力：

$$p_u=\frac{1}{2}\gamma bN'_\gamma+qN'_q+c'N'_c \tag{8-17}$$

式中 N'_c、N'_q、N'_γ 为修正后承载力系数，都是土的内摩擦角 φ' 的函数。当基础不是条形时，太沙基根据试验结果建议用以下公式：

对于边长为 b 的方形基础

$$\left.\begin{aligned}p_u&=0.4\gamma bN_\gamma+qN_q+1.2cN_c\text{（整体破坏）}\\p_u&=0.4\gamma bN'_\gamma+qN'_q+1.2c'N'_c\text{（局部破坏）}\end{aligned}\right\} \tag{8-18}$$

对于半径为 R 的圆形基础

$$\left.\begin{aligned}p_u&=0.6\gamma RN_\gamma+qN_q+1.2cN_c\text{（整体破坏）}\\p_u&=0.6\gamma RN'_\gamma+qN'_q+1.2c'N'_c\text{（局部破坏）}\end{aligned}\right\} \tag{8-19}$$

【例题 8-2】 某办公楼采用砖混结构条形基础。设计基础底宽 $b=4.00$ m，基础埋深 $d=2.0$ m。地基为粉土，天然重度 $\gamma=18.0\ \mathrm{kN/m^3}$，内摩擦角 $\varphi=30°$，黏聚力 $c=10$ kPa。地下水位深 7.5 m。计算此地基的极限荷载(假定基底完全粗糙)。

【解】 应用太沙基条形基础极限荷载公式(8-11)得：

$$p_u=\frac{1}{2}\gamma bN_\gamma+qN_q+cN_c$$

式中 N_c、N_q、N_γ 承载力系数根据土的内摩擦角 $\varphi=30°$ 查表 8-2 得：$N_c=37.0$、$N_q=22.4$、$N_\gamma=20$。

代入式(8-11)可得地基的极限荷载：

$$p_u=\frac{1}{2}\times18\times4.0\times20+18\times2\times22.4+10\times37.0=1896.4\ \mathrm{kPa}$$

【例题 8-3】 在例题 8-2 中，若地基的内摩擦角改为 $\varphi=10°$，其余条件不变，计算极限荷载。

【解】 根据土的内摩擦角 $\varphi=10°$ 查表 8-2 得 $N_c=9.5$、$N_q=2.68$、$N_\gamma=1.2$。

代入式(8-11)可得地基的极限荷载：

$$p_u=\frac{1}{2}\gamma bN_\gamma+qN_q+cN_c=\frac{1}{2}\times18\times4.0\times1.2+18\times2\times2.68+10\times9.5=234.68\ \mathrm{kPa}$$

由例题 8-2 与例题 8-3 的计算结果可见，基础的形式、尺寸与埋深相同，地基土的天然重度 γ 与黏聚力 c 不变，只是内摩擦角由 $\varphi=30°$减少为 $\varphi=10°$，极限荷载则降低为原来的 12.3%。由此可知，地基土的内摩擦角 φ 的大小，对极限荷载的影响很大。

8.3.3　魏锡克极限承载力计算理论

20 世纪 70 年代，魏锡克(A. S. Vesic)提出了条形基础在中心荷载作用下的极限承载力公式：

$$p_u=\frac{1}{2}\gamma bN_\gamma+qN_q+cN_c \tag{8-20}$$

虽然公式与太沙基公式一致，但承载力系数 N_γ、N_q、N_c 取值不同可按下式计算：

$$N_q=e^{\pi\tan\varphi}\tan^2\left(45°+\frac{\varphi}{2}\right) \tag{8-21}$$

$$N_c=(N_q-1)\cot\varphi \tag{8-22}$$

$$N_\gamma=2(N_q+1)\tan\varphi \tag{8-23}$$

魏锡克承载力系数取值也可查表 8-3。

表 8-3　魏锡克承载力系数 N_c、N_q、N_γ 取值表

φ/(°)	N_γ	N_q	N_c	φ/(°)	N_γ	N_q	N_c
0	0.00	1.00	5.14	24	9.44	9.60	19.32
2	0.15	1.20	5.63	26	12.54	11.50	22.25

续表8-3

φ/(°)	N_γ	N_q	N_c	φ/(°)	N_γ	N_q	N_c
4	0.34	1.43	6.19	28	16.72	14.72	25.80
6	0.57	1.72	6.81	30	22.40	18.40	30.14
8	0.86	2.06	7.53	32	30.22	23.18	35.49
10	1.22	2.47	8.35	34	41.06	29.44	42.16
12	1.60	2.97	9.28	36	56.31	37.75	50.59
14	2.29	3.59	10.37	38	78.03	48.93	61.35
16	3.06	4.34	11.63	40	109.41	64.20	75.31
18	4.07	5.26	13.10	42	155.55	85.38	93.71
20	5.39	6.40	14.83	44	224.64	115.31	118.37
22	7.13	7.82	16.88	45	330.35	158.51	152.10

用魏锡克公式所计算的极限承载力与实际分析结果相比较，误差较小且偏安全。当 $15°<\varphi<20°$时，误差不超过 10%，当 $20°<\varphi<45°$时，误差不超过 5%。

8.3.4 汉森极限承载力计算理论

上述的极限承载力 p_u 和承载力系数 N_γ、N_q、N_c 都是按照条形竖直均布荷载推导所得。而汉森(J. B. Hansen)对承载力进行了数项修正，包括非条形荷载的基础形状修正、埋深范围考虑土抗剪强度的修正、基底有水平荷载时的荷载倾斜修正、地面有倾角 β 时的地面修正及基底有倾角的修正。以上每种修正均需要在承载力系数 N_γ、N_q、N_c 上乘以相应的修正系数。修正后的汉森极限承载力公式如下：

$$p_u=\frac{1}{2}\gamma b'N_\gamma S_\gamma i_\gamma+qN_qS_qi_qd_q+cN_cS_ci_cd_c \tag{8-24}$$

式中 b'——基础有效宽度，$b'=b-2e_b$，e_b 为合力作用点的偏心距；

N_γ，N_q，N_c——承载力系数，根据地基土的内摩擦角 φ 值查表 8-4 确定；

S_γ，S_q，S_c——基础形状系数，按下式近似计算：

$$\left.\begin{aligned}S_\gamma&=1-0.4i_\gamma\frac{b'}{l'}\\S_q&=S_c=1+0.2i_c\frac{b'}{l'}\end{aligned}\right\} \tag{8-25}$$

对于条形基础：$S_\gamma=S_q=S_c=1$；

d_q，d_c——基础埋深修正系数，近似按下式计算：

$$d_q=1+2\tan\varphi\,(1-\sin\varphi)^2\,(d/b) \tag{8-26}$$

$$d_c=1+0.35\,\frac{d}{b} \tag{8-27}$$

i_γ，i_q，i_c——荷载倾斜系数，与荷载的倾斜角 δ 有关，根据 δ 和 φ 查表 8-5 确定。

表 8-4　汉森承载力系数 N_c、N_q、N_γ 取值表

φ/(°)	N_γ	N_q	N_c	φ/(°)	N_γ	N_q	N_c
0	0.00	1.00	5.14	24	6.90	9.61	19.33
2	0.01	1.20	5.69	26	9.53	11.83	22.25
4	0.05	1.43	6.17	28	13.13	14.71	25.80
6	0.14	1.72	6.82	30	18.09	18.40	30.15
8	0.27	2.06	7.52	32	24.95	23.18	35.50
10	0.47	2.47	8.35	34	34.54	29.45	42.18
12	0.76	2.97	9.29	36	48.08	37.77	50.61
14	1.16	3.58	10.37	38	67.43	48.92	61.36
16	1.72	4.33	11.62	40	95.51	64.23	75.36
18	2.49	5.25	13.09	42	136.72	85.36	93.69
20	3.54	6.40	14.83	44	198.77	115.35	118.41
22	4.96	7.82	16.88	45	240.95	134.86	133.86

表 8-5　倾斜系数 i_γ、i_q、i_c 取值表

$\tan\delta$	0.1			0.2			0.3			0.4		
φ(°)	i_γ	i_q	i_c	i_γ	i_q	i_c	i_γ	i_q	i_c	i_γ	i_q	i_c
6	0.643	0.802	0.526									
7	0.689	0.830	0.638									
8	0.707	0.841	0.691									
9	0.719	0.848	0.728									
10	0.724	0.851	0.750									
11	0.728	0.853	0.768									
12	0.729	0.854	0.780	0.396	0.629	0.441						
13	0.729	0.854	0.791	0.426	0.653	0.501						
14	0.731	0.855	0.798	0.444	0.666	0.537						
15	0.731	0.855	0.806	0.456	0.675	0.565						
16	0.729	0.854	0.810	0.462	0.680	0.583						
17	0.728	0.853	0.814	0.466	0.683	0.600	0.202	0.449	0.304			
18	0.726	0.852	0.817	0.469	0.685	0.611	0.234	0.484	0.362			

续表8-5

$\tan\delta$	0.1			0.2			0.3			0.4		
φ(°)	i_γ	i_q	i_c	i_γ	i_q	i_c	i_γ	i_q	i_c	i_γ	i_q	i_c
19	0.724	0.851	0.820	0.471	0.686	0.621	0.250	0.500	0.397			
20	0.721	0.849	0.821	0.472	0.687	0.629	0.261	0.510	0.420			
21	0.719	0.848	0.822	0.471	0.686	0.635	0.267	0.517	0.438			
22	0.716	0.846	0.823	0.469	0.685	0.637	0.271	0.521	0.451	0.100	0.317	0.217
23	0.712	0.844	0.824	0.468	0.684	0.643	0.275	0.524	0.462	0.122	0.350	0.266
24	0.711	0.843	0.824	0.465	0.682	0.645	0.276	0.525	0.470	0.134	0.365	0.291
25	0.706	0.840	0.823	0.462	0.680	0.648	0.277	0.526	0.477	0.140	0.374	0.310
26	0.702	0.838	0.823	0.460	0.678	0.648	0.276	0.525	0.481	0.145	0.381	0.324
27	0.699	0.836	0.823	0.456	0.675	0.649	0.275	0.524	0.485	0.148	0.384	0.334
28	0.694	0.833	0.821	0.452	0.675	0.649	0.274	0.523	0.488	0.149	0.386	0.341
29	0.691	0.831	0.820	0.452	0.672	0.648	0.273	0.520	0.489	0.150	0.387	0.348
30	0.686	0.828	0.819	0.444	0.666	0.646	0.268	0.518	0.490	0.150	0.387	0.352
31	0.682	0.826	0.817	0.438	0.662	0.645	0.265	0.515	0.490	0.150	0.387	0.356
32	0.676	0.822	0.814	0.434	0.659	0.643	0.262	0.512	0.490	0.148	0.385	0.357
33	0.672	0.820	0.813	0.428	0.654	0.640	0.258	0.508	0.489	0.146	0.382	0.358
34	0.668	0.817	0.811	0.422	0.650	0.638	0.254	0.504	0.486	0.144	0.380	0.358
35	0.663	0.814	0.808	0.417	0.646	0.635	0.250	0.500	0.485	0.142	0.377	0.358
36	0.658	0.811	0.806	0.411	0.641	0.631	0.245	0.495	0.482	0.140	0.374	0.357
37	0.653	0.808	0.803	0.404	0.636	0.628	0.240	0.490	0.478	0.137	0.370	0.355
38	0.646	0.804	0.800	0.398	0.631	0.624	0.235	0.485	0.474	0.133	0.365	0.352
39	0.642	0.801	0.797	0.392	0.626	0.619	0.230	0.480	0.470	0.130	0.361	0.349
40	0.635	0.797	0.794	0.386	0.621	0.615	0.226	0.475	0.466	0.127	0.356	0.346
41	0.629	0.793	0.790	0.377	0.614	0.609	0.219	0.468	0.461	0.123	0.351	0.342
42	0.623	0.789	0.787	0.371	0.609	0.605	0.213	0.462	0.456	0.119	0.345	0.337
43	0.616	0.785	0.783	0.365	0.604	0.600	0.208	0.456	0.451	0.115	0.339	0.333
44	0.610	0.781	0.779	0.356	0.597	0.588	0.202	0.449	0.444	0.111	0.333	0.327
45	0.602	0.776	0.775	0.349	0.591	0.588	0.195	0.442	0.438	0.107	0.327	0.322

（注：空白处数据无法获取。）

8.4　地基的容许承载力

8.4.1　地基容许承载力的概念

地基极限承载力是从地基稳定的角度判断地基土体所能承受的最大荷载。但即使地基尚未失稳，倘若变形太大从而使上部建筑物结构破坏或者无法正常使用也是不允许的。因此，合理的地基设计不仅需要满足地基的稳定性要求，也要满足地基变形的要求。也就是说，要求作用在基底的压应力不超过地基的极限承载力，并且有足够的安全度，而且所引起的变形不能超过建筑物的容许变形。满足以上两项要求，地基单位面积上所承受的荷载被称为地基在正常使用极限状态设计中的容许承载力。

由于地基的容许承载力涉及建筑物的容许变形，因此要确切地确定它将十分困难。一般的求法是先保证地基的稳定要求，即按照极限承载力除以安全系数(safety factor)来获得一个初值。根据这个初值设计基础，进行沉降验算，如果沉降满足要求，那么此时的基底压力就是地基的容许承载力。若不满足要求，如何处理?

8.4.2　按规范确定地基承载力

我国《建筑地基基础设计规范》(GB 50007—2011)对于地基承载力的设计，是基于正常使用极限状态的设计，设计中采用容许承载力。其中确定容许承载力的方法有在强度试验的基础上的计算法、现场原位试验和经验法。这些方法所确定的也只是容许承载力的初值，最后还要通过沉降计算确定设计值。

1. 承载力计算法

由《建筑地基基础设计规范》(GB 50007—2011)中的计算公式：

$$f_a = M_b \gamma b + M_d \gamma_m d + M_c c_k \tag{8-28}$$

式中　f_a——地基承载力的特征值；

M_b, M_d, M_c——承载力系数，可按表 8-6 取值；

b——基底宽度，大于 6 m 时按 6 m 取值，对于砂土小于 3 m 时按 3 m 取值；

φ_k, c_k——基底以下 1 倍底宽度 b 内的地基土内摩擦角和黏聚力标准值。

表 8-6　承载力系数表

φ_k/(°)	基础宽度系数	基础埋深宽度	黏聚力系数
	M_b	M_d	M_c
0	0.00	1.00	3.14
2	0.03	1.12	3.32

续表8-6

$\varphi_k/(°)$	基础宽度系数	基础埋深宽度	黏聚力系数
	M_b	M_d	M_c
4	0.06	1.25	3.51
6	0.10	1.39	3.71
8	0.14	1.55	3.93
10	0.18	1.73	4.17
12	0.23	1.94	4.42
14	0.29	2.17	4.69
16	0.36	2.43	5.00
18	0.43	2.72	5.31
20	0.51	3.06	5.66
22	0.61	3.44	6.04
24	0.80	3.87	6.45
26	1.10	4.37	6.90
28	1.40	4.93	7.40
30	1.90	5.59	7.95
32	2.60	6.35	8.55
34	3.40	7.21	9.22
36	4.20	8.25	9.97
38	5.00	9.44	10.80
40	5.80	10.84	11.73

使用式(8-28)计算时需要注意以下几点：

(1) 式(8-28)是在竖向中心荷载条件下推导的，所以它适用于偏心距 e 不大的情况，要求 $e \leqslant 0.033b$。

(2) 式(8-28)采用的强度指标是基于室内三轴试验的标准值，它不同于简单的试验成果的平均值，对成果进行了统计分析，考虑了成果的离散情况。

首先要求进行 $n \geqslant 6$ 组三轴试验，然后计算试验指标的平均值 μ、标准差 σ 和变异系数 δ，

$$\mu = \frac{\sum_{i=1}^{n} \mu_i}{n} \tag{8-29}$$

$$\sigma = \sqrt{\frac{\sum_{i=1}^{n} \mu_i^2 - n\mu^2}{n-1}} \tag{8-30}$$

$$\delta=\frac{\sigma}{\mu} \tag{8-31}$$

再计算内摩擦角和黏聚力的统计修正系数 ψ_φ 和 ψ_c，

$$\psi_\varphi=1-\left(\frac{1.704}{\sqrt{n}}+\frac{4.678}{n^2}\right)\delta_\varphi \tag{8-32}$$

$$\psi_c=1-\left(\frac{1.704}{\sqrt{n}}+\frac{4.678}{n^2}\right)\delta_c \tag{8-33}$$

最后，计算强度指标的标准值：

$$\varphi_k=\psi_\varphi\varphi_m$$
$$c_k=\psi_c c_m \tag{8-34}$$

式中　φ_m，c_m——内摩擦角和黏聚力的试验平均值；

δ_φ，δ_c——内摩擦角和黏聚力的试验变异系数。

2. 现场原位试验法

现场原位试验确定承载力的方法有平板荷载试验(plate loading test)、标准贯入试验(standard penetration test，SPT)、静力触探试验(core penetration test，CPT)和旁压试验(lateral pressure test)等，其中最常用的是平板荷载试验。首先通过试验测得荷载-沉降曲线(p-s 曲线)，确定承载力的特征值的初值 f_{ak}，将其作为曲线的比例界限(相当于临塑荷载)或极限承载力的一半。

当对具体的基础进行设计时，对于承载力 f_a，还应计入基础的深度和宽度的影响，即：

$$f_a=f_{ak}+\eta_b\gamma(b-3)+\eta_d\gamma_m(d-0.5) \tag{8-35}$$

式中　f_a——修正后的地基承载力特征值；

η_b，η_d——基础的宽度和深度承载力修正系数，可按表 8-7 取值；

γ——基底以下土的加权平均重度，潜水位以下取浮重度；

γ_m——基底以上土的加权平均重度，潜水位以下取浮重度；

b——基底宽度(m)，当 $b<3$ m，按 $b=3$ m 取值，当 $b>6$ m，按 $b=6$ m 取值；

d——基础埋置深度，一般自室外地面标高算起。在填方整平地区，可从填方地面标高算起，但填方在上部结构施工后完成时，从天然地面算起。对于地下室，整体性的基础(如箱型基础和筏板基础)时可从室外地面算起，采用独立或条形基础时，应从室内地面算起。

表 8-7　承载力修正系数表

土的类别		η_b	η_d
淤泥和淤泥质土		0	1.0
人工填土 e 或 I_L 大于或等于 0.85 的黏性土		0	1.0
红黏土	含水比 $\alpha_w>0.8$	0	1.2
	含水比 $\alpha_w\leq0.8$	0.15	1.4

续表8-7

土的类别		η_b	η_d
大面积压实填土	压实系数大于0.95，黏粒含量 $\rho_c \geqslant 10\%$ 的粉土	0	1.5
	最大干密度大于2.1 g/cm³ 的级配砂石	0	2.0
粉土	黏粒含量 $\rho_c \geqslant 10\%$ 的粉土	0.3	1.5
	黏粒含量 $\rho_c < 10\%$ 的粉土	0.5	2.0
e 或 I_L 均小于0.85的黏性土		0.3	1.6
粉砂、细砂（不包括很湿与饱和时的稍密状态）		2.0	3.0
中砂、粗砂、砾砂和碎石土		3.0	4.4

【例题8-4】 地基土为中密的中砂，重度 $\gamma=18.0\ \text{kN/m}^3$，条形基础的宽度 $b=2.0$ m，基础埋置深度 $d=1.2$ m，通过现场平板载荷试验得到极限承载力 $p_u=400$ kPa，求基础的地基承载力特征值 f_a。

【解】 (1)根据载荷试验的极限承载力求其特征值的初值：

$$f_{ak}=p_u/2=400/2=200\ \text{kPa}$$

(2) 经深度和宽度修正：

查表8-7得系数 $\eta_b=3.0$，$\eta_d=4.4$

(3) 计算承载力特征值：

$f_a=f_{ak}+\eta_b\gamma(b-3)+\eta_d\gamma_m(d-0.5)=200+4.4\times18\times(1.2-0.5)=255.44$ kPa

（当 $b<3$ m，按 $b=3$ m 取值）。

8.5 影响地基承载力的因素

地基的极限荷载与建筑物的安全密切相关，尤其对重大工程或承受倾斜荷载的建筑物更为重要。采用不同的基础形式、尺寸、埋深，基础置于不同土质下，都会对极限荷载的大小造成影响。影响地基承载力的因素大致可归纳为以下几个方面：

1. 地基的破坏形式

在极限荷载作用下，地基发生破坏的形式有多种，通常地基发生整体剪切破坏时，极限荷载较大；地基发生刺入剪切破坏时，极限荷载较小。

2. 地基土的指标

土的物理力学指标很多，与地基极限荷载有关的主要是土的黏聚力 c、内摩擦角 φ 和重度 γ。地基土的 c、φ、γ 越大，极限荷载 p_u 也越大。

(1) 土的黏聚力

若土的黏聚力 c 增大，则极限荷载一般公式(8-11)中的第三项 cN_c 增大，p_u 也增大。

（2）土的内摩擦角

土的内摩擦角 φ 的大小对地基极限荷载的影响最大。若土的内摩擦角 φ 增大，即 $\tan\left(45°+\frac{\varphi}{2}\right)$ 增大，则 N_γ、N_q、N_c 均增大，p_u 也增大。

（3）土的重度

若地基土的重度 γ 增大，则极限荷载一般公式(8-11)中的第一项 $\frac{1}{2}\gamma b N_\gamma$ 增大，p_u 增大。

3. 基础的宽度

地基承载力不单只由土的性质决定，还与基础尺寸有关。当基础的设计宽度 b 增大时，极限荷载公式(8-11)中的第一项 $\frac{1}{2}\gamma b N_\gamma$ 增大，p_u 也增大。因此，工程上也常采用加大基础宽度来提高地基承载力。但当基础宽度达到某一值时，承载力不再随着宽度的增大而增大。

另外，对于饱和软土地基，其内摩擦角 $\varphi=0$，则承载力系数 N_γ 也为0，无论 b 如何增加，极限荷载公式(8-11)中的第一项 $\frac{1}{2}\gamma b N_\gamma$ 为0。基础宽度对 p_u 几乎无影响。

4. 基础的埋置深度

增加基础的埋深 d 同样能够提高地基承载力。当基础埋深 d 增大时，基础旁侧荷载 q 增大，极限荷载公式(8-11)中第二项 qN_q 增大，因而 p_u 也增大。但基础的埋深越大，基坑的开挖也将越困难。

5. 荷载的作用方向

① 当荷载的倾斜角 $\delta=0$ 时，倾斜系数 $i_\gamma=i_q=i_c=1$，极限荷载大；②当荷载的倾斜角 δ 增大时，倾斜系数 i_γ、i_q、i_c 减小，极限荷载也减小；③当荷载的倾斜角 δ 减小时，倾斜系数 i_γ、i_q、i_c 增大，极限荷载也增大。

6. 荷载的作用时间

当荷载作用时间很短时，极限荷载会提高。而当荷载长时间作用时，土体会产生蠕变，降低了土体的强度，使得极限荷载减小。

总之，地基承载力的确定是一个较为复杂的问题，影响因素很多。其大小除了与地基土的性质有关以外，还与基础的形状、荷载作用方式以及建筑物对沉降控制要求等多种因素有关。因此，在进行地基稳定验算时需要综合分析各种因素对地基承载力的影响，以确定一个切合工程实际情况的地基承载力值。

习　题

8-1　地基破坏模式有几种？发生整体剪切破坏时 p-s 曲线的特征如何？

8-2　何谓地基塑性变形(简称地基塑性区)?如何按地基塑性区开展深度确定p_{cr}、$p_{1/4}$?

8-3　何谓地基极限承载力(或称地基极限荷载)?比较各种p_u公式的异同点。

8-4　条形基础宽1.5 m,埋置深度1.2 m。地基为均匀粉质黏土,土的重度$\gamma=17.6\ kN/m^3$,内摩擦角$\varphi=24°$,黏聚力$c=15.0\ kPa$,$E=10\ MPa$,$\mu=0.3$。试判断地基的失稳形式。

8-5　某工程为粉质黏土地基,已知土的重度$\gamma=18.8\ kN/m^3$,黏聚力$c=16.0\ kPa$,内摩擦角$\varphi=14°$,如果设置一个宽度$b=1.5$ m,埋深$d=1.2$ m的条形基础,地下水位与基底持平。试求:基础的临塑荷载p_{cr}、临界荷载$p_{1/4}$。

参考文献

[1] 刘洋.土力学基本原理及应用[M].北京：中国水利水电出版社，2016.

[2] MITCHELL J K，SOGA K.Fundamentals of Soil Behavior[M].3rd Edition.Hoboken：John Wiley and Sons，2005.

[3] 刘希亮.土力学原理[M].徐州：中国矿业大学出版社，2015.

[4] 赵成刚，白冰.土力学原理[M].2 版.北京：北京交通大学出版社，2017.

[5] 杨平.土力学[M].北京：机械工业出版社，2005.

[6] 王成华.土力学[M].北京：中国建筑工业出版社，2012.

[7] 龚晓南，谢康和.土力学[M].北京：中国建筑工业出版社，2014.

[8] 张怀静.土力学[M].北京：机械工业出版社，2011.

[9] 李广信，张丙印，于玉贞.土力学[M].2 版.北京：清华大学出版社，2013.

[10] 李广信.高等土力学[M].2 版.北京：清华大学出版社，2016.

[11] 卢廷浩.土力学[M].北京：高等教育出版社，2010.

[12] 刘松玉.土力学[M].5 版.北京：中国建筑工业出版社，2020.

[13] 唐大雄，刘佑荣，张文殊.工程岩土学[M].2 版.北京：地质出版社，1999.

[14] 高国瑞.近代土质学[M].2 版.北京：科学出版社，2013.

[15] 钱家欢，殷宗泽.土工原理与计算[M].2 版.北京：中国水利水电出版社，1994.

[16] 黄文熙.土的工程性质[M].北京：水利水电出版社，1983.

[17] 河海大学土力学教材编写组.土力学[M].3 版.北京：高等教育出版社，2019.

[18] 土工试验方法标准编写组.土工试验方法标准：GB/T 50123—2019[S].北京：中国计划出版社，2019.

[19] 土工试验规程编写组.土工试验规程：SL237—1999[S].北京：中国水利水电出版社，1999.

[20] 钱建固，袁聚云，张陈蓉.土力学复习与习题[M].北京：人民交通出版社，2016.

[21] 任文杰.土力学及基础工程习题集[M].北京：中国建材工业出版社，2004.

[22] 莫海鸿，杨小平，刘叔灼.土力学及基础工程学习辅导与习题精解[M].北京：中国建筑工业出版社，2006.

[23] 陈仲颐，周景星，王洪瑾.土力学[M].北京：清华大学出版社，1994.

[24] 钱家欢.土力学[M].南京：河海大学出版社，1995.

[25] 陈希哲.土力学地基基础[M].北京：清华大学出版社，1997.

[26] 赵明华.土力学与基础工程[M].武汉：武汉理工大学出版社，2000.

[27] 高大钊，袁聚云.土质学与土力学[M].北京：人民交通出版社，2001.

[28] 张力霆.土力学与地基基础[M].北京：高等教育出版社，2002.

[29] 中华人民共和国住房和城乡建设部.建筑地基基础设计规范:GB 50007—2011[S].北京:中国建筑工业出版社,2011.

[30] 孙维东.土力学与地基基础[M].北京:机械工业出版社,2003.

[31] 南京水利科学研究院.土的工程分类标准:GB/T 50145—2007[S].北京:中国设计出版社,2007.

[32] 张在明.地下水域建筑基础工程[M].北京:中国建筑工业出版社,2001.

[33] 李广信.岩土工程 50 讲——岩坛漫话[M].北京:人民交通出版社,2010.

[34] 李广信.关于基坑开挖中渗透破坏的误解[J].地基处理,1998,9(3):59.

[35] 陈津民.土中渗透力的定义和论证[J].岩土工程界,2008,11(10):22-24.

[36] 王秀艳,刘长礼.对黏性土孔隙水渗流规律本质的新认识[J].地球学报,2003,24(1):91-95.

[37] 肖红宇,黄英,孙宏波,等.考虑起始水力坡降时黏性土渗透系数的确定[J].铁道科学与工程学报,2006,3(1):31-35.

[38] 卢廷浩,刘祖德.高等土力学[M].北京:机械工业出版社,2005.

[39] 夏建中.土力学[M].北京:中国电力出版社,2009.

[40] 赵树德.土力学[M].北京:高等教育出版社,2001.

[41] 莫海鸿,杨小平,刘叔灼.土力学及基础工程学习辅导与习题精解[M].北京:中国建筑工业出版社,2006.

[42] 陈环.土力学与地基[M].北京:人民交通出版社,1980.

[43] 陆培毅,李艳春.土力学[M].北京:中国建材工业出版社,1999.

[44] 王铁儒,陈云敏.工程地质及土力学[M].武汉:武汉大学出版社,2001.

[45] 白顺果,崔自治,党进谦.土力学[M].北京:中国水利水电出版社,2009.

[46] 洪毓康.土质学与土力学[M].2 版.北京:人民交通出版社,1987.

[47] 殷永安.土力学及基础工程[M].北京:中央广播电视大学出版社,1986.

[48] 温特科恩 H. F.,方晓阳.基础工程手册[M].钱鸿缙,叶书麟等译.北京:中国建筑工业出版社,1983.

[49] BRAJA M D.Principles of Foundation Engineering[M].Monterey:Brooks/Cole Engineering Division,1984.

[50] 交通部第二公路勘察设计院.公路设计手册—路基[M].北京:人民交通出版社,1997.

[51] 潘家铮.潘家铮全集第九卷:建筑物的抗滑稳定和滑坡分析[M].北京:中国电力出版社,1980.